Supplying War
Logistics from Wallenstein to Patton

2nd Edition

補給戦 増補新版

ヴァレンシュタインからパットンまでのロジスティクスの歴史

マーチン・ファン・クレフェルト
石津朋之 防衛省防衛研究所 戦史研究センター長【監訳・解説】 佐藤佐三郎【訳】

Martin Van Creveld

中央公論新社

目次

第二版序文 9

序章 戦史家の怠慢 11

第一章 一六〜一七世紀の略奪戦争 15

河川利用を知った者が勝つ 15

軍需品倉庫の出現 30

移動中のほうが安全だった 43

現地徴発が戦略の基本 55

第二章 軍事の天才ナポレオンと補給 61

包囲攻城戦から会戦へ 61

三帝会戦の舞台裏 64

モスクワ敗戦の真因は何か 88

結論　100
第三章　鉄道全盛時代のモルトケ戦略　107
新制度創出時代へ　107
鉄道は戦争をどう変えたか　115
フランス対ドイツの激突　125
実態は依然武装遊牧民　134
理論倒れのモルトケ兵站術　143
第四章　壮大な計画と貧弱な輸送と　151
巨大化と機動性との相克　151
補給軽視のシュリーフェン　156
小モルトケは小才だったか　163
マルヌ川戦闘での兵站術　167

鉄道は混乱し続けた　175
敗けるべくして敗けた　184
結　論　188

第五章　自動車時代とヒトラーの失敗　193

自動車化で徹底さを欠く　193
バルバロッサ作戦と兵站　200
惨憺たりソ連の鉄道　209
運命の秋雨　224
結　論　234

第六章　ロンメルは名将だったか　243

史上最初の砂漠機動戦　243
砂漠では何が必要だったか　244

最後までたたった港湾不足 258
結　論 266
第七章　主計兵による戦争 271
完璧な組織 271
数表を軽蔑したパットン 276
永遠の謎・ルール突進 288
結　論 303
第八章　知性だけがすべてではない 309
訳者あとがき 317
第二版補遺――我々は今どこにいるのか？ 321
解説――戦争のプロはロジスティクスを語り、戦争の素人は戦略を語る　石津朋之 359
原注 443　参考文献 452　索引 459

増補新版

補給戦

――ヴァレンシュタインからパットンまでのロジスティクスの歴史

第二版序文

なぜナポレオンは一八〇五年に成功し、一八一二年に失敗したのか。一八七〇年のフランスに対するプロシャの勝利にとって鉄道は決定的なまでに重要だったのであろうか。有名なシュリーフェン計画は軍事的に健全なものであったのか。第二次世界大戦のヨーロッパ戦線は一九四四年に終結させることができたのか。こうした問いは詳細に研究され、生き生きと描写された本書の主要な事項を形作る幾つかに過ぎない。未公開で以前には用いられていなかった幅広い分野の資史料に依拠することにより、マーチン・ファン・クレフェルトは戦争の「根源」、すなわち移動と補給、さらには輸送と管理をめぐる重大な問題を考察している。こうした問題は、軍事史に関する大多数の本の中でしばしば言及されるものの、分析されることは殆どない。そうすることによって、彼はグスタフ・アドルフからロンメル、マールバラからパットンに至る広範囲に目配りし、それぞれの作戦について新鮮かつ斬新な見方からの完全な分析に委ねている。その結果は過去二世紀にわたってヨーロッパで展開された最も重要な戦いの、事実上全てについて何か新たな見解を示す魅力的な著作となった。それ以上に、伝統的な戦術や戦略より兵站の側面に集中することによって、クレフェルト博士は軍事史の全ての分野における再評価を示すことに成功した。

この新版には新たな補遺が追加されているが、クレフェルトは今では古典的とも言える自らの記述を再考し、ハイテクが用いられる近代戦における兵站の役割について見解を述べている。

マーチン・ファン・クレフェルトはイェルサレムのヘブライ大学歴史学部の教授である。彼のこれまでの著作には、*The Rise and Decline of the State*（Cambridge, 1999）、*The Sword and the Olive: A Critical History of the Israeli Defense Force*（New York, 2002）、*Air Power and Maneuver Warfare*（Alabama, 2002）、*The Transformation of War*（New York, 1991）（邦題は『戦争の変遷』）などがある。

序章　戦史家の怠慢

兵站（へいたん）術とは一九世紀の著名な軍事理論家ジョミニによって、「軍隊を動かす実際的方法」と定義されているが、彼はまたその定義の下に、「補給隊を連続[*1]して到着させるように準備をなすこと」および「補給線を……確立し維持すること」を包含せしめている。これらを総合すると兵站術とは、「軍隊を動かし、かつ軍隊に補給する実際的方法」との定義に到達する。この研究書では兵站術という言葉をそのような意味で用いている。この本の目的は、軍隊を動かし軍隊に補給する際生じた問題が、技術や組織あるいは他の関係諸要因の変化によって歴史的にどう影響を受けたかを理解することである。なかんずく最近数世紀間にわたって、兵站術が戦略に与えた影響を調査することが目的である。

戦略は政治と同じく可能性の技術だといわれている。しかしながら可能性なるものは、単に量的な力とか思想、情報、兵器あるいは戦術によって決定されるばかりではなく、まずもって峻厳なる現実によって決定される。すなわち必需品とか調達可能な補給品、組織や管理、輸送、通信線についての諸現実によって決定されるのである。司令官が作戦行動とか戦闘発起、前進、侵入、包囲、殲滅、消耗など、要するに長々と続く全戦略の実行を頭に描き始める以前に、彼にはしなければならないし当然すべき事柄がある。それは麾下（きか）の兵卒に対して、それなくしては兵として生きられない一日当たり三〇〇〇キロカロリーを補給できるかどうか、自分の才能を確かめることである。すなわちそれらの糧食を正しい時間に正しい場所に送る道があるかどうか、また、これらの道路上での移動が、輸送手段の不足あるいは過剰によって妨げられることがないかどうかを確かめなければならない。

このためには偉大な戦略的才能のみならず、地味なハードワークや冷静な計算が必要になってこよう。この種の計算は絶対必要なのにもかかわらず、想像力に訴えるところがない。軍事史家によってしばしば無視される理由の一つは、このためであろう。その結果軍事史の書物の上では、ひとたび司令官が決心すれば、軍隊はいかなる方向に対しても、どんな速さでも、またどんな遠くへでも移動できるように思われている。実際はそうはできないし、恐らく多くの戦争は敵の行動によってよりも、そうした事実の認識を欠いたがために失敗することのほうが多かったのである。

軍人以外の歴史家は特に兵站術の役割を見落としがちだといわれてきたけれども、筆者はこの過ちが特定の人々に限られたものでないことを発見した。[*2] ナポレオンの戦術や戦略は、多くの理論家、歴史家、軍人を引きつけてきた。彼らによればナポレオンの戦術と戦略は、それ以前の発展の当然かつ必然的な副産物であった。ナポレオン戦争がそれまでの戦争と根本的に異なっていると今なお信じられている分野は兵站術であるが、そのこと自体、兵站術という問題がなおざりにされていることを示している。同様に、兵員二〇万の大部隊を一日当たり一五マイルの割合で前進させながら給養を可能にする方法を、詳細に研究した者はいまだかつてなかった。別の例を挙げよう。ロンメルを扱ったおびただしい書物のいずれもが、一九四一～四二年における補給の困難さがロンメルの敗北をもたらした重要な要因だと述べているが、アフリカ軍団が使用できたトラックの数とか、それらのトラックがある期間にある距離を運搬できた量といった問題に首を突っ込んで調べた研究家はいない。

たとえ兵站という要素に考慮を払ったとしても、それらへの論及はしばしば非常に粗いものだ。その際立った一例が、二〇世紀の軍事理論家リデルハートによるシュリーフェン計画の批判である。彼の批判は兵站の問題に集中しているのだけれども、ドイツ軍の消費量や必要量を考えていないし、補給制度の組織について一言も述べていない。また詳細な鉄道地図を一見だもしていないのである。[*3]われわれが発見するのは、せいぜいドイツ軍による旋回運動の円周が、その行動半径よりも長かったことについて述べた一文である。この文章は一八世紀の軍事著述家が非常に好んだ、かの〝幾何学的〟戦略思想を思い起こさせる。そしてリデルハートのこの一節は、一〇年間にわたり何十人もの高度に訓練された参謀本部将校を使って細部を作りあげたシュリーフェン計画が、兵站の見地からみて実行不可能だという「証明」として、ある著述家からは引用され、他の著述家からは受け入れられているのである！

明らかにこれではだめである。それとは違ってこの本は基本的な問題を問うであろう。軍隊の作戦行動を制約する兵站上の要因は何であったか。軍隊を動かしたり、また軍隊の行動期間中補給を続けるためにどんな準備がなされたか。これらの準備は計画と実施の両面において戦闘の進行にどのように影響したか。作戦が失敗した場合、その作戦はそもそも実行可能だったのだろうか。第五章、第六章、および第七章にみるように、可能なところではできるだけ、漠然とした思索ではなくて具体的な数字と計算の根拠に基づいて、これらの質問に答えるように試みている。資史料の制約のために、そのような細部に立ち入ることが不可能な場合がしばしばあるが、かかるときでも少なくともおもな兵站要因を分析することはできるし、戦略への影響を評価することはできる。そしてこれは、一八世紀の「軍需品倉庫チェーン」やナポレオンの「略奪」戦争のような固定観念に執着しなくても可能である。

直近の一五〇年間を通じて兵站術とそれが戦略に及ぼした影響を研究しようと企てることは、非常に野心的な試みである。論題を一冊の書物に圧縮し、しかも単純な一般化を避けるために、本書では叙述を、問題の多面性を示すために選ばれた一八〇五～一九四四年の間の数多くの戦役にしぼっている（一七世紀および一八世紀に関する序説的章節をつけてはいるが）。例えばナポレオンがオーストリア軍を破った一八〇五年のウルム会戦は通常、「現地徴発」に依存している軍隊としては、これまで最も成功した例と見なされている。それに反して一八一二年のナポレオンのロシア戦役は、解決するにはあまりにも大きな問題――たとえ解決できたとしても――に対して、近代的工業時代に可能な方法に頼るどころではなく、馬車を利用しようとした一例である。一八七〇年の普仏戦争は、軍事目的のための鉄道利用に革命が起こったことを示したと言われているが、他方一九一四年の第一次世界大戦は、鉄道輸送手段による可能性に限界があることを垣間見せている。一九四一年におけるドイツの対ロシア戦争は、完全な機械化軍隊への過渡期の問題を示したものとして興味深い。しかし一九四四年の連合国軍では、その過渡期は終わっていた。またロンメルの一九四一年および一九四二年のリビア戦役は、ユニークなるがゆえに研究に価する若干の側面を提供している。最初から最後まで本書では、抽象的な理論化よりも、むしろ最も現実的な諸要因――糧食や弾薬、輸送――に注意を払うであろう。それにどの程度成功しているかどうかは、読者の判断による。

第一章　一六〜一七世紀の略奪戦争

河川利用を知った者が勝つ

一五六〇年から一六六〇年に至る時代は「軍事革命」として描かれ、なかでもヨーロッパの軍隊の膨大な拡大で特徴づけられていた。一五六七年スペインの将軍アルバ公がオランダの反乱を抑圧するために進撃した際、それぞれ三〇〇〇人から成る三個の歩兵連隊のほかに、一六〇〇人の騎兵を引きつれて非常な威を示した。だが数十年後スペインの「フランドル軍」は数万を数えることができた。[*1] 一六世紀後半のフランスのユグノー戦争では、最も重要な交戦は、恐らく敵味方とも一万〜一万五〇〇〇人によって戦われた。しかし一七世紀前半の三〇年戦争では、フランス、スペイン、スウェーデン各国間の戦闘は三万人を数え、それ以上のことも稀ではなかった。一六三一〜三二年における戦争努力の最盛時には、グスタフ・アドルフとヴァレンシュタインが、それぞれ一〇万人をはるかに超す軍隊を指揮していた。このような多数の軍隊は三〇年戦争の後期では維持できなかったが、拡大は一六六〇年頃から再び続いた。一六四三年当時の最強国スペイン帝国は、ロクルワで二万二〇〇〇人のフランス軍によって決定的な敗北を被ったが、三〇年後にはルイ一四世は、オランダを処理するために一二万人を動員したのであった。平時でも彼の指揮下には、フランス軍は滅多に一五万人を下回ることはなく、ハプスブルク家のそれはフランス軍よりもほんのわずか少ないだけで、恐らく一四万人を数えていた。両軍とも戦時編成はこれよりはるかに多く、フランス軍は一六九一年から九三年に至る戦争努力のピーク時には四〇万人に達していた。一七〇九年には八万のフランス軍が、一一万のイギリス・オランダ連合軍とマルプラケの戦場で相まみえることがすでに可能であった。もっと豊富で良質な数字を挙げることができるだろうが、たとえそうしたところで一般的に認められている事柄を証明するのに役立つだけであろう。一般的に認められていることとはすなわち、一六三五年から六〇年までの約二五年間は別として、ヨーロッパ各国の軍隊は一五六〇年頃から一七一五年までの間に、その規模を何倍にも増大したということである。

軍隊が増大するにつれて、それらを取り巻く輜重(しちょう)は甚だしくふえた。アルバ公がオランダに引きつれて行ったこぎれいでよく組織された軍とは違って、一七世紀初期のヨーロッパ軍隊は巨大であり、ぶざまな集団であった。例えば三万人から成る軍隊は女子供や召使い、従軍商人の群れを従えたであろうし、その数は軍隊そのものの規模の五〇パーセントから一五〇パーセントまでの間であったろう。そして軍隊は至るところに、この巨大な「尾(テイル)」を背後に引きずって行かなければならなかった。兵隊は主に故郷から追い立てられて軍隊以外には家のない人間から構成されており、彼等の携帯品――特に将校のそれ――はたいへんな量であった。一六一〇年の戦役の際、オランダのナッソー伯マウリッツに従った九四二台の荷馬車のうち、一二九台もが幕僚とその所有物用に割り当てられていたし、しかもこの数字には恐らく同じように多くの数に達した「正規外」の車は含まれていない。要するにこの頃の軍隊は一五人の将兵につき、二ないし四頭立ての荷馬車一台を持っていたであろう。[*2] 特別な環境下では――一六〇二年マウリッツのブラバント戦役のように、異常な長期間軍隊に自給を強いねばならなくなった時――将兵と荷馬車の比率は二倍にもなったであろう。ブラバント戦役の時は、三〇〇〇台もの荷馬車が二万四〇〇〇人の将兵に従うために集められたのである。[*3]

ますます増大する軍隊、婦人、召使い、馬匹の群れを考える時、それらに糧食を供給する方法が興味を誘う。一般的に各国の軍隊は傭兵から成っていた。そのような軍隊は兵卒に対して給料以外にほとんど金を支払わなかったが、兵達はその給料のうちから、日々の糧食のみならず、しばしば隊長から予め援助を受けていたものの、被服や装備、兵器、そして少なくともある例では弾薬を購入することが当然だと思われていた。財政当局が金を送り将校達が正直にそれを分配していれば、人口がある程度多い場所に軍隊が長期にわたって駐留している限り、この補給制度は十分に働いていた。そのような場合には定期市が開かれたであろうし、定期市は監督官の管理の下に置かれたであろう。監督官は何を補給すべきなのかを見出し、交易や価格および品質管理のために命じた命令項目の監視に責任を負っていた——司令官ではなくて政府に対して。[*4] 軍隊と現地住民との取引は、物資不足が予想される場合を除いては、通常自発的意志に基づいて行なわれた。そのような場合には、金持ちの軍人が自分自身の目的のために、手にはいる物資を全部買い占めてしまわないようにすることが必要になったであろう。[*5] 周知のようにこの補給制度は、絶え間なく悪用され、ほとんどすべての関係者の利益に反するように働いた。それにもかかわらず原則としてこの補給制度は、明らかに実行可能であった。

しかし、ひとたび軍隊が駐屯地を離れて行動しなければならなくなった時、事態は甚だしく異なってくる。市場を設けるには時間がかかるし、通常の場合のように軍隊の行動が緩慢であり長期の休止を行なわないのであれば、現地の農民は軍隊を養うには頼りとならなかった。利益をあれこれ見通した結果、若干の大商人——正しく言えば従軍商人——を軍隊につき従わせることになったが、従軍商人とその荷馬車によって、軍隊に従う後続部隊の規模はますます大きくなった。[*6] だが彼等が持ち運べる物量には限りがあった。友好的領土では行政官を先に送って、ここかしこの町の資源を組織し市場を開くことが時として可能であった。非常に稀なケースだが、軍隊が同じルートを何年間も繰り返し利用している時には、やや半永久的な駐屯地が組織され、そこで将兵にとって必要なあらゆる物が売られていた。[*7] 補給を続けながら軍隊を移動させるもう一つの方法は、途中にある町や村の民家に宿営させることであった。この方法だと宿舎や塩、明かりがただで済むうえに、他の必要物資も現金を支払うことによって得られると期待できた。もちろん実際には常にこのようにうまくいくとは限らなかった。うまくいかないこともしばしばで、貨幣を所持したまま糧食を奪うことがあった。言うまでもなく宿営先の糧食をである。

他方当時の補給制度は、敵地で作戦行動に移った軍隊を維持することはできなかった。そのような制度を作る必要性は、実に現代に至るまで感じられなかった。太古の昔から軍隊にその欲するものをすべて奪取させることによって、問題は単純に解決されてきた。組織的略奪は、例外というよりむしろ普通のことだった。しかしながら一七世紀初期までに、古くから尊重されたこの「制度」は、もはや機能しようとはしなかった。軍隊の規模があまりにも大きくなったので、この制度は効かなくなったのだ。一方、統計資料や管理機構は、後世になって略奪を組織的搾取に変えることにより兵員増加に対処する一助となったものだが、まだこの頃には存在していなかった。その結果当時の軍隊は、恐らく史上において最も補給が劣悪であった。武装したならず者の略奪集団が、通る道々の田野を荒廃させることになった。

厳密な軍事的見地からみてさえも、そのような状況の結果は恐るべきものであった。指揮下の軍隊に糧食を与えることができないために、隊長は軍隊を統制下に置くこともできず、また逃亡を防止することもできなかった。この二つの現象を克服し、それのみならず最も徹底的な略奪によってさえも獲得できないような規則的補給源を確保するために、[8] 一六世紀最後の数十年間に至って指揮官達は、少なくとも糧食や飼料、兵器、時には衣服を含む基本的必需品を兵士に与える必要を感じ始めた。だがこれも従軍商人の助けによって行なわれた。彼等との間で軍隊に補給する契約が結ばれたからである。その費用は兵士の給与から差し引かれた。[9] この新制度の起源は当時最強の二大国の軍隊、すなわちアンリ四世の国防大臣シュリー指揮下のフランス軍、およびアンブロシオ・スピノラ指揮下のスペイン軍の両方に、ほとんど同時にさかのぼることができる。[10]

どんな補給制度が利用されようと、秩序の整った軍隊にまず必要なものは常に金(かね)であった。だが一六世紀の後半期の間、軍隊の増大は各国政府の財政力をはるかに超えていた。当時最も富んでいた強国スペイン帝国でさえも、軍事費によって一五五七年から九八年までの間、三度も破産した。三〇年戦争の時まで、オランダを除いてはヨーロッパのいかなる主要国も、軍隊に給料を支払う余裕はなかった。その結果軍税制度に訴えることが必要になった。軍税制度は最後にはあらゆる国によって採用されたが、一般にはスペイン帝国の司令官ヴァレンシュタインに起源を発したものだとされている。[11] 現地住民に糧食を要求するかわりに——それらには国家による領収書によって支払われることになっていた——ヴァレンシュタインは現金を引き出した。その現金は個々の部隊や兵士に対してではなくて、軍全体の主計官に渡った。この制度は正直に言って強要に基づくものであったが、明らかな利点を二つ持っていた。すなわち一方において兵士に規則的な給料支払いを保証し、他方において個人的利益のために略奪する必要をなくしたことである。この制度は以前の制度よりも、意図においてより整然としており、またそれゆえに人情の機微をうかがったものであった。もっともそれは実際面において凶暴さを伴って実行されたため、各地のヨーロッパの人々は恐怖に打ちのめされて、一五〇〇年後になってもなおその制度の復活を防ごうと努力したほどであった。

当時の補給制度とはそのようなものであった。補給制度が戦略に及ぼした影響を評価する際、いちばん目立つ事実は、ほぼ永久的に一つの町に駐屯しない限り、軍隊というものは食って行くためには常に移動を続けねばならなかったということである。どんな方法を用いようと——ヴァレンシュタイン式の「軍税」であれ直接的な略奪であれ——軍隊という大集団、あるいは軍紀のゆるんだ家臣団が存在すれば、ある一つの地域はたちまちのうちに疲弊したものだった。かかる状況は、攻撃からの防御としての城塞の発達と普及が急速だった時期と一致したために特に災難だった。もしシャルル八世がイタリアをチョークを片手に征服することができたなら、一六世紀末および一七世紀初頭の列強の力はもはや軍隊にはなく、城塞で固められた町に存在したであろう。そしてこのような町がここかしこに点在する国だったら、全然軍隊がなくても戦争することができたであろう。そのような条件の下では、戦争は主に果てしない包囲攻城の連続であった。ところが敵地への戦略的侵入はしばしば空振りに終わった。

どの城塞を包囲すべきかとか、あるいは囲みを解くべきかを決定する段階にくると、補給への配慮がしばしば非常に重要な役割を演じた。当時の兵站術の現実からみて、一つの町の周辺が徹底的に荒らされると、その町が作戦行動からはずされたのはもっともなことであったろう。このことは、一五八六年アイントホーフェンを救おうとしたオランダ軍の失敗が良い例を示している。この時のオランダ軍の失敗は、目的地までの五〇マイルの行軍に際して、一万の軍隊に糧食を与えることが難しかったからということではなく、むしろ城壁の下に野営した時、糧食を補給することができなかったために起こったのである。[*12] 包囲攻城が長びけば、周辺の田野はもとの状態いかんにかかわらず完全に食い尽くされるがゆえに、この種の作戦行動は例外的な環境下でのみ行なうことができた。それゆえにマウリッツ公はオーステンデ包囲の間、麾下の軍隊を海上から補給した。だが不幸にも守備隊も同じ方法を利用することができたので、その結果包囲戦は記録破りの二年間も続いたのである。

次から次へと田野を食い尽くしていくことができる間は、司令官達は戦場で作戦行動するのがむしろ容易だった。軍隊は根拠地から補給を受けず、また多くの場合そのために戦っているはずの給料の支払いを国家から受けることさえ期待しなかったために、軍隊の移動方向を決める際、補給線はほとんど重要でなかった。軍税制度のためにヴァレンシュタインの兵団はほとんど自活していた。同じことはだいたい他の軍隊についても当てはまる。その中にはグスタフ・アドルフの軍隊も含まれるが、彼は一六三一年の初頭以降、他の人とそう変わらない方法で戦地から大量の補給品を引き出したのであった。それゆえに特別の二、三の例を除けば、一七世紀では軍隊の補給を断つことは戦略的に不可能であった。ただし兵士の補充地と軍隊とを分断することは時に可能であり、これを目的とする戦闘は時々始められた。[*13] 以下に述べるような制約を受けながらも、軍隊は存在していない根拠地との連絡にはほとんど無関心なままに、胃袋の命じるまま補給品がありそうなところへはどこにでも向けて、自由に動きまわることができた――そして実際にそうした。[*14] このような戦争では作戦行動はスピードを速めるどころか、明確な方向に向けての長期的かつ意識的な前進さえあまりしなかった。

一七世紀の軍隊は補給線からはほとんど無制限に自由だったのに対し、戦略的機動性は河川の流れによって厳しく制約されていた。このことは通常、河川を渡るのが難しいということとは関係がない。水路で運べるような補給物資は、陸上を引っ張るより船で運ぶほうが常にはるかに簡単だという事実のためである。このような特殊な理由はすべての軍隊に等しく当てはまるが、逆説的に言えば、補給物資をうまく調達する司令官になればなるほど水路に依存するようになるということであった。その原因は、船による運搬能力が荷馬車のそれに比べ大きかったことと、前者だと自分自身のための補給品がさらに必要になることがないということの両方のためだった。たとえば一七世紀の軍事技術家として一流であった人の計算によれば、一〇〇ラスト〔一ラストは約二トン〕の小麦粉と三〇〇ラストの飼料を詰め込むのにたった九隻の船で足りたが、陸上だと一〇〇ラストの小麦粉を運ぶだけで六〇〇台もの荷馬車が必要だとしている。[*15]

　当時の司令官のうちで、ナッソー伯マウリッツほど水路の利点をうまく利用した人はいない——逆に言えば、水路を利用することなしに作戦行動することがいかに難しいかを、彼ほど悟った者はいなかった。マウリッツは砲兵隊を東から西へ、あるいは西から東へと大河——マース川、ライン川、レック川、ワール川——に沿って急速に水上輸送することによって、あるいはフランドルに現われ、あるいはゲルダーラントに出現し、常にスペインの要塞を守備隊が防御の準備をする前に襲撃して、彼等を何度も奇襲するのに成功した。しかしながらマウリッツはひとたび河川をはずれると敗北した。この典型的な例は一六〇二年の戦闘で示されている。ついでに言えばこの戦闘は、目的を持った戦略的行動によって戦争に勝とうとした、当時としては非常に稀な例であった。その詳細は次の通りである。

　マウリッツはマース川を渡ってから、途中にある要塞を避け、ブラバント地方の奥深くに侵入してスペイン軍を戦場に誘（おび）き寄せ、最後にフランドルの西に釣る計画を立てた。最終目標は両地方の解放にあった。この目的のために大野戦軍——騎兵五四二二人と歩兵一万八九四二人——を集結した。さらにマウリッツは一三門のキャノン砲、一七門の臼砲、五門の野砲を持っていた。だがこの砲兵隊のうち、たった一二門の臼砲のみが軍隊に従って戦場に進出し、残りは水路によって送られて軍隊に合流することになっていた。マウリッツ軍は最初の一〇日間は自軍の携帯品で補給する予定になっており、五〇ラストの小麦粉を運ぶ七〇〇台の荷馬車を伴っていた。また別の五〇ラストは水路によって運ぶことになっていた。このような少なからざる準備にもかかわらず、作戦行動の全期間を通じて軍の補給をしっかりと確立することは、最初から問題にもならなかった。前述の準備はすべて、途中で田畑の作物を刈り穀粒をパンに変えることができるまでの間、軍隊を維持させるだけのものにすぎなかった。

ところがマウリッツ軍の作戦行動は農作物の収穫時期のずっと前に開始された。六月二〇日マース川を渡った直後、ブラバント地方の穀物が収穫するほど実っていないことがわかった。運搬した糧食も不十分だとわかり、特に軍隊内のイギリス兵は割り当てられた分を使い果たして、他の兵団から助けてもらわねばならなかった。そこでマウリッツは議会に手紙を送り、いかにして作戦行動を続けるかその方法がわからないこと、自分としてはスペイン軍を戦闘に誘き寄せたいけれども、もしそれができなかったらマース川まで戻らねばならないだろうことを知らせた。ちょうど一週間行軍したのち、軍は六月二七日停止した。次の三日間、新しくパンを焼く作業が「大車輪」で進められたため、七月二日行軍を再開できた。三日後パン焼きのため再び停止せざるをえなくなった時、マウリッツはもしセント・トゥルイヘン近辺で戦闘を強いることができなければ、マース川まで戻ろうとはっきりと心に決めた。七月八日までにセント・トゥルイヘンに実際に到達したが、その時になって水路により軍に送られるはずの五〇ラストのうち、たった一六ラストだけしか着いていないことが判明した。飢餓に直面してマウリッツは退却を決定した。残余の小麦粉が分配され焼かれたのち、七月一〇日後退が始まった。だが翌日「暑熱甚だし」かったため後退は停止せざるをえなくなった。七月一二日イギリス兵は再び自分たちのパンを食い尽くし、軍全体から助けてもらわなければならなかった。マース川に戻ってから、七月一九日パンとチーズの大量の荷がマウリッツの元に到着したので、彼はフランドルに侵入する決心をした。しかしながら議会は、マウリッツの当てもない作戦行動にもう飽き飽きしていたので、彼等は断固としてこの作戦を禁じ、そのためマウリッツは動かないでグラーブを包囲攻撃することにした。[*16]スペインが北オランダを征服できなかったのは、河川があまりにも多すぎるからだと言われてきた。ところがオランダ側から言わせれば、彼等がベルギーに前進しなかったのは、そこに河川があまりなかったためであった。

補給の状況にあまり気をつかわない司令官でさえ、当時の大砲があまりにも重かったために、ある程度河川に頼っていた。例えばとりわけ優れた砲兵家だったナッソー伯マウリッツの砲の中では、最も重いもの——いわゆるカルトゥーベン砲——は約五・五トンあり、運搬のために分解しなければならなかった。分解してさえ、その一つ一つを運ぶのに三〇頭もの馬が必要であり、そのうち恐らく二〇ないし三〇パーセントは、疲労のために年々倒れると予想されていた。六門の臼砲とそれぞれ一〇〇発の砲丸を備えたごく普通の砲兵縦列にも、砲弾、火薬、付属用具、その他あらゆる種類の操作資材を積み込んだ荷馬車の他に、砲そのものを引っ張って行くために約二五〇頭の馬が必要だった。[*17]通常砲兵隊はある距離を行進するのに、軍全体の二倍の時間を要したため、前進するにも後退するにも複雑な進軍命令という問題を生じた。当時の人がすべてこのような状況に満足したわけではなかった。マウリッツのいとこ、ナッソー伯ヨハンは、砲を軽くするために実際的な提案をした数多くの人の中の一人にすぎない。もっと重要な努力をしたのはグスタフ・アドルフであるが、彼にとってこの問題は、終始取りついて離れないものになった。これを解決するために彼は超重量級のミュルブレッカー砲を棄て、砲身を短くし、かつ砲身の厚みを減じ、また一連の超軽量の砲を導入した。その中で最も有名なのが（それほど効果はなかったとしても）皮製の砲だった。これらの改革で砲兵隊に随伴する馬匹と荷馬車の数を約五〇パーセント減らすことはできたが、以下にみるようにグスタフ・アドルフの戦略は、砲兵隊の非機動性によって生じた諸制約から免れることはなかった。しかもこれらの改革は永続きせず、彼の死後スウェーデンでは重い砲が再び鋳造された。[*18]

要するに一七世紀の軍司令官達が戦略の基礎を置いた基本的な兵站の実相は次のようであった。第一に、食って行くためには移動し続けることが絶対必要。第二に、行動の方向を決める時、根拠地との接触を維持することにあまり頭を悩ます必要はない。第三に、河川をたどり、できるだけその水路を支配することが重要である。これら三原則のすべてはスウェーデン王グスタフ・アドルフの戦歴によってよく例証されている。彼の作戦行動はより目的追求型であったと一般に信じられており、根拠地を持つことの重要性から間接的な近接作業の利点に至るまで、すべての実例を示したとされている。確かに彼は一六三〇年七月ペーネミュンデに上陸した瞬間から、兵站上の配慮に基づいて行動経路を決定した。スペイン軍の将軍コンティが、補給の困難から優勢な軍をグスタフ・アドルフに対して集結することができなかったという事実がなかったならば、上陸は全く不可能であっただろう。彼の軍勢はわずか一万を数えただけだったのに、荒廃したポメラニアでは軍を養うことができないとわかり、[*19]まず根拠地を拡大しなければならなかった。この目的のためにアドルフは、明確な戦略的目標をなんら持たないままにあちらこちらと移動し、通りすがりの町を占領してはそのすべてに守備隊を置いた。こうして徐々に補給物資が得られる地域は拡大した。しかしながら、包囲または他の方法によって占領する城塞の数が多くなればなるほど、それらを確保するためにますます多くの軍隊が必要になり、その限りにおいて自壊をもたらす方法でもあった。このような状況下では、そこそこの規模の野戦軍を集めて真剣に作戦行動を開始するまでに、翌年の春までかかったのも驚くべきことではない。

グスタフ・アドルフはポメラニアに残っていたものをすべて食べ尽くしてしまったために、一六三〇年から三一年に至る冬の間、根拠地をなお拡大する必要を感じた。[*20] 砲兵隊は水路以外では移動できなかったために、彼には二つのルートの選択が残された。すなわちエルベ川に達するため西方から南西へ行くか、あるいは南方へ行進してオーデル川に達するかであった。彼は前者のコースをとろうとしたが失敗したため、ブランデンブルク地方を補給地に加えようとして出発した。マクデブルクの市民に約束を与えてスペイン政府に対して反乱を起こさせたアドルフ王が、この町の救援に赴こうとしたのはこの時だった。だがキュストリンとスパンダウ（ベルリン）の要塞を占領しない限り、彼にはそうすることはできなかった。これらの要塞はそれぞれ、オーデル川とヴァルタ川との合流点、ハーベル川とスプレー川との合流点を防衛していたからである。これらすべての重要な水路は、ゲオルク・ヴィルヘルム選挙侯との交渉によってのみ確保できた。しかし、こうして水路が確保されるまでにマクデブルクは陥落していた。

ペーネミュンデ上陸以来今やほとんど一年が過ぎていたが、この間アドルフ王は他の軍隊と全く同様に現地徴発によって日々を送っていた。七月一八日、ヴェルベンの野営地から宰相オクセンシェルナに向けて、彼は次のような手紙を書き送っていた。「余はしばしば貴下に対しわが軍の状況を知らせてきた。すなわち余と軍は非常な貧しさと困苦と無秩序のうちに暮らしており、召使い達はみな逃げ去ってしまった。そしてわが軍は周辺地域を破滅、荒廃させる戦争を強いられている。まさに今このような状況にあるが、それは略奪して得られるもの以外に、余には兵士を満足させるものが残されていないからだ……」。別の手紙ではこう書いた。「宰相よ、余に月一〇万ターレルを送るという貴下の申し出にもかかわらず、……軍はこの四ヵ月間一銭をも受け取っていない。……兵士に糧食を与えるために余に残されたパンは、町から絞り取ったものだけなのだ。しかし、それにも限界がある。騎兵を制止するのは不可能だった……彼等は狂暴な略奪のみによって生きている。こうしてすべてが荒廃してしまったため、町や村にはもはや兵を養うものは何もない」[*21]。確かに、もう一度根拠地を拡大するのはこの時だった。九月、このための道がブライテンフェルトの大勝利によって開かれた。

ティリを撃破したので、二つのコースが再びグスタフ・アドルフに開けた。彼はオーデル川に沿って進軍できた。戦略的に言えばこのコースをとったほうが論理的だったであろう。というのは南東に敵の中心地ウィーンがあったからである。もう一つの選択としてライン川に進むことができた。この第二のコースのほうが砲兵隊には行進しやすい見込みがあった[*22]。それにこのコースをとれば、スウェーデン軍はボヘミアの荒涼たる山岳地帯ではなくて、ドイツでも最も豊かな地方に進むことになるだろう。結論は再び兵站上の考慮が戦略より優先されることになった。すなわち一一月になってスウェーデン軍はマインツに接近し、三ヵ月の間に中部ドイツの大部分を占領した。他にどんな利点があったにせよ、このコースをとると決めたことは、外観まで含めて軍の物質的状態からみる限り確かに正しかった。ブランデンブルクやサクソニアを荒らし回っていた乞食の群れは、ほとんど一夜にして富裕で装備の整った軍隊に変わっていた[*23]。これはもちろん、道筋にある町々の徹底的搾取によってできたのであり、司祭やユダヤ人は至るところで特別の軍税を支払わされていた。

一六三一年から三二年にかけての冬は、ヴュルツブルク―フランクフルト―マインツ地域で過ごした。この時までにグスタフ・アドルフは、その指揮下に一〇万を超す軍を擁していた。彼は次の作戦に備えてこれを二倍にしたいと思った。しかしながら、たとえ麾下の軍隊は今やドイツの国半分から物資を調達できるようになっていたとしても、どこかを新しく征服しない限り、そのような大軍を維持することは明らかに不可能だった。再度進軍の方向は地理によって決まった。すなわちスウェーデン軍はドナウ川に沿って東に進み、レヒ川を渡ってバヴァリア（バイエルン）を賠償金として取ろうとした。だが夏が終わらないうちに、ニュルンベルクやアウグスブルクのような町から強奪した大金でさえも不足であることがわかった。軍は崩壊するのを防ぐために、ドナウ川に沿って「敵中突破逃走」を続けざるをえなかった。[*24] ウィーンへの進軍は、ヴァレンシュタインがボヘミアから撃って出て南部サクソニア地方に出没し、スウェーデン軍のバルト海との連絡線を危うくしているとのニュースにより、直ちに中止された。グスタフ・アドルフは彼の全盛期――彼は事実本拠地から数百マイル離れたところで作戦行動していた――には稀なことだが不安の念を表明して、ドナウヴェルトを去った。軍はそして前進と反転を少ししたのち、ニュルンベルクの近くのフュルトに到達し野営を張った。軍はここに二ヵ月間留まり、グスタフ・アドルフとヴァレンシュタインはそれぞれ、相手を兵糧攻めにしようと全力を振りしぼった。結局ヴァレンシュタインのほうが、このような作戦行動には熟達していた。すなわち九月初めにアドルフ王は、目的地もなく兵を移動せざるをえなくなった。ヴァレンシュタイン軍はアルテ・フェステでスウェーデン軍に最初の勝利を収めたにもかかわらず、あまりにも衰弱し飢えていたために追撃することができなかったのだが、このことは一七世紀の補給方法がどんなものであるかを端的に示している。

ドナウ川に戻ってからグスタフ・アドルフは、東方に向けてバヴァリアへの前進を苦労しながら続

第１図　グスタフ・アドルフのドイツ進攻作戦（1630～32）

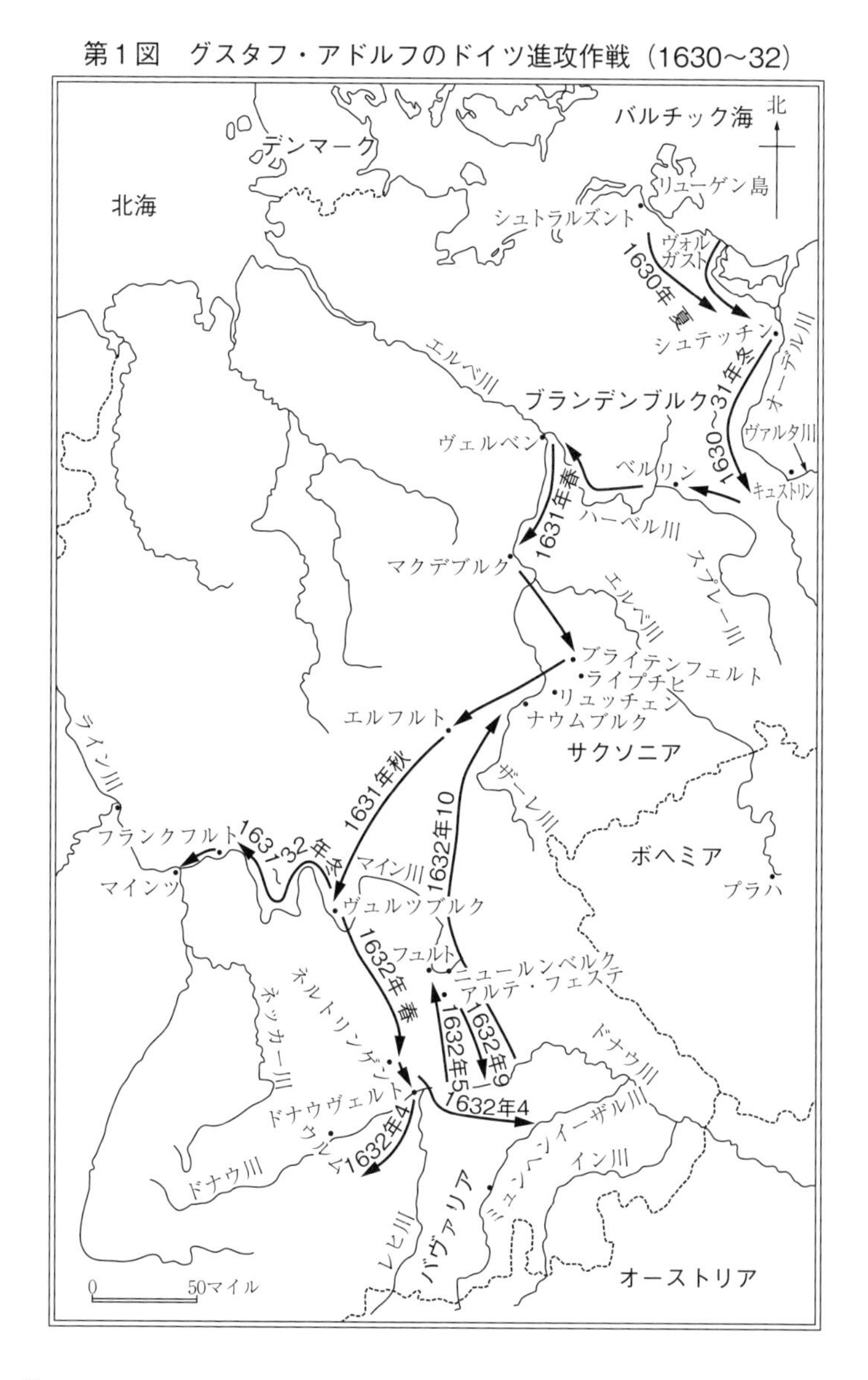

けていた。一〇月になってスウェーデンとの連絡が再び切断される危機に陥ったため、アドルフは二万人を引き連れ、ハレ川の渡河点を占領するために、二七日間に二七〇マイルを行軍してナウムブルクに進んだ。彼が行なった戦略的進撃のうち、ナポレオンに似た行動を示したのは、これが唯一のものだった。そしてそれは、すでに占領され守備隊が置かれている地域での退却の際に行なわれたのであった。

グスタフ・アドルフの軍事史上での地位は、なかんずく彼が戦術および技術を革新したことにより与えられている。だが、五軍団――あるいは七軍団――によるウィーンへの集中進撃*25という、不可能だったけれども壮大な夢はさておいても、彼の戦略は比較的小規模の野戦軍を自由に移動させることに成功するどころか、一ヵ所に長期滞陣させることができず、補給制度の欠点により――あるいは補給制度が欠けていたために――、兵および馬匹の胃袋が導くままに、場所、時間を問わず前進を強いられた。その限りにおいて彼は、当時の戦略をしのいでいたというより、むしろそれを代表していたのである。後世の君主に比べてアドルフ王については、軍隊を支配していたのは彼ではなくて、糧食やまぐさであったと言ってよいであろう。しかし次の時代にはいってから、戦略が兵站によってこのように特別に左右されることから脱却する努力が開始された。

軍需品倉庫の出現

ルイ一三世当時のフランス宰相リシュリューは政治論文の中でこう書いた。「歴史によれば軍隊は、敵によってよりもむしろ物資不足や無秩序によって破滅したことのほうが多い。そして余は、わが全盛時代に行なわれた冒険のすべてが、いかに理性にさえ欠けているかをこの目で見てきた」[*26]と。この言葉は、三〇年戦争が最終かつ最悪段階に入りつつある時――当時中央ヨーロッパはすでに荒廃しつくして、一六三〇年代初期のような大規模の軍隊をもう維持することができなかった――ヴァレンシュタインおよびグスタフ・アドルフ両人の死後、どんな規模であれ軍隊維持という問題が手に負えなくなりつつある状況をよく示している。トルステンソンやバーネル、ランゲルは、一万五〇〇〇人以上の兵をある一点に集結させることが決してできなかった。戦争が退化して敵の町に対する騎兵の長駆侵入に堕するにつれて――それらのほとんどは補給がないために崩壊する運命にあったが――あたかも軍事学は中世に逆戻りするのではないかと思われた。[*27]そうならなかったのは主として二人のフランス人、すなわちル・テリエとルーヴォワの努力のお蔭であった。この父と子の二人によって軍需品倉庫制度が確立され、これが以後一五〇年間、戦争に決定的な影響を及ぼしたと言われている。

もちろん軍需品倉庫は、それまで全く存在しなかったものではなかった。貧窮国または荒廃地で戦争を遂行することは、歴史を通じてしばしば必要だった。このような時目的達成を確実にするために、一七世紀初期の軍事著述家は、都合のよい場所にある町や城塞にたくさんの軍需品倉庫を設けるよう助言した。よい場所に設けられた野営地には、緊急時にしか手をつけてはならない糧食を、常時一五日分貯えるべきだとされた。[*28]こうしたことや他の諸原則（「あまり多くの卵を同じ籠に入れるな」など）は、戦争と同様に古くからあった。しかし軍隊の規模が限られていたため、稀な場合を除いて、これらの原則を実行する必要はなかった。

軍需品倉庫と同じように、根拠地から補給物資を運ぶ常設護送隊も、例外的な場合にしか必要でなかった。例外的な場合でも輜重（しちょう）隊は、軍の編成の中には加えられなかった。というよりもむしろ荷馬車は、商人との契約によるか、あるいはしばしば起こったことであるが農村の農事用の車を徴発して、間に合わせに整えたものだった。農民に対しては借用証との引き換えによって、あとになって支払われるものとされた。補給物資の輸送に関して言えば、それは危険な仕事になりがちだった。一七世紀の戦争は要塞化された町の周辺に集中したので、町と町との空間には滅多に注意を払うことがなく、味方と敵とを分かつ「戦線」と言うべきものは一般に存在しなかった。そのためこのような環境下では護送隊に援護の兵を出すのは絶対必要であり、全軍をこのために使った例がいくつか記録されている。適切な財政・行政組織の欠如はともかくとして、このことが比較的あとになって根拠地との間の常備補給制度を出現させる大きな理由となった。だがこのような制度は、軍隊が連続した防線(ライン)を形造ることができなかったために、あるいは広大な地域を完全支配することさえできなかったために、騎兵の襲撃に対してあまりにも脆弱であった。

ル・テリエは一六四〇年九月三日にイタリア軍の監督官に任命され、トリノに出発して、そこで二回の作戦(一六四一年と一六四二年)に時間を過ごしながら管理制度の改良を企てた。軍隊に対して、より定期的な給料の支払いを要求したほかに、彼は腐敗との戦いを試みた。彼は商人との契約を廃棄できるとは思っていなかったが、厳しい契約を課すことによって彼等に対し仕事を改善させるように努め、冬期の輸送を維持し、商人に強制して少なくとも若干の軍需品倉庫を手近に置くようにさせた。それゆえにこれらの施策は、全く新しい制度の創造というより、むしろ既存の制度のより効率的な実施に向けられていた。ル・テリエが補給制度の再編を真剣に始めることができたのは、一六四三年四月ようやく陸軍大臣が設けられたあとからだった。

常備兵站制度を作るための最初の前提条件は、もちろん必要品を正確に決めることである。このようなことはあまりにも初歩的なので、当然なことのように聞こえるかもしれない。しかしル・テリエは、軍隊の各員はどれだけの糧食と他の補給物資を受けるべきかを、規則で決めることから始めなければならなかった。その数字は甚だしく異なっており、一日当たりの割当て糧食は最高司令官の一〇〇レーション〔一回分の糧食〕から、兵卒一人に対する一レーションまで差異があった。同様の規則は将校の従兵や従卒、荷物を運搬する馬匹にも作られており、その数は正確に階級に従って決められていた。ル・テリエは標準契約を決めることによってこれをさらに徹底化し、それまで軍隊に適用されていた多数の特殊契約を廃止したのだった。そのような契約条件の下で陸軍大臣は従軍商人に金を支払い、彼等の隊列から通行税や他の税金を免除し、また護衛隊をつけたのであった。従軍商人は野営地に着くと、商売をする場所や兵隊の乱暴行為に対する保護を保証され、また必要ならば損害に対する補償も約束された。そのかわり従軍商人は、約束した補給地に協定した量を届けることを保証し、補給地では兵站監によって品質を検査された。糧食を軍需品倉庫から軍隊に輸送する責任もまた従軍商人にあった。彼等は途中で荷馬車を徴発し、それらに対し普通料金で金を支払うことが認められていた。小麦粉を軍隊の近くに持ち込むと、従軍商人は民間のパン屋を雇い――必要ならば力ずくで――「昼夜を分かたず」働かせることが認められていた。それゆえにル・テリエは、軍隊固有の職務を支配と監督に制限し続けたという点において既成の原理から離れはしなかった。軍隊のその目的のために、彼は一六四三年八月監督官という特殊兵団を創設した。彼の唯一最大の改革は「糧食隊」の創設にある。これは特別の兵隊によって指揮された常設の車両部隊であって、糧食を後方から運んで軍隊と共に戦場に持って行くよりも、数日間の予備品を持った移動倉庫を引っ張って行くことを目的としていた。

このような経過を経て、軍需品倉庫の利用はしだいに頻繁になっていった。早くも一六四三年にはル・テリエは、チオンビル包囲とルイ一四世麾下の将軍チュレンヌのライン川作戦を助けるために、メッツ、ナンシー、ポンタムッソンに糧食を集積していた。一六四四年彼はダンケルクの包囲に加わりながら、騎兵隊に糧食を補給するための軍需品倉庫を作った——騎兵は常に一ヵ所に長く駐留すると糧食がなくなる最初の軍隊だったからである。一六四八年再び彼はグラモ元帥に対し、イープル包囲の準備としてアラスとダンケルクに軍需品倉庫を作るように勧めた。[*29] だがル・テリエ最大の功績は、大勝利を収めた一六五八年の作戦行動の間にたてられた。この作戦コースは大部分兵站上の考慮によって決められたから、やや詳細に追究する価値がある。チュレンヌはマルディックの冬期野営地を去って、五月中旬ダンケルクに向かった。彼が途中どうやって糧食を得ていたかは語られていないが、引率した軍隊は一〇日間の行進のあいだ自給していたようである。ダンケルクに着くや彼は町を包囲し、数日後には海上を通じて、カレーに作られた軍需品倉庫から補給物資を受け取り始めた。町は六月二五日に陥落した。チュレンヌはブレゲに進撃したが、そこはわずか数日間持ちこたえただけだった。それから彼は内陸に向かって進み、赴くままに次から次へと町を占領したが、常に補給用ボートを後に従えていた。九月初めに彼はオウデナールデに到着したが、そこは再び数日間持ちこたえただけだった。彼は手元に十分な糧食を持っていなかったため、ブリュッセルに進撃することができなかったのだ。やむをえずイープルに進み、九月一三日にそこを包囲したのち二週間後には陥落させた。この征服によって彼はエスコー川に進むことができ、その河岸で不自由なく野営できた。彼は川辺で数週間を浪費したのち、一一月にブリュッセルに向かって突進したが、すでに季節が遅れていたのに気づいた。そこでチュレンヌは、占領地を固め冬期の糧食を与えるように注意し、しかるのちにパリに去った。[*30]

作戦行動――実際には一連の包囲攻城――を補給できるのは水路だけであるとの正常な原理に基づいて、チュレンヌはその年の行動をダンケルクで開始し、それから内陸への道をとった。糧食と弾薬を積んだ船が彼の行くところに従い、軍需品倉庫の網の目を広げるために、補給船の利用は最近征服された土地で行なわれた。チュレンヌ軍が調達をほとんど完全に現地に依存した唯一の品目は、通常みられるごとくまぐさであり、この品物の不足は少しでも長期の包囲を必要とする時は、いつでも表面化した。ところが、チュレンヌとル・テリエの作戦の立て方がうまかったために、どんな場合でも兵站上の困難から包囲を中止せざるをえなくなったことはなかった。もっとも兵站上の問題がおもな原因になって、包囲する場所が決まることはあったが。

ル・テリエの改革は重要ではあったが、それらが一時的な間に合わせの性格を帯びていたという点で、明らかに「移動性軍隊」の時代に属している。特定の作戦行動を支援するために、軍需品倉庫が創設され貯蔵品が集積された。だが予備品を常時貯わえるということは問題外であったのだ。物資が余ると「国王の家臣の負担を軽減する」ためにも、またそれらの物資の所有者のポケットを満たすためにも、作戦の終了直後に売却されるのが常だったが、確かにそういうことはなくなった。しかし軍需品倉庫を常設するようになったのは、ル・テリエの息子ルーヴォワになってからであった。これによって彼は一つの時代と訣別し、もう一つの時代、すなわち常備軍の時代にはいったのである。

実際にはルーヴォワは、一種類ではなく二種類の軍需品倉庫を創設した。第一の種類は、鎖状につながった国境の町や要塞を「国王のとりで」と指定することによって、国家防衛の一助たらしめんとしたもので、守備隊に六ヵ月分の糧食と二人に一頭の馬を常備させて、包囲に対し永久的に持ちこたえさせようとした。それより革命的なのは一般軍需品倉庫であった。これによって、フランス国境外で作戦行動を開始した野戦軍に対し、必需品を調達する予定だった。これらの倉庫は二つとも総督の下に置かれ、総督の任務は倉庫がいつでも貯蔵物資で一杯になっているかどうかを監視することであった。ルーヴォワの手紙の大部分には、部下の総督に対し、日常の必要のために軍需品倉庫を使わないようにとの忠告が書かれている。前任者と同様にルーヴォワは、陸軍大臣としては契約当事者としてより、むしろ監督者として行動した。彼は国家のために直接には買い付けを行なわず、請負人達と交渉した。その理由は適当な行政機関がなかったというばかりではなく、資金が不足していたためでもあった。無数の手紙やメモから浮かび出てくる彼のやり方は、通常次のようであった。まず軍隊の数と作戦の継続予定日数――普通は一八〇日――を掛けることによって、消費量を計算した。それから各品目ごとに支払い予定価格を書きとめ、それに輸送、貯蔵、分配の費用を足して、全コストをはじいた。次に国家との間に契約が交わされたが、というのは請負人に期限通りの支払いができなかったために、このことが最大の弱点となっていた。全制度のうちで恐らくこのことが最大の弱点となっていた。国家は通常借金を求めていた。ルーヴォワは請負人達による略奪に対してなすすべがなかったからである。[*31] この悪弊は根絶することができず、アンシャン・レジームそのものが続く限り存続することになった。

ルーヴォワは、糧食を軍需品倉庫から野営地まで運搬することには何らの改革も行なわなかった。常備の輜重隊はなおずっと後世のことであり、普通は現地で徴発した車両を使用し、できる所ではしけをつけ加える方法が依然とられていた。ルーヴォワが最も重要な変更を行なったのは、恐らく分配の方法であろう。兵士一人ひとりが代金を支払わないでも毎日の糧食を得られることが、原則の問題として確立したのは、この時が初めてだった。基準糧食は一日当たり二ポンドのパンから成っており、時々固形ビスケットに替えられた。固形ビスケットは一世紀後、ナポレオン軍がヨーロッパ大陸を越えてあちらこちらに進んだ際の原動力として役立つことになる。以上のような基本糧食には、状況に従って肉、豆、あるいは他の蛋白質性食物がつけ加えられた。[*32] これらの食物は基準糧食には含まれておらず、ある時は無料で、ある時は市価の半値あるいは四分の一で補給された。ある時は軍隊全体が「国王の寛大なる御心」によって恩典を得たが、ある時は歩兵のみが恩恵を受けた。ルーヴォワは軍隊の規律を心配していたが、軍隊の消費量について制限しようという気をさらさら起こさなかった。その結果兵卒はしばしば糧食を無駄に使うか、あるいはそれを酒と物々交換したのである。

ルーヴォワの改革は、作戦行動の自由を増大させ、移動の速度をできる限り増加させ、フランス軍、特にフランスの騎兵が戦場に留まることができる期間をできるだけ延長させたと言われている。[*33] このような主張は、ルーヴォワによってすべてが組織された最初の作戦が示したように、ある程度まで正当である。それゆえにこの作戦はルーヴォワにとって最も成功したものであり、戦争に革命を記録したものである。すなわちルーヴォワは一六七二年、オランダに対するルイ一四世の戦争のために、ペルシャ王クセルクセス以来恐らくは最大の野戦軍、すなわち全西欧から動員した一二万人の兵力を創設したのだった。オランダに対し南から近づくことが、次々と続く河岸要塞によってできなかったため、ゲルダーラントを通って東方から進攻することに決定された。そしてフランス軍は、同盟国ケルン選挙侯の領土内に予め設定されたひと続きの軍需品倉庫によって、補給を受ける予定になっていた。同選挙侯はこの目的のために、四つの町――ノイス、カイザーヴェルト、ボン、ドルシュテン――を指定した。次にとるべき方法は、ケルンに代理人を送ることであった。代理人は表面上選挙侯のために働くように見せながら、軍需品倉庫を一杯にする予定だった。その際終始守られた原則は――「資材持ち出しか、しからずんば死か」といわれた当時にあっては奇妙に聞こえる原則だが——自分の国内からは他国では手に入らない物のみを調達することだった。この時の場合では砲兵隊をフランスから持ってくることは必要だったが、その他のあらゆるものはフランスの国境外から得られた。火薬や弾薬さえも、アムステルダム在住のユダヤ人銀行家サドックの尽力によって、その町から送られた。同時に北部国境沿いのフランス自体の軍需品倉庫もまた満たされた。

作戦行動そのものは五月九日に開始された。チュレンヌは二万三〇〇〇の兵と三〇門の砲を率いてシャトレ（シャルルロアの近く）の野営地を出発し、サンブルに進んだ。途中トングレとビルセンを占領したのちメストリヒトに達し、そこを包囲した。この地で彼は、ミューズ川を下ってきたアルデンヌのコンデ公の軍と合流した。五月一九日連合軍はリエージュを出発してライン川に向かった。チュレンヌがライン川の左岸に留まっている間にコンデ公は渡河し、両軍は北に向かって両岸を進み、遂に六月一一日エメリヒで再び合流した。わずか一週間でフランス軍はアーメルスフォールトに到達した。この地はエメリヒから六〇マイル、アムステルダムから約二〇マイルのところにある。このときオランダが堰堤を切ったため、押し寄せる水に直面して作戦行動は急きょ中止された。

シャトレからエメリヒまで、フランス軍はおもに友好的な領土を進んだ。軍需品倉庫から遠のくどころか、日々の進軍によって実際はそれにますます近づいていた。このような例外的な好条件にもかかわらず、軍は三三日間に約二二〇マイルを進んだだけだった。これはルイ一四世が行なった全戦争のうち、一日七マイルという最も機動性のあった作戦を下回るものだった。行軍速度が若干速まったのはようやく敵地に入ってからだが、これは進軍距離が短くなったということと、反撃がほとんどなかったという事実によって助けられた。確かにこの戦争は非常に成功した戦いだったが、機動性が優れていたことよりも、組織の完璧さのほうが目立った戦争であった。

ここで当時の補給制度の限界という問題にきたが、それがいかに不完全であったかを心に留めておくことが、なかんずく必要である。通常の方法、すなわち当時の戦争の本当の目的は、敵を犠牲にして補給を得ることとであった。ルーヴォワ自身、戦争の開始を監督官達に知らせる時にはいつも言っていたことだが、次のような決まり文句で作戦行動の目的を表現していた。「皇帝陛下は大軍を召集された……異教の国オランダに侵入し、ネーデルラントの総督が陛下の要求に屈するまで、彼等の犠牲において生きてゆくためである……（監督官は）スペイン領に課す諸税の取り立てに責任を持たなければならない」[*34]と。「自分の国への負担を避ける」のがルーヴォワの明白な意図であった時でも、かいばはあらゆる場合においても本国から持って行かなければならない物資だった。[*35]しかしながら通常、そのような〝上品なもの〟を運ぶ余地はなかった。フランスの軍司令官達は、比較的短距離の側面行進をするにすぎない場合でさえも、「途中にあるもので食って行け」と命令された。そしてこの目的のために、家屋の破壊や人畜、家財の捕獲を含めて、ヴァレンシュタインが使ったようなあらゆる狂暴な手段を用いることが認められた。[*36]作戦行動の初期において、少なくとも軍隊の必要品の一部が本国の軍需品倉庫から調達された段階でさえも、「（軍隊が）より満足して暮らしてゆける方法」は、敵から略奪し敵の犠牲において消費してゆくことだった。[*37]これが非常に控え目な表現であることは、次の若干の数字が明らかにするだろう。ルーヴォワの時代の典型的な兵力数、たとえば六万人の軍隊は、騎兵、砲兵、輜重隊で合計四万頭の馬を伴っていた。[*38]この軍隊は一人当たり二ポンドとして、一日一二万ポンドのパンを消費した。それに加えて他にも大量の食物、飲料が必要であり、その重量は少なくともさらに六万ポンドを数えた。馬匹の食糧は季節によって甚だしく変動したが、普通人間のそれの約一〇倍に達していた。すなわち一頭当たり二〇ポンドであり、全軍隊では一日当たり合計八〇万ポンドだった。それゆえに消費量の総計は一日九八万ポンドにも達し、そのうちわずか一二万ポンド——すなわち一二パーセント強のみ——が軍需品倉庫に常備され、あるいは護送隊によって移動した。あとはすべて実際上現地で調達された。その理由は長期間貯蔵し保存するのが不可能——兵士用糧食の場合のように——なためか、輸送するにはあまりにもかさばっているため、遠くに運ぶのが全く不可能だったか、いずれかのためであった。後者の場合が馬匹用かいばであった。

後方から送られてこない九〇パーセントの補給物資を得るための必要性が、送られてくる一〇パーセントの補給品以上に、軍隊の行動を左右したに違いないことは明らかである。だがこのことは、ルーヴォワの「倉庫狂」を非難したギベールに始まって、この批判に声を合わせながら現代戦は「補給というヘソの緒」によって縛られていると述べた最近の研究家に至るまで、大多数の批評家によって無視されてきた。[*39] 当時、後方からの補給がルーヴォワ軍の行動を制限した例は存在しており、その際立った例は恐らく一六九二年、モンス—アンジャン間のわずか一六マイルの間隙を埋めようとして、輸送手段がルクセンブルクで発見できなかったことである。だがルーヴォワ軍の行動を決定したのは、グスタフ・アドルフ軍と全く同じように、全体的にみて軍需品倉庫や護送隊よりもはるかに、現地調達ができるかどうかであった。

このことはルイ一四世自身にさえもよく当てはまっている。彼は一六八四年ルクセンブルク包囲を増援しようとしたが、麾下の軍隊——すなわち三〇〇〇〇人を数える分遣隊——もろとも、途中での糧食確保の保証がつかず、出発を二週間延期せざるをえなかった。[*40] スペイン継承戦争の年代記を通読すると、最も多く突発するのはこうした問題である。ある時にはブルゴーニュ公は、ボンにいたタラールを増援することができなかった。タラール所有の小麦粉が部下の軍隊を養うには不足しており、一方周辺の田野はすべて食べ尽くされていたからである。

またある場合にはウーサエはルイ一四世に対し、ランダウの包囲攻撃は、その周辺がすでに前回の作戦期間に二度にわたって占領されており、それゆえに包囲を続けることも軍を送ることもできないから、実施不可能であると説明した。[*41] ピュイセギュールは、部下の軍隊を分散させそのために軍を敵の攻撃にさらさせたことを王から非難されたのに対し、もし軍隊を小さな地域に集中すれば、スペイン領オランダはあまりにも貧しいため兵への補給が続けられないと答えている。[*42] しかし、一六八四年六月ほどルーヴォワの軍隊――その補給制度は全ヨーロッパの羨望の的だったのだが――が、本国からの持ち出し資材に依存したことはない。それはルイ一四世が、次の目的地をモンスにすべきか、アトにすべきか、それともシャルルロアにすべきかと迷っていた時だった。モンスを占領するのがオランダには「全くの打撃」になると考えられたが、現地で調達できる糧食が全くないために、「克服しがたい困難」が生じるだろう。そのためルーヴォワは、ルイ一四世への手紙の中で、「全く何もやらないよりか、他の場所を占領したほうがよいでしょう」と指摘して言葉を結んだ。[*43]

「ルイ一四世の世紀」の戦争が、われわれにはこじんまりして積極果敢さがないとみえるとしたら、その理由は軍隊が軍需品倉庫や護送隊に依存したという、恐らく誇張された原因によってではない。むしろ反対に、当時最もよく組織されていた軍隊でさえ、実際上かいばの全部と、大部分ではないにしても糧食の多くを、現地で補給しなければ何もできなかったところに理由があった。フランスの支配地を越えて――時には支配地の中でも――ある場所からある場所へ進む兵団が、行進の間自給するか、あるいは「途中にあるもので暮らして行け」と命令されていたことが、ルーヴォワの手紙から浮かび上がってくる。筆者が見た限りではどんな場合でも、根拠地との間を定期的に行き来する輜重隊だけによって、移動中に補給を受けた軍隊は全くない。それに、このような作戦に必要な数学は、当時の軍司令官にはあまりにも複雑すぎて、取り組めなかったと言われている。[*44] 終始非常に困難な兵站上の問題がルーヴォワに直面していたので、彼と同時代の人や後代の人は、移動中の軍を補給するどころか、停止している軍隊が飢えるのを防ぐこともできなかった。だから、例えばブレンハイム宮殿での凱旋行進で、マールバラ公がリール戦線における彼の作戦の特別な場面を数えあげた際の誇らしげなさまをみていただきたい。[*45]

補給制度の目的は、移動していない——すなわち包囲攻撃している——時の軍隊をささえるためであったから、長く延びた常備輸送隊——臨時に雇用された兵であれ、徴用された兵であれ——の先端で軍隊が行動しているというイメージを持つのは誤りである。さらに言えば、包囲攻撃している町につながっているのは、一本の長い補給線ではなく、数本の短い線——普通二ないし四本——が、それぞれパンまたは弾薬を貯蔵している軍需品倉庫からつながっていたようである。かいば用の補給線は、時には現地のものを補完するために作られたこともあったようだが、現地調達を全く不必要にするようなことは決してなかった。[*46] このような兵站制度の下では、速度と距離はほとんど重要ではなかった。むしろ問題となったのは、準備を偽装したり分散することであり——今も昔も分散は奇襲攻撃の基本的要素であった——、また軍隊や攻城縦列、補給物資の動きを様々な輸送手段と細かく調整させ、ヴォーバン元帥から国王に至るまで、あらゆる物あらゆる人間が、正確な時間に指定した町の前線に現われるように、それらを管理することが問題だった。ルーヴォワが兵站術に真に貢献したのは、当時の不完全な通信、管理、輸送手段を克服しながら、通常の交易を乱すことなく、また敵に疑いを起こさせることなく、以上のことをすべて行なう方法を示し、可能な場合には本国よりも敵の物財に依存したことにある。戦略に行動の自由を与えようとする無駄な試みに貢献したのではなかった。

移動中のほうが安全だった

一八世紀について、当時の軍隊は胃袋の命じるままに行進したのではなくて、空の胃袋の命じるままにのたくっただけだと言われている。その光景を描くとすれば、軍需品倉庫によってある程度行動の方向を選ぶ自由は与えられているけれども、まさにこの軍需品倉庫によって速度と距離を制限され、重要な補給線の防衛に常にかかりきっていた軍隊の姿が浮かぶ。[*47] 軍事研究の権威者は、そうした結果生じた戦争の型は、緩慢で骨の折れるものであったということで意見が一致している。つべこべと屁理屈が多く、無気力な戦争だったとまで言った人も幾人かいる。しかしながら、兵站制度のうちどの要因によって、このような機動性の相対的欠如を余儀なくされたか、またそれはどのようにして生じたかを分析する段になると、混乱きわまりない。一八世紀の軍隊は、後方の軍需品倉庫から補給を受けたと思われているが、この点を最も強く力説する研究者でさえも、一方で戦争の目的は通常「敵の犠牲において生存すること」だと言っている。この言葉は「機動戦の予言者」ギベール自身によってさえ使われた。[*48] 軍司令官は根拠地から五〇マイル、六〇マイル、あるいは八〇マイル以上離れることはできなかったと言われているが（いわゆる「馬車限界」）、当時の軍隊はすべて、「移動倉庫」と名付けるべきものを「負わせられ」ていたようだ。移動倉庫とは糧食を積んだ荷馬車を意味しており、その糧食によって軍隊は、暫らくの間自給することができ、貯蔵物資がある間は、どの方向にもどんな遠くにも、進むことができたであろう。とすると状況は前に述べたことと矛盾してくる。この際明確化が必要である。

何はさておき一八世紀の戦争の性質は、その政治的目的の直接の結果だった。戦争は君主間の個人的争いだと見なされていた。すなわち、ある君主が隣りの君主に対し要求または「不平」を持つと、それを満たすために相手の領土に軍隊を送り、譲歩するまで相手の領土内で兵を維持したのだった。[*49] 進攻した地方を戦後も永久に保持する可能性が出てくれば、将来自国となるその地を保全するよう注意が払われた。だが、もしその可能性がなければ、略奪は情け容赦はなかった。いずれにしても軍需品倉庫は、軍隊に対し最初の突進をささえるために設けられたにすぎなかったのである。その後に軍隊は国境を越え、敵の領土に侵入し、塹壕で守られた野営地を設定するのに都合のよい場所——良好な道路か河川の近くに位置し、守備しやすいところ——を選ぶのが常だった。それ以後の順序は、一八世紀の戦争については比類なき著述家、サックス公モーリスによって巧みに述べられている。「糧食は現在の消費量に対し不足してはいない。だが将来の緊急用のために、補給を得る方法について若干の管理が必要だ……これを遂行するためには、遠い異境の地から糧食や金の補給を引き出す方法が必要であろう……その最善の方法は、これらの地に回状を送りつけ……断わったら軍隊によって処刑を受けるぞと言って住民を脅迫し、彼等を要求に屈服させることである」[*50]と。二〇人ないし三〇人より成る分遣隊が、一人の将校に率いられて軍税を徴集するために派遣され、それに失敗すると、地方首長の住居の略奪か焼き打ちが適当であるとされたのだった。

金が徴集されると、軍監督官によって勝手に決められた値段で補給物資を買い付けまたは徴発するために、強制と説得が交互に用いられた。敵が附近にいる場合は、その接近を防ぐために[51]、徴発は急いだほうがよいのにもかかわらず、普通はゆっくりと行なわれた。軍隊は周辺地域が疲弊するまで、一ヵ所に駐留した。真っ先に不足するものは常にかいばであって、かいばが不足すると軍隊は、なお手に入るものはすべて集め、それからテントをたたんで次の場所へ移動するのだった。

「食べるものがあれば全部食べる」[52]という戦略のために、政府調達の物資はたいして必要ではなかったが——戦略の目的そのものが、政府調達資材抜きで戦争遂行を可能にさせることにあった[53]——包囲攻城が予想より長引いた時に問題が起こらざるをえなかった。周辺領土の物資がなくなる以前に町を占領することが戦争の基本的問題であり、その問題を解決するために、奇妙な（論理的ではあるが）取り決めが作られていた。それによると守備隊が敗けた場合得られる条件は、抵抗の時間に反比例していた。しかしながらそのような工夫も、一八世紀においてさえ必ずしもうまくいかず、もしうまくいかなかった時には、後世もの笑いの種になるような恐るべき補給作戦を実施せねばならなかった。たった一つ最も有名な例を挙げれば、プロシャ王フリードリヒ二世は一七五七年、三〇〇〇台の荷馬車から成る重要な輸送隊がオーストリア軍によって遮断されたために、オルミュッツの包囲を解かざるをえなくなった。それゆえに彼は、その年の後半同じような目に遭うのを避けるために非常な注意を払った。まず初めにトロパウからオルミュッツまで輸送隊を護衛するために一万五〇〇〇人の兵を使い、次にケーニヒグレーツまで運ぶのに三万人を用い、最後にグラッツまでの補給線を確保するために八〇〇〇人を使用したのだった。それはクラウゼヴィッツの言葉によれば、「食糧のための防衛戦を遂行するために、あたかもプロシャの全軍が敵の領土内に危険を冒して進軍したようであった」[54]。この場合はまさにその通りであったことは否定しようがない。だが、このことをもってフリードリヒ軍があまりに腰が重たくて移動するのをいやがったからだと解するのは誤りである。なんとなればこのような状態は、包囲戦という必要性から起きたことであり、またそれ以外には原因がありえないからである。

フリードリヒ二世にその気があれば、非常に敏速に移動できたであろうことは、彼の戦場における行動から明らかである。すなわち一七五七年九月、ドレスデンからエルフルトまで、一五〇マイルを進軍するのに、彼は一三日をかけただけだった。二ヵ月後、ライプチヒからパルヒヴィッツまで二二五マイルを、一四日間で進んだ。さらに一七五八年九月には、わずか一週間でキュストリンからドレスデンまで一四〇マイルを進軍し、一年後にはサガンからオーデル河畔のフランクフルトまで一〇〇マイルを、途中ミンデンで戦闘を行なわなければならなかったのにもかかわらず、一週間で進んだのであった。クラウゼヴィッツ自身が指摘するように、フリードリヒはこれらの進軍を行なうために、軍用行李と輸送隊を棄てた。移動するに際しいつも食べ物が見つかったから、それらは必要でもなかった。

ここでわれわれは、いわゆる「輸送五日制」という制度に逢着する。これは、あちこちを組織的に往復する荷馬車縦列のことで、一八世紀の戦略に大変な影響を与えたと考えられている。テンペルホーフが述べたごとく、この制度の大きな問題点は、戦場にいるパン焼き部隊と後方の軍需品倉庫との間を行動する小麦粉運搬車の数が、どれほどあるかにあった。これらの車両のうち九分の一は毎日空になるので、軍隊が根拠地から離れることのできる最大距離は、9÷2＝4.5行程、すなわちほぼ六〇マイルだった。しかしテンペルホーフ自身さえ、これは過小評価だと認めている。連隊所属のパン運搬車にも小麦粉を運ばせることによって、根拠地から離れる最大距離をさらに四〇マイル延ばせられるとみているからである。実のところ、この制度全体が一つの作り話であり、肘掛けいすに座った戦略家による頭のいい創作物であった。この制度を実地に試したといわれる唯一人の軍司令官フリードリヒ二世ですら、機会があればいつでも他の方法に頼った。[*55]また、この制度が考え方においても完全ではなかったことを忘れてはならない。というのは軍隊の必要物のうち、本当にごく一部の物しか根拠地から補給されなかったからである。特に大量に必要となるかいばの輸送問題があまりにも困難なため、その解決は遂に試みられることがなかった。[*56]

距離がかなり遠い場合でさえも、進軍中の軍隊の補給を組織するのがいかに簡単であるかは、一七〇四年スペイン継承戦争時のイギリス軍総司令官マールバラ公が行なったライン川からドナウ川までの有名な作戦によって証明されている。この作戦は当時の標準に照らしてみて、それほどの大事ではなかった。公が麾下に持ったのは三万にすぎず、途中で別に一万が加わったにすぎなかったからである。この行軍が実際どうだったかの詳細は、よく知られている。軍隊は夜明けとともに出発し、日々一二ないし一四マイル進んだのち、正午に野営地に到達する。騎兵隊が歩兵の先に立ち、公の弟の指揮下にあった砲兵隊は、悪天候に阻まれた結果、予定よりもはるかに遅れていた。[*57]それにもかかわらず五月二〇日から六月二六日までの間、直線距離にして約二五〇マイルを進んだ。が、実際の行軍距離は、三五〇マイルに近かったに違いない。この行軍を終えたあとも、なお人馬ともにかなり良好な状態にあり、イギリス軍と協力したオーストリア軍の司令官オイゲン公から惜しみない称賛を博したのであった。

それはすべてどのようにしてやったか。これまで言われてきたところによると、「マールバラ公の輸送および補給制度の根本は……パンとパン輸送車を供給したソロモン・メディナ卿という人との契約にあった」[*58]。しかし、これではあまりにも単純化しすぎている。公の初めの望みは、軍需品倉庫を設立することで敵を出し抜き、先んじて戦場に進出することにあった[*59]。だがこれに必要な金がオランダ議会から与えられず、計画は御破算になった。軍需品倉庫も、最初の突進に必要な物しか与えなかったであろう。輸送および保存の問題のために、倉庫に貯える物を遠くから運ぶのがほとんど不可能だったからである。この計画のかわりとして、マールバラ公はメディナ兄弟からパンを買い、メディナ兄弟はさらにそのパンを、明らかに現地に置いた代理人を使いながら、戦場周辺の農村から買ったのだった。他の物はすべて、兵士はその給与のうちから買うものとされた。そのために各中隊、各連隊は、大小の従軍商人と個別的な契約を結んだ。かくしてここに魅力ある一光景が現われる。軍隊は毎日正午ごろ野営地に到着し、煮立ったスープ鍋を持った従軍商人によって迎えられる。その地の農民も待ち構えており、行軍の費用を自分で払うことのできる兵士に対して喜んで産物を売却する。兵はたらふく食べると勘定を済まし、それから午睡に入る。

もちろん現実は異なっていた。マールバラ軍は小勢ではあったが、自分で費用を払いながら前進するには大きすぎた。十分な補給物資が買えるかどうか、予め確かめておくことがむしろ必要であった。この目的のために、公は誤りなきよう丁重な手紙を先に送ったものだった。例えばマインツ選挙侯には次のように書き送っている。「願わくば閣下……即金払いをするかどうかは未決定として、遠征の途上余が糧食を得られるよう御手配なされんことを。すべてを整えるために将校を先に送るようなことがあったなら、わが軍にとっても、また混乱を避けようとする貴国にとっても、非常に好都合であろう……」と。

同じようにして彼はフランコニアの議会に対し、補給物資を集めるために軍の糧食輸送係を先遣し、協力を求めたことを知らせている。[*60] 協力が得られなかった場合の結果は悲惨であったろう。混乱が起こった場合、マールバラ公は「驚き」を表わし、それから言うことを聞かない町に対して、次のように知らせたものだった。お前達は今はもう、前に比べて余の「保護」を受け入れる覚悟をしているのだろうから、お前達の周りをあさり歩き、人馬の食用に充てられる物はすべて持って来いとの命令を受けた分遣隊を送るつもりである、分遣隊の仕事に対して、市町村長はどうか手伝ってもらいたい、[*61]と。こうしてマールバラの進軍によって、その地は丸裸となり、その結果彼は、前代におけるヴァレンシュタイン、後世におけるナポレオンと同様に、同じ土地を二度と横切ることはできなかった。そのために彼は、フランス・バヴァリア連合軍をブレンハイムで破ったのち、敗北軍を西方に追撃しながらかつて行軍した土地に戻ったとき、軍をいくつかの支隊に分割せざるをえなかった。[*62]

糧食以外の補給物資についても、マールバラは同じような手順を踏んだ。苦労して貯蔵物資を集積するよりも、むしろ彼は単純に途中にある物をすべて買い、可能なときは物資を野営地に持ち込むために輸送隊を雇い、物資を取って来るためには、必要なればその生産地に軍全体あるいは軍の一部を前進せしめたのだ。[*63] マールバラは、作戦行動を助けるために軍需品倉庫を建設するどころか、軍隊が行動を中止した場合にのみ、倉庫を作ったのである。例えばマールバラは、オランダからの進軍を完了したのち到着したバヴァリアのアイチャでの野営地から、次のような手紙を書き送っている。「わが軍は金曜日にこの野営地に着いた。それ以来軍は、この地に守備隊を残すことを意図して作った軍需品倉庫から、穀物や糧食を引き出している」と。さらにフリートベルクの野営地からは、「余は暫くここに駐留するつもりだから、軍需品倉庫について手配せよ」[*64]と書いている。こうしたことは例外的な出来事ではないのだ。例えば一七〇四年の七月終わりから八月初めにかけての戦略の一部だったのであり、この時の戦略はもっぱら兵站上の考慮から動機が与えられた。
この時期におけるマールバラの作戦目的は、彼の言葉によれば、敵――すなわちバヴァリア選挙侯――が、その領内から糧食を得るのをできるだけ食い止めることにあった。[*65] マールバラは北西から進出して、バヴァリア選挙侯をドナウヴェルトで破り、ドナウ川の向こう岸に退却させ、さらに南方に当たるレヒ川右岸のアウグスブルクまで退却させた。その地でマールバラは、町の城塞を利用して自分の身の安全を計った。公はさらにドナウ川を渡河し、レヒ川の向こう岸に沿って進撃し、フリートベルク河畔の前述の野営地に到達したのだった。こうして選挙侯と自分の領土との中間に身を置いてから、マールバラはバヴァリア略奪を開始し遊撃隊を送った。遊撃隊は動く物はすべて持ち去り、そのあと残った物に火を放った。マールバラ自身この作戦を称して、ある時は強圧だと言い、ある時は懲罰だと述べた。そして自分の意図は、選挙侯を圧迫してフランスとの同盟から離脱させるか、あるいは選挙侯がそうしないのを罰することにあると述べた。[*66]
しかし、本当の目的は軍事的なものだったのだ。数字の上で優勢な敵――選挙侯は今やタラール率いるところのフランス軍によって増強されていた――に直面して、マールバラは戦闘の危険を冒すよりも、むしろ敵を飢えさせるのを選んだのである。それゆえに彼は、フランス・バヴァリア連合軍が補給物資を取り寄せていたインゴルシュタットおよびウルムに対し、作戦行動するつもりであった。だが彼は、レヒ川に防衛軍を残しつつ、敵の北方および西方に向けて、このような行動を遂行するほど自軍が強力だとは思っていなかった。レヒ川を渡河することを敵にとって無価値にするために、なにか他の方法を見つけることが必要だった。バヴァリア略奪によってこれを果たしたのち、マールバラはレヒ川に沿ってもと来た道を引き返し、ドナウ川に戻った。しかしながらタラールと選挙侯は、

第２図　1704年の作戦行動

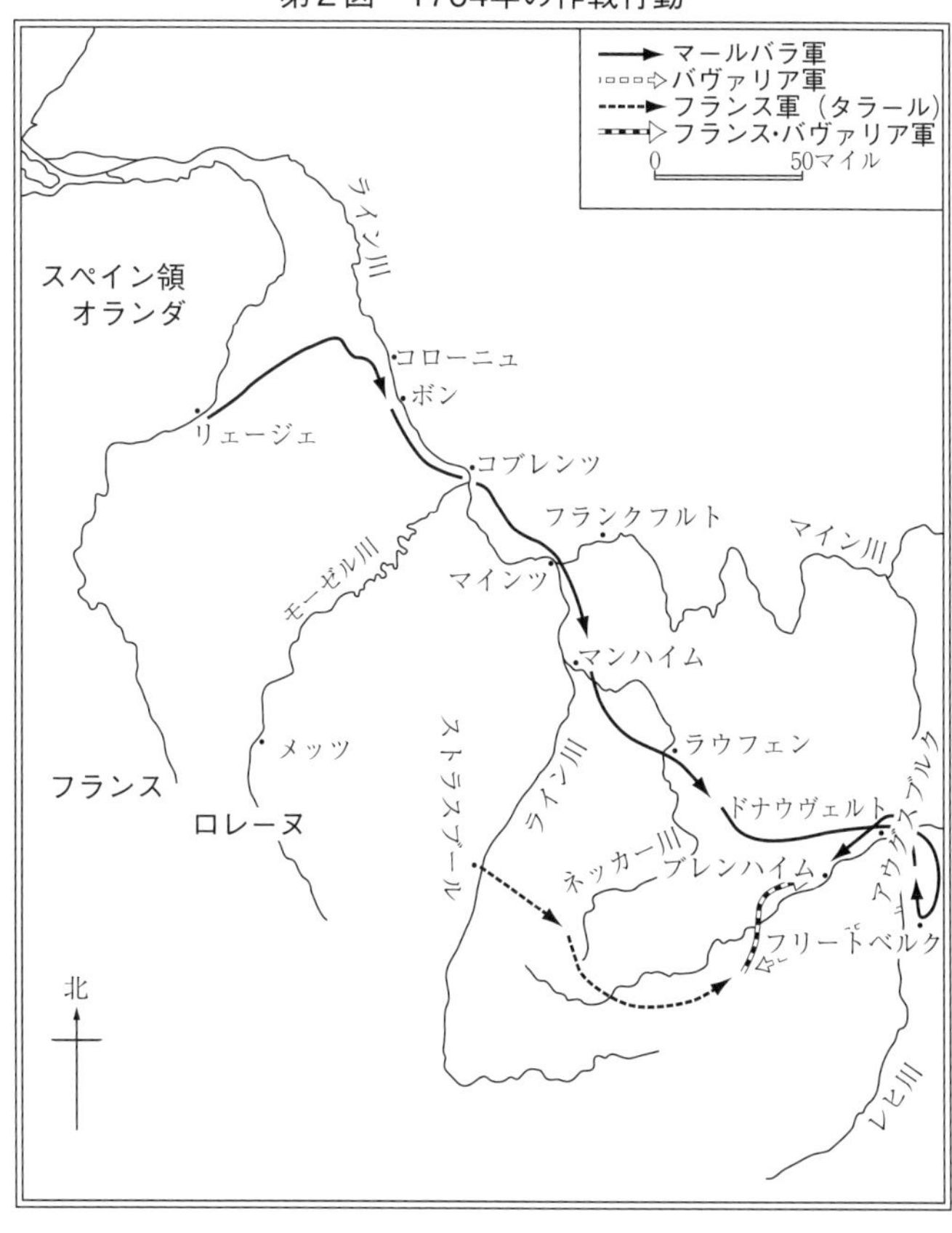

アウグスブルクに蟠踞して飢餓の輪がわが首にしっかりと巻きつくのを見るよりも、むしろマールバラ公をドナウ川まで追い、ホッホシュタットで強固な位置を占めることにより、公の行く手をさえぎった。今やマールバラは敵の補給物資を奪うどころか、バヴァリアから持ってきた糧食を食べ尽くして飢えに直面したのである。本国からはなんらの援助も期待できなかった。それゆえに非常に有利な地位を占めた多数の敵軍に対し、「攻撃を仕掛けるのは甚だしく危険な冒険だと思われたけれども、すべてを賭けるしかなかった」。[*67] こうしてブレンハイムの戦闘が戦われ、それに勝った。

慎重な見通しを立て、時には見せかけだけの脅迫を使って補給物資を要求しながら、マールバラはたいした困難もなく、麾下の軍隊を養うことができた。問題が生じたのは、彼がある場所で前進を停止した時だけであって、その場合手に入れるのが常に難しかったのはかいばだった。[*68] だが移動中は、軍を煩わせるような複雑な兵站組織は必要ではなかったし、百余年後のナポレオンの行動に匹敵する拙劣な進軍を防ぐための兵站組織も必要ではなかった。そのような進軍が比較的少なかったのは、そうしたことができなかったからではなく、一国の主力が要塞にあった時代ではやっても効果がなかったからである。ブレンハイムの戦闘は結局、フランスに対する戦争を終わらせることにはならなかったし、他方マールバラおよびオイゲン公によるツーロン進撃は空振りに終わった。

移動中の軍隊を比較的簡単に給養することができたことは、補給隊を常備する必要がなぜないかを、同時に明らかにしている。補給隊常設の提案は時々行なわれたが、[*69] 反応はなかった。というのは当時の君主は、すべての弊害にもかかわらず、請負人を使った方が安上がりだと一致して考えていたからである。そのおもな利点は、戦争が終われば解雇できるということにあった。しかし請負人は、軍隊の必需品の一部を補給するにすぎなかった。特にかいばは、複雑にして組織的な作戦によって、常に現地で集めなければならなかった。[*70] 当時の軍隊は「酒を飲むために入隊した、極悪なならず者の集団」だったから、徴発隊によって非常な荒廃がもたらされた。オーストリア軍が一七八三年初めて補給隊を創設したのは、このようなことを防ぐためだったのである。だが、この隊の任務は、根拠地から補給物資を持ち運ぶのを助けるのでは決してなく、現地でそれらを集めることだった。[*71]

ヨーロッパの人口密度と農業の発展によって、軍隊がその移動中完全に糧食を得るようになったことは、次の数字が示すであろう。[*72] 例えば六万から成る軍隊は、一日に九万個のレーションが必要だった。[*73] 三対四というパン製造の原料比率からみて、一ポンドのパンを製造するためには、一二オンスの小麦粉が必要だった。一日一人当たりの消費量を二ポンドとすると、一〇日間に必要な小麦粉の全重量は、(90,000 × 3 × 2 × 10) ÷ 4 ＝ 1,350,000 ポンド、すなわち六〇〇トンだった。一平方マイルの人口密度が四五人[*74]であり、その地方が自給していると仮定すると、四月——すなわち通常作戦が開始される時——に入手できる小麦粉の量は、六ヵ月分の供給量、すなわち 180 × 2 × 45 ＝ 16,200 ポンド、約七トンだった。長さ一〇〇マイル、幅一〇マイルの細長い土地——ということは、徴発隊は道の両側をそれぞれ五マイル以上離れる必要はないわけである——があるとすると、入手できる全量は約七〇〇〇トンであったに違いなく、そのうち一〇日間の進軍期間中に軍隊に供出しなければならなかったのは、一〇パーセント以下であった。それゆえに問題が生じるのは、ある一ヵ所に長く駐留することが必要になった時だけであった。換言すれば包囲戦の時である。

より困難だが、本質的には同じような問題が、かいばの供給であった。最も悲観的な仮定に立ってさえ、一エーカー当たりの野生かいばは、一日五〇頭の馬匹を養うことができた。[*75] それゆえに四万頭の従軍馬匹には、一日当たり八〇〇エーカーが必要であろう。幅一〇マイル、長さ一〇〇マイルの細長い土地を一〇日かけて進むとすると、軍用馬匹は八〇〇〇〇エーカー――すなわち全面積の八〇分の一――に茂ったかいばを食い尽くすだろう。[*76]だが、それよりはるかに広い土地が、かいばの成長に必要であったに違いないことは容易に分かる。というのは八〇〇〇〇エーカーの土地は、四〇〇〇〇頭の馬のかいばを一年分供給するにすぎないが、[*77]四〇〇〇〇頭という数は、住民の数に比べあまりにも少なすぎるからである。[*78]正確な数字がないため、軍隊がどれだけの間一ヵ所に駐留できたかを述べるのは不可能だ。ただわれわれの知っているのは、包囲攻撃を仕掛けた時とか、あるいは野営を長く張ると、いつでも最初に不足する物資は、常にかいばだったということである。

しかしながら、人馬に必要な糧食のごく一部しか、完成品の形で手に入らなかったために、一ヵ所に長く駐留する軍隊は、必然的に食品生産機械と化した。穀物をひき、材木を集め、パンを焼き、かいばを刈ったのである。それらの作業は、数日ごとに規則的に行なわなければならなかったから、軍隊の通常の機能がいかに損なわれたかは明らかである。[*79]兵站のために一軍の戦闘機能が全期間実質的に停止することが、実際に起こりえたのだ。かいばを刈り取らなければならないときは特にそうであって、刈り取りの間に奇襲を受けないよう特別に注意することが必要だった。

こうした事実から結論を引き出す前に、フランス革命以前の二世紀間の戦争では弾薬がどれほど消費されたかについて、一言しなければならない。これについて数字を得るのが大変困難だということ自体、問題があまり重要ではなかった証拠である。糧食供給に比べて弾薬の供給は、はるか後年の一八七〇年の普仏戦争後まで、たいしたことではなかった。[*80]軍隊が普通、全作戦行動のために持って行った一回分の補給量は非常に少なかったが、しかし根拠地から再補給が行なわれるのは、比較的まれなケースだけだった――そうしたケースの多くは、もちろん包囲戦の間である。[*81]一七世紀前半では、軍隊が作戦行動のために持って行ったのは、一門の砲につき火薬装塡弾一〇〇発であった。包囲戦の間でさえ、一日に五回以上弾を発射する砲がなかった事実からみて[*82]、これは驚くべきことではない。一七世紀末ヴォーバンの計算では、砲一門につき一日四発だった。だから弾薬の消費量は、糧食やかいばのそれに比較して、取るに足らぬものだった。[*83]野戦行動のときの数字はなお少ない。一六三六〜三八年の二回の戦闘の間、バヴァリアの砲兵隊は八時間で一門につき七発撃っただけだった。もっともこれらの数字が残っているのは、それが記録的な低水準と見なされたからである。[*84]フリードリヒ二世は砲兵隊に非常に頼っていたが、彼は普通、作戦行動に一八〇発を携行した。そして、弾薬不足のために計画を変更せざるをえなかった例は、包囲戦の時のみに起こった。それはともかくとして、弾薬の補給問題が作戦行動に影響を与えたという証拠はない。また、作戦を成功させるためには軍需品倉庫が絶対不可欠な条件だと強く主張する一八世紀の戦争の解説者でさえ、この問題については何も述べていない。

現地徴発が戦略の基本

軍事史では、一七世紀末および一八世紀の戦略は、しばしば特殊な地位を占めていると言われている。その特性の正確な本質については、意見は様々である。ある人にとっては、それは「文明」時代であって、啓蒙思想と宗教の衰退が動機となって、ある種の人間性が戦争の世界に入り込んできた時代であった。また別の人にとっては、「限定戦争」または「消耗戦略」の時代だった。この二つの言葉の意味は、作戦行動は敵の完全打倒を狙うよりも、むしろ敵の負担を重くさせることによって戦争を放棄させ譲歩を強いて、一定の政治的、経済的目的の達成を狙うということである。[*85] さらに別の学派にとっては、この時代の戦争の限界は、選択の問題よりもむしろ必要性から生じたのであって、この限界を生じさせた要因の中では、通常、兵站が上位を占めているのである。

「補給という足かせ」や「兵站という暴虐」が、この時代の戦略に膨大な影響を及ぼしたと仮定すると、軍隊がどのように補給を受け作戦を続行したかという実際の方法についての調査が、一五〇〇～二〇〇〇年以前までは分かっても、それ以前までは及んでいないというのは、奇妙な事実である。周知のごとく、後世になって実質的にその問題に関するすべての書物で嘲笑されたが、「五日制」を編み出したのはテンペルホーフだったし、他の誰よりもまして、ナポレオンの兵站術とナポレオン以前のそれとの違いを強調したのは、クラウゼヴィッツであった。この二人はともに、一八世紀の軍隊の作戦行動と補給について、現在では「一般的」になっている見解を述べたのである。

しかしながら、当時の補給方法を詳細に調べると、二人が述べた全体の姿は、全く根拠がないことがわかる。テンペルホーフには失礼ながら、フリードリヒ二世でさえも、恐らく七年戦争のうち最初の三年以外には、「五日制」を用いたことがなかったし、用いた時でさえ、当時の技術につきまとっていた限界のため、フリードリヒ二世は軍用必需品の一〇パーセント程度しか輸送することができなかった。クラウゼヴィッツの主張にもかかわらず、一八世紀の軍隊は実際問題として現地で食物を得ていたし、少なくとも当時の軍隊の一つ――非常に慎重なハプスブルク軍――は、まさにこの目的を念頭に置いて、特別の補給隊を組織したほどだった。その結果一八世紀の軍隊は、普通認められているよりも、はるかに良好な状態で前進することができた。[*86] 皮肉にもこうした進軍の一部は、クラウゼヴィッツ自身によってはっきりと述べられている。当時の軍隊が通常一日当たり一〇マイルしか進めなかったのは本当だが、兵には自分自身の足と砂利を敷いていない道しかないとすれば、いったいどんな力がそれ以上のことを成しえたであろうか。

軍事史に関する多くの現代書――その著者達は、ルイ一四世やフレデリック二世の軍隊が食物を得るために、どれほど長い「尾（テイル）」を必要としたかを計算することに、喜びを感じているように思われる――が与える印象とは反対に、そのような叙述は当時の文献には稀である。許された行李の量――特に将校用――は、明らかに多かったが、このことは根拠地から軍隊に補給を送る必要とはなんの関係もなかった。[*87] 補給縦隊の大きさを理由に、司令官が作戦遂行の不可能なことを実際に述べたのを、筆者はたった一例発見できたが、それは一七〇五年ウーサエがルイ一四世に対し、ランダウを包囲するために五四マイルの長さに及ぶ輜重隊が必要だ[*88]と語った時だった。このように言ったのも、現地徴発をするのに気後れを感じたとか、いやだとかの理由によるのではなかった。それよりもむしろランダウが、すでに以前二回にわたって包囲されたため（一七〇三年タラールによって、一七〇四年マールバラによって）、周辺地域が徹底的に荒廃していたからである。

戦場に随伴した補給護送隊については、当時の文献中に、護送隊の存在が必然的に軍隊の移動にブレーキとなったことを示すものはほとんどない。また、必要な場合には護送隊なしで済ませられたことを示す文献もほとんどない。いずれにしても、そのような護送隊が必要となったのは、主として包囲をしている時であった。そして、根拠地からの定期的な再補給が必要となったのも、包囲の時だけだった。それ以外の時は、一八世紀の軍隊はそれ以前の軍隊が常にしたように生活し、またそれ以後の軍隊が第一次世界大戦の初期まで――初期に入ってまで――そうせざるをえなかったようにして生活したのである。すなわち、必要品の大部分を現地から持ち去ることによって。

一八世紀の軍隊が、後世の軍隊に比べて現地依存の生活方法にそれほどの専門技術を示さなかったのは事実かもしれない。だがこれは、人情に厚いがためだったのではなかった。戦場にある軍隊に対し、糧食を補給するための特別の任務を負った管理機構がなかったからなのだ。そのために軍隊は食糧徴発に赴かなければならなかったが、そうすると大量の兵の脱走が起こると考えられ、またその考えは正しかったので、高度に組織された複雑な作戦によってのみ徴発を実施できた。軍司令官は脱走を警戒して、普通は現地徴発を請負人に任せるだけで満足したが、請負人の略奪は専門技術に欠けていたため、軍隊は豊かに実った土地でさえも飢えることがあったのである。[*89]

遠距離の急速行軍が比較的少なかったとしても、あるいは軍事評論家達が作戦行動は長期に準備された軍需品倉庫に基づいて行なわなければならないと主張したとしても、これは現地依存生活ができないからではなかったし、いわんやそうするのがいやだったからではなかった。一七世紀末および一八世紀の戦闘が、なかんずく包囲戦に集中したという事実のためである。さらに包囲戦が多かったという事実は、軍事組織（常備軍）があまりにも経費を食うため兵を簡単に戦闘に投じられないことに一部の原因があったし、戦争を一定の具体的目的の達成を狙う政治・経済的道具（道徳または観念とは別もの）と見なす概念にも一部の原因があった。また一部は、敵が抵抗し戦う決心をしなければ、敵の領土の奥深くへ戦略的前進をしても空振りになるだろうとの事実にも原因があった。これに、オランダの築城家ケホルンやフランスの築城家ヴォーバンによって守られた町の異常な力強さを加えてもらいたい。また、城塞というものは元来逃げ出すことができないという事実をつけ加えてもらいたい。そうすれば包囲戦が多く、急速前進が少なかった理由が明らかとなるだろう。

一軍、例えば一〇万の軍隊が作戦行動の間中——通常、一八〇日間と計算されていた——すべての補給物資を携行するとするならば、その結果生じる輸送への負担はあまりにも大きいため、すべての戦争は全く不可能となったであろう。そのような場合どれほどの量が必要かについて、時々は計算がなされたけれども[*90]、その計算が理論的な問題以上のものとなった証拠は、いまだかつてない。一〇万の軍隊に随伴する六万頭の馬が、その必要とする莫大な量のかいばを根拠地から持ってくると想像するだけでも、ほとんどばかげたことと言ってよい。

いま論述中の二世紀間の戦争に、兵站術が影響を与えたことはもちろん事実だが、しかしこの影響は、軍の移動を制約する、いわゆる「補給という命綱」とはほとんど関係がなかった。三〇年戦争以来軍司令官達が直面した問題はむしろ、軍隊が従者の群ともどもあまりにも巨大化したため、一ヵ所に長く駐留できないということにあったのだ。当時の軍隊は、幽霊船さながらある場所から他の場所へ、永久に流浪する運命にあった。そのような条件下では、当時の最も有名な進軍のあるもの——特に一七〇一年チロルからヴェネツィアを経てロンバルディアに至ったオイゲン公の進軍——は、実際は「敵中突破逃走」であった。すなわち軍需品倉庫用の資金が到着しないため、停止していることができないという、まさにその理由のために前進したのだ[*91]。そのうえ、このような条件のために、あらゆる包囲攻城戦は時間との競争になった。ル・テリエやルーヴォァワが初めて補給倉庫制度を作ったのは、この問題を解決するためであって、決して機動力向上を確保するためではなかった。この点ではそれは成功した。だがわれわれは、軍需品倉庫は軍隊の必需品の一部しか保管せず、また保管できなかったこと、前進中のフランス軍は実際は食物を現地調達に依存し続けてきたこと、をみてきた。

結局のところ、ある意味では根拠地からの補給という概念全体が、戦争はできるだけ安くやらなければならないと常に主張していた当時の時代精神に逆行していた。この時代はまさに、戦争開始の唯一の目的は、自分自身の費用よりも、むしろ隣国の費用で軍隊を生活させるためだとした時代であった。フリードリヒ二世のようなケチな支配者が、他国によって恐らくは奪われたかもしれない金(かね)を、本国から少しは持ち出したであろうと想像するのは、単に一八世紀を誤解するだけではない。戦争という残忍野蛮な仕事の本質そのものを誤解するものである。この事実をはっきりするために、単なる「啓蒙」さえも、今日までほとんど行なわれてこなかった。

第二章　軍事の天才ナポレオンと補給

包囲攻城戦から会戦へ

一八〇五年八月、ナポレオンがオーストリアとの開戦を決定した時、それを歓迎するファンファーレは響かなかったであろう。だが軍事史の年代記中では、ナポレオンの作戦は一八世紀から一九世紀への移行期として位置づけられている。未来の皇帝がたてた功績はさん然と輝き、それらは新奇にさえみえたかもしれないが、多くの場合、[*1]前の時代に属するものであった。しかし一八〇五年彼の戦略は変化した。後世の批評家が殲滅作戦と名付けたものが生まれ、たちまちにして成熟したのである。ナポレオンの新たな戦争形態を構成したのは何であったかを、正確に述べるのは容易ではない。あまりにも多くの要因が、一つの定義について含まれているからである。当時のフランス軍の「新しい」「民主主義的な」性格について、多くのことが書かれてきた。革命思想を注入されたその性格は、フランス軍に全く新しいタイプの突進力を与えた。また、地理上の目的達成のかわりに敵軍の撃滅にひたすら心を傾けたナポレオンの集中ぶりについて、さらに敵の手足を切り取るよりも、むしろ頭を砕くために、極限まで戦争を遂行しようとしたナポレオンの決断について、多くのことが書かれてきた。これらの説明のあらゆるものに多くの真理があることは、誰しも否定しないであろう。だが、それらの説明は中心点を無視しているように思われる。すなわち、「新」システムの戦略を採用するためには、なによりもまずそれを実行に移すための方法を見つけ出さねばならないということである。本章が専念しようというのは、特にこの方法についてである。

膨大な数の軍隊が指揮下にあったために、ナポレオンの新戦略によって提起された兵站上の問題は、全く新しい規模のものであった。筆者は一八世紀においてさえ、長期にわたる戦略的進撃が、普通に考えられているよりも実行可能であることを示そうとしてきた。当時の進撃が常に小規模だったとしても、これは決して兵站上の考慮によるものではない。むしろ問題は、攻撃と防御との関係にあった。すなわち野戦軍は同規模の野戦軍との交戦だったら、十分勝利の望みを持って戦うことができたが、強力で防御が行き届いている城塞を包囲するには、七対一もの数的優勢が必要だと考えられていた。したがって包囲作戦を戦うことは、大規模な軍隊によってのみ可能だった。例えばマールバラが一七〇八年、リール周辺に集結させた軍隊は一二万人であった。しかし、そのような数の軍隊が使えない時には、たった一つ可能なことは前進しながら戦うことであった――明らかに兵数に速度を掛けるわけだが、これとても城塞化された敵陣が無傷のままで残っている限りは、決定的勝利を得る望みはほとんどなかった。一七〇四年から一二年の間に、マールバラとオイゲン公は、野戦においてあい次いで勝利を博したが、敵方のフランス軍は敗れないで残り、結局有利な和平を講じたのであった。

それゆえに、マールバラが四万の兵を率いてドナウ川に向かって行進し、オイゲンが三万の兵とともにツーロンに向かったとしても、これは単に「兵站という暴君からの解放」を考慮したためだけではなかった。それ以上に、第一級の要塞一つに対してさえこのような小規模な軍を使うのは、無謀な企てであるという事実のためであった。実際その程度の小勢では、前進と同時に戦うのでは、単に城塞を包囲することすら不可能だった。このことは、軍需品倉庫からの補給にいかに依存していたかということ以上に、そのような戦略的前進が敵地の奥深くに侵入するかわりに、通常なぜ敵国の周辺部に沿って行なわれたかの理由を説明している。[*2] もしマールバラがフランドルからドナウ川に進む途中で、一つの強力な城塞を厳重に包囲することを余儀なくされたら、いわんやそれを占領しなければならなくなったとしたら、かの有名な戦略的行動全体が失敗に終わったであろうことは間違いない。

戦争技術に対してナポレオンが最も革命的な貢献をしたゆえんは、実に包囲と会戦とのこの関係——すなわち敵の要塞の比較優位と戦略目的としての自らの野戦軍との関係——をナポレオンが逆転したことにあった。ヴォーバンは、一八世紀初めに二〇〇回の包囲戦（不成功に終わったが）を行ったが、会戦は前二世紀の間にたった六〇回を数えただけだった。[*3] しかしながらナポレオンは、その存命中包囲戦を行なったのは、たったの二回にすぎず、イタリアのマントゥア包囲で軍隊を補給した際の彼の経験によれば、包囲戦での兵站上の問題を解決するのは、ボナパルトにとってさえ決して容易なことではなかった。一八〇九年ナポレオンが彼の養子に書き送った手紙によれば、「前進中での補給方法は、多くの軍隊が集結した時には実行不可能になっている」。そのために、直接周辺地域から徴発することに加えて、遠隔地から補給護送隊を送って来させることが必要だった。「この（二つの方法を組み合わせる）ことが最もよい方法である」[*4] ことに、サックス公モーリスは簡単に同意したであろう。

決定的な場所に全兵力を集中するというナポレオンの決意によって、彼は守備隊は野戦軍から出すべきではなく、現地人または国民軍から構成すべきであると主張するに至るが、このことは彼が城塞を全く価値なしと見なしていたことを意味しているわけではない。だが彼の軍隊は、城塞一ヵ所——必要ならば一ヵ所以上——を包囲し、かつ前進を続けるに十分な規模だった。一つの軍は五万を超えるべきではないというチュレンヌの教訓を批評しながらナポレオンがかつて書いたように、二五万人から成る近代軍隊は、兵数の五分の一を分派しながら、直ちに一国を侵略する強さをなお維持できるであろう。[*5] それゆえに城塞を全廃するのでは決してなく、それらを新しい場所に再配置させることだけが必要だった。国境を要塞化するかわりに（ナポレオンはそれを愚かなことだとみていた。なぜならば兵站部と兵器製造の中心地を敵にさらすことになるからである）、後方の奥深く、できれば首都の周辺に要塞を置くべきだった。[*6] そのような条件下で包囲戦を行なえば、ドイツ軍が――鉄道があったにもかかわらず――一八七〇年ひどい目に遭ったように、必然的に兵站上の困難を引き起こすであろう。

要するにナポレオンは、兵站面で果てしない困難を引き起こしたのは、包囲戦を好んだ一八世紀の偏りのためだと悟った。指揮下にある軍隊が大規模だったために、包囲戦をやらなくて済んだナポレオンは、一八世紀の補給制度を大部分不必要なものにした。一見理解しがたいように思われる事実についての説明は、これでつく。ナポレオンが自由に使った技術的方法は、彼より前の時代の人が利用した方法に比べて決して優れてはいなかったが――実際ナポレオンは、この分野ではむしろ保守的であり、新しい工夫を拒否し、古い考えを捨てるのを拒否した――巨大な軍隊にヨーロッパを真っすぐ横断させ、ハンブルクからシチリアに広がる帝国を建設し、回復できないまでに全（旧）世界を破砕することができたのであった。どのようにしてそれができたのか、以下の例――ナポレオンが最も成功した作戦である一八〇五年に集中しているが――によって説明してみたい。

三帝会戦の舞台裏

周知のように、官僚制や兵站上の細かな事に向けられた注意は、一七八九年以後建設されるに至ったフランス共和国軍の中心点ではなかった。またナポレオン自身の言葉を借りれば、フランス軍は「岩間にかくれた……裸で栄養の悪い」時期から長い道程を歩んできたにもかかわらず、一八〇五年になっても管理組織は決してほめられたものではなかった。管理問題のすべては陸軍編成省の管掌に属しており、この当時その長はデジャンだった。編成大臣はとりわけ糧食の補給、衣服の支給、輸送隊配備に責任を負っていたけれども、その権限はフランス国境で終わっていた。戦場では管理的な問題の責任――補給や輸送を含めて――は、軍の監督総監にかかっていたが、その権能は厳密に作戦地域に限られていた。こうしてパイプラインの両端での管理と補給は十分に統御されていたけれども、補給地帯を管理したり、物資を現地搾取するための常備制度のないのが、この当時の戦争の典型だった。そこで皇帝ナポレオンは即席の配備をするのが常であったが、そのやり方は普通、戦場での働きが不十分だと思われた軍司令官に責任を負わせていた。それゆえ当の軍司令官にとっては、このような任務に使われることは、懲罰ではないにしても譴責に近いものであった。[*7]

一八〇五年、陸軍監督官はペチエだった。彼の下に四人の陸軍兵站部将校（パン監督官、食肉監督官、調理監督官、輜重隊総監）と各種の補給の長が集まった。しかしナポレオンは、輸送や補給についての命令を直接軍団司令官に下して、常にこの中央機構を無視していた。軍団司令官は幕僚の中に一人の副官を持っていたが、その任務は、大本営にいる陸軍監督官によって発せられた命令に従って、軍団の補給の面倒をみることだった。各師団の幕僚の中にも一人の兵站将校が入っており、彼は命令の一部を軍団副官から、一部を直属上官である師団長から受けていた。そしてこの二人の発令者は衝突する可能性があったし、実際にも時々衝突していた。

これら将校が自由にできる物質的手段は全く不十分だった。このことは、食に飢えて現地徴発に依存した侵略集団という、共和国当時の古い伝統とはなんらの関係もなかった――というのは〔一八〇二年の〕アミアンの和約以来、ナポレオンが望むならば、このような軍隊の状態を正す時間は十分にあったからだ。また、秩序正しい隊列を持つことの重要性について、若干ナポレオンが誤まった考えを持っていたということとも全く関係はなかった。それよりもむしろ原因は、イギリス上陸のための準備に一年半を費やしたという事実から来ていた。海上における同国軍の優勢さからみて、イギリス上陸作戦をやっても、ヨーロッパ大陸とをつなぐ常備補給線に依存する望みはなかった。なんらかの方法でひとたび英仏海峡を渡るや、フランス軍は現地で糧食を得なければならなかっただろう――イギリスはフランス軍を十分にささえるほど富んではいたが。一方、フランスに帰れるかどうかは、戦場でのすみやかな勝利と、それにすぐ続いて講和を強制できるかどうかに、すべてかかっていたであろう。それゆえにブローニュに集まったフランス軍は、ほとんど補給と運輸の手段を欠いていた。しかし、ナポレオンのイギリス進攻計画が見せかけにすぎないと仮定したとしても、敵の警戒心を起こさせずにヨーロッパ大陸で戦争遂行の機構を作り出すことはできなかったであろう。が、常にそうであったごとく、アウステルリッツ作戦に対するナポレオンの補給準備を支配していたおもな考えは、なにがなんでも奇襲作戦を続けねばならないということであった。

　こうして一八〇五年の作戦のために陸軍省と陸軍主計部は、一七万のフランス軍に対して、数週間のうちに輸送および補給の全資材を急いでかき集めるという膨大な任務に直面した。そのうえに問題をいっそう恐るべきものにする事実があった。それはこの期間、輸送・補給組織の対象となるべき軍隊の大部分は停止しているのではなくて、ブローニュ近辺の野営地からライン河畔の展開地域まで前進していたことである。さらに複雑さを増したのは八万の新兵であった。彼等の部隊編成は、展開行動のまっ最中の時でもまだ完成していなかった。動員と展開という、通常は別々になっている段階を、単一の同時作戦にはめ込んだという事実も、ナポレオンの作戦計画では少しも異常ではなかったのだ。

　八月二三日オーストリアへの進軍を決定してから、ナポレオンがとった最初の行動は、麾下の軍に向かって展開地域へ進むのを命令することだった。八軍団の中の二つ――マルモンとベルナドットが指揮した――は、それぞれオランダとハノーバーからやって来て軍の左翼を形成し、最初にゲッチンゲン、続いてヴュルツブルクに集中する予定だった。残余の軍団は、もともとはアグノー北方からストラスブール――同地には三軍団以上が集結する予定だった――を経てシェレシュタット[*8]まで、約五〇マイルにわたって延びた線に沿って展開する想定だった。そのために五軍団はフランス全土を西から東へ横断しなければならなかったし、一方六番目の軍団は新兵から成っていたが、ヨーロッパの各地からばらばらに到着していた。こうして展開地域に向けての行軍は、調整と補給という問題を巨大な規模で提起したのである。ナポレオンの参謀長ベルチエが、八月二五日に命令を送り始め、それらについてちょうど二四時間後に皇帝に報告できたというのは、彼の能力が優れていることを雄弁に物語っている。しかもこれらの命令は詳細にわたっていた。すなわち単に編成序列を決めていただけではなく、各連隊が途中の各地で受けるべき糧食の正確な量も決めていた。

　ベルチエの基本計画では、騎兵軍団を形成する各師団は、最初に英仏海峡沿岸を離れる予定であり、そのうちの若干の師団は早くも八月二五日に出発し始めた。次いでダヴ、スルト、ネイ、ランヌの歩兵軍団が続いたが、各軍団は北から南へ向けて用意された三本の併行したルートを進軍したため、ネイとランヌの二軍団は、一本の道路を共用しなければならなかった。ベルチエはナポレオンの指示を記録して、「野営地におけると同様な方法で行軍中の軍に補給するのが皇帝のお考えである」と書いた。すなわち、陸軍省と行軍途中にある各地の知事、副知事、および市長との協力によってできた機構を利用する方法である。糧食は二〜三日おきに分配される予定であり、ナポレオンが各軍団に命令を与えた通りに、ベルチエもまた各地の地方当局に手紙を書き送って、来たるべき作戦行動を知らせ、かつ彼等の協力を要請したのであった。マルモンはオランダから友好国を越えて進軍したが、「現地で入手できるもので食って行け」と命令された。他方ベルナドットは、中立国であるヘッセン・カッセルに「負担をかけるのを避けるため」に、七日ないし八日分のビスケットを携行する予定だった。[*9] 以上のような一般的な枠組みの中で、イニシアティブの多くは元帥達に任されたが、彼等は詳細な準備をするために、支払命令者や兵站部将校を予め前方に派遣する予定だった。

ナポレオンの命令は原則においては優れていたけれども、行軍の組織は不満足なものを残した。それは与えられた時間があまりにも短いためであり、また地方当局が至る所で、兵員補充制度のゆえにすでに不人気となりつつあった軍隊に、協力するのをいやがったのも原因となっていた。一方、作戦行動があまりにも多すぎたため、酔っ払いと無秩序がふえた場合があった。北方のダヴ軍団は適当な宿舎を確保するのが困難だとわかって、野天で一夜以上を過ごさねばならなかった。右翼軍団はこの点では恵まれていたが、前進の最後の段階で補給制度が崩れた時苦しんだ。「一時脱走」——故郷またはその近傍を通過するのを利用して、兵が数日間こっそりと抜け出し、あとでライン河畔で合流すること——という現象を別にすれば、規律は正しく、ベルチエが自分の県を通過する軍隊について「称賛するしかない」と書くほど、行動は少なくとも完璧だった。他の点ではそれほど満足すべきものではなく、一二月一一日——作戦が開始されてからほとんど五ヵ月たち、アウステルリッツの勝利に輝いてから一週間後——に大蔵大臣は、八〜九月に通過してきた地方の勘定について軍がまだ清算していないのを、デジャンに不平を言っていた。[*10]

しかしながら全体として兵達は、前進中はかなりよい状態だった。というのは非常に疲労した記録は残っているけれども、[*11]飢えの記録が全くないからである。同様なことは馬匹については言えないであろう。なぜなら馬は悪路や降雨、かいばの不足によって甚だしく被害を受けたからである。兵士を運び装備を輸送するために馬に頼った軍司令官は、ほとんど全員不満の種を持った。それは、乗り手が訓練を受けていないため馬に損傷を加えたか、馬があまりにも幼すぎるため倒れたか、あるいは単純に馬が不足していたかの理由があったからだ。ライン河畔での集結が完了するまでに、騎兵軍団の馬匹はかいばを買う資金の不足ゆえに飢えていた。スルトは輜重隊を引っ張って行くのに、一二〇〇頭の馬匹が必要だったのにもかかわらず七〇〇頭しか持っていなかったし、他方マルモンの騎兵隊は、流産となったイギリス進攻の準備のために、船上に五週間閉じ込められた影響の被害を被っていた。それは、一九一四年になってまさしく繰り返すであろうストーリーの旧版であった。どちらの場合でも、馬に餌をやり馬を健康状態に保つことが、兵士を養うよりはるかに難しかった。

この段階でナポレオンの作戦計画が果たしてどのようなものであったのか、われわれにはわからない。外務大臣であるタレイランへの手紙、および同盟国であるバヴァリア選挙侯への手紙の中では、ナポレオンは一般的なこと——なるべく早い時期にバヴァリア救援のために進軍すること、ウィーンに二〇万の兵を送ること、ロシア軍によって救援を受ける前にオーストリア軍を撃破すること——しか述べなかった。一体どのようにしてこれらの目的を達成しようと思っていたのか、皇帝は何も言わなかった。恐らくそれは彼が秘密を守ろうと決意していたからだろうが、それ以上にありうることは、彼自身まだわからなかったためであろう。ドイツ偵察のためにナポレオンが与えた命令にも、彼の意図を探る真の手掛りは何もない。たとえばベルトランは、ウルムおよびその周辺の徹底的調査を遂行し、次いでドナウ川の左（北）岸に沿って東進し、一方でロシア軍がボヘミアから進出する場合通るかもしれない出口に、特別の注意を払うように命じられた。ミュラーは、恐らくマルモンとベルナドットの作戦行動の準備に、マイン川に従ってヴュルツブルクまで進み、それからドナウ川に到達するよう命令された。彼はドナウ川を下ってイン川まで行く予定だった。イン川に沿って南進したのち、ミュラーはクーフシュタインに到着、それから西に向きを変えてバヴァリアを横切ったあと、ウルム―ラシュタット経由でフランスに帰る方針であった。ウルム―ラシュタットを彼は特別な注意で偵察する予定だった。

　皇帝ナポレオンの意図をもっとよく理解するのは、恐らく彼の展開命令を調べることによって可能となろう。これらの命令には最初、ストラスブールでの大兵力集結が含まれていた。ペチエの考えではストラスブールで八万もの兵のテントを準備すること、すなわち「大陸軍（グランダルメ）」全体のほとんど半分を収容することになっていた。そのうえ同盟国バヴァリアに対し、ナポレオンがウルムに糧食の大量貯蔵を準備するよう求めた事実をつけ加えてみてもらいたい。そうすれば、窮極の目的が何であったにせよナポレオンの最初の意図は、最短ルートを通ってバヴァリアに前進することによって、もう一つはシュワルツワルトを通り抜けてバヴァリアに進むことにより、その地でオーストリア軍に先んじることにあったのは明らかだ。ナポレオンがシュワルツワルト地方を偵察させせなかったという事実は、この結論を否定するものではない。シュワルツワルトは結局のところ、ハプスブルク王朝に対する諸戦争において、昔からフランス軍が通ったルートであって、その特徴をよく知っていたに違いないからだ。

ナポレオンが作戦計画を考え、展開と集結という膨大な流れを監督している間、デジャン、ペチエ、ミュラー――ミュラーは皇帝不在中、陸軍司令官の資格で行動した――の各将帥は、許された短期間に、資材の諸準備のすべてを完了しようとして非常な努力を払っていた。デジャンの厳しい試練は八月二三日に始まった。この日皇帝からのぶっきらぼうな命令によって彼は、ストラスブールに五〇万人分のビスケットのレーション〔口糧〕、マインツにさらに二〇万人分を二五日以内にすべて準備するように指示された。もっと丁重だとしても、同じような通達がバヴァリア選挙侯に渡された。彼は一〇〇万人分ものビスケット・レーションを、ヴュルツブルクとウルムに二等分して準備することになった。[*12]これらの数字を、率いて行った兵の数と比較すれば、ナポレオンの準備が一般に思われているほど粗っぽいものでは決してなかったことがわかる。展開地域に七〇万人分のビスケットを集積すれば、「大陸軍」の主力をなす一一万六〇〇〇人の兵士（マルモン、ベルナドット、オジェローの軍団を除く。オジェロー軍団は作戦の初期には参加しない予定だった）は、六日間持ちこたえたであろう。これに四日分のパンが加われば、軍は容易にバヴァリアにたどりつくであろう。そこで四日分の補給物資が、ウルムで軍を待つことになっていた。最北部軍団の糧食準備も同様に十分だった。すなわち五万五〇〇〇の兵士（マルモンとベルナドットがヴュルツブルクで手に入れる予定になっていたバヴァリア兵二万を含む）を持ちこたえさせるために、通常の四日分のパンに加えて九日分もの糧食を補給する準備がなされていたからである。結局のところ、まるまる二週間分の糧食が軍に確保される予定だったのだが、これは徴発を全然行なうことなくバヴァリアに到着できる量を超えていた。

だが事実は、皇帝の要求をすべて満たすのが不可能だったのである。展開地域そのものでは、たった三八万人分のビスケット・レーション、すなわち最初に要求された量のちょうど半分強が、九月二六日までに準備できたにすぎなかった。さらに三〇万人分が後方地域で準備されたが、作戦開始時に軍に到着できなかった。[*13] バヴァリア軍は、ウルムでは何の準備もできなかったし——同地域にオーストリア軍が驚くべきほどの速さで前進したことを考えれば至極当然だったが——ヴュルツブルクでもできなかった。そこで九月一五日、最低三〇万人分の携帯口糧をヴュルツブルクで準備するよう「どうか」頼むと求められたが、バヴァリアの返事は、値段が高いしパン焼き屋がビスケットを知らないので要求には応じられないということだった。もっとも、マルモンとベルナドットがヴュルツブルクに到着してみると、そこに若干のビスケットがあったようである。ただし、どれくらいあったかはわからない。[*14]

糧食確保のための準備が、このように皇帝の期待に反した一方、軍に十分な輸送隊を与えよという命令も実行困難だとわかった。最初の計画によれば、軍の車両隊は次のようになるはずだった。(a)ブローニュから持ってきた一五〇台、(b)ブライト商会から供給される一〇〇〇台弱。商会とは五月に契約が交されていた、(c)ライン川沿いのフランスの諸県から徴発される三五〇〇台。一一万六〇〇〇の兵に従うにしては車両の総計は——マルモンとベルナドットは、軍からは「何も期待できない」と警告され、自分で輸送隊を見つけるようにと言われていたが——現代の基準からみて少ないように見えるかもしれない。当時でもこれは少なく、実際、兵と車両との比率は、マック将軍指揮下のオーストリア軍と全く同じだった。[*15] だが、砲兵隊が自分の割当台数である二五〇〇台を持って行ったあと、兵站部には二〇〇〇台の車両が残されたが、一人当たり消費量が一日三ポンドであり、四頭立て馬車の平均積載量が約一トン——これは恐らく少なすぎるが——だと仮定すると、一一万六〇〇〇の兵に対して一一日間分の糧食を運ぶには、二〇〇〇台の車両で足りたであろう。ところが実際は、この輸送

第3図　ライン川からドナウ川へ

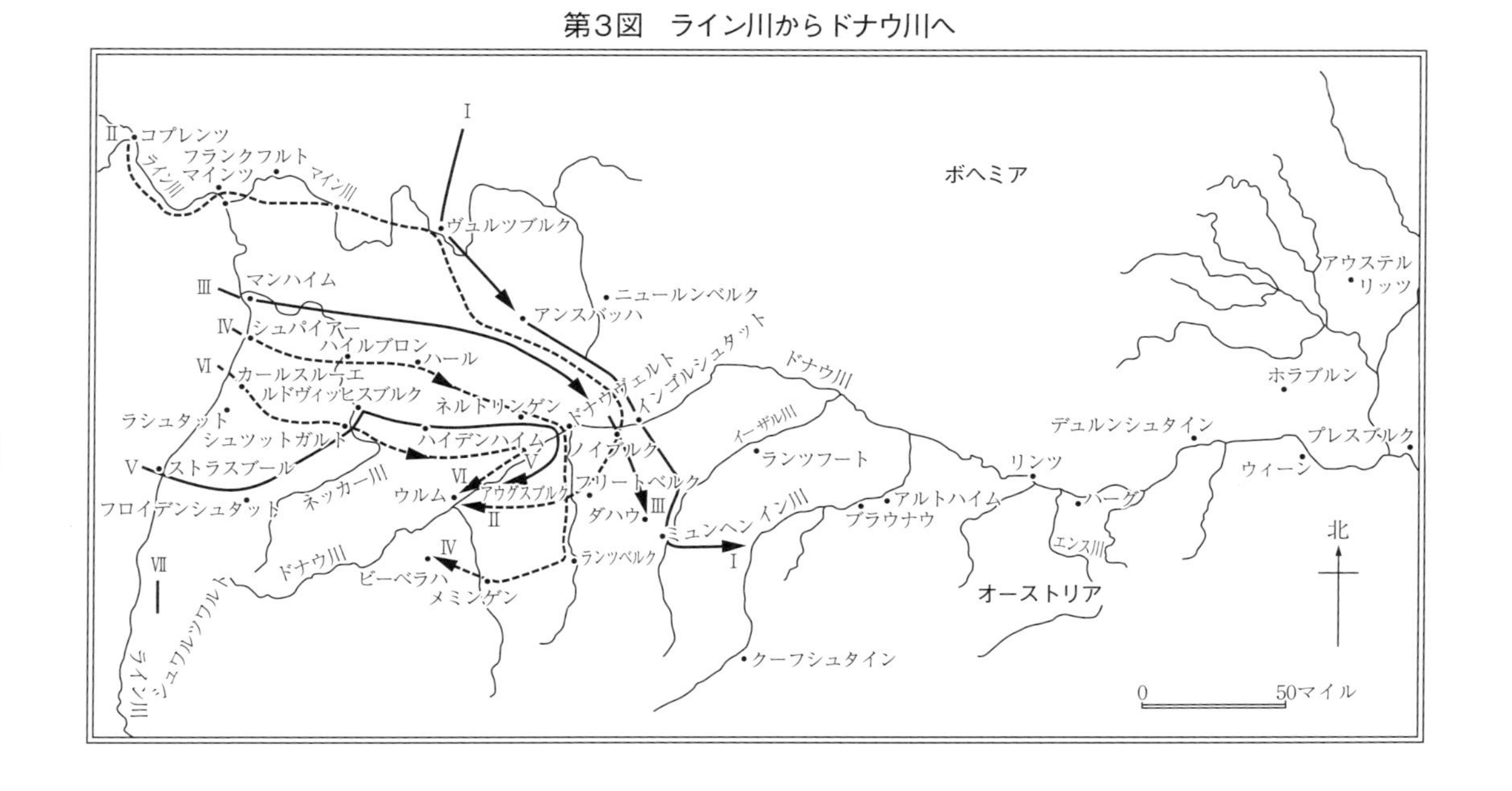

隊のうち実現したのはごく一部にしかすぎなかったのだ。ブローニュからの車両は、官僚的な過失のため間違った場所に送られたし、他方ブライト商会は、車両の約五分の一を時間通りに準備したにすぎなかった。さらに、ライン河畔で大量に徴用された荷馬車の御者達は、あらゆる機会をとらえては、可能な時には馬もろともに脱走するのが常だった。

もし「大陸軍」が輸送隊の不足に苦しんだとしたら、それは独自の輸送隊なしにやろうという皇帝側のかねての決断のためというよりも、むしろそうした輸送隊を組織する時間がなかったためだった。ナポレオンが自分の要求をすべて満たすのが不可能だと最初に知るようになったのは正確にいつだったか、われわれにはわからない。だが、一つの手掛りはデジャン宛手紙の中に見出されるかもしれない。八月二八日付のこの手紙の中でナポレオンは、ストラスブールに以前に指示した五〇万人分の口糧を、同市とランダウおよびシュパイアーに分けておくように命令した。ここでの研究の目的からいってはるかに重大なのは、マインツに命令された二〇万人分の口糧については何らの言及もされなかったし、このあとの文書のどこにも再び現われていないということである。このように糧食の総量が減少した直後、初めてネッカー川の渡河点を偵察するようサバリーに命令が発せられた。ここはミュラーが初め横断を指示された渡河点の北にある。とうとう八月三〇日、軍の展開地域を変更して六〇マイル北側に移動する一般命令が来た。その結果、軍はいまやストラスブールからアグノーを挟んでシュパイアーに広がり、左翼に兵力を大集結させることになった。この新配備に従って、ナポレオン軍の大多数は、かつて隘路の中で多くの損害を出したシュワルツワルト経由のかわりに、バーデンおよびヴュルテンベルクの豊穣な地を通って行動することになる。アロンベールとコーランは配備変更の背後の理由を論じて、これは恐らく兵站上の理由によったものではありえないだろう、なぜなら最初の命令を発するずっと以前から、シュワルツワルトの貧しさはナポレオンの頭の中に十分入っていたに違いないからだ、と述べている。しかしながら、ナポレオンはバヴァリアへの進軍中、徴発によって軍隊を維持しようとは決して思っていなかったこと、彼が最初に自分が思うままにできる手段が不足していると感じたのは八月末のぎりぎりだったこと、という前述の結論に同意するなら、アロンベールとコーランの主張は崩れる。

展開地域は変更されたけれども、近づきつつある「大陸軍」の隊列を収容する準備は続いた。九月中頃ミュラーはドイツから帰り、作業の進捗を検閲し、皇帝に熱心な報告を送った。九月一七日彼はランダウに滞在し、翌日ストラスブールを訪ね、三日後にはペチエと討議した。ミュラーの言うところによると、ペチエは熱意に溢れんばかりであって、すべてのことについて徹底的に取り組むだろうと確信した。だがこのような印象は、ライン川に到着し始めた元帥達にはほとんど感じられなかった。九月二二日スルトはミュラーに、「兵站総監が何と言おうと」、ランダウ滞在のミュラー軍はパン欠乏の危険に迫られており、そのうえ周辺の地域で買えるものは何もないのだと知らせてやった。その翌日ダヴはペチエに一通のリストを提出し、その中で麾下の軍団が引き受けている物資の諸準備の隅々に至るまで不満があることを述べた。[*16] 殊に輸送隊の不足はあまりにひどいため、軍の弾薬を運ぶ車両はかつかつであり、その結果マルモンは、弾薬の四〇パーセントをライン川によって運ばざるをえなかった。マインツに着いてみると、マイン川が水量不足のため、はしけはヴュルツブルクまで行くことができず、そのため軍団は、弾薬と重砲の大部分を残置して行進した。

一方ナポレオン自身はストラスブールに着くと、軍の兵站担当将校を譴責し（「余の命令を実行せよ」とデジャンにがみがみ言ったものだ）、ライン川を渡河するや前進と補給の細目に没頭した。諸軍団に対する命令は九月二〇日に決められた。ダヴ、スルト、ネイ、ランヌは九月二五、二六日にライン川を渡ることになり、各軍団はナポレオンのいつものやり方に従って、別々のルートを進むことになった。マルモンとベルナドットも進軍命令を受け、ベルナドットは混雑を避けるため、中立地帯であるプロシャ領アンスバッハで渡河を命じられた。だがベルナドットは、初め三五日間の通行期間を認めていたプロシャが急にその許可を撤回し、そのためにまだハノーバーに立往生したままの大行李隊との連絡が絶たれた時、困難に陥った。ナポレオンの命令はまた各軍団に対して、四日分のパンと四日分のビスケットの携行を命じていた。ビスケットは予備品であり、緊急時にのみ手をつけるものとされていた。だが実際は、このように大幅削減された量さえも受領できた司令官は少数であり、スルトから彼（スルト）の負担で七〜八日分の予備品をなぜ作っておかなかったかと非難されたダヴでさえ、十分の糧食を持っていないと不平を訴えた。司令官同士の泥試合と皇帝への泣訴が、終始この作戦を特徴づけることになるが、不完全な補給組織しかないのに、何万もの兵をフランスから何百マイルも離れたところへ連れて行った若き指揮官達の精力と、責任を敢然と取った彼等の態度とを認めないわけにはいかない。

ライン川を渡るとナポレオンは、各軍団を別々に離し、最南端を除く全兵団に対して、左側の田野を刈り取って食って行くように命じた。[*17] これによって各部隊は、命令がなかった場合に比べて、はるかに遠い場所に宿舎を見つけねばならなかったため、若干の困難が生じたに違いない。しかしこの措置は、恐らく地図の不足をカバーし、また摩擦なしに軍隊に徴発を行なわせるためだったであろう。作戦行動の詳細は各軍団によって別々に決められていたが、ネイが発した命令がその典型として挙げられる。それによれば兵に糧食を与えるための通常の方法は、彼等を馬もろとも住民の家に宿営させることだった。兵士および下士官の糧食は、一日当たりパン一・五ポンド、肉半ポンド、米一オンス（または乾燥果物二オンス）と決められていた。一方料理のための薪は、これまた宿営した家の主人によっていやいやながら提供されることになっていた。将校については、糧食の正確な量は決められていなかった。決められていたのは、「階級に応じて手厚く供されるべき」だが、住民に対して「過度な要求」をしてはならないということだけだった。諸軍団の兵があまりにも密集したために右のような方法がとれないときには、兵站官が近隣地域から補給物資を徴発する責任を負った。兵站官と各師団の兵站部将校は、糧食の運搬先を指定するのみならず、補給すべき兵および軍馬の数やそれぞれに必要な量を現地当局に伝えることになっていた。いかなる物に対しても支払いは全く行なわない方針だったが、提供量を詳細に記した領収書は、どんな場合でも手渡すことになっていた。明らかではないが将来のいつの日か、その国の政府に対しフランス軍が清算できるようにするためである。[*18] このような徴発の命令を発するとき、ネイは麾下の兵士に対し、現地住民をあたかもフランス人であるかのように取り扱うよう命令するのを忘れなかった。

それゆえに「大陸軍」は、少なくとも理論的には単なる略奪兵の群れでは全くなかった。むしろ「大陸軍」の補給制度は、進路に沿って予め糧食を集積したマールバラ公のそれに似ていた。ただ一つ異なっているのは、マールバラ公は現金で支払い、紙の領収書では支払わなかったということである。実際の調達方法については、すでに見てきたごとく、マールバラは一〇〇年後のナポレオンに比べて、恐らくより丁寧ではあったろうが、全く同じ程度に酷薄であった。

ライン川渡河後、そこにかけられた橋梁は九月二九日の命令に従って閉鎖された。この命令によると、軍との往来はすべてシュパイアー経由で行なわなければならなかった。シュパイアーの町はある将校（ラインヴァルト将軍）の指揮下に置かれ、こうして彼はフランス軍へのパイプラインの上端に対し責任を負うことになった。五ないし六リーグ（一五ないし一八マイル）ごとに中継駅が設置され、他方連絡線は憲兵旅団のみならず、バーデン国軍の補助部隊によっても監視された。これらの各地点を通って後備兵や護送隊が流れ、また病兵、負傷兵、罪人がフランスへの帰路についた。最初の連絡線はシュパイアーからネルトリンゲンに至る道路だったが、一〇月五日シュパイアー司令官はライン右岸の全地域の責任を委ねられ、フランス軍への輸送はすべてハイルブロン経由で行なうように監視を命じられた。この段階では連絡線の末端はなおネルトリンゲンにあり、同地は軍への配給を行なう前進基地として活動した。

ナポレオンの出した命令は感嘆すべきものだったけれども、その実行となると、特に輸送能力があらゆるところで不足していたために、それほどではなかった。各軍団は現地から調達したものはすべて、当然のことながら自分のために取っておいた。その結果連絡線の往復は、絶望的なまでに車両と馬匹が不足したのである。騎兵隊や軍団の車両指揮官は、手近にある馬をすべて盗んでかくしておいた。そして一〇月一一日には、本国との定期至急便連絡を維持することさえ、もはや不可能となった。そのためにナポレオンは、例によって断固たる態度で介入し、軍団に対し余分な輸送隊を引き渡すように命令した。

フランス軍は一〇〇マイル以上も広がった前線から出発したけれども、ほとんど何の摩擦もなしに前進したはずだったし、事実小さな事件を別にすれば前進した——小さな事件とは、例えばベルチエの過失のために、ダヴが九月三〇日にスルトの進撃ラインを、ほとんど越えてしまったことである。その二日後、ランヌがシュツットガルトからルドヴィッヒスブルクまで突進したために、ランヌとネイの進撃路が互いに交叉してしまった。ランヌ軍団は不運にも、先行していたドプールの騎兵師団や、後尾に続く近衛隊と一つの道を分かち合わねばならなかった。また再三再四ミュラーは、ネイが自分の領分を侵していると不満を訴えた。ベルナドットは、その最初の旅程にはフランクフルト市が含まれていたのだが、最後の瞬間にそこからはずされた。その結果彼は迂回路をとってヴュルツブルクまで行かねばならず、そのため麾下の兵士の疲れがひどく、到着と同時に三日間の休養を与えねばならなかった。難問題は、軍の尾(テイル)をなす砲兵隊の補給にも起こっており、護衛補給隊をシュパイアーから砲兵隊まで送らねばならなかった。しかしながら概して最初の一〇日間、軍の行動はうまくいった。スルト、ランヌ、ネイは三人とも大量の徴発を行なったし、ダヴは現地で「非常にうまく補給」することができたばかりでなく、二万五〇〇〇の軍団のための二〇万食分のビスケット口糧に加えて、自分で六日ないし九日分の予備品を貯えることができた。不平が来たのは最左翼の二軍団からだけだったが、その原因は恐らく、ヴュルツブルクでビスケットを焼くべしとのナポレオンの命令が、ごく一部しか守られなかったことから発生した。と同時にプロシャ人が、その領土内を通るベルナドット隊に対し物を売るのをすべて拒否したからだった。[*19] ベルチエが一〇月二日付で手紙を書いたのもベルナドット向けであった。いわく「糧食については、貴下に軍需品倉庫から補給するのは不可能である……フランス軍全軍が、さらにオーストリア軍さえも、現地調達で生きているのだ」と。

フランス軍が徐々に徴発に精妙になるにつれて、軍団兵站官達は、行く先々の町や村から大量の補給物資を引き出すことができた。こうして例えばスルトは、ハイルブロンとその周辺地域——全人口は恐らく一万五〇〇〇ないし一万六〇〇〇人だったろう——に強制して、八万五〇〇〇人分ものパン口糧、二万四〇〇〇ポンドの塩、三六〇〇〇束の乾し草、六〇〇〇袋の燕麦、五〇〇〇パイントのワイン、八〇〇束のわら、および一〇〇台の四頭立て馬車を引き渡させたのだった。ハール地方には恐らく八〇〇〇人しか住民がいなかったろうが、それにもかかわらず六万人分のパン口糧、三万五〇〇〇ポンドの食肉（牛七〇頭）、四〇〇〇パイントのワイン、一〇万束の乾し草およびわら、五〇台の四頭立て馬車と一〇〇台のその他の馬車、さらにそれのみならず二〇〇頭の馬具つき馬匹を供出させられた。これよりはるかに小さな地方でさえ、真に驚くべきほどの大量の物資を差し出すことができた。例えばマルモンとその麾下の兵一万二〇〇〇は、プフールという小さな村（四〇軒の家と住民六〇〇人）に五日間駐留したが、「不足する物は何もなかった」[20]。ビュジョー元帥が彼の妹に与えた有名な質問、すなわち「一万の兵が村に到着した場合十分な食べ物が見つけられるかどうか、自分で判断してみなさい」という質問には、見つけられると答えるべきなのである！

しかしながらフランス軍がドナウ川へ接近するにつれて、状況は突然悪化した。多分一〇月九〜一二日頃に最悪期に達したが、その後ゆっくりと好転した。悪化の原因はたくさんあるが、特に敵が間近に迫っているという事実が、前もっての貯蔵準備を不可能にした。徴発という任務は、中央集中組織をとるかわりに師団の兵站部将校にゆだねられ、時には個々の連隊に任せられた。このことはめぐりめぐって、すべての部隊が自分で身を守るという結果になった。特に騎兵隊は先頭に立って歩兵隊に割り当てられた村々を占領し、歩兵隊が補給物資を発見するのをほとんど不可能にさせた。時々大きな不始末が起きた。たとえばマルモンは、ヴァスタートルディンゲン包囲戦の隊長であるリーニッツ男爵なる者の「醜悪な行為」について不平を述べている。その隊長はマルモンの占領地を通過する二万人分のビスケット口糧を奪い取ったというのだ。だが最も重要なのは、「大陸軍」が今や比較的局限された地域で作戦行動しているという事実だ。その初期の前線は、九月三〇日にはフロイデンシユタットからヴュルツブルクまで一〇〇マイル以上にわたって広がっていたが、一〇月六日にはわずか四五マイルに収縮していた。

この間、フランス軍を苦しめる困難はたくさん起こったけれども、フランス軍の功績を見失ってはならない。例えば大量のオーストリア軍貯蔵物資が、メミンゲン、フリートベルク、アウグスブルク、ドナウヴェルト、ザルトミュンヘンで鹵獲(ろかく)された。それらの物資は、明らかにロシア軍の到着に備えて貯められていた。どの軍団もかいばを携行せよとは命じられていなかったが、かいばを積載した合計九八台の荷馬車が、一〇月七日ハイデンハイムを通過しているのが認められる。そのうち五四台はネイ将軍一人の所有物だった。一台に一トンを積んでいるので、五四台だとネイ部隊の二六〇〇頭の馬を最低二日間養うには十分だったであろう。ダヴはハールで三〇日間にもわたってかいばを徴発した。そして一〇月一〇日デュマはナポレオンに対して、六日分の物資を積んだ第三軍団の「無事な補給縦列」が、ノイブルクを通過するのを見たと報告した。ナポレオン軍は急速移動中の間だけ食べて行けたとよく言われているが、これも全く正しくない。ウルム包囲のために、あるいはミュンヘンおよびダハウ周辺に戦略的防壁を築くために、軍団駐留によってかなりの困難が引き起こされたけれども、そのために補給制度は、より組織化された基礎の上に立つことができた。[*21] その結果一〇月二〇日頃以降、糧食はもっと豊富になったのである。

ライン川からドナウ川までの前進の間、補給についてのほとんどの問題は、必然的に各軍団長の責任となっており、ナポレオン自身は部下を叱責するか（「マルモン将軍は四日分のパンを受け取り、四日分のビスケットをもらうとの命令を受けた。ゆえに自軍の糧食以外のものを当てにしてはならぬ」）、あるいは必需品を即席で作れとか、他の物で代替せよとか、「いかなる手段を用いても」軍に糧食を確保せよとかの訓戒を垂れる以外には、ほとんど何も力を貸すことはできなかった。ナポレオンは「四囲の情勢によりやむなく」軍需品倉庫なしに前進することを強いられたけれども、そのようなやり方の危険性を十分に知っており、そのためウルム陥落前からすでに、補給制度をより健全な基礎の上に置く努力を始めていた。彼は一〇月四日、確実な糧食供給を得るために前線からシュパイアーまでの第二の連絡線を作れと命令した。[*22] 一〇月一一日、全軍団は徴発した輸送隊のうち余ったものを吐き出し、砲兵隊の処置に任せよとの命令を受けた。それから一二日後皇帝は、アウグスブルク近辺に巨大な根拠地を作れとの命令を発した。その目的は、二週間以内に三〇〇万人分の口糧——軍を一八日間養うのに十分な量——を集積することにあった。そのうえ各軍団長はこの頃、ミュンヘン、インゴルシュタット、ランツフート、ランツベルクなどの町から、自分で糧食を得ていた。こうした努力の結果、いつもは編成が劣っていることで有名なネイの軍団でさえも、一二日分の補給物資を得たのだった。これらの量の糧食を輸送するために、皇帝はアウグスブルクで編成中のはしけ船団のみならず、ブライト商会によって約束された荷馬車の到着に頼っていたようである。

その間、フランス本国との連絡往復も同様に非常に拡大されつつあった。一〇月二三日の命令によって、ストラスブールからアウグスブルクまでの道は一七の区に分けられ、各区は六〇台の四頭立て馬車の往復によってカバーされることになっていた。全馬車が一日一往復できるとすれば——距離からみて過度な条件ではない[*23]——全体の補給能力は、主として衣類および弾薬にして一日当たり六〇ないし一二〇トンに達したに違いない。これらの手配は、現在の基準からすれば不完全にみえるであろう。しかしながら当時においては、マールバラが同じ土地を一〇〇年前に前進したときは望みもしなかったし必要でもなかったような補給・運輸の常備制度を、前例のない距離にわたって維持した点において、組織の勝利と言えた。運んだ量は確かに少なかったけれども、当時においては明らかに十分と見なされた――その証拠には、この補給制度を作った命令では、輸送隊の不足を予想するどころか、輸送隊が万一余れば一部を解散するとの規定まで作ってあった。

「大陸軍」の弾薬補給について言えば、一八世紀においては弾薬使用量が非常に少なかったため、その補給が軍隊の戦略的行動に影響することは、ほとんどあるいは全くなかった。しかしながらナポレオンは、全軍に装備する意向だった四五〇〇台の荷馬車のうち、二五〇〇台を砲兵隊に割り当て――それら荷馬車は歩兵の弾薬補給の三分の二も運搬した――糧食補給には二〇〇〇台しか割り当てなかった。八〇〇〇人から成る典型的な一個師団は、銃一丁につき一四七～三〇〇発の弾丸を携行したが、兵の背嚢（はいのう）にある六〇ないし八〇発のほかには、九万七〇〇〇発の小銃弾を持って行ったにすぎなかった。[*24] この量は相対的にも絶対的にも決してわずかとはいえなかったが、作戦地域で弾薬が不足したために戦略にブレーキがかかるということはなかった。ナポレオンは彼の前の時代の人と同じく、出発地点から作戦期間中に必要な弾薬の、すべてとは言わないまでもほとんどを携えて行った。皇帝は、このための兵站上の必要条件に対して決して無関心ではなく、それどころかウルムでマックが降伏した直後、一日当たり七万五〇〇〇～一〇万発の弾丸を供給する巨大な弾薬貯蔵所をハイルブロンに建設した。その点でナポレオンは時代の先を歩んでいた。この貯蔵所は、恐らく弾薬の連続的再補給では史上最初の例であり、前述の中継往復制度とともに、ナポレオンの制度がより原始的な兵站方法に戻るどころか、究極的には現代の軍隊を補給という臍帯（さいたい）の束縛につかせた発展史の中の一環であったことを示唆している。

「大陸軍」はドナウ川に沿って前進を再開し、全く新しい作戦についた。この段階でのおもな敵は、もはやオーストリア軍ではなくてロシア軍だった。そして前進の目的は、特定の場所に留まっている敵を破ることではなくて、時には後衛戦を行なうことはあっても絶えず後退し、ナポレオンをボヘミア、ポーランドなどの果てしなき空間に引きずり込もうとする敵を、苦しめかつ捕捉することだった。[*25] この後退によって提起された「自動的な」問題は恐るべきものであった。というのは地勢条件がナポレオンの最も得意とする側面包囲作戦を許さず、敵をドナウ川とアルプス山脈の間の狭い場所に追い込む傾向があったからである。しかもそこでは道路の数が確実に減っていた。イーザル川のほとりの根拠地からイン川までには五本の道があり、イン川からエンス川までには三本の道があったが、エンス川からウィーンまでには道は一本しかなかった。もっと南側の山越えの道を見つけようとした試みは失敗し、それを企図した軍団（ダヴ軍）は、にっちもさっちもいかなくなった。その結果、多数の軍団は一本の道を分かち合わなければならなくなり、隊列は恐ろしいほどの長さに達した。そして全軍が兵力集中の能力を失うと同時に、団結力を失う傾向があった。こうして皇帝ナポレオンはこの前進の間、ロシア軍を捕捉したいという欲望と、主力が接触しない間に前衛軍が優勢な敵と交戦するかもしれないという恐怖のはざまに、さいなまれていた。彼はこのジレンマを解決することができず、遂にそのためにウィーンを越えてアウステルリッツまで行かなければならなかった。

バヴァリアで八日分のパンとビスケットの補給を確保すべしとの命令を受けて、「大陸軍」を形成する各軍団は、一〇月二六日、幅四〇マイルにわたり三列の隊列を作ってイーザル川を渡河した。ミュラー、ダヴ、スルトは中央を進み、長さ五〇マイルの縦列を作った。ランヌは左翼にあり、ベルナドットは右翼にあった。最初の補給物資は尽きたあとだったが、主計官による秩序ある徴発によって、もう一度軍に補給することが図られ、今回はすでに敵地にあったが、領収書によって支払いがされた。

この目的のために、各軍団に徴発地域を割り当てる試みが行なわれた。例えばダヴは、彼に後続するスルトが利用できるように、現在地を去ってまだ手をつけていない右方向に行くように命じられた。マルモンは一〇月二七日からベルナドットの後方を前進していたが、すでにベルナドットが通過した地域から補給物資を確保するために、右方向に向けて「必要なだけ遠くまで行く」ように命じられた。幾人かの元帥、特にダヴ、ランヌ、スルトは、その後にミュンヘンからの護衛補給隊も従えていた。もっとも補給隊の前進速度は、軍隊で混雑しているうえに雪と氷とにも覆われていた道路越えのために、軍団に追いつく望みは全くなかった。

戦略的にも兵站上からも、ミュンヘンからウィーンへの進撃は、三つの段階に分けられるであろう。その第一段階ではフランス軍はイン川に達した。イン川までの間の地方は樹木が多く非常に貧しい土地だったので[26]、軍はバヴァリア住民から徴発した貯蔵物資を消費しながら、そこを横切ったに違いない。バヴァリアの住民は、一〇月二八日付布告が遠回しに表現したごとく、フランス軍の要求に対して「非常なる熱意と勤勉」とを示して応じていた。イン川からエンス川までは土地が開け、かなりの徴発を行なうことができた。イン川は敵将マックの最初の集結地域だったので、若干のオーストリア軍倉庫もブラウナウ、アルトハイム、リンツで占領された。したがって一一月初めの数日間、師団の多くは軍団主計官の手によって行なわれた正規の徴発物資で食を得ていた。深刻な不足が生じるどころか、少なくともある部隊は余剰を生じたようである。フランス軍は、そうしてはいけないという厳重な命令にもかかわらず、余剰物資を売り払うか簡単に捨ててしまうかした。[27]最後にエンス川からウィーンまでの一週間の前進が続いた。重大な困難が生じ、すでにウルム周辺で聞かれたと同じ不平がもう一度声に出されたのは、この段階においてであった。しかしこのことは、ナポレオンの補給制度や、あるいは補給制度がないこととは何らの関係もなかった。というのは、四ないし五個の軍団が、今やたった一本の道路上に群がっていたのだから、どんな方法を採用しようと、問題が生じざるをえなかったからである。だが、他に選ぶべき方法は、ドナウ川を渡河し、その両岸に沿って進むしかなかったが、すべての橋が退却するロシア軍によって焼かれ、そのため川の北岸を作戦行動するフランス軍は、孤立に陥る危険にさらされているため、そうするのは危ないことであった。しかし結局、ウィーンへの道路の周辺状況があまりに悪かったので、ナポレオンはこの危険な方法をとることを決めたのである。その結果、やがて一個師団の主力が、デュルンシュタインの「小競り合い」で全滅した。「大陸軍」が受けたこの敗北の一部の原因は、皇帝が本営と攻撃最前線との間に六〇マイルの間隙を生じさせたという事実のためだった。さらにこの事実は、リンツの補給組織を自分で監督したいという皇帝の決意によって生じたのであった。このように、ナポレオンは補給に「無関心」などころか、作戦指揮に響くほど補給に注意を払ったのである。ハーグに中間倉庫を作れとの命令は、早くも一〇月二九日に発せられた。同日、皇帝はまたブラウナウに貯蔵所を作れと指示した。その目的は、ロシア軍の抵抗に備えて、同地で一日当たり五～六万人分の口糧を調製するためだった。待ち望んでいた戦闘が起こらなかったので、ブラウナウを作戦前進基地に変えることが決定された。三〇〇万人分の口糧用パン粉が同地に集積され、一日当たり口糧一〇万人分のペースでパンにされた。軍隊への輸送は水陸両方で行なわれ、そのためにスルト、ネイ、ベルナドットは、余った輸送隊を吐き出すように命じられた。他方、三個師団に相当する連合国軍が、連絡線防衛のために分遣された。

これらの措置は重要ではあったけれども、もともとは失敗した場合に備えての保険つなぎとして予定されたものであり、ミュラーが皇帝に報告したごとく、「敵中突破脱出」の性格を取り始めた作戦をささえるには、大して役立たなかった。[*28] ナポレオンに幸いしたことには、ウィーンは今やすぐ近くにあった。ここには膨大な量の武器弾薬があったため（公報によれば「三ないし四個軍団を装備するに十分」）、補給の点で「大陸軍」が直面したすべての困難は、一挙に解決された。さらに重大なことには、一万キンタル〔一キンタル＝一一二ポンド〕の小麦粉と一万三〇〇〇束のかいばが、オーストリア皇帝用の軍需品倉庫だけで発見された。その中には、八万の兵を三週間維持するだけの糧食を用意するように命じられた。ウィーンは、一日だけで七万五〇〇〇ポンドのパン、二万五〇〇〇ポンドの食肉、二〇万ポンドの燕麦、二八万ポンドの乾し草、三七五桶のワインが含まれていた。命令のあと、正確にどれだけの徴発が行なわれたかはわからない。だが、その量の大きさを示す一端は、ワインに対する要求だけでも、一一月二六日以降、六七七桶にふえたという事実からうかがわれよう。これらの補給物資を楽しむために、「大陸軍」は三日間の休養を許されたのであった。もっともその間に、ロシアの将軍クツーゾフはホラブルンへ逃げ去ることができたのである。

フランス軍が、いかにしてアウステルリッツまでの道を補給して進んだかについては、細かな史料が残されていない。一一月二〇日、ミュラーは皇帝に対し、三〇万人分の口糧に当たる補給物資がプレスブルクで発見されたと報告し、この後、一日当たり六万人分の口糧を製造できる窯をシュピールベルクに作れとの命令が来た。当時専門家によって軍隊を養うには十分豊かな土地とされたボヘミアに対し、「大陸軍」が今や背を向ける位置にあったこと、[*29] そしてウィーンへの距離が馬車にとってもそれほど遠くなかったことに留意したらよい。

作戦行動が停止すると、徴発が広範囲に行なわれたにもかかわらず、ナポレオン軍はすぐに補給困難に陥った。[*30] ナポレオンにとって幸いなことには、敵の同盟軍の補給はいっそう悪く、遂に崩壊を覚悟して「大陸軍」に対し攻撃をかけざるをえなくなった。[*31] その結果、戦闘が行なわれた。そしてブローニュからアウステルリッツに至る「電撃戦」は終わったのである。

モスクワ敗戦の真因は何か

絶対的権威を持つ唯一人の最高司令官として、ナポレオンは詳細なメモを作る習慣を持っていなかった。それゆえに彼が、麾下の軍隊の補給制度の成果をどう評価していたかについても、またそこからどんな教訓を引き出したかについても、何らの手掛りはない。しかしながらその後の彼の行動から判断して、皇帝は最初、自分の制度にいたく満足していたように思われる。アウステルリッツ会戦の翌年、「大陸軍」が再び戦闘を始めた時、全く同じ方法で作戦行動を行なっており、たった六週間続いた戦闘で、プロシャ軍を撃破して同じように勝利を収めたのだった。今度はフランス軍は一〇日間分の糧食を携行し、イエナ・アウエルシュテットの戦闘以前は、主として現地徴発で過ごした。この戦闘で勝った後、ワイマール、エアフルト、ライプチヒ、キュストリン等の町で膨大な徴発が行なわれ、そのために軍隊は一八〇六年一〇～一二月の間、文字通りぜいたく三昧にふけることができた。しかし、年が明けるとフランス軍は糧食の乏しいポーランドに入った。そして後方のサクソニア地方に通じる常設の連絡路を確立することが必要になった。この段階になって、初めてナポレオンはかなりの敵に遭遇し、またオーデル川とヴィスツラ川との間でパルチザン活動に直面した。輸送隊は、ドイツ人請負者の助けを借りて、ダリューによって組織された。水路（ハーベル川、スプレー川、オーデル川、ヴァルタ川、ネッチェ川、ブロンブルク運河、ヴィスツラ川）もまた利用された。これらの水路は、その年の冬が例外的に温暖だったために、二月中旬から利用できた。だが、これらの方法もそれほど必要を満たさなかったため、各々六〇〇両の車両を持った七個の輸送大隊より成る輜重隊の編成が、三月二六日付で命令された。

一八〇九年の対オーストリア戦役の兵站については、またしても史料は少ない。今度はオーストリア軍がナポレオンの機先を制して奇襲をかけた。そのために、たとえナポレオンが望んだとしても、適当な根拠地を作る時間はなかった。それにもかかわらず、ウルムとドナウヴェルトに若干の貯蔵物資が集積され、ナポレオンは一八〇五年の経験に従って、これらの貯蔵物資をドナウ川沿いに運搬するために、一団の舟艇を組織した。しかし、四月一七日のフランス軍の進撃開始から始まって、ちょうど三週間後のウィーン占領に至るまで、作戦行動が非常な速さで展開したために、舟艇を組織しても大して役立たなかったようである。むしろ諸軍団は、携行した予備糧食――今度は一二日分とされた――と、現地調達とに依存して食って行かざるをえなかった。[*32]

わずかな補給――大部分は心ならずもだったが――に頼って行なわれたにもかかわらず、大成功を収めたこれらの作戦を振り返ってみると、ナポレオンの最初の大敗北が、最も注意深く準備された作戦から起こったのは皮肉に思われる。というのは、ロシア進攻はしばしば述べられているごとく、決して思いつきの悪い冒険ではなかったからである。ナポレオンが行なったすべての戦争のうち、ロシア進攻は、それ以前、すなわちナポレオンの時代のみならず、その前の時代に行なわれた戦争にも全くみられなかったほどの人的、および物的資源を集めての戦役だった。

当時のすべての軍人に明らかだったこと、すなわち「ウクライナの荒地」（ギベール）では現地調達で食って行けないことを、ナポレオンが知らなかったとは考えられない。事実、彼は自らの養子に対して、「ポーランドでの戦争は、オーストリアの戦争とは似つかぬものとなろう。というのは十分な輜重隊がなければ、何をやってもうまくいかないだろうからだ」と手紙を書き送っている。本国の留守部隊は、早くも一八一一年四月に、ロシアについてすべての情報をできる限り集めよとの命令を受けた。ナポレオンはシャルル一二世のロシア作戦の歴史に通じており、スウェーデン軍が単に人口が少ないのみならず、後退する敵軍によって組織的に荒廃させられた土地に直面したことを知っていたに違いない。[*33] 一八〇九年戦役——ナポレオンが本人みずから指揮した最後の戦争——の間の経験もまた、兵站を無視するような種類のものではなかった。アスペレンでの命令による停止の後、「大陸軍」はレーバウに閉じ込められ、非常な補給困難の下に苦しんでいた。このゆえに、ロシア攻撃の決断のずっと前から、ロシアに対する防衛戦争の諸準備は始まっていた。例えば一〇〇万人分のビスケット口糧が、早くも一八一一年四月にシュテッチンおよびキュストリンに命じられた。[*34] 同時にナポレオンは、輜重隊の規模も増やした。しかし、これらの準備は全く予防的な性格を帯びていた——これは彼が、ロシア攻撃は万一の時だと考えていた証拠であり、またバランスが崩されるのを望まなかったことの証拠である。

一八一一年の終わり頃、ポーランドにおける兵站組織を改善するための措置が、より攻撃的な性格を取り始めた。一八一二年一月、ダンチヒに糧食供出が命令された。三月一日までに、四〇万人の兵と五万頭の馬匹を五〇日間維持するための糧食が、同地に集積されることになった。そのうえ、さらに「大量の貯蔵物資」が、オーデル河畔に備蓄されることになった。[*35] これらの糧食を運搬するために、輜重隊は大々的に拡張され、遂に二六個大隊を数えるに至った（これは軍隊の規模に照らし合わせて、一八七〇年のモルトケの「近代」軍に従った輜重隊をやや上回るものである）。このうち八個大隊は、各隊それぞれ六〇〇両の小型、中型の荷馬車を装備し、あとの大隊は一・五トンを運搬できる四頭立て馬車二五二両を装備していた。さらに六〇〇〇頭の予備馬匹も準備された。[*36] 大型の荷馬車に集中せよとの決定は、これまでしばしば批判されてきた。というのは大型の荷馬車は、途方もなくひどいロシアの道路を通行することが不可能だとわかっていたからである。だが現代の軍事研究家以上にナポレオンは、軽量の荷馬車を使えばいっそう多くの馬匹を必要とするだろうし、したがって馬に飼糧を与えるのが難しくなるであろうことを知っていた。[*37]

弾薬もろとも軍隊の装備品もまた大規模に輸送された。この場合、おもな貯蔵所はマタデブルクに置かれ、そこから大量の弾薬がエルベ川を下って、東プロシャに船で運ばれた。[*38] 一八一二年五月一日付の一通の手紙は、ダンチヒ、グロガウ、キュストリン、シュテッチン、マクデブルクでの貯蔵物資を、各地区ごとに次のように命令していた。[*39]

砲数	火薬（ポンド）	弾丸（発）
五九	二四	八二、六一二
三四	二〇	三二、八〇四
三三〇	一二	二二六、五六八
六九	八	五三、八三五
三一四	六	三六五、九八二

すべてこれらは、攻城砲の他に追加されたものであった。[*40] こうして、ほとんどの口径の砲一門につき、使える弾は六七〇発ないし一一〇〇発であった。この数字は、それから一〇〇年後の工業化し高度に軍事化されたドイツの数字に比べて、それほど遜色はない。

ナポレオンが、これらすべての準備をもって何をやろうと思っていたのかを、正確に言うことは難しい。なぜなら彼の作戦計画書――そのようなものが万一存在したとしても――が、全く残っていないからである。それゆえに推測するしか方法はないが、馬匹牽引の補給制度というものは、いかにうまく組織したとしても、次の数字が示すように、ネマン川からモスクワへの全行程を支えることができないことを、彼は認めていたように思われる。すなわち、たとえ最初率いた六〇万の兵のうちたった三分の一をもって、六〇日を要して（実際には八二日間を要した）ロシアの首都に到着するとしても、この期間を通じての全消費量は、兵士用だけで一万八〇〇〇トンに達するであろう。これは、ナポレオンの輜重隊の全能力をほとんど倍も上回るものだったし、さらにその輜重隊は、他の軍隊にも補給を行なわなければならなかったであろう。そのうえモスクワでの一日当たり消費量は三〇〇トンに達するであろう。そして根拠地から六〇〇マイル離れた場所へこれを運ぶには（補給隊の一日当たりの運搬能力を二〇マイルと非常に高く見て）、一万八〇〇〇トンの輸送が必要になったであろう。だから、ナポレオンが輜重隊を動く軍需品倉庫として使ったか、それとも軍と前線との間を往復（中継して）させたかという問題にかかわりなく、モスクワへの進撃の間、このような方法で軍隊に糧食を給するのは全く不可能であった。

事実は、ナポレオンがロシアに持って行ったのは二四日分の糧食だった。このうち二〇日分は輜重大隊によって運ばれ、四日分は兵士の背中によって運ばれた。しかし、現代のある軍事史家が言った[*41]ように、作戦が一二日間で終わる（フランス軍がまた歩いて帰らなければならないと仮定して）とナポレオンが予想していたとは思えない。むしろ彼は、戦争は約三週間続く（ドナウ渓谷での以前の作戦が二つとも三週間であったことを思い出す）と思っていたに違いない。ナポレオンは、三週間に深さ二〇〇マイル以上にわたってロシアに進入し、ツァーリ〔ロシア皇帝〕の軍隊を捕捉して、これを戦闘に引きずり込むことを望んでいたに違いない。しかる後糧食は、ナポレオンの通常の習慣のように、敗者によって勝者に調達されるであろう。[*42]

皇帝の本当の意向が何であったにせよ、彼が兵站上の考慮を作戦計画に際して重大に見たことは疑いもない。フランス軍に従う二五万頭の馬匹に対し、根拠地からかいばを補給することが全く解決不可能な問題だったため、戦争開始は六月末まで延期せざるをえなかった。ナポレオンはまた兵站上の理由のために、コブノから進発しヴィルナに進んだ。というのは、それより北で展開すれば、ポーランドの恐るべき道路のために（ナポレオンは一八〇六～〇七年の経験からそれを知っていた）[*43]、非常に大きな障害に突き当たったであろうし、他方それより南で展開すれば、ネマンを軍の補給のために利用することが困難になったであろうからである。作戦開始前の最後の数週間、皇帝が敵の中央を突破しようと思ったか、北から包囲しようと考えたか、あるいは南から包囲しようと意図したか、本当のところはわからない。また、それを知ることも重要ではない。なぜならルーヴォワを喜ばせたであろうようなやり方で、補給が戦略を決定したからである。

同じようにロシアの国土防衛計画も兵站上の考慮に基づいていた。距離、気候、および補給という要因のみが、フランス軍――それまで最大の軍隊であり、歴史上最大の将軍に指揮されていた――を撃破できるだろうということについて、ツァーリの部下たちは全員意見を同じくしていた。問題は退却すべきかどうかではなく、どこへ、どの程度遠くまで退却すべきかということであった。この点では、政治的考慮が若干の役割を演じたようである。というのは、あまりにも長期にわたって退却すれば、農奴の反乱が起きるだろうことを、貴族が恐れていたからである。[*44] ロシアの作戦計画者に立ちはだかっていたもう一つの難問は、退却する自軍をフランス軍が無視するのではなく、いかに追蹤させるかということだった。以上二つの問題を解決するために、ツァーリの侍従武官長プフェル将軍は、モスクワに至る道路とサンクトペテルブルクの中間地点であるドリッサに、要塞化した野営地を置いた。モスクワないしサンクトペテルブルクに進撃する間、ナポレオンだったらその野営地を無視して通り過ぎることはできないだろうとみたからである。もしフランス軍がロシア軍を追ってドリッサに至れば、彼等は必要な補給物資のごく一部しかないような貧しい土地で行動することになるだろう。[45] 同時にロシア軍の他の一軍は、ナポレオンの後方で作戦行動を行ない、フランス軍に糧食を補給するという仕事を、なお一層困難にさせる予定であった。ひどく悪評を浴びたこの計画の重要性は、クラウゼヴィッツが嘲笑したように、ロシア軍が初めから劣勢を想定していたことにあるのではない。そうではなくて、ナポレオン自身の計画と同様、ロシア軍の作戦計画も、戦略的考慮よりもむしろ兵站に依存していたという事実に重要性がある。

結局のところ、フランス軍の計画もロシア軍の計画も失敗に終わった。ナポレオンは、六月二三日ネマン川を渡河した。二日後に早くも彼はベルチエを怒りながら訓戒し、糧食をチルジットに送るよう諭した。同地でフランス軍は、「糧食の非常な欠乏のため停止」[46]していたのである。そのような苦しみの叫びは、この作戦の普通の特徴になるはずであり、それらすべてを調べる必要はない。ナポレオンの兵站計画が失敗した主要な原因は次のようであった。第一は、軍の補給用車両がロシアのいわゆる「道路」にはあまりにも重すぎた。この問題は、初めの二週間にわたって雷雨が道路を底なしの泥沼と化したため、一層ひどくなった。[47] 第二は、補給物資をヴィルナまで船で送るためにナポレオンが当てにしていたヴィルナ川が、あまりにも浅かったため、はしけの航行が不可能だとわかった。第三は、軍隊内部の規律が弛緩したことである。その結果フランス軍は、命令を規則正しく遂行するかわりに無差別に略奪し、兵士が食べ物を十分発見していた時でさえ、皮肉にも士官たち――少なくともそのような蛮行に加わるのを拒否した人たち――が飢えることになったのである。[48]そのうえさらに、軍の規律崩壊のために住民は逃亡し、軍の後方に常設の管理機関を置くことが不可能になった。第四は、軍のうちの一部、特にドイツ人諸国軍が自軍の糧食をどうするかさえわからなかったことである。最後に、ロシア軍による計画的な破壊があった。この破壊は、時には恐るべき規模になった。例えば七月上旬ミュラーは、自分は「非常に富裕な土地」で行動しているが、だがそこはツァーリの軍隊によって徹底的に荒廃していると報告している。

　数えきれないほどの不平や苦情が「大陸軍」のモスクワ進撃につきまとったけれども、だからといってすべての軍隊が、絶え間なく、かつみな等しく糧食の補給が悪かったというわけではなかった。特に先頭部隊は、新しい土地に真っ先に入るために、他の部隊に比べて、通常補給が良好だった。後衛部隊――ナポレオンお気に入りの皇帝近衛部隊より成っていた――も比較的よかった。皇帝が彼等の面倒をよくみたためか、このほうが可能性が強いが、後衛部隊は諸軍の後をある距離を置いて行進していたため、途中にある村々の住民がすでに自分の住いに戻っていたためであった。[49]ダヴ軍団は、バグラチオンのロシア第二軍を分断するため本隊のはるか南を進んでいたが、再三再四「予想以上のもの（糧食とかいば）」を発見していたし、ある時には盛んに報告していたにもかかわらず、自らの軍団はぜいたくな生活に溺れているのではないということを強調するのが必要だと考えていた。[50]他方、「大陸軍」の本隊から離れながら行動する諸軍――特にポニアトウスキー公とジェローム公麾下の軍団――は、糧食事情は他の軍よりも悪かった。ミュラーの騎兵隊も同様であり、かいばを得るのが甚だしく困難だったため、ドヴィナ川に到着するまでに、軍馬の半分は倒れてしまった。

だがその時点で、リトアニアおよび白ロシアの人口稀薄地帯は過ぎて、フランス軍の最悪状態は終わった。作戦開始前にナポレオンは、スモレンスクおよびモスクワ周辺地域が比較的豊かである——一平方マイル当たりの住民の数は七〇人から一二〇人に変わっていた[*51]——ことを知っていたに違いない。恐らくこのことが、国境附近でロシア軍を撃滅するという希望が果たせなかった後、東方への進撃続行を決定した最大の理由だったであろう。そのような皇帝の意図も悪くはなかった。というのは七月の中旬以降、あい次ぐ部隊からの報告によれば、途中にある村々はしばしば略奪されていたけれども、田野は「一歩毎に良くなった」し、「耕作が非常に行き届いていた」し、「すばらしくて」、「豊饒な作物で覆われ」、「大変な量の収穫物を提供した」[*52]。これらの報告の多くは、軍のしんがりを構成し、それゆえに敵地に入った時にはすでに略奪されているのを予想せざるをえない近衛部隊から発していた。このことは結論的に言って、「大陸軍」が被った災難は現地で糧食が少なかったために起こったのではなく、むしろ規律の欠如のために、住民が逃げ出したばかりでなく、フランス軍自身の護衛輸送隊を略奪するに至ったために起こったのである。それにもかかわらず、ウジェーヌとシュヴァルツェンベルクという常にぶつぶついう不平家将軍にとってさえも、事態はよくなっていった[*53]。八月二二日付でスモレンスク附近から送られた一通の私信は、次のように述べている。「わが軍が進みつつある田野は至極良好である。収穫は豊かであり、気候は快適だ。貴下が予想するように食物は豊富であり……軍の健康状態はすばらしい。パンも肉も不足していない。ワインについて言えば、ブルゴーニュほど多くはないが、不平を言う理由はない」[*54]と。

この章は、ナポレオンのロシア進攻の前に立ちはだかった兵站上の困難を、特にその悲惨な結果か

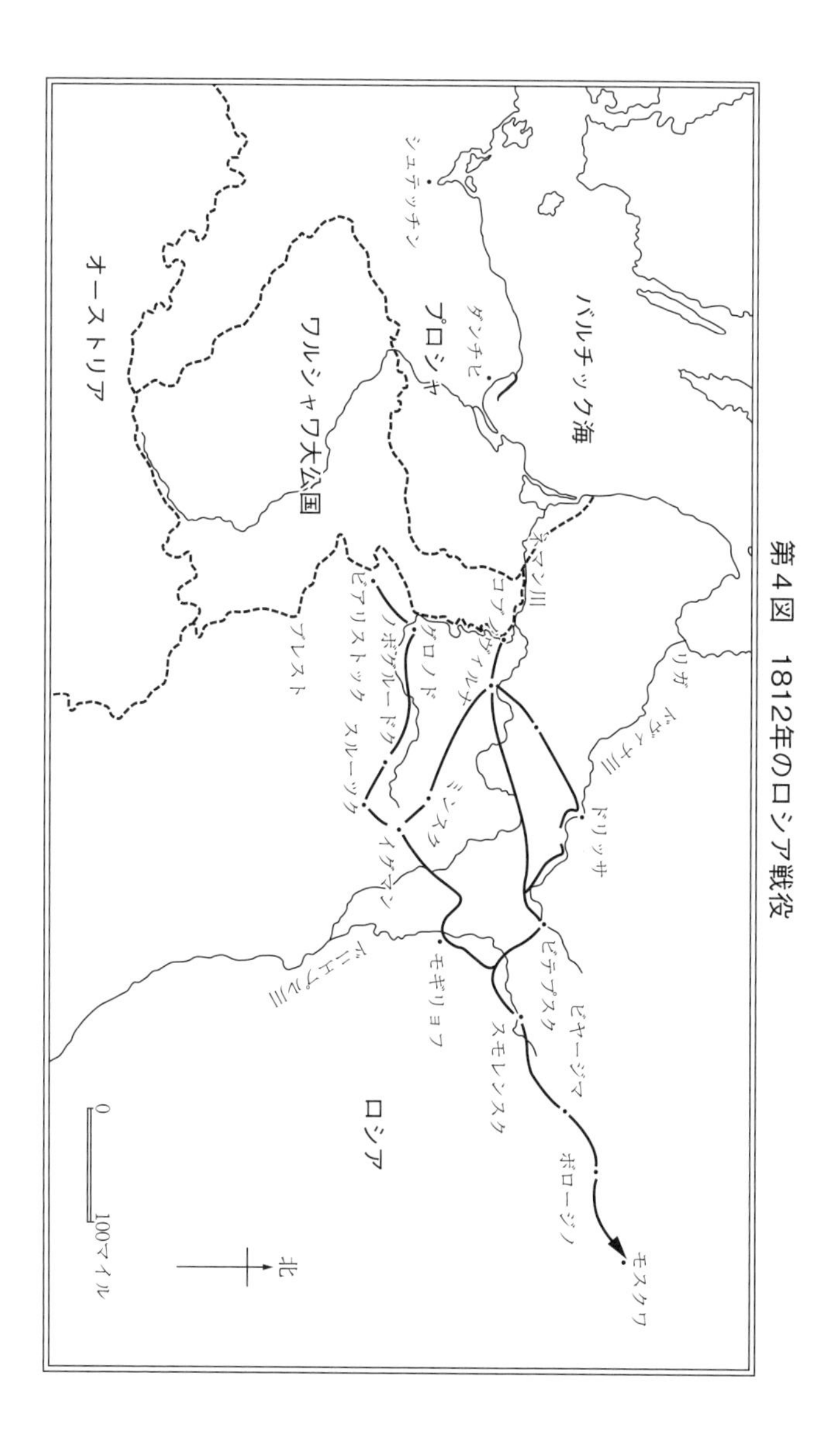

第4図　1812年のロシア戦役

ら考えて、過小評価するのが目的ではない。しかしながら、最悪の不足状態は進撃の最初の二週間（すなわち、まさにナポレオンが最も注意深く、かつ広範な準備をしたその期間）に経験されたこと、その後になって状況がしだいに改善されたことは認めるべきである。そのうえ、「大陸軍」の問題点はいつでも――モスクワ退却を含めて[*55]――たいてい規律の悪さから発していた。もちろんこのこと自体が、一部は補給の悪さに起因していた。だが、司令官が厳格な規律家だった部隊（例えばダヴの部隊）は、そうでない部隊よりも常にうまくやっていたし、一方近衛部隊は良好な秩序を保っていたために、住民が逃げるどころか彼らを熱狂的に歓迎したことは事実である。よく言われるように、田野が全体として余りにも貧しかったため、軍を支えることができなかったというのも真実ではない。ミュラー――彼はプフェルが要塞化野営地に選んだ地域にいたが、プフェルがその地を選んだのは、まさにそこには糧食がないだろうと思っていたからであった――は、七月初めにドリッサから手紙を書いて、ナポレオンに次のように報告している。周辺地域はかなり必要物資に恵まれているけれども、それを徴発するのは適当な行政機関が設立され、兵士の略奪に終止符が打たれて初めて可能になるだろうと。[*56]すべての史料は、モスクワに近づけば近づくほど、田野がますます豊沃になっていたということで一致している。このことが、ロシア軍は戦わずして首都であり神聖な町であるモスクワを棄てることはないであろうという（正しい）見通しとともに、ナポレオンがビテブスクで作戦を中止しないで、恐らくモスクワまで進んだ理由だったであろう。

右記の諸事実によって、プフェルのロシア防衛計画に対するクラウゼヴィッツの批判について、最近行なわれた論争[*57]も片がつくし、結局プフェルが正しかったことを示している。プフェルが当時の兵站知識に頼っていたことは否定し難いが、このこと自体は彼が正しかったことを証明するのに十分ではない。彼の計画のおもな欠点は、ドリッサの野営地が国境に余りにも近すぎたこと、そのため途中での経済的事情にかかわりなく、「大陸軍」が確実に野営地に到達したであろうことであった。フランス軍の追尾から逃れるためには、彼等を数日間以上の長期にわたって飢餓状態に置くのが必要であることは、革命戦争やフランス戦役を通じて何度も示されていた。ところが一八一二年のナポレオン軍は、遠大な距離とそれに伴う兵站上の問題にもかかわらず、非常に良好な状態でボロジノに到着することに成功し、ロシア連合軍を打ち破ったのである。バルクライ・デ・トーリの軍隊が、ロシア皇帝を待ってドリッサの塹壕にかくれていたら、その運命がどうなっていたであろうかを、想像するのはたやすい。

すでに見たように、規律の悪さが作戦の失敗に重要な役割を演じたが、フランス軍の技術的練度を非難する議論は、多くは根拠がないように思われる。ナポレオンが戦争に遍在する「摩擦」を十分に考慮に入れないで、国境に最も近い所で二〇〇マイル以上にもわたる補給を、単なる数字の問題だとしたことは本当であろう。しかし、ナポレオンが不十分な情報に基づいて作戦のための計算をしなければならなかったことは記憶されねばならない。フランス軍の輜重兵の質が若干欠点を持っていたことは、現存する証拠で確かに示されているが、当時においてこれは、特別困難な環境[*58]によるもので、経験不足に起因するものではなかった。なんとなれば輜重組織は、すでに五年前から存在していたからである。なかでも、フランスの兵士および司令官は、現地調達で生活する方法を知らなかったという説は、全く馬鹿げたものであり研究家の名に価しない。この分野における彼らの知識は実際の通り有名であり、十分な高さに達していた。それだからこそ一八〇〇年から一八〇九年という前例のない短期間に全ヨーロッパを席捲し、かつて見たことがなかったような帝国を作り上げることに成功したのである。

「大陸軍」がモスクワ進撃途中で大損害を被ったのは本当である。[*59] その場合、事実、飢えとそれによる結果——逃亡および疾病——が、それら損害の主因になったのである。しかし、このことを補給の問題だけに帰すのは賢明ではないであろう。果てしなく長い連絡線を防衛し、守備隊を後置することの必要性や、距離そのものの影響も、大きな重要性を持つ要因であった。フランス軍の物質的損害については、モスクワへの進撃の途中遺棄された装備のうち、大部分とは言わないまでも多くのものは、後に取り戻したと思われる。[*60] 一八一二年ナポレオンの本隊は六〇〇マイルを進撃し、途中で二つの大きな戦闘（スモレンスクとボロジノ）を戦ったが、モスクワに入城した時、なお兵員の三分の一が残されていた。一八七〇年の時も一九一四年の時も、ドイツの軍隊は比較にならぬほど近い距離を作戦行動し、非常に豊かな土地で、しかも後代の征服者すべてにとって模範となった補給組織に助けられて、パリやマルヌ川に到達したが、両方の場合とも、目的地に達したのは実動兵力のたった半分であった。これらの成果は優れたものだったが、これと比較して一八一二年のフランス軍は、恐らく役に立たなかったであろう補給制度にもかかわらず、成果はそれほど悪くはなかった。

結論

ナポレオンの兵站制度について書いた現代の著作を読む際、あまりにも多くの誤解に遭遇するため、その誤解の原因についての問題が必然的に生じてくる。第一級の著述家こそ、そのような過ちを生じさせる原因になったことは明らかだ。実際調査してみると、歴史上最高の軍事評論家クラウゼヴィッツに糸が集まってくる。彼がこれらの誤解の根源であっても、それほど驚くべきことではない。なぜならこのプロシャ人の思想全体が、ナポレオン戦争は質的に異なったものであり、全く新しい出発を示していたという仮定に基づいていたからである。要するにナポレオンを「戦争の神」と呼び、ナポレオンの制度の本質と見なしていたものを表現するために、「絶対戦争」という言葉を発明したのは、クラウゼヴィッツであった。

当然のことながらクラウゼヴィッツは、ナポレオンによって行なわれたような——彼の見解によれば——根本的な軍事革命は、補給方法においても同様な深い変化なしには起こりえないと仮定していた。このような仮定に基づいて彼は、軍需品倉庫も持たないで行動し、現地調達で生存して補給には何らの注意も払わず、時には羽根を生やして次々にヨーロッパ諸国へ進撃するようにみえる軍隊を考え出すに至ったのである。このような想像が誇張であることを、同時代の人はよく知っていた。非常に害を撒き散らしたプロシャの軍事学者ビューローでさえ、一八〇五年戦役について書いた際、フランス軍は軍需品倉庫を欠いては全く行動できなかったことを正しく指摘し、フランス軍の行動の速度は兵站上の足かせからの解放ではなくて、重量物がないためであるとした。[*61] クラウゼヴィッツがナポレオンの時代に近すぎて、そのために全体の眺望を欠いたということが、彼に対する弁護として認められるとしても、現代の評論家については認められないだろう。彼らは特に、ナポレオン戦争——彼の戦略、戦術、組織等——は、その三〇ないし四〇年前に発生した進歩的発展の論理的結果であるとしているからである。[*62] 今日まで完全に独創的だと信じられていたナポレオン作戦の唯一の側面が、前の時代に行なわれていたことと比較して実際は後退していたというのは注目すべきであり、それ自体別の考えに導いたであろう。

この章では、ナポレオン戦役の極端な例を示す二つの作戦――一八〇五年の前例がないほどの大勝利と、一八一二年の悲惨な戦争――に、故意に集中した。前者の戦争では、フランス軍は軍需品倉庫やよく組織された輸送隊を作る時間が不足していたため、それらを欠いたままでやってのけたことを見てきた。また、ナポレオンが最初麾下の軍隊に装備するつもりだった車両の数は、数字的に見てはるかに状態の悪かった「不運な敵将マック」に従った車両数と、きっちり同じだったことも見てきた。これだけの数の車両を手に入れられなかったこと、あるいはそれらの車両を満たすのに必要な糧食を用意できなかったことのために、ナポレオンはその計画を変更し、進撃方向をドイツの貧しくて人口稀薄な地方より、もっと富んでいて多くの資源を提供する地方へ移さざるをえなかったのである。この点においてナポレオンが実際にやったことは、兵站という暴虐な支配から解放されていたのでは決してなく、彼より一七〇年前のヴァレンシュタインやグスタフ・アドルフと同じだった。

だが、ウルムに到着するやナポレオンは、このようにして前進することはできないと悟った。それゆえに彼は、前例がないほど大規模な輸送隊を組織した。そのために行なった彼の準備は、この種のモデルと見なしてよいであろう。彼はバヴァリアの町々に巨大な軍需品倉庫を設立させ、前進する軍隊に随伴させるために護送車両隊および護送ボート船団を用意した。これらの措置が作戦行動に大した効果がなかったとしたら、その原因は特に、このような大軍が非常に数の少ない道路上に耐えがたいほど密集したためだった。すでに見たごとく、ある時期には五つもの軍団が、たった一本の道路を共用しなければならなかった。そのような状況下では、どんな軍隊も補給の困難に苦しまざるをえなかった。数万台の自動車を持った現代の軍隊[*63]でさえ、そのように密集した兵士に補給するという問題は、簡単には解決できない。それにもかかわらず若干の補給物資が到着したとしたら、また軍が飢えず、大部分の部隊が崩壊もしなかったとすれば、これは想像されているような兵站上の準備によるものではなく、先見の明とか組織、指導力の勝利によるものだった。しかしながら、そのような勝利はナポレオンのような天才によって初めて達成可能であった。そしてちょうどこの時期に、ナポレオンが前進した最前線部隊より数十マイル後方にあって兵站組織にかかりきっていたために、作戦行動に重大な支障を来したのは当然である。

ナポレオンが、アウステルリッツの大勝利を可能にした軍事組織――管理および兵站部隊まで含めて――に満足していたであろうことは驚くべきことではない。それにもかかわらず彼は麾下の軍隊の欠点に気づいて、その後に続いた戦役では、増強された後方部隊を引き連れて行くことを命じた。そのうえ一八〇七年、ナポレオンは当時としては革命的な一歩を踏み出した。すなわち初めて「大陸軍」は、部隊随伴の車両に加えて、正規の補給部隊が与えられたのである。この部隊は、もはや徴発されたり雇われたりした車両や御者から構成されたものではなく、完全に軍隊化された人員や装備から成っていた。それゆえにナポレオンは、より原始的な方法に決して戻ったのではなく――補給の分野においてもほとんど他の分野においても――敵より進んでいた。新奇な補給部隊が初め期待通りに働かなかったことは、驚くに当たらない。

次いで一八一二年の戦役に移る。すでに見たように、ロシア進攻は十分な準備なしに開始されたのではなかった。それどころかナポレオンがとった措置は、ルーヴォワが夢見たことをはるかに超えていた。そうだとしても当時の機械力は、根拠地から兵士に――いわんや軍馬まで――補給することを許さなかった。この事実をナポレオンは完全に知っており、そのために彼は、補給組織の欠点が露出する以前にほぼ勝利を得て終了するような作戦を計画したのだった。結局、彼の部下――なかんずく弟のジェローム――の失敗のために、掌中にあると思われたロシア軍部隊さえ分断、全滅させることができなかった。その結果彼はヴィテプスク――補給組織が最大限の努力を払い、かろうじて到達できた地点――に留まり、目的を達成することができなかった。退却するか、それとももう一度敵に戦いを強いるかの二者択一に直面して、皇帝はためらい動揺し、遂に後者の道をとることを決断した。このほうが、ロシアの最も貧しい地方をすでに通過したこと、東へ進むほど土地が豊かになり徴発が可能になったことのために、簡単であった。軍規が維持されればよい結果が得られることは、近衛軍が実質的に無傷のままでロシアの首都に到達した事実によって示されている。

モスクワ進撃の間に、ナポレオンが絶えず予想していたように、「大陸軍」の補給部隊は崩壊した。補給部隊の欠点が重大であったにせよ、この崩壊は四囲の環境からきた不可避の結果であって、兵員の未経験とか無関心、腐敗とは比較的関係がなかった。一八七〇年とさらに一九一四年、ドイツ軍は圧倒的に優秀な補給組織を持ちながら、根拠地からの補給に全く失敗し、徴発に頼らざるをえなかった。距離はナポレオン当時に比べてはるかに短く、利用できる道路は非常に良好であり、数も多いという事実にもかかわらずである。

さて、徴発の実際の方法になると、ナポレオンは支払い監督官や主計官の形で、比類なき行政組織を指揮下に置いた。彼の成功は、大部分それに負っていたのである。「直接的」徴発が軍隊の士気と規律に悪影響を及ぼすことを完全に知っていたために、ナポレオンはできるだけそのような手段を避けようと努めた。そのために彼は補給物資をあらかじめ集積しておくか――現金ではなかったが、一七〇四年マールバラが行なったように――一八世紀の軍司令官の標準的なやり方のように、補給物資を購入するための軍税をかけるか、いずれかの方法をとった。[*64] どちらの方法でも、敵地でも領収書が発行され帳簿が保管された。その目的は、戦いが終結したのち敵――願わくば敗軍の敵――と話をつけるためである。例えば一八〇五年、ウルム周辺に一五万人の兵が集結されたような緊急の際には、ナポレオンは「直接的」徴発に訴えた。しかし、もちろんこれは、一般的な方法になる前にすぐ中止された。

ナポレオン軍がこのように現地に依存していたとすると一八世紀の前例のように、ある地域に長期駐留するたびごとに、補給困難に陥ったのは当然である。一七九六年のマントゥア周辺、一八〇五年のアウステルリッツ会戦前の兵力集結期、一八〇九年フランス軍がレーバウに閉じ込められた時、そしてモスクワ駐屯期間がこの例である。しかしながら、ナポレオンの戦争システムの恐らく最も革命的な側面は、そのような駐留を防ぐ方法を彼が知っていたこと、戦略的前進から会戦、進撃へすぐ移ることができたこと、および包囲攻城戦を避けたことだった。彼のこの行動がいかに正しかったかは、スペインでの部下の経験によっても示されている。すなわちスペインでは、地理的条件のために包囲攻城戦を余儀なくされ、そのためフランス軍団が次から次と飢餓に苦しめられたのである。

フランス軍以前の軍隊が普通なしえなかったこと、すなわちヨーロッパの他の端から進んで他の端に到達し、途中あらゆるものを破壊することがフランス軍に可能だったのは、たくさんの要因が前例にないほどの勢いを生じさせたからであった。これらの要因には、次のようなものが含まれていた。軍団制をとっていたため、各部隊を分散させることにより現地補給を容易にさせたこと。軍用行李がなかったこと（軍用行李は、一八世紀の軍隊の移動を妨害した点において、軍需品倉庫からの補給に依存する以上に重要だった）。徴発担当の常設機関が存在したこと。ヨーロッパが今や以前に比べて人口稠密になった事実（このことはゲザ・ペルヘスによって強調されているが、これは正しい）。そしてナポレオン自身の説明を借りれば、フランス軍の規模そのものが大きいため、要塞包囲のために前進を停止する必要がなく、それらを迂回することができたことである。だが究極的には、これらの「物質的」要因だけで、ナポレオンの成功をすべて説明することはできない。このことは、この著書のような通俗的な研究においてさえも、天才というものの役割を過小評価してはならないことを示唆している。

第三章　鉄道全盛時代のモルトケ戦略

新制度創出時代へ

ワーテルローの砲声が止むやいなや、各国の軍人たちは、ナポレオンの教訓から将来を学ぼうという眼をもって、ナポレオン戦役の研究と分析とを始めた。フランス軍の機動性は革命期を通じて伝説的であり、フランス軍成功の重要要因として普遍的に認められていたので、兵站の問題は特別に研究調査を受けた。これは、軍の指導者たちがナポレオンの方法をまねようと努める数年前から始まったことであった。こうして、例えばオーストリア軍の荷馬車、馬匹、軍用行李などの定数は、一七九九〜一八〇〇年に早くも大幅に削減され、一八〇五年の敗戦後に再び減らされた。その結果一八〇九年の戦役では、オーストリア軍は初めてフランス軍の進撃ぶりに追い着くことができたのだった。[*1] さらに〔対フランス〕連合軍は、一八一三年サクソニアからライン川へ赴く途中で、偉大なるコルシカ人から教わった教訓のいくつかをわがものとしていたことを見せている。

ナポレオン兵站学を研究し模倣する試みが続いた後、すぐに二つの対立し合う学派が生まれた。このうち一派はアンドレ・ド・ログニアによって、最もよく代表されるだろう。彼はフランスの士官であり、ナポレオンの諸戦役に参加し、早くも一八一六年にはそれらについての研究を出版した。[*2]「ヨーロッパにおける侵略戦争の大作戦について」という一章において、ログニアはナポレオンの管理手配を痛烈に批判し、彼が結局失敗したのは、なかでも連絡線に対する注意不足によるものだとの結論に到達している。ログニアの見解では、敵の奥地への戦略的浸透は、小部隊によって遂行されている間はきわめて適切だった。しかし近代の軍隊は規模が巨大であり、糧食、弾薬、および予備品の需要は一層膨大になった。ログニアは現地調達で生きている軍隊に必然的につきまとう困難を、逃亡、軍紀びん乱、現地住民との問題を含めて、さらに強調した。彼はアウステルリッツ作戦を「狂乱の極み」と呼び、ナポレオンはロシアにおいて三〇万人、サクソニアにおいてさらに二〇万人を餓死させたとして非難した。これらすべての災いを防ぐために、ログニアは未来は「機械的な」漸進的戦闘システムに移ると示唆した。軍隊は最大限八日分の糧食を装備し、根拠地から三〇〜四〇リーグ〔一リーグは三マイル〕しか進まない。その地点で停止し貯蔵物資を受け取り、予備軍団が追い着くまで待つ。ログニアは予備軍団を軍事的成功を収めるためには基本的なものだと考えていた。次に貯蔵物資が集積され、新しい根拠地が設けられる。すべてが完了した時、初めてその一連の行動が繰り返される。

　もう一人の、そして偉大な評論家カール・フォン・クラウゼヴィッツの結論は非常に異なっていた。研究の主眼点を論じるに至った時、驚いたことにクラウゼヴィッツは、同時代の多くの人々に比べてナポレオンの戦略移動の速さにそれほどの感銘を受けなかった。クラウゼヴィッツは、軍隊が直接徴発を行なうことはできなかったとしても、徴発の必要性のために根拠地からの補給制度と同じくらいひどい遅れが生じざるをえなかったことを指摘した。また、一八〇六年のミュラーの有名なプロシャ軍追撃戦を引用して、フリードリヒ二世がその大規模な補給部隊と軍用行李をもってしても、ナポレオンと同じほどうまくはやれなかったことは事実であると示そうとした。[*3] だがクラウゼヴィッツは、フランス軍の補給制度——あるいはそれがなかったこと——は、距離が遠くなるにしたがって有利になってきたと考えた。すなわち、このことによって初めてタホ川からネマン川までのあの遠大な進撃が可能になったと考えた。それゆえクラウゼヴィッツの留保条件がいかなるものであるにせよ、彼は現地補給に将来の波を見ようとした。彼自身による詳細な調査とは反対に、クラウゼヴィッツは、徴発という方法によって行なう戦争のほうが軍需品倉庫に依存した戦争よりはるかに優れているので、「後者は戦争のようにはまるでみえない」と述べた。

これがナポレオン後の世代の理論的見解と見なしてよいが、それを実行した結果、略奪中心のやり方が軍隊の補給方法として不満足であることはすぐわかった。例えば一八一二年のロシア陸軍管理規則は、主計総監に対して、「自軍の貯蔵物資に頼るのは特別な場合に限り、その他は被占領地の物資を略取するために徴発、購入、契約を行なうべし」と命令している。だが実際はロシアの司令官たちは、このようにして兵を維持するための専決権を十分持っていなかった。その結果一八二八〜二九年戦役（対オスマン帝国）と一八三一年戦役（対ポーランド）では「大損害」が生じた。そのため一八四六年に「移動軍需品倉庫」が、野戦パン製造部隊や野戦食肉調理部隊とともに導入された。しかしこれらの措置は、クリミア戦役の最中には効力を現わさなかった。そのため数えきれないほどの兵士や馬匹の死骸が、ブルガリアやセバストポリへの道路に列をなした。[*4]

ロシア軍は、地理的条件によって地味貧しく人口稀薄な土地で戦争を行なわざるをえなかったが、それとは違って一八五九年のオーストリア軍は、兵を容易に養えるはずの豊かな北イタリアで行動した。だから当然のことながら徴発が行なわれた。しかし、軍付属の輸送隊が時間通りに到着しない一方、現地の車で輸送隊を作ろうという試みは、時間があまりにかかりすぎたため、略奪を厳重に禁じられていた軍隊は飢えた。さらにそのうえ、補給総監と軍団との間の協力に摩擦がないわけではなかった。その結果、全組織が「完全な失敗」となったのである。[*5]

プロシャ軍の補給制度は、一八一四〜一五年に組織された時は比較的不完全で、糧食補給隊（理論的には軍に四日分の糧食を運搬できた）と、野戦パン焼き部隊、馬匹補充部隊、救護車両から成っていた。一八三一年の勅令によって、これらの部隊は「輜重中隊」に組織された。軍団ごとに一中隊が配属され、一輜重中隊は七個糧食補給隊（後には五個に削減された）、一個野戦パン焼き部隊、一個「機動」馬匹補充部隊より成っていた。補給業務を管理するため、一八一六年補給将校団（騎兵隊から派遣された兵員と共に）が作られた。同じ年各軍団は輜重司令官を任命するように命じられた。だがこの司令官は補給監督官の下に従属させられたため、指揮すべき部隊とは離れてしまった。

戦争中に補給隊を指揮する将校は任命されたけれども、補給隊の作戦行動に責任を持つ組織は存在していなかった。わずかに補給隊用の一部資材が倉庫に貯えられ、即時使用できた。これを補うために、馬匹や車両の徴発が予定されていた。同様に必要な兵員を訓練すべき下士官部隊は確立されておらず、補給組織全体が動員期間中ゼロから出発しなければならなかった。

一八四八年および一八四九年の戦争期間中、これらの戦備は初めて試練を受けたが、予想通り全く不十分であることが判明した。おもな問題は兵員の質と量にあった。輜重部隊司令官であるフォン・フロイデンタールという少佐は六九歳であり、他方主要幹部は一八一二年および一八一三年戦役のベテランたちであって、そのうちいちばん若い将校でさえ五五歳だった。野戦病院や野戦パン焼き部隊には、指揮すべき将校が一人も見当たらず、そのため下士官に任せられた。だが下士官の一部はそれまで馬に一度も乗ったことのない傷病兵だった。装備、なかでも軍服は甚だしく不足していたため、兵卒の一部は軍服を受領するまで、貯蔵所で二週間を過ごした。馬に補給するための準備はなされておらず、また将校が見知らぬ兵卒を編成して存在もせぬ部隊に分けようとしたとき、恐るべき混乱が生じた。このような状況下のため、補給部隊は時間通りに展開地域に到達できなかった。このことのために、かのプロシャの軍人君主フリードリヒ・ウィルヘルム（のち国王ウィルヘルム一世、続いてドイツ最初の皇帝）は、補給と輸送がプロシャの全軍事組織にあって最弱点であると書くに至ったのである。[*6]

それゆえに一八五三年、徹底的な改革が陸軍大臣フォン・ボーニンによって開始された。一月、将校と下士官を教育する平時訓練が定められた。続いてその三ヵ月後に、より詳細な命令がウィルヘルム自身によって署名され発令されたが、それによって各軍団は補給部隊兵員の「核」を確立するために一人の参謀将校を選抜すべきこと、この補給部隊要員は毎年二週間は補給訓練に従事すべきことが定められた。一八五六年、これら補給部隊兵員の「核」は常備補給大隊に拡大され、そのうえ各軍団司令部に直接帰属することになった。一個補給大隊は、一人の参謀、五個糧食部隊（全能力は小麦粉三〇〇〇ツェントナーで約八日分の消費量に相当、〔一ツェントナーは五〇キログラム〕）、一個馬匹補充部隊、一個中央病院、四個野戦病院より成っていた。しかしながら一八五九年フランスに対して軍隊が動員された時、これら補給部隊の多くは紙の上の存在にすぎないことが判明した。動員解除後、全軍団の補給部隊を確立するための方策がとられた。最後に一八六〇年六月再び改編が行なわれ、補給部隊を一個の独立した兵科（ヴァッフェ）にするとともに、独自の監督総監を置いた。この監督総監は参謀本部に従属するのではなく陸軍省に従属し、補給部隊司令官の訓練と任命とに対し責任を負った。プロシャ軍は今や九個の軍団に分けられたが、各軍団はそれぞれ一個の補給大隊を与えられ、大隊は平時には将校、下士官、兵あわせて二九二人から編成された。兵員は戦闘要員として兵籍に入れられ、したがって正規兵の軍服を着用した。

理論的には完璧だったが、これらの戦備は、一八六四年のデンマークとの戦争においては、実際には検証されなかった。というのはプロシャはその時、戦場にわずか四万三五〇〇の兵（定員いっぱいの軍団で二個弱）、一万二〇〇〇の馬匹、一〇〇門の砲――プロシャの全軍事力の一部――を投入しただけだったからである。兵力集結の間、軍はおおむね宿営地から糧食の供給を受けた。だがキール近郊に小麦粉とかいばの倉庫が設けられ、同時に総計一〇〇〇台の予備の荷馬車置場が作られた。季節は冬だったので、気候によって若干の困難が生じた。道路が全面凍結し歩行が難しかったからである。行進距離は短く土地は肥沃だったので、一部兵員の訓練不足によって問題が生じたものの、補給組織は全体として円滑に機能した。いずれにしてもこの小さな戦役の経験のために、補給部隊に重大な変化が生じたようには見えない。[*7]

甚だしく異なっていたのは、一八六六年の普墺戦争の経験であった。理論的には、補給組織は軍隊に必要な糧食を補給することが可能だったが、問題の規模が圧倒的に大きかった。すなわち、一つの作戦に集結された二八万という兵を、根拠地から補給する計画になっており、これはナポレオンの不運なロシア作戦を例外にすれば、今まで試みられたことがなかった企てであった。一八六四年と同様、兵力集結の間は軍は主として宿営先から糧食の供給を受け、不足分を自発的な売買で補っていた。しかし、オーストリアへの進撃の間は後方から補給する予定であり、特に第一軍は、作戦行動することになっているサクソニアが、あたかも砂漠であるかのような準備をしていた。[*8] 結局、これらの計画は何も実らなかった。補給部隊は、六月二九日頃（オーストリア領侵入がまだ深くない時）までは、だいたい戦闘部隊への追蹤に成功したが、その後は背後に取り残され、追い着くのに成功したのはケーニヒグレーツ会戦が行なわれ、それに勝ったあとだった。[*9] 補給部隊が非常な交通混雑に巻き込まれ、道路の通行優先順位を求めて戦っている間、軍隊は宿営先から糧食を受け、徴発によって生き、時には全く糧食がなかった。モルトケ自身が七月八日付手紙で麾下の軍団司令官に書き送ったように、この失敗は次のような「弊害」によって起こったものだった。

a　補給部隊は歩兵、騎兵、砲兵の隊列によって道路からはじき出され、時には何日間にもわたって連続して移動が不可能となり、こうして補給すべき戦闘部隊から離れてしまった。

b　行軍の秩序を監視するはずだった野戦憲兵が、しばしば他の仕事に使われた。そのうえ憲兵隊長は、その事実を自分たちの本来の職務を遂行しない言い訳に利用した。

c　補給部隊は、公認外の荷馬車によってふくれ上がる傾向をみせた。それらの荷馬車の多くは軍事目的には不向きであった。

d　指揮能力の不足によって、混雑は特に隘路や他の狭隘な場所で、しばしば起こった。縦列や個々の車両は好き勝手に行動し、しばしば道路上で休んだりして、他の車の通行を妨げた。[*10]

ケーニヒグレーツ会戦後、プロシャ軍は主として徴発によって糧食の供給を得ていた。そのためにモルトケは日常準則の実施を中止せざるをえなくなり、軍団、師団、さらに大隊さえも、時間を節約するために補給部隊を飛び越えて、自分の補給の面倒をみることを許さざるをえなくなった。[*11] だがボヘミアの生産物は大したことはなかった。村落はしばしば放棄され、輸送手段はすべて退却するオーストリア軍によって持ち去られていた。実際に豊富に存在していた唯一のものは食肉だったが、他方パンは、時には何週間にもわたって非常に不足していた。このために作戦行動は時折影響を受けた。

例えば第二後備歩兵師団が七月一九日停止した時がそうである。[*12] 少なくともある専門家の意見では、作戦がもし長引けば、これらの物資の不足は破滅的になっていたであろうという。[*13] その通り実際には、何週間にもわたる行軍の緊張は、栄養不足と重なってコレラの発生につながったのである。しかし幸いなことに、補給制度の欠陥があからさまにならないうちに、七週間戦役はケーニヒグレーツ後わずか二〇日で幕を閉じた。

一八六六年のプロシャ軍は、よく組織された補給制度を持っていたが、戦場で軍隊に糧食を与えるために使った実際の方法に関しては、それより六〇年前のナポレオンの「大陸軍」に比べ、それほど近代的ではなかった。同じことは、歩兵の弾薬補給についても言えた。撃針銃が支給されたのにもかかわらず、モルトケ軍は全弾薬を軍団内部で運ぶことができた。すなわち小銃一丁につき合計一六三発の弾丸を、連隊付き荷馬車、大隊用荷車、および兵卒の背嚢に分けたのである。後方から弾薬を絶えず補給するための準備は行なわれなかったし、消費量が非常に少ないことからみて、その必要もなかった。普墺戦争の全期間中、わずか一四〇万発が消費されたにすぎなかった。戦闘員一人当たり平均七発である。[*14] その結果、各種の荷馬車によって運搬される弾丸量は一八六六年以後削減され、他方歩兵の背嚢に詰められる量は増加して、遂に補給全体の半分を弾薬が占めるに至った――これまた補給制度がまだ比較的原始状態にあった証拠である。[*15]

軍の糧食を根拠地から補給しようという試みは、いかに不首尾で終わったにせよ、極めて重要な一つの結果として、一本の道路上を進みうる軍隊の最大人数に、新たに厳しい制約を生じさせた。ナポレオン時代には、この制約は、各部隊に対し糧食徴発を十分可能にさせるだけの土地を確保する必要性から生じた。だがモルトケの組織下では、道路を進む兵員の数は、荷馬車補給部隊が一日当たり進むことのできる距離によって決められたのである。もしこの距離が二五マイルだと仮定すると、後方の護衛輸送隊が前進部隊に到達し、再び補給するためにその日のうちに後方に戻らなければならないとすれば、戦闘部隊の、前進の最大距離は一二・五マイルを超えることができないであろう。多数の車両をいくつかの梯団に分け、各梯団が一日分の補給物資を運搬することによって、理論的には一日当たり前進距離を延長させるのは可能だった。しかし、そうすると各輸送隊は互いに反対方向から常にすれ違って往復することになろう。これは一八六〇年代の中央ヨーロッパの道路では、非常に困難な作業だった。実際、一本の道路を進みうるのはわずかに一個軍団――三万一〇〇〇の兵士――であることが判明した。このためにモルトケはかの有名な格言、すなわち戦略の秘訣は「個々に進撃し、戦う時に一体になる」ことだとの格言を作るに至ったのである。だが実際には、必ずしもこの格言通りにやることはできなかった。特にケーニヒグレーツの後、第一軍に糧食の不足が生じたが、その一部の原因は、配属下の三個軍団がわずか一本の道路に群がったため、補給部隊が通行できなかったからであった。[*16] そうだとしても、補給の原理を知っていたためにプロシャの三個軍は、おのおの相互によく連絡し合いながら、五本の道をとって戦場に近づいた。ところがオーストリア軍は全軍がたった二本の道をとって行進しなければならなかった。[*17]

鉄道は戦争をどう変えたか

一九世紀後半は鉄道の興隆時代であった。モルトケの戦争システムのうち、この新輸送手段を軍事目的のために革命的に利用したことほど、多くの注目と称讃を受けたものはなかった。それゆえに普仏戦争における鉄道の役割を分析する前に、戦争および征服の手段としての鉄道の発達について、一言する必要がある。

周知のごとく、鉄道利用によって軍隊が利益を受けられると示唆した最初の一人は、天才的経済学者フリードリヒ・リストだった。彼は一八三〇年代に、計画の行き届いた鉄道網は軍隊を急速にある地点から数百マイル離れた他の地点へ移動できるようにさせ、そうすることによって速度比兵力量を増大させ、まず最初に一方の敵、続いて他の敵に兵力集結を可能にさせるだろうと予想した。驚くべきことには、このことの軍事的可能性を最初に理解したのはロシア軍だった。[*18] 一八四六年ロシア軍は、一万四五〇〇人の軍団を馬匹と輸送隊もろとも、フラディッシュからクラクフまで二〇〇マイルを、鉄道により二日間で移動させたのである。この後に続いて四年後、オーストリア軍が七万五〇〇〇の兵をハンガリーとウィーンからボヘミアに移動させた。これは恐らくプロシャ軍のオルミュッツでの妥協的条約締結〔一八五〇年〕に一役を果たすことによって、鉄道が国際間の力の政策に重要な役割を演じた最初であろう。だがその七年後、鉄道の戦略的利用について、世界に驚くべき教訓を与えたのは、今度はフランスだった。すなわち四月一六日から七月一五日までに、兵員六〇万四三八一人、馬匹一二万九二二七頭が鉄道で輸送されたのである。これは当時存在していたフランスの全常備兵力であり、このうち兵員二二万七六四九人、馬匹三万六三五七頭が直接イタリアの作戦区域に向かった。[*19]

これに反してプロシャでは、鉄道が軍事目的に役立つかもしれないという考えは、最初すべて反対された。フリードリヒ二世の後継者たちは、連絡線が良好だと国土が簡単に蹂躙されるだけだというフリードリヒの言葉を繰り返した。新鉄道線を建設しようという営利企業の企ては、しばしば軍部からの断固たる反対に遭った。軍部は要塞の安全が脅かされるのを恐れており、鉄道問題を処理するために設立された委員会は一八三五年、鉄道は決して街道に取ってかわることはないであろうとの結論を出した。[*20] このような状況は一八四一年まで続いたが、同年には関心がなくなったため論争は終息した。

プロシャ軍がようやく鉄道に重大な関心を持ち始めたのは一八四八〜四九年の革命最中のことである。この時道路による軍隊移動が安全でなくなったからである。このことが、革命家が退却を成功裡に行なうために鉄道を繰り返し利用したことと並んで、遂に方向転換をもたらした。だが転換は最初緩慢だった。オルミュッツに達するために鉄道を利用したプロシャ軍は、到着した際あまりに混乱していたため、編成がはるかに優れていたオーストリア軍に敵対することはできなかった。最大の欠陥のいくつかは、プロシャ軍が次に動員された一八五九年までに矯正されていたが、軍事目的のための鉄道の応用では、フランスに比べてなお劣っていた。この原因の一部は、当時ドイツでは数十の会社が別々の鉄道線を営業しており、その間では協力や統制が欠けていたからである。鉄道連盟によってある程度の統一性と中央統制を作り出そうという努力が、一八四七年に始まったが、戦時に鉄道を軍事目的のために無制限に利用することを許す制度は、一八七二年まで完成されなかった。[*21]

六〇年代半ばまでに改良はかなり行なわれ、同盟軍――実際的にはプロシャとオーストリアの同盟軍を意味していた――は、目を見張るほどではなかったが、鉄道を軍事目的のために効果的に利用していた。だからこそ一八六四年一月一九日から二四日にかけて、プロシャ軍はミンデンからハルブルクまで、鉄道を使って一個歩兵師団（兵員一万五五〇〇人、馬匹四五八三頭、車両三七七台）を輸送した。利用したのは総計四二列車――一日平均七列車――であり、この歩兵師団を移動させた距離は一七五マイル強である。その後引き続いて補給物資を運ぶために鉄道が利用された。この目的のために、二月の後半には一日に平均二列車がアルトナー―フレンスブルク間に使われた。月末頃には、列車をさらに北部のシュレスヴヒまで送れるようになった。これらの作戦規模は非常に小さかったため、学ぶべき重要な教訓はなかった。事故が一件あったが、列車の運行は円滑にいった。将来のためにより重要なのは、列車の荷揚げがボトルネックだとわかったことである。そのために可動式木製傾斜路や、列車の横ではなく後部からの荷揚げ等について、実験が行なわれた。[*22]

　一八六六年戦役では、鉄道網がプロシャの戦略的展開の速度を左右しただけではなく、展開の形態も決めた。オーストリアへの戦争準備では、プロシャ軍をゲルリッツ近辺に展開することが、モルトケおよび参謀本部の意向であった。プロシャ軍がシレジアをカバーするとともに、サクソニアからベルリンまでの間で、オーストリア軍の前進を側面から突けるようにさせるためである。だがプロシャ軍が動員を開始したのはオーストリア軍より遅く、その遅れを取り戻すために、前線に通じる五本の鉄道線をすべて利用せざるをえなかった。この結果、プロシャ軍は長さ二〇〇マイルにわたって弓状に展開されることになった。こうして後世有名になったモルトケの「外線戦略」は生まれたが、それは深い計算からではなく、時間という兵站上の要因――すなわち距離とプロシャの鉄道網の配置――によって、偶然の出来事として生まれたものであった。

　ところが、一八六六年戦役中での鉄道利用は、成功したとはとても言えないであろう。確かに動員は円滑に進んだ。すなわち二一日間に、兵員一九万七〇〇〇人、馬匹五万五〇〇〇頭、あらゆる種類の車両五三〇〇台が展開され、この時期にモルトケを訪問したある士官は、モルトケがソファーに寝転んで読書しているのを見たという。しかしながら、その後に続いた鉄道作戦は決して満足すべきものではなかった。この時初めて明らかになったのは、兵站駅に補給物資を送るよりも、そこから前線の軍隊に補給物資を送るほうが、はるかに難しいということだった。補給列車を動員の時間表に間に合わせることに失敗した後、モルトケが部下の鉄道専門家フォン・ヴァルテンスレーベンを帯同して戦場に赴いたため、事態はますます悪化した。こうすることによって彼は、補給の全組織から中央指揮者を奪い、各軍団の補給将校が多量の補給物資を求めて突進するのを許してしまった。補給将校は鉄道の物資受容能力については一顧だにもしなかったから、その結果鉄道は混み、続いて全く停止したのである。こうして六月末頃には、一万七九二〇トンもの補給物資が、引くことも進むこともできないで線路上に立ちふさがり、他方何万両もの貨車が一時の倉庫として使われ、そのためにたとえ線路が自由に使えるようになっても、車両は輸送には利用できなかったであろうと推定される。パンはかびくさくなり、かいばは腐り、牛は栄養不足で倒れたが、野戦司令官は少なくとも作戦に対する補給の影響を無視することができた。というのは軍隊が護送補給隊を完全に追い越していたので、軍隊と鉄道との連絡が完全に断たれていたからである。そのため最初の部隊がオーストリア国境を越えた六月二三日と、ケーニヒグレーツの会戦終了までの期間、鉄道は作戦の進行に対して何らの影響も及ぼさなかった。[＊23]

　プロシャ軍はケーニヒグレーツで勝ったあと、オーストリアの鉄道を利用することができないために、それ以上オーストリア領内に進入し続けるのは不可能であることがわかった。七月二日、モルトケはドレスデン―プラハ間の鉄道――「わが軍の極めて困窮せる補給状況からみて……絶対必要」と見なされた――が、可能な限り早期に開通することを要求した。だがその四日後、彼はその努力が無駄であることを認めざるをえなかった。[＊24]特にケーニヒシュタイン、テレジエンシュタット、ヨセフシュタット、ケーニヒグレーツの諸要塞がバルドゥヴィッツへの鉄道線を断った。応急の線路を敷くことによって、これらの鉄道線を迂回できないかどうかの調査が行なわれたが、作戦が行なわれている間に成果を生むことはなかった。[*25] 実際はプロシャ軍は、前記の諸要塞を無視し、それらを置き去りにしてウィーンに進撃することを決定した。その結果、作戦の第二段階でも同様に、鉄道は軍隊の行動に対して何らの影響も与えることはできなかった。その間軍隊は徴発によって食を得、見つけしだい現地の交通機関を徴用し、まるで鉄道がないかのように行動した。実際のところ、鉄道は存在しないも同然だった。

モルトケは一八六六年八月六日のビスマルク宛手紙で、このことから次のような結論を引き出していた。[*26] それによれば、作戦の結果鉄道が被った小さな被害を修理するのは、いとも簡単だということがわかった。また、「長期間にわたって妨害が起こるのはただ一つ」、要塞によってのみ生じたという。だからこそ参謀総長モルトケは、既存の鉄道線の周辺地区を通過するためには、できるだけプロシャ自身の線路を敷設すべきであると勧告したのである。だがこのことは、もっと多くの要塞を作るべきだという意味ではなかった。結局のところプロシャ軍は、鉄道の遮断にもかかわらずウィーン進撃を継続できたし、その後方に取り残されたオーストリア軍の城塞は、こうるさい存在以上になったことは一度もなかった。したがって将来の方向を示したものは鉄道であって、城壁ではなかったのである。しかしモルトケが言い忘れたのは、兵力展開が完了した後では、プロシャ陸軍の鉄道およびその列車輸送は完全な失敗に終わり、戦争の結果には貢献しなかったということである。

普墺戦争で演じられた役割が何であれ、モルトケの作った鉄道は圧倒的な優越性を彼に与え、それは四年後にドイツによるフランス撃破に重大な役割を果たしたと広く信じられている。普仏戦争に占める兵站の地位——鉄道による補給を含めて——のくわしい検討は、この章の終わりまで待たなければばならない。ここでは、一八六〇年代においてはドイツ——すなわちプロシャ——の鉄道は、いかなる観点から見てもフランスのそれより劣っていた事実を指摘するにとどめよう。一八六八年に至ってさえ、『鉄道利用下の戦争指導』という本を書いた匿名の士官は、普墺戦争にもかかわらず、「フランスの全般的な（鉄道）性能はプロシャを……はるかにしのいでいる」[*27]と感じていた。これは次の要因のためであった。

a　フランスの列車は、どんな種類でもドイツの列車より速かった。これが可能になったのは——軍隊輸送の場合——駅で糧食を補給するために軍隊を下ろさないで、兵に糧食の携帯を要求した措置のためであった。

b　政治的な問題のために、ドイツの鉄道網はフランスに比べ統一性が劣り、またその資材は規格化が進んでいなかった。

c　ドイツの鉄道線のうち、わずか二四パーセントが複線になったにとどまり、フランスの六〇パーセントとは対照的だった（もっともこれは一八六三年の場合であって、一八六六年から改良が始まった）。

d　概してフランスの駅の収容力はドイツのそれよりも大きかった。当然このことは、荷揚げのためにどれくらい時間がかかるかという重大な要素を左右した。

e　線路一マイル当たりに利用できる車両の数が、フランスではドイツのそれをほとんど三分の一上回っていた。

f　フランスの複線を走れる列車の一日の数は、ドイツのそれに比べてはるかに多かった。理論的にその数字はフランス一七列車、ドイツ一二列車と言われたが、実際にはフランスは一八五九年には一日平均三〇列車まで走らせることができた。[*28]

民間領域とは対照的に軍事領域では、右記の事実が示す以上にフランスの有利性は、はるかに大きいと考えられていた。というのは戦略的な配慮が、鉄道建設を最初からリードしていたからである。ドイツの場合はこうではなかった。ドイツでは政治的分裂のために、経済的あるいは地方的利害がはるかに大きな役割を演じていた。国境に向けて並行して走り、中央の核から伸びるくもの巣状の道路と主要な要塞とを結びつけているフランスの鉄道網は、戦争の際に理想的と考えられていた。殊に東西南北に走るドイツ独得の「幾何学的鉄道網」に比べると、フランスは有利だった。[*29] フランスの鉄道はドイツのものより優れているという考えは、モルトケ自身も持っており、対仏戦争の場合は守勢を保つことが、彼の意図の中で大きなウエイトを占めていた。

一八七〇年の普仏戦争の後、フランスとドイツの軍事評論家たちは互いに、侵略的戦争を遂行する意図を持って鉄道を建設したと非難しあった。モルトケがドイツの鉄道計画に口をはさんだことは事実である。だが彼は細かな点はさておいて、民間営業線は十分自分の目的に適っているとして満足していた。彼はたった一度だけ、純粋に軍事目的のために新線建設を提案したことがあったが、この考えに対して彼が受けた唯一の反応は、丁重な感謝の手紙だけだった。[*30] 一八五六年、同じような提案を行なうために、プロシャ皇太子自身が陸軍大臣に手紙を書いている。

グレーベン将軍〔モルトケ〕は………ライン川右岸に沿って鉄道建設を助言しており、その目的のために将軍は、九〇〇万ターレルの資金配分を求めている。近時、豊富な民間資本が鉄道建設に利用できることは明らかであり、そのため国庫への負担を反対の理由にすることはないように思われる。[*31]

新線建設について軍事的配慮を貫徹するどころか、この軍人皇太子は、もちろん軍部が後になって利益を得ることを望みはしたものの、極めて重要な鉄道線開発を民間企業に任せることで全く満足していた。少なくともこのことから察すると、ドイツ人はフランス人以上に戦略的考慮を重視して鉄道計画を立てていたという、よく聞かれる説には、少し証拠が欠けている。

また、戦略に対する鉄道の影響について論じたドイツの理論的著作は、奇妙にも全く誤っていたが、この事実はあまり知られていない。初期の頃の代表的人物——その中にはルドルフ・フォン・カンプハウゼン、モーリッツ・フォン・プリットヴィッツ、ハインリヒ・フォン・リュストウ、プロシャ参謀総長の一人フォン・レイへ将軍が入っている——は、鉄道は国内戦線を展開する側に有利に働くだろうとみな予想していた。[*32] リスト自身も同じであり、彼は「それまで常に、混乱の源であった祖国の中央の情勢を、鉄道が大いなる力の源泉に変える」ことを望んだのであった。[*33] 結局のところ一八六六年の普墺戦争および一八七〇年の普仏戦争は、鉄道が国内戦線での作戦行動を容易にするどころか、国外戦線で好戦的行動を助長するものであることを示すことになった。実際一八六六年の場合では、リストが好戦的にならざるをえなかったのは鉄道のためであった。それとは反対にフランスの鉄道網は、一八七〇年には国内戦線の有利さを利用する絶好の機会をフランス人に与えていたが、だからといってこのためにフランスが、徹底的敗北から免れることにはならなかった。

もう一つ、しかも個人的にモルトケを巻き込んだ過ちが犯された。それは鉄道が攻勢と防御との間の関係について与えるとみられた効果についてである。ここでもまたリストが先頭に立っており、彼はこのように書いていた。

なかでも最も際立っているのは、これらすべての有利性（すなわち国内戦線で作戦することの有利性）は、特に防御側に利益を与えるだろうことである。それゆえに以前に比べて防御作戦をとることのほうが一〇倍もやさしくなり、攻勢作戦をとることは一〇倍も難しくなるであろう。

リストの見解によれば、「移動速度が早くなるほど防御側に有利になる」。その理由は「防御側は攻撃側に合わせてその移動を決めなければならない」からであった。それゆえに鉄道網がよく発達すれば、大国の防御力は「最高水準」まで高まり、リストなどの見解によれば遂には戦争することが全くできなくなり、平和が地上を支配するであろうというのだ[*34]——こうした予測は、戦争の新しい手段が出現するのに伴って現われやすいが、いずれにせよ常に期待外れにならざるをえない予言の中の一つである。

リスト〔ドイツの経済学者〕は軍人ではなく、彼の結論は「人間の健全な理解力」から得たにすぎなかった。だが彼の意見はモルトケと同じであった。モルトケの推論によれば、防御側は自国の鉄道網をフルに利用できるだろうが、攻撃側は戦線を推し進めるにあたって、鉄道線には頼ることができないだろうということだった。[*35]それゆえ鉄道は攻撃よりも防御に役立つだろうということだったが、この結論は歴史上最も成功した攻撃作戦をとったのはモルトケであるという事実と一致しなかった。この後半世紀にわたって続いた試みによれば、鉄道によって攻撃が唯一最良の戦闘方法になったのである。

これらの事実をどうみるべきかは言い難い。確かに、以上の諸事実からみて、プロシャの対仏戦勝利の多くはプロシャの鉄道組織の優越性のためだという一般的見解は誤りである。プロシャの鉄道網とその理論に欠点や誤りがあったとすれば、プロシャが勝ったのは、作戦中にこの二つの問題を克服した稀にみる天才的対応能力のためか、あるいは結局のところ鉄道は戦争の推移に大した影響を与えなかったという事実に基づくか、どちらかであったに違いない。これら二つの解釈のうちどちらが正しいかは、以下のページが明らかにするだろう。

フランス対ドイツの激突

一八七〇年七月一三日、ビスマルクはエムスに滞在中のプロシャ王発電報の修正済み訳文を発表し、その二日後プロシャは他のドイツ国家とともにフランスに対して戦争に入った。何事か起こるのを予想していたので、プロシャ陸軍は準備をしていた。戦争が勃発するや、巨大な全機構を動かすには、ただボタンを押すだけでよかった。

普墺戦争が終わった一八六六年八月と普仏戦争が始まった一八七〇年七月との間に、モルトケはしばしばフランスに対する軍隊動員と展開とを呼びかけていた。フランス軍は——プロシャ軍と違って——常備軍だったので、戦争開始はより早いと予想された。ナポレオン三世は早期攻撃を仕掛けることによってこの利点を利用するだろうと予想されたので、モルトケが直面した問題は、敵地への進入を準備することより、むしろ鉄道を利用して、できるだけ早いうちに数字的優位を確立することであった。兵力展開がより前方になるだけ、放棄しなければならないドイツ領は少なくなるであろう。だが、軍隊を後方にも集結しなければならない理由があった。まず第一に、フランスの攻撃によって国境近くのドイツ鉄道網が分断される可能性を予想しなければならないことだった。もっと重大なのは、一本の鉄道線を走れる一日当たりの列車数は、通行距離に反比例するということだった。それゆえに、できるだけ多くのドイツ領を確保しておきたいという欲望は、軍隊を最大の速度で集結させる必要性と両立しなかった。当然ながらモルトケは、その最終計画（明らかに一八六九年から七〇年にかけての冬に準備された）で、ライン川後方のはるか東に兵力集結を行なうことを決めていた。こうすることによって、もし必要となればラインラント全部を無人の野を行くフランス軍の犠牲にするはずだった。[*36]

軍隊を実際に配備するに当たっては、戦略的考慮や敵の意図と思われるものによって決めるよりも、むしろ鉄道網の配置によって決めた。一八六六年の時と同様、速度を早める必要から、できるだけ多くの鉄道線を利用することが至上課題となった。このことから一三軍団を展開する決定が行なわれたが、そのために今やプロシャ軍は、フランス―プロシャの全国境に沿って、非常に長い戦線に分散されることになった。このようにして六本の鉄道線がプロシャ軍のために、さらに三本以上が他の南ドイツ連邦の軍隊のために利用され、一本の鉄道線を二個軍団以上が共用しなければならないということはなかった。[*37]

実際の輸送においては、戦闘部隊が優先された。すなわち一本の線路で交互に二個軍団を送ることが優先され、他方各軍団の輸送部隊や補給部隊は後から追い着くと想定されていた。この配置は論理的だった。しかし、この配置によって、補給部隊はフランスに対する戦争が始まる前から調子を狂わされる運命になった。補給部隊の脆弱さは、すでに普墺戦争で明らかになったはずである。さらに重要なのは、鉄道の負担が兵員輸送によって増大したため、補給物資を送り出すのが困難になったことである。糧食輸送列車がようやく八月三日に出発した時、鉄道線は早くも塞がっていた。[*38] その結果、一八六六年の時と同じく、補給部隊は集結地域に集まった軍隊に糧食を給するという仕事に取り組むことさえできなかった。参謀本部は、平時用倉庫から原料の供給を受けて、野外パン焼き窯をケルン、コブレンツ、ビンゲン、マインツ、ザールルイに作ることを命じた。また補給物資がオランダ、ベルギーで買い付けられ、ライン川を通って送られた。だが輸送部隊が軍から引き離されていたために、これらの補給物資は分配することができなかった。苦情がモルトケのもとに出されると、彼はこう答えている。「補給部隊将校は厳格に必要なことだけに仕事を限るべきであり、鉄道当局を悩ませてはならない」[*39]と。このような状況のため、各軍の司令官たちは自分でイニシアティブをとらざるをえなくなった。彼らは各軍団ごとに四〇〇両の荷馬車から成る輸送隊を徴発するとともに、大量の食料品を購入した。司令官たちは、後にはまさしくそうなったのだが、一八六六年に味わった経験を再び繰り返し、参謀本部が第一線の兵卒の必要物資を調達することができなくなるのを恐れていたからである。[*40]当時各軍は宿泊先で糧食の供給を受けていたから、たとえその地が富んでおり、住民が犠牲の覚悟を持っていたとしても、すぐ物資が不足してきたのは当然であった。

ドイツ軍のフランス進攻が八月五日に始まった時、第一軍は連絡用鉄道線としてF線を持っていた。第二軍は、A、C、BおよびD線（これは第三軍と共用）に、第三軍はD、E線に依存していた。しかしながら、これらの手配は大部分すでに機能していなかった。というのは後方からの補給物資の流れが大きかったため、各兵站駅、特にパラチン地方にいる第二軍後方の兵站駅が、兵力展開がまだ完了しないうちに閉塞し始めたからである。[*41]そのうえ、いったん進撃が始まるやいなや鉄道線はすぐに後方に置き去りにされ、鉄道との連絡は断たれた。例えば、第一軍後方の兵站駅が、まだドイツ領内であるザールルイまで進められたのは、ようやく八月六日のスピシュラン会戦後であった。第二軍の兵站駅は八月一一日サルグミーヌに進められ、次いで四日後にはポンタムッソンまで前進させられたが、作戦の機動局面がほとんど完了するまで、兵站駅はそこに留まることになった。第三軍の兵站駅はマンハイムにあったが、これまたマルラ・ツール以上には進ませることはできなかった。[*42]鉄道があまりにも後方に置き去りにされたために、作戦に対し何らの影響を与えることができなかったという一八六六年の経験は、こうして再び繰り返されたのである。ただし一つ相違点がある。それは前戦役の教訓を利用して、プロシャ軍はメッツ（フランス語読みでメス）の要塞を迂回する緊急鉄道建設の準備を進めており、これらの準備を実行に移した時、その敏速さにより大成功を収めることができたことである。[*43]

一八六六年に似た混雑が再び起こったという事実は、ドイツの鉄道組織になお欠けているものがあることを示しているが、[*44]兵站駅の急速な前進の際経験された困難な問題は、先見の明がなかったからではなかった。一八五七年から七〇年に至る間の無数の覚書の中で、モルトケは戦時における鉄道の破壊と再建の可能性について関心を示していた。一八五九年、彼は初めて鉄道部隊の編成を命令した。その任務は、右記のような戦争技術の新しい側面を処理することにあった。部隊創設の背後にある考えでは、新部隊は小さな故障の修理と、小さな橋梁の建設をすることになっており、大規模な作業は民間の専門家に任せられた。鉄道部隊は工兵隊に配属され、鉄道線を回復するとともにその守備に任じることが予定された。一八六二年に守備の任務は正式に鉄道部隊から除かれたけれども、実際には司令官たちは、この目的のために他の部隊を配置することをしばしば拒否していた。

一八六六年戦役では、三個の鉄道部隊が存在していた——各部隊は一人の部隊長と五〇〜一〇〇人の兵士から構成され、一〇〜二〇人の専門家を含んでいた——そして鉄道部隊は戦場で行動している三個の軍に附属していた。三部隊ともかなり役立ったが、任務の広大さに比べてあまりにも不十分だった。特にヨセフシュタットおよびケーニヒグレーツ要塞迂回の緊急鉄道の建設はむろんのこと、ベルリン―ゲルリッツ線完成のためにも、労働力が不足していた。補給物資はすべてドレスデン―ゲルリッツ―ライヘンベルク―トゥルナウの一本の鉄道線で運ばなければならず、その結果は前節で述べた通りになった。[*45] 一八七〇年鉄道部隊の数は五個にふやされ（一個のバヴァリア部隊を含む）、各部隊は二〇〇人以上の精兵より成り、一人の上級鉄道総監によって指揮された。彼はまた鉄道問題については後方査閲総監の顧問として活躍した。[*46] だが作戦の初期の段階では、これらの準備は不十分というより、むしろバラバラだった。鉄道部隊は訓練が良好で装備も優秀だったかもしれないが、行く手をさえぎるフランスの要塞、殊にツールの要塞に対しては何もできなかった。ある歴史家が述べたように、確かにツールやその他の要塞を陥落させるのは、「ただ単に時間と兵力集中の問題にすぎなかった」[*47] けれども、それにもかかわらず、あるいはそれゆえに、要塞を陥落できたのはようやく九月二五日になってからであった。その時にはすでにフランスの正規軍は実質的に消滅しており、モルトケの軍隊はパリの入口に近づきつつあった。だから、ツール陥落が大して重視されなかったということ自体、プロシャ軍が鉄道線をそれほど必要としなくても事をうまく運ぶことができた一つの証拠である。

そうこうしているうちに、若干混乱した開戦期の後、普仏戦争は歴史上最も壮大な作戦の一つに発展していった。スピシェラン会戦の後フレシュヴィラーとヴィヨンヴィユ、マルラ・ツールの戦闘が続き、その後バゼーヌ元帥が一六万のフランス兵もろともメッツに閉じ込められた。ヴィヨンヴィユ、マルラ・ツールの戦いに勝った後、ドイツ第二軍は二つに分けられた。すなわちそのうち四個軍団はメッツ包囲のため取り残され、他方残余の三個軍団はミューズ軍と命名されて、セダン周辺に集結しつつあるフランス軍の一部部隊との戦闘を応援すべく北西方面に送られた。続いて八月一八日グラヴロット会戦とサンプリバ会戦が起こった。九月一日までにナポレオン三世はセダンで包囲され、二日後には降伏した。パリへの道は今や開かれた。

ドイツ軍は、鉄道網の配置のために明確な重点地域もなく広範な戦線で作戦を開始せざるをえなかったが、今や二つの大きな集団に分かれるに至った。このうちの一つは第一軍および第二軍より成り、メッツを包囲していた。そこではモルトケの先見の明により、九月二三日兵站駅をレミリに前進させることができたが、停止した軍に補給を続けることは極めて困難だった。他方北方では、第三軍とミューズ軍とがセダンの勝利に続いてパリへの進撃を準備していた。だが鉄道はナンシーまで開かれただけだったので、補給基地との接触はほとんど完全に断たれていた。ドイツ軍のこの二つの集団はアルゴンヌ山地でへだてられていたので、両者の間の連絡は非常に難しく、相互に助け合うことは困難だった。このような状況下でもなおモルトケが、さらに数百マイルにわたって敵領内への侵入を命令できたということは、ドイツ軍が根拠地からの規則的な補給にいかに頼らなかったかを示している。

ウィルヘルム一世の軍隊がパリへの進撃を開始した時、その背後にある鉄道の混乱はたちまち途方もない規模になり始めた。これには様々な要因が原因となった。その中には、後方の補給機関が荷下ろし駅の能力も考えないで補給物資を前方へ送り出そうとし続けたこと、列車を速やかに空(から)にする労働力が不足していたこと、軍の輸送馬車隊がたまり続ける物資を駅から一掃することができなかったこと、各地の司令官たちが貨車を便利な一時的倉庫として徴発する傾向があったことがあげられる。その結果鉄道線は何百マイルにもわたって詰まり、止まったままの列車の渋滞が、後方のフランクフルトやケルンまで続いた。貯蔵能力を無視して全物資を貨車から下ろし(もちろんそれらの大部分は腐るままに放置されることになった)、混乱を一掃しようとすさまじい努力がなされたが、九月五日現在、

第5図　1870~71年の普仏戦争

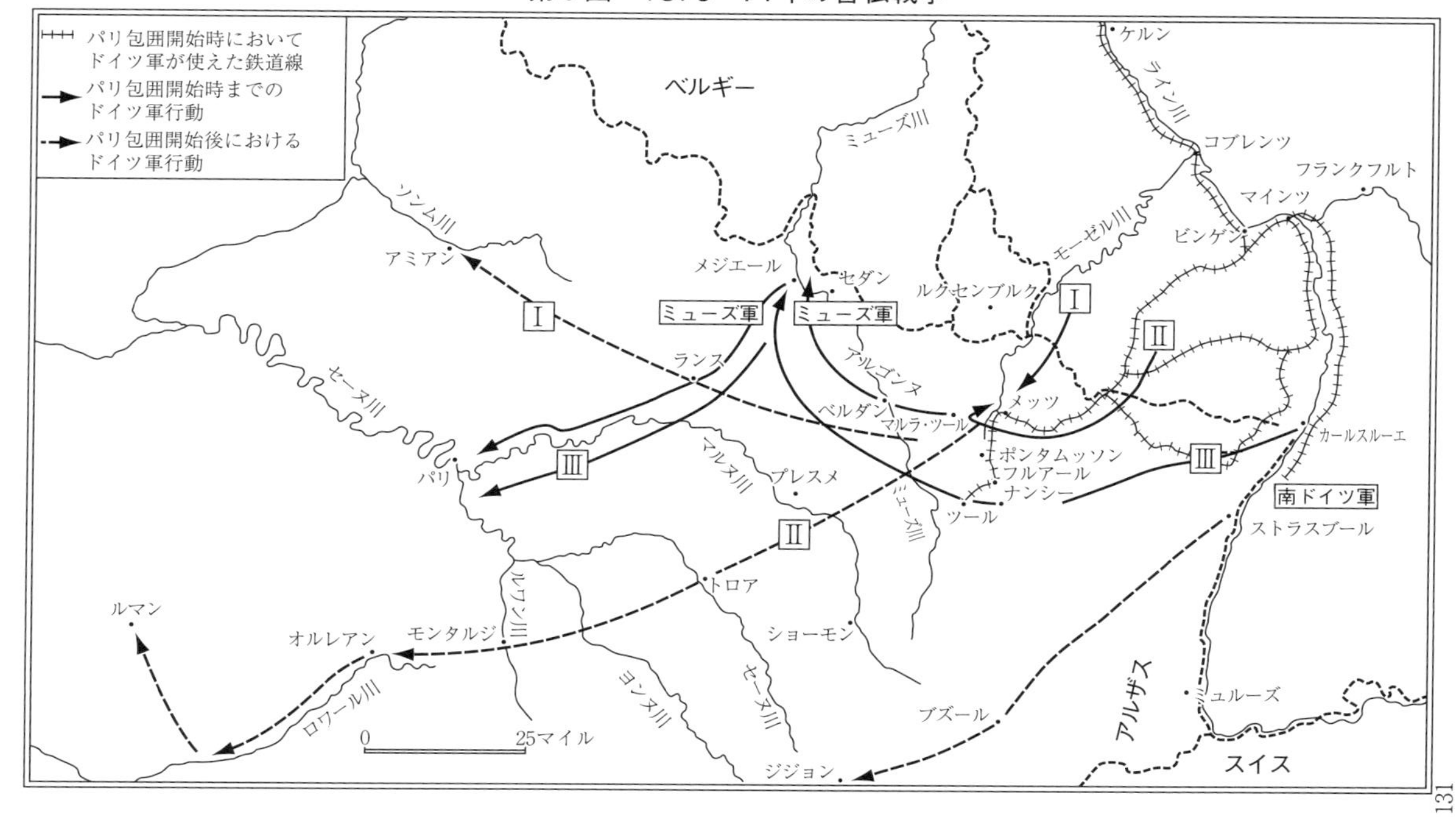

五本の鉄道線には二三三二二両もの荷積み貨車が立往生しており、その中には第二軍向けだけで一万六八三〇トンの補給物資があった。交通の渋滞はまた貨車の猛烈な不足の原因になった。そのためモルトケは九月一一日付で各軍の司令官に手紙を送り、フランスの貨車や機関車を鹵獲するために騎兵隊を使用するよう要求するに至った。[*48] パリ進攻作戦が開始されるとたちまち、フランス義勇軍によって列車は攻撃され鉄道線は妨害された。一〇月一二日、モルトケは破壊された列車をその場で修理するには数ヵ月かかるだろうと手紙で書いている。[*49] こうして、運輸量は決して多くなかったにもかかわらず――戦争開始後初期の数ヵ月間、フランスに送られた補給用列車は全軍に対し一日平均たった六列車にすぎなかった――混雑はひどくなって、一〇月一日から二六日にかけて、ヴァイセンブルクからナンシーに送られた二〇二列車のうち、目的地に達したのは一七三列車にすぎなかった。[*50]

しかしながら後方の鉄道状況が混乱したことは、プロシャ軍によるフランスへの非情な進撃続行を妨げはしなかった。九月六日パリへの進撃は始まった。九月の終わりにはパリ包囲の環は縮まりつつあった。南方では、メッツ要塞のためドイツ軍は一〇月二四日まで手間取ったが、同日バゼーヌが降伏したことにより、第一軍はパリ包囲に参加すべく西方へ進撃することが可能になった。他方第二軍はさらに南のロワール渓谷地方に送られた。この全期間中、兵站駅は八月末以来と同様ナンシー周辺にあった。

結局、後方の鉄道状況が好転し始めたのは、ようやく一八七〇年一二月になってからであった――その時モルトケ麾下の軍隊はオルレアン南西のディジョン南部と英仏海峡西部に展開していた。いまや三本の鉄道線が国境を越えてドイツからフランスに走っていた。だがそのうちの一本――ミュルーズからブズール、ショーモン経由でパリに至る線――は、戦争が終わるまでフランスのベルフォール要塞によって遮断されたままだった。もう一本の線がメッツ、メジエール、ランス経由でパリに達していたが、これは三つもの要塞によって遮断されており、一八七一年一月二日のメジエール陥落までドイツ軍には利用できなかった。こうした事実のために、ドイツの鉄道輸送はすべて、モーゼル川渓谷のフルアールとマルヌ川渓谷のブレスメとをつなぐたった一本のレールに制限された。もっともこの鉄道線でさえ利用できるようになったのは、ようやく九月二五日のツール陥落からであり、その時にはすでにドイツ軍はパリに到達していた。しかもマルヌ川渓谷地方の鉄橋とトンネルの破壊によって、兵站駅の前進はさらに二ヵ月遅れたのである。ロワール川渓谷にいる第二軍後方の連絡線の状態は、さらにひどかった。一二月九日まで兵站駅はショーモンに留まったままだった。というのはセーヌ川渓谷およびヨンヌ川渓谷における諸施設の破壊のために、西に向かう鉄道各線が通過不能になったからである。後になって兵站駅はトロアまで進められたが、この時までに第二軍はさらに進んでコートドールに行っていた。この重要な鉄道線もフランス義勇軍による絶え間ない攻撃にさらされており、その結果一一月末ごろには、一個軍団全部を後方防御のために派遣しなければならなかった。[*51]

戦争が終わった時、二二〇〇マイルに及ぶフランスの鉄道線がドイツ軍によって管理されていたが、線路上の輸送は常に混乱を続け、時には危険であった。幾本かの列車は衝突し、脱線し、ミューズ川の中に転落した。この原因は時折はサボタージュのためだったが、たいていの場合は大急ぎで行なわれた不完全な修理、ドイツ人要員の経験不足、規律の弛緩に根ざしていた。それにもかかわらずドイツ軍は、あらゆる失敗はサボタージュする側の行動に原因があると考えがちであり、そのためにモルトケは、フランス人の人質を機関車に乗せて連れてこいとの悪名高き命令を発するに至ったのである。[*52]

ドイツ軍によるパリ包囲と砲撃は、小さな地域での大兵力の集中と大量の砲弾消費を伴っていたので、鉄道線がなくては全く不可能であったろうことは疑いない。同様に広く妥当とされる見方として、戦争開始時期にドイツ軍が、鉄道を兵力展開のための戦争技術の最高傑作として利用したことが認められている。もっともすでに見たように、この勝利は対仏戦争が始まる前からの鉄道組織の混乱という犠牲のうえで達成された。しかしながら、戦争開始とパリ包囲との二つの戦闘局面の間で、鉄道はそれほど重要な役割を演じたとは思えない。その理由の一部は鉄道線そのものに伴う問題のためであり、一部は兵站駅を軍隊の進撃に合わせて適度な範囲内に維持することができなかったためである。だが最も驚くべきことは、こうしたことのために作戦が大きな影響を受けたり、モルトケが大きな不安を覚えるということがそれほどなかった事実である。そのことは、一八七〇〜七一年のドイツ軍の糧食補給方法を調べることによって、初めて理解できる。

実態は依然武装遊牧民

普仏戦争以来、歴史家はプロシャ軍最大の功績の一つは補給制度であると見なしてきた。[*53] この見方はモルトケ自身が作り出したものでもある。というのは彼は、戦争の全歴史を通じてプロシャ軍ほど糧食補給が良好だった軍隊はないと書いたからである。[*54] ドイツ軍が対フランス戦争のほとんどすべての作戦の間、重大な補給困難に苦しまなかったのは事実である。だが、この事実が優れた組織の功績のためだと言うのは本当ではない。このことを認識しなかったために、普仏戦争そのものの評価を歪めたのみならず、軍事技術発展の一段階として普仏戦争を位置づけようとする試みをも歪めることになったのである。

一八七〇年の作戦で明らかになった補給制度の欠陥は、組織とか洞察力が全くなかったがためではなかった。プロシャ軍の輜重部隊は最初はつつましやかなものだったが、一八七〇年までに壮大な機構に発展していた。すなわち各軍団は一個の輜重大隊によって補給を受け、その輜重大隊は士官四〇人、軍医八四人、兵卒一五四〇人、馬匹三〇七四頭、荷馬車六七〇台を保有していた。これらの部隊の行進隊形は厳格には決められていなかったが、戦闘部隊はそのすぐ後に輜重大隊の予備の馬匹、駄馬、医薬車、野営調理用設備がついてくるものと予想していた。こうしたものはすべて、戦闘の日にも輜重大隊とともに行動すると見なされており、「野戦行李」として名を知られていた。次にくるのがいわゆる小行李で、これは師団参謀の荷馬車、小銃弾を運搬する荷馬車、野戦鍛冶工場、残余の野戦料理車、糧食輸送隊より成っており、さらに一個の予備糧食輸送隊と一個の歩兵師団付き野戦病院がつけ加わっていた。最後にくるのが大行李であった。これは弾薬輜重隊、士官用行李、野戦パン焼き部隊、師団付き以外の野戦病院、残余の糧食輸送隊、はしけ輸送隊、糧食輸送第二梯団、乗り換え馬補充部隊より成っていた。戦闘部隊用車両への物資補充は、車の半数が空になったら行なわれることになっていた。そして、空になった車両は物資補充のために後に取り残されることになっていた――部隊付き輜重隊がそれらの車に追い着くことができるように、あるいは前線に向かう他の部隊との交差を避けて、夜間に後方へ下げるためにである。[*55] 危機に陥った軍団を助けるために、各軍は徴発によって数千台の車両より成る予備の荷馬車部隊も保有していた。紙上ではこれらは壮大な配備だった。だが初めからこの配備は機能することができず、しかもこれはモルトケ自身に大部分責任があった。

すでに見たごとく、ライン河畔でのモルトケのすばやい兵力配置は、軍隊を輸送部隊から引き離すことによってのみ可能だった。その結果作戦が始まった時、輸送部隊はまだ兵力集結地域に到着せず、その機能を果たすことができなかった。徒歩による軍隊の移動と馬による輸送部隊の移動との速度比からみて、軍隊と輸送部隊との間に生じた間隙は容易に埋められなかった。輸送部隊は前線と兵站駅との間を往復し、少なくとも物資補充を受けるために、一定の場所に滞留すると見られるから、なおさらである。それゆえに輸送部隊が国境に進むまでの間、ドイツ軍は民家宿営と物資購入とによって補給しなければならず、そのために民間人との間で摩擦と困難を引き起こした。独仏国境を越えても、輸送部隊はまだ戦闘部隊に追い着けなかった。例えば第三軍の輸送部隊が八月中旬にやっと国境に到達した時、すでにいくつかの会戦が戦われて勝利を収め、ドイツ軍はミューズ川を渡河していた。

フランスへの進攻の間、ドイツの諸部隊が遭遇した補給上の問題は実に様々であった。左翼では、メッツに進撃する第一軍および第二軍は行進する距離がそれほど遠くはなく、兵站駅から程よい距離内に留まることができた。しかし、兵站駅があまりに混雑していたためにこれを利用することができず、そのため一日当たり三列車が第二軍に届けられると想定されていたにもかかわらず[*56]、実際は第一、第二の両軍とも主として徴発によって糧食を補給しなければならず、一部は鹵獲したフランス軍の補給物資で補っていた。[*57]このやり方は、ドイツ軍が移動を続けている間はうまくいった。しかしいったん移動がメッツ近辺で停止するやいなや、「巨大な困難」が経験された。今や兵站駅からの距離は約四〇マイルに達し、しかもその一部は狭い山岳道路が通じているだけだった。これらの道路上の混雑は甚だしく、雨で道がもろくなると、労働力不足のためそれを修理することができなかった。ようやく問題が解決すると、メッツ周辺の軍はパリ包囲軍を増援するために輸送部隊の一部を放棄せざるをえなくなった。しかしこのことは、少なくとも補給問題を解決するのに若干役立った。例によってかいばを手に入れるのが特に困難であったからであり、また死馬が無数にあったからである。

準備を慎重に行なうために、レミリへの鉄道線をまたたく間に建設したのは記憶されるであろうが、これは次の事実によって帳消しになった。それはしばしばはるか後方の駅で起こったことだが、混雑のために補給物資が、労働力と空間に余裕があるところでも貨車に積まれたままになったことである。糧食は貯蔵能力があるなしにかかわらず荷下ろしされないで腐るままに放置され、それを土中に埋める労働力がないために（現地の住民はこの仕事をやるのを嫌がり、また必要な道具も持っていなかった）、悪臭はたちまちひどくなった。これらの問題は、セダンの戦闘の後第一軍およびミューズ軍が、モルトケの命令に従って鹵獲貨車を後方に送り始めた時、ちょうど解決しようとしていた。しかし鹵獲貨車を送った結果、レミリ駅はいっそう混雑したのだった。[*58] 要するに第一軍、第二軍に対し、メッツ包囲中補給を続けることは、それ以前の時期に比べ、また後述するようにその後の時期に比べても、はるかに困難だったのである。

他方進撃するドイツ軍の左翼では、第三軍にこうした困難はなかった。すべて徴発に頼っていたからである。付属補給部隊がやっと軍に追い着くことができた時、マクマホン軍がランスとドイツ軍右翼のミューズ川との間に位置していると報告され、予想外の戦略的機会が生じた。敵を分断するために組織的な補給を欠いたままでアルデンヌ高原に突っ込むか、それとも敵軍の逃亡を許す危険をおかして補給状況の改善を待つか、いずれかの選択に直面した時、第三軍は進撃を決定した。八月二七日と決められていた休暇は即座に取り消され、軍は現地調達によって自活し、必要なれば非常用携帯口糧で現地調達糧食の不足を補うべしとの命令が出された。もちろんこれは正しい決定であった。糧食不足は八月の末頃に現われたが、セダンの勝利に比べれば小さな犠牲だった。[*59]

セダンの戦いに参加したもう一つの軍隊、すなわちミューズ軍の経験は、これにやや似ていた。第二軍のうちの四個軍団をミューズ軍として北西に送ることを決定した時、二週間分の貯蔵補給物資がマルラ・ツールに蓄積された。だがミューズ軍はこれらの物資を持ち出すことができなかった。多数の荷馬車が軍隊輸送のために割り当てられ、あるいは鉄道建設を援助するために割かれたからである。従ってミューズ軍は進軍中、例のごとく民家宿営と気ままな物資調達とによって糧食を補給しなければならなかった。そしておおむねこの方法で十分だったけれども、八月末には不足が生じ非常用携帯口糧に頼ることが必要になった。[*60] だがまたもや戦争に勝ち、このことがドイツ軍の決断を正当化した。しかし第二軍、ミューズ軍とも貯蔵糧食を欠いたままで進撃しており、もしも戦闘がドイツ軍に不利になっていたら、悲惨な状態に直面したであろう。

八月末にセダン周辺に大兵力を集中したために、当然補給困難が生じた。もっともこの困難は、幸いにもカリナンでフランス軍の貯蔵物資を鹵獲したために楽になった。セダンの戦いが終わってからようやく、ドイツの二個軍の補給部隊が戦闘部隊に追い着いた。ただしその時までに補給部隊が運んできた荷物は、補給部隊自身による消費のためにはるかに少なくなっていた。それゆえパリ進撃のための根拠地を築くのは不可能だった。最寄りの兵站駅が約八〇マイル後方のメッツにまだ置かれていたために、一層不可能であった。しかしこれらの困難は、ドイツ軍に刃向かえるフランス軍がもう存在しないために改善された。その結果ドイツ軍は幅広い戦線にわたって広がり、各軍団は別々の道路を行進することができた。田野は非常に豊かだったため大した困難はなく、ランスやシャロンでは物が余ることさえあった。だが、ドイツ軍がパリへ近づくほど、村々から人が逃亡し、穀物が焼かれ、牛が追い立てられていた。[*61] 同様にメッツ陥落後の第一軍も、特別の補給準備を全くせずに、セーヌ川渓谷経由でパリへの道をとった。再び徴発に依存することになったが、ただし今度は結果が思わしくなく、大規模な無秩序調達に頼らざるをえなくなった。[*62]

ドイツの四個軍のうち、ただ一つ第二軍だけが、メッツからオルレアンへの進撃に先立ってかなりの準備を行なった。メッツ包囲は約二ヵ月間続いたが、包囲軍に糧食を補給するための困難は最後には克服された。一〇月中旬には、ドイツ軍に加えて一五万人のフランス軍捕虜に糧食を与える必要が生じたにもかかわらず、メッツ周辺には十分な糧食があった。それゆえに第二軍の兵站官は、各部隊は糧食を満載した補給部隊とともにルワン川に向けて進発すべしとの命令を発することができた。その意図は、それらの糧食が手つかずのままで到着できるように、後方から補充することにあった。この目的に向けて第二軍は、合計四七五〇トンの糧食とかいばを運搬することができた。兵士一人に対して一日当たり七ポンドとして、一〇万の兵を一七日間補給するのに十分な量だったであろう。[*63]

結局のところ、これらの計画のうち最初の部分だけが実現可能だとわかった。一〇月二〇日頃、第二軍は糧食を満載した補給部隊とともにメッツを進発した。しかしながら後方から補給部隊に補充物資を送るべき護衛輸送隊が、軍の進撃に歩調を合わせることが全くできなかった。そのために今度も徴発に訴えざるをえなくなった。現地の田野は、パリへの糧食供給のためすでにフランス軍によって搾り取られていたため、徴発は現金払いでやるのが最もよいと決められた。そしてその現金は、それより二五〇年前にヴァレンシュタインが行なったのと全く同じように、途中の町々に軍税を課すことによって得られたのである。私有財産に対するこの尊敬心の欠如のゆえに、ドイツ軍は満載した糧食補給部隊とともにルワン川に到達したのだった。フランスが「国民」軍を作り、戦争が騎士道的でなくなって苛烈な性格を帯びるにつれ、最後には徴発物資に対して金を支払うという常例さえ放棄された。

第二軍は満載あるいは補充した糧食補給隊を引きつれてルワン川を渡河した後、極めて穀物の豊かな地方を通ってロワール川への進撃を続けた。もっとも住民の多くがガンベッタの新軍に召集されたため、穀物を取り入れるための労働力が不足し、そのために若干の困難が生じた。だがじゃがいもはすでに収穫されており、しかも豊富にあった。食肉と野菜もたくさんあり、問題が生じたとしても、かの有名な即席えんどう豆スープによって兵士の携行口糧を補うことがいつもできた。この時期の間第二軍は、鉄道線とは大体において接触がなかった。兵站駅をブレスメからモンタルジに急速に移す望みは消え失せた。兵站駅が一一月末になってようやくラニーに進められた時でさえ、道路によって運ばなければならない距離は、なお行き帰りとも一三〇マイルにのぼっており、そのため戦闘部隊は自活するほうをとった。

こうして第二軍は気長な旅にふけってフランスの心臓部を通過していたが、他方、今やパリ周辺の狭い地域に集中しているドイツの三個軍を補給するために大変な困難が生じていた。対峙戦という条件の下では徴発では不十分となり、一方兵站駅は非常に離れていたために、例えば第三軍の荷馬車は帰路に一〇日かかった。そのうえ三個軍とも輸送部隊の大部分を失っていた——第一軍の輸送部隊は最初の編成のちょうど一パーセントにまで減った——そのため一日の消費量の半分を運ぶのさえも十分な車両がなかった。例のごとく困難は鉄道線に生じた。この時期に鉄道線は、九月九日モルトケによって命じられたパリ砲撃のために、重砲の輸送で負担が大きくなっていたうえに、絶えず爆破されていた。

糧食の問題は普仏戦争勃発以来最大となっていたが、これを解決するためにパリ周辺のドイツ軍は巨大な糧食生産機構に変えられた。そのようなものは、一八世紀末以来いまだかつてヨーロッパの戦野ではみられなかった。農産物（穀物、じゃがいも、野菜）を取り入れ、それを脱穀機、水車、パン焼き屋など現地設備で加工するために、数千の兵士が持場から引き抜かれた。定期市が開かれ、フランス農民から供給を受けた。軍隊に給水するために川の流れが変えられた。こうして軍隊は大部分自活に変わったが、このためにその本来の仕事、すなわち戦争に従事する時間と資源とがなくなってしまった。一一月終わりになってようやく兵站駅が前方に進められたため、荷馬車隊の負担を軽くすることができ、またパリ攻撃用弾薬の貯蔵に着手することができた。

もし対フランス戦争の大部分の間、ドイツ軍が現地調達によって生活し、後方からの糧食補給にあまり依存しなかったとすれば、それは弾薬消費量が非常に少なかったために、弾薬の補充組織がほとんど不必要だったからだ。一八六六年と同様、歩兵の弾薬消費量が非常に低かったために、軍隊とともに運ばれた予備はごく一部が消費されただけだった。例えば五ヵ月間の作戦行動の間、平均五六発が兵士一人によって発射されたにすぎなかった。これは背嚢で運ぶ量よりも若干少なく、部隊付き輸送隊でできる貯蔵量の約三分の一にすぎなかった。それにもかかわらず一時的な不足が生じたが（特にマルラ・ツールの戦闘の間第一軍で起きた）、これは弾薬不足によるものでは全くなく、部隊の車両が戦闘の間弾薬を前方に運ぶことができなかったためであった。[*64]

砲兵の砲弾消費の数字は次の通りである。[*65]

日付	戦闘	砲数	消費弾数	一門当たり平均
八月　四日	ヴァイセンブルク	九〇	一、四九七	一六

八月　六日	ヴェルト	二三四	九、三九九	四〇
八月一四日	ボルニ	一五六	二、八五五	一八
八月一六日	マルラ・ツール	二二二	一九、五七五	八八
八月一八日	グラヴロット	六四五	三四、六八〇	五三
八月三〇日	ボーモン	二七〇	六、三八九	二三
八月三一日	ノイズヴィーユ	一七二	四、三五三	二五
九月　一日	セダン	六〇六	三三、一三四	五四

しかし、ここにあげられた大砲のすべてが戦闘に参加したわけではないので、消費量の総計は、これらの数字が示すものよりはるかに少なく、全戦役を通じて一門当たり平均一九九発に達したにすぎなかった。[*66]各軍団内で運搬された弾丸の基準量は一五七発だったので、補充量は非常に少なく、そのため戦闘部隊は補給梯団を全く無視して、鉄道から直接部隊の車両に補充することができた。もっとも輸送距離は時には非常に遠かったが、他方で消費量がそんなに低かったので、戦闘部隊はちゅうちょすることなく、何週間も続けて部隊附属の車両を手放した。例えばセダン陥落後、第三軍の荷馬車は補給物資受け取りのためにナンシーに送り返されたが、軍に再び合流したのは第三軍がパリへ到着した後だった。[*67]だからこの点においても、モルトケの軍隊が後方補給にそれほど依存していなかったのは明らかである。それより前の時代の作戦行動と同じように、大部分の弾薬は初めから携帯されて運ばれたにすぎず、その結果戦闘部隊は、戦争の大部分を通じて自己充足的だったのである。

理論倒れのモルトケ兵站術

戦史では一八七〇〜七一年の作戦は、しばしば特別な地位を占めていると言われている。その理由は、この作戦が「（前線部隊）から延びてその根拠地まで至る近代的連絡線」を随伴し、「厳密に組織された」補給機構によって助けられていたからだと言うのである。この機構は、「その目的とする戦闘部隊とあまりにも相互に密接に結びついていたために、戦闘部隊を補給部隊から少しでも離すと……その行動に狂いが生じるに違いなく、惨事を起こすことになろう」[*68]と言われた。そのうえこの時初めて――とにかくヨーロッパでは――戦争手段としての鉄道の可能性が実現したが、このことは換言すれば、「戦略の秘訣」を徐々に歩兵の足からはずし、それに替わって車輪に移す過程の端緒をなすものだった。

これまでの論述で示したように、右記の主張は全く根拠がない。それにもかかわらずこれらの説が長い間受け入れられてきたのは、自己流の解釈を歴史に押しつけるモルトケの才能が大きかったことの証拠である。さらに重要な原因としては、事実はこの逆であるとの証拠がずっと前から出版され、利用することができたにもかかわらず、歴史家が勝者である司令官の言葉を簡単に信じてしまったためである。

プロシャ陸軍の兵站制度の欠点を詳細に分析するとあまりに時間がかかるので、前のページですでに述べたことを繰り返すだけにとどめよう。だが以下の点は指摘する価値があるように思われる。

㈠　一八七〇年にはプロシャ陸軍は、理論的には軍の必要をまかなうことのできる補給部隊を持っていたにもかかわらず、実践面では全くの失敗だった。進軍実績はそれほど高くなかったのに――前進速度は一日当たり一〇マイル以上を半月続けることは滅多になかった――兵力展開の方法として、鉄道制度は作戦開始前から早くも機能しなくなっていた。鉄道守備隊は武装が十分でなく、そのために自分を守ることができなかった。進軍の規律は弛緩しており、車両の修理設備はあまりに不十分だったため、一〇台のうち九台は後方に置き去りにしなければならなかった。[*69]その結果、鉄道にかけられた望みは実現不可能だということが、すぐ明らかになった。糧食輸送部隊のみならず、機動野戦パン焼き部隊や肉調理隊という精巧に作られた組織の全体が動くことができず、そのために戦闘部隊は大部分の場合、自分でやってゆかなければならなかった。実際、鉄道と軍隊の補給とはあまりに関係がなかったため、野戦司令官たちは列車の所在に無関心だった。その結果列車はしばしば何週間にもわたって命令を受領することがなく、遂には自ら進んで補給すべき部隊を探しに行かなければならなかった。[*70]

(二) 弾薬の補給についても、作戦が成功したのは後方からの補充制度が精密だったからではなく、むしろ作戦の間消費量が非常に少なかったことのためだった。このことは、当初歩兵と砲兵隊の弾薬消費量の相互関係について予測が誤まっていたという事実を補っても余りあるものだった。[*71]全般的に言って、ここかしこに不足が生じたにもかかわらず、戦闘部隊への弾薬補給は糧食補給に比べてはるかに簡単であった。この意味では、他の多くの場合と同様、一八七〇年の戦役は「近代的」と見なすことはできない。

(三) 戦争で鉄道が果たした役割は、これまで非常に過大評価されてきた。ほとんどの歴史家が、鉄道の重要性についてのモルトケや彼の部下の「英雄」が行なった途方もない主張を、あまりにも簡単に受け入れたからである。[*72] 実際のところ鉄道が重要な機能を果たしたのは、兵力展開の間だけにすぎず、その後は作戦の機動段階が終わり勝利がほとんど確定するまで、鉄道は重要な役割を演じなかった。この理由は、一部は鉄道交通そのものに問題があったこと、一部は兵站駅が進撃に歩調を合わせることができなかったこと、一部は兵站駅から前線まで補給物資を移動させることができなかったことのためであった。これら三つの要因のために、鉄道は作戦行動が多かれ少なかれ停止した時にだけ、その役割を遂行できた。その場合でさえ――メッツ周辺での際のように――鉄道の運用には重大な困難が生じた。

鉄道問題についての興味ある側面は、モルトケや参謀本部が経験から学ぶことに失敗したことである。一八七〇年の普仏戦争で起こったあらゆる障害は、すでに一八六六年の普墺戦争で予行演習されたものであり、しかもそれらは再び起こっただけではなく、果てしなく悪化したのである。この一部の原因は、不幸にも補給制度が、一つの時代の技術的方法――鉄道――と、それ以前の技術的方法との組み合わせに基づいていたことによる制度固有の限界のためであった。最悪の問題が、ある制度から他の制度へ変わる移行点、すなわち荷下ろし駅で起こったのは全く偶然ではない。だが制度の誤りこそが混乱に導いたのであり、これは明白にモルトケの責任であった。例えば破壊から鉄道線を守るべき兵が十分でなく、またドイツの民間鉄道から軍用への貨車転用には問題が生じた。[*73] 一八六六年の普墺戦争の経験があったにもかかわらず、全軍のための補給および鉄道輸送中央本部は設けられなかった。その結果請負業者はできるだけ多くの利益を得ようと願うあまり、鉄道線の限界も考えないで過度に大量の補給物資を前方へ送り込んだ。[*74] 列車からの荷下ろしを助ける労働力や車両は不足していた。ドイツ軍はしばしば占領した鉄道線の信号機や通信装置を破壊したのだが、この悪弊は度重なる命令でも根絶できなかった。その結果何十万人分、いや何百万人分もの口糧が腐るにまかされたのである。これらは、鉄道網に対して出された要求が、実際には非常に控え目であったにもかかわらず起こったことだった。各軍団の消費量は一日当たり約一〇〇トン（かいばを含む）にすぎなかったため、プロシャ全軍が必要とする量は、六ないし七列車で調達できたであろう。これは組織が整っていたら、単線でできる能力をはるかに下回るものだった。

しかしながら、以上のことよりもっと重大なのは、鉄道が全く進撃速度に歩調を合わせることができなかったという事実だった。すでに見たごとく、これは鉄道線を修理する用意がなかったからではなく、むしろ鉄道部隊が線路を遮断するフランスの諸要塞に対して対応できなかったからであった。モルトケがこのことを予測できなかったとは信じ難い。やはり彼は、一八六六年戦役に対するオーストリア要塞の影響について覚え書を書いており、メッツ周辺での鉄道線回復の速さは軍事的傑作だった。むしろ一八六六年戦役から結論を導き出せなかったのは、普通考えられていることとは反対に、鉄道は対オーストリア戦争では重要な役割を演じなかったという事実に根ざしていたに違いない。現代の歴史家とは違って、モルトケはこの事実を認識しており、そのために自分の優先順位の置き方は正しいとの論理的結論に到達したのだった。もちろん一八七〇年においてこれが事実となった。プロシャの進撃部隊は単に要塞を迂回しただけであり、作戦の機動段階が終わってから、ようやく要塞は重要な障害物となったのである。

一八七〇年戦役の中で多くの研究家が過ちを犯したもう一つの側面は、ドイツの鉄道制度がフランスのそれを上回っていたという主張である。この誤った見解がどうして生じたのか、筆者には全くわからない。そうした見解を支持する証拠が少しもないからである。ドイツの勝利に鉄道が大きな役割を果たしたと想像されているがために、ほとんどの歴史家はドイツの鉄道はとにかく優れていたに違いないと思っているようである。しかしこれはそうではなかった。どこから見ても一八七〇年のフランスの鉄道制度は、実際上ドイツの制度より優れていた。このことは民間の側面よりも軍事的側面について一層正しかった。というのは政治的要因のためにドイツよりフランスのほうが、戦略的考慮を採り入れるのが簡単だったからである。それゆえに一八六〇年代を通じて、フランスが非常な利点を享受したのは、まさしくこの点以外にはなかったと思われていたのだ。[*75] いずれにしてもずっと前に見てきたように、「民間用」と「戦略用」鉄道網との間に差違は存在していない。[*76]

あらゆる国家は疑いなく（軍用鉄道建設の）費用負担をちゅうちょするだろうが……人および貨物の交通機関を……人口稠密度と交易量に沿った方向に向けて促進しようとするのは自然であろう。だがこれらの方向、これらの交通・交易ルートは、通常――ほとんど常に――軍隊の作戦行動経路と同一である。

このような賢明な言葉が、鉄道の軍事利用について実験が始まったばかりの一八三六年に、バヴァリアの陸軍大臣によって書かれた。この事実は、原典に少しも考慮を払うことなく、互いに他人の言葉を写し合う多くの歴史家について、その軽薄さを悲しくも立証するものである。

なるほどドイツ軍は、作戦の間鉄道の軍事利用について多大の困難を経験したが、補給物資を兵站駅から戦闘部隊に輸送する際に生じた問題のほうが、恐らくもっと重大であったろう。これらの問題を克服するために、道路上に蒸気機関車を走らせる試みが少し行なわれたが、大した成功は収められなかった。機関車は良好な道路だけにしか使えなかったから、しばしば大回りを余儀なくされた。坂道を登る能力は限られていたし、速度は遅く操車が困難だった。道路機関車はツール要塞を迂回すること、ナンシー―パリ間鉄道線のうち破壊されたナンテーユ・トンネルを迂回すること、陥没したドンシュリ鉄橋を回り道すること（この試みは完全に失敗し、積み荷は四六頭の馬、一一人の御者、二五人の工兵の助けを借りてようやく目的地に達した）のために利用された。他にもそうした試みは七件行なわれたが、ことごとく失敗し時間の浪費で終わった。なぜならば積み荷は普通鉄道機関車によって運搬されたが、それらは余りにも重量がありすぎたためそのままでは運ぶことができず、そのため分解してから輸送し、最後に送り先で組み立てなければならなかったからである。こうした試みがそれほどの熱心さを呼ばなかったのはうなずける。[*77]

列車輸送がその機能を発揮することができなかったとすれば、一八七〇～七一年のドイツの全作戦は、結局のところフランスがヨーロッパ中最も豊かな農業国であること、そして戦争が一年のうちで条件のよい季節に開始されたということがあったからこそ可能になったのである。だから作戦の機動局面の大部分では、ドイツ軍は七〇年前にナポレオン軍がやったのと全く同じように、現地調達によって生きることができた――実際のところ補給制度が失敗したためそうせざるをえなかった。この点においてドイツ軍は、ヨーロッパが一八〇〇年以来はるかに豊かになった事実によって助けられた。一八二〇年には一平方マイル当たり八〇人の人口が最良と考えられていたとすれば、一八七〇年の平均は一二〇人に近づいていた。軍隊の規模ももちろん大きくなっていたが、一八七〇年にはモルトケ軍の全軍は決して一点に集中していたのではなく、作戦の初期の段階でフランス軍を破った後、軍を広範な戦線いっぱいに展開させることができた。その事実によって軍隊の巨大化の不利な点は大部分相殺されたのだった。例えばメッツからルワン川までの第二軍の進撃では、その間に横たわる地方に一〇万トンもの小麦粉、一〇万トンものかいばが貯えられていたと推定された。だがこれに対して第二軍の消費量は、その地域を通過中おのおの一〇八〇トンと五五〇〇トンにすぎなかった。第二軍兵站官が書いているように、「敵地では本国にいる時のように物を節約する必要はない」[*78]。

したがって現地調達によって軍隊を養うのは通常可能だったが、これも軍隊が移動中の間だけだった。メッツ包囲やパリ包囲の時のように軍隊の行動が停止した場合は、即座に補給上、非常な困難が生じた。メッツの場合これらの困難は、かなり経った後ようやく鉄道会社の非常な努力によって解決された。もっともそれは、兵站駅が比較的近くにあったという事実によって助けられた。パリの場合は二ヵ月間にわたって実質的に軍隊の軍事機能を停止させ、そのかわりに各部隊に命じて自分の糧食を探させることが必要だった。軍隊を糧食生産手段として展開させたのは、筆者の知識によれば、一七八九年以来軍事史上類のないことであり、もしナポレオンが生きていたらびっくり仰天したであろう。先進国に属する大軍隊がそのように使われたのは、確かにその時が最後だった。モルトケ麾下の軍隊は移動の間だけ食を手に入れることができたこと、一ヵ所に数日間以上留まると大きな困難が生じたこと、モルトケの掌中にあった軍事機構は結局のところ近代的ではなかったこと、以上は確かな事実である。

第四章　壮大な計画と貧弱な輸送と

巨大化と機動性との相克

全体としてヨーロッパは、一八七一年から一九一四年にかけて人口と経済が急速に拡張した。その四四年の間に、人口は二億九三〇〇万人から四億九〇〇〇万人へ、およそ七〇パーセント増加した。この間に工業や貿易、交通は飛躍的に発展し、第一次世界大戦直前には、それら産業の発展はヨーロッパ大陸の外貌を全く変えていた。一八七〇年には三大工業国——イギリス、フランス、ドイツ——の石炭亜炭生産高合計は、年間一億六〇〇〇万トンを若干割ったところだった。一九一三年までにそれは三倍以上にふえ六億一二〇〇万トンに達していた。同様に一八七〇年にはそれら三ヵ国の銑鉄生産高は、年間およそ七五〇万トンだった。ところが一九一三年までに二九〇〇万トンにふえた。ほとんど四倍の増加である。言うまでもなくこのような生産拡大は、職業と住居の形態に大変化を伴った。産業革命は一八七〇年の普仏戦争に先立つ一〇〇年前から始まったと言えるとしても、本当に石炭と鉄の時代の先触れとなったのは普仏戦争であった。

工場の煙突が高くなればなるほど、大陸主要国が保持する軍事手段の規模も大きくなった。実際ヨーロッパ各国の陸海軍の拡張は、この期間、特にその後半において人口や産業の増大をさらに上回る速さだった。社会的進歩や行政能力の向上、なかんずく今や各国で採用された徴兵制主義によって、政治・経済制度がささえる規模との比較において、それまでの歴史になかったような大軍隊が可能になった。例えば第二位の軍事大国であるフランスでは、訓練を終えた陸軍の兵力規模は一八七〇年で、三七〇〇万人の人口に対し五〇万人弱にとどまっていた（約七四対一の比率である）。だが一九一四年では、この数字は四〇〇〇万人以上にふえていた。一方人口増加は一〇パーセント以下にすぎない。同じように、ドイツ帝国の人口は同じ期間にほとんど三分の二ふえただけなのに、軍隊の拡張は非常なもので、第一次世界大戦勃発時には人口一三人のうち一人は直ちに軍務に就けるようになっていた。ところが一八七〇～七一年では三四人のうち一人にすぎなかったのである。ヨーロッパ全体では、軍隊の規模は準備と動員力に様々な程度の差はあっても、一九一四年で約二〇〇〇万人だった。この数字に近づくのは、恐らく、平時では二度とないであろう。[*1]

戦争が複雑になるにつれて、兵士一人当たり一日分の補給物資消費量はむろんのこと、軍隊が戦場に持って行く行李の数は、兵力量の増加率をさらに上回ってふえた。ここで最も関係の深い国についてごく若干の数字だけを述べるならば、ドイツ軍の軍団付き輜重部隊（野戦パン焼き部隊、病院、工兵施設隊など）の車両編成は、一八七〇年では三〇台を数えるにすぎなかった。だが四〇年後には二倍以上にふえている。普仏戦争のために北ドイツ連邦が動員できた大砲の数は、一五八四門だったと言われている。しかし一九一四年ではその数は八〇〇〇門に近かったはずであり、しかもそのうちの多くははるかに型が大きく重量は重かった。一個軍団が保有する武器の数は、あらゆる種類のものを含めてそれほど大きく変化しなかったが（例えば大砲の数は六四門から八八門にふえたにすぎなかった）、一九一四年当時の兵器はたいてい発射速度が早く、時には自動発射で、一八七〇年の兵器に比べははるかに多くの弾薬を射つことができた。その当時は銃一丁につき二〇〇発の弾丸が各種の輸送梯団（兵士の身体、大隊および連隊付き車両、軍団予備隊）によって運ばれたが、作戦行動半年の間に使われたのは、平均して五六発にすぎなかった。一九一四年には運搬された弾丸数は二八〇発にふえたが、これは戦争直後の数週間に全部なくなっていた。一八七〇〜七一年ではドイツの大砲は一門当たり平均一九九発を発射したにすぎなかったが、一九一四年ではドイツ陸軍省によって保有されていた各砲約一〇〇〇発の弾丸が、戦争開始後一ヵ月半以内にほとんどなくなっていた。

弾薬消費量が増加するに伴って、一九一四年にほとんど初めて兵器そのものの取り替えという問題が起こった。一八七〇〜七一年では、それ以前の時代と全く同じように、大砲は戦争の間中運用できると思われていたし、普通は維持していた。弾丸発射がそれほど強力でないため、砲を完全破壊することがなかったからである。砲架は粉々になるかもしれないが、砲身そのものはほとんど破壊することがなかった。一九一四年までにこのような状況は一変した。今や弾丸の発射によって、砲全体が簡単にねじ曲がった鋼鉄の山に変わりうるようになったからである。大砲についてと同様のことが、他のあらゆる種類の兵器や装備についてもいえ、それらの常時取り替えのために、輸送部隊はふえ続ける重荷を背負うことになった。

あれやこれやの必要に応じるため、野戦軍に物を運ぶ馬匹の数は絶えずふえ続け、兵士対馬匹の比率は、一八七〇年のプロシャ軍における四対一から、四〇年後には三対一になった。しかし馬は人間の約一〇倍食べる。そのため兵隊そのものの消費量は恐らく大きな変化を受けなかったが、各部隊当たりの一日当たり糧食必要量の合計は約五〇パーセントふえた。

それゆえに兵士一人当たりについて携帯量や一日平均消費量は、一九一四年には一八七〇年に比べて、規模そのものの増加以上に、何倍にもふえていた。このような異常な増加に対応するために、最も重要な戦略的輸送機関――一八六〇年代の初め以来鉄道にあると認識されていた――もめざましい発展をとげた。だが軍事専門家は鉄道の限界を見逃さなかった。鉄道は本来柔軟性に欠けるところのある手段である。一九一四年までにヨーロッパ鉄道網が稠密になったため、兵力展開で犯した過ちは作戦行動の間まで続いたというモルトケの言葉は、その力の一部を失い始めたものの、鉄道本来の性格には変りはなかった。[*2] 一九一四年当時の一個軍団を、きっかり九日のうちに六〇〇マイルの複線上を運ぶのに一一七列車で足りたが、積載――さらに荷下ろし――時間が長いために、一〇〇マイル以下の輸送距離で鉄道を使うのは、少なくとも大部隊については、非経済的だと見なされていた。鉄道を利用する部隊のみならず、鉄道線そのものが敵の行動に対して全く脆弱だった。これらすべての理由のために、鉄道を作戦面で利用するのは困難であり、鉄道利用は主として前線への輸送や、前線背後での輸送に限定された（タンネンベルク会戦が示すように、そうした輸送だけということでもなかったが）。

このような限界内で、鉄道の発達は軍隊の増大に対してどのようにうまく歩調を合わせたのだろうか。一八七〇年のヨーロッパには六万五〇〇〇マイルの線路があったが、一九一四年では一八万マイルあった。これはほとんど二〇〇パーセントの増加を意味しており、そのうち主要国であるドイツとロシアとは、さらに大きな増加を示していた。性能面からみると進歩は一層大きかった。普仏戦争当時は単線上を通過できる列車数は一日八列車、複線で一二列車だった。ところが第一次世界大戦直前では、その数はそれぞれ四〇と六〇だった。一八七〇年八月には九本の複線が一五日間で三五万のドイツ軍を展開させた。ということは一本の線路で一日当たり二五八〇人の兵士が運ばれたことになる。四四年後では一三本の線路が一〇日間で一五〇万の兵をドイツ西部国境に運んだ。一本の線路で一日当たり一万一五三〇人を運んだことになる。同様に車両も大きくなり機関車も馬力が強くなった。そのため一個軍団の糧食を単線で運ぶのに二日で足りたし、これは一八七〇年に要した日数の半分だった。しかも他方では、一個軍団の兵数は三万一〇〇〇人から四万六〇〇〇人へ五〇パーセントふえているのである。[*3]これらの数字では極めて不十分だが、動員や展開、補給の任務に関する限り、傾向として鉄道輸送の発展が軍隊の規模の増大にテンポを合わせていたことをはっきりと示している。

しかしながら幹線鉄道以外の輸送については、事情は同じではなかった。なるほど各国の軍隊とも、一九一四年には野戦用軽便鉄道を開発しそのための部隊を訓練した。だがこの鉄道の能力は限られており、一時の間に合わせとしか見なされなかった。[*4]時間と地勢とのために、しばしば軽便鉄道の建設は厳しく限定され、その結果資材および補給物資の輸送だけではなく、軍隊移動も主として他の方法で行なわざるをえなかった。

質的には輸送はほとんど改善されなかった。すなわち戦術的機動については、一九一四年の各国軍隊はあの古びた移動手段、すなわち兵と馬の足に相変わらず依存していた。理論的には前進部隊が一日当たり一五マイルを常時保つのは不可能だという理由はない。この数字は大昔から変わらなかった。だが、輜重隊の割合が巨大化するのに伴って、この速度の維持はますます困難になってきた。一八七〇年から一九一四年までの間に、各軍団の車両定数は四五七両から一一六八両へ二倍以上にふえた。しかもこれには、部隊の移動用予備がなくなるにつれて、それを補充するのに必要な大量の輸送車両が全く含まれていなかった。軍隊の後方で行動する馬車輸送隊は、兵よりかなり速く進むことができたが（一日二五マイルが恒常的な平均だと見られている）、同輸送隊は前線と根拠地との間を永久に往復しており、したがって日々軍の進撃に遅れるのは確実だった。これらの要因が、補給物資の消費量が非常にふえたことと並んで、いわゆる限界距離、すなわち軍隊が兵站駅から離れて行動できる最大距離が、現在論述中のこの時期に実際に短くなってきた原因だった。二〇世紀の初頭までに、一八六〇年代の一〇〇マイルはその約半分に落ちていた。[*5] このような数字はすべて、多くの変数――気候、道路事情、輸送部隊への敵の妨害など――いかんに多く依存している。しかしそれにもかかわらず、減少傾向にあることはまぎれもない。悪いことには、一九一四年では軍団のうちの戦闘部隊があまりにも道を急ぎすぎたため――一日二〇マイルないしそれ以上――輸送中隊は戦闘部隊の前進に対し、その日のうちに追い着くのがしばしば困難だった。換言すれば一個軍団の規模が大きくなりすぎたため、軍団が全く前進しない時でさえも、それに補給を続けることは困難だったのだ！　第一次世界大戦前には、軍隊の機動性はその規模に比例して、このように低下していたのである。

補給軽視のシュリーフェン

一九一四年の作戦で、なぜドイツ陸軍がフランス征服に失敗したかの議論は、戦争の直後から始まり、それ以来相も変わらぬ熱心さで続いてきた。一九一四年が終わらないうちに、この巨大なドラマに登場する幾人かの主役たちは、この年の秋に何が起こったかについて、自分自身の見解を記録に残した。一九二〇年代および一九三〇年代の間、洪水のような公刊史料の中で議論が行なわれ、戦争参加者がようやく身を引くと、歴史家が入り込んできた。[*6] これら多くの著述の中で、道路事情やベルギーの鉄道網、戦線一マイル当たり兵数、行進距離と補給の難しさ等が述べられている。だが全体的に言えば、シュリーフェン計画の兵站上の側面については、その創始者が考えた計画も創始者の後継者たちが実行に移した計画も、ともに完全に無視されてきた。[*7] シュリーフェン計画は兵站上から見て実行可能だったのかどうか。同計画が失敗したことに兵站上の要因が働いていたとすれば、それはどの程度だったのか。最後に、マルヌ川戦役が、ドイツにとってうまくいっていたなら、距離と補給という厳然たる事実は、ドイツ陸軍に何を可能にさせたであろうか。これらすべての疑問は、未解決のままとなっている。

当然のことながらシュリーフェン計画の発展を決めたおもな考え方は、一八九七年の計画草案から一九〇五年一二月の最終案に至るまで、兵站的思考ではなく戦略が中心だった。ドイツ参謀総長シュリーフェンが見通したごとく、[*8]祖国は四囲を敵で囲まれ、遅かれ早かれ二正面を敵とした戦争に巻き込まれるはずだった。クラウゼヴィッツによって確立された伝統の範囲内にとどまりつつも、[*9]シュリーフェンはドイツの敵の部分敗北だけではなく、その完全なる殲滅を狙った。多くの理由のために――一定地域当たりの兵士の数や道路の状況、鉄道網の状況を含めて――シュリーフェンは、前記の目的を最も簡単に達するのはフランスであると思った。そのためにフランスは、彼の指揮下の軍隊の目標になったのである。東プロシャは、フランスに対する戦争に勝って増援軍派遣が可能になるまで、ロシア軍に対しては微弱な守備部隊によって防衛されることになっていた。こうしてシュリーフェン計画全体が、兵力動員と展開、作戦実施の速度いかんに依存していた。以上の目的のために合計四二日が割り当てられていた。

西部方面で短期間に勝利を収める可能性を妨げるものとして、フランスがドイツとの国境を厳重に固めているという事実があった。そのためにシュリーフェンは、敵陣突破に成功する予想ははっきり言って少ないと信じるに至った。スイスを通る迂回行動が考えられたが、地勢上の理由によってその考えは退けられた。[*10] このためにベルギーを通過する突進が唯一の可能な選択として残された。シュリーフェン計画は最終的に固まった時、あっと言わせるような――向こうみずとは言わないが――大胆さを示した。すなわちドイツ軍のうち約八五パーセントが西部戦線に展開されることになり、さらにこのうちの八分の七が右翼を構成することになったのである。つまり右翼は、五個軍三三軍団半（さらに二個軍団が後で左翼のロレーヌから送られることになっていた）から成り、その中には八個騎兵師団が含まれていた。右から左へ梯形に配置されたこの強力な密集軍団は、西進してベルギーに入り、フランスに向けて南に方向を変え、西側からパリを包囲し、さらにパリ包囲軍を後に残して東から最後は北東に進撃して、フランス軍を後方から取り囲み、要塞の中に釘づけにする手はずだった。

シュリーフェンの大計画は、政治的にも作戦的にも過ちがあったが、[*11] ここで関心のあるのは兵站的側面である。この点においてまず解決しなければならない問題は、ベルギー通過の旋回運動をどの程度の規模にすべきかということだった。速度と兵力集中という戦略的考慮からすると、迂回運動はなるべく短距離で行なうこと、すなわちミューズ川の南（右）岸に沿って、メジエール―ラフェール線に向け進撃することが必要だった。だが心配なのは、そのような狭い戦線で行動すると空間があまりにも限られ、道路があまりにも少なくなり、そのために軍隊を運搬してそれを展開するのができなくなるだろうということだった。そのうえに、作戦開始に先立って右翼の諸軍団によって占められるべき兵力集結地域の大きさは、施回運動の規模いかんに係わっていた。一九〇一～〇二年版の計画で[*12] シュリーフェンが当初考えていたように、進撃の方向の軸が西から南に向けてナミュール近辺に置かれていたなら、兵力集結地域はサン・ヴト以上に北に広げられなかったであろう。サン・ヴトとメッツの間――右翼の要所――には、たった六本の複線鉄道が東から延びてきているだけだった。ところが速度に対する絶対的必要から、一八六六年の時と同様に、鉄道線を最大限に利用することが要求された。こうして結局のところは戦略的考慮と兵站上の考慮との間の争いになり、シュリーフェンは後者に軍配を上げることによって解決した。彼は西部戦線に通じる複線を最大限に利用するために、軍隊をメッツからヴェーゼルに至る全線にわたって列車から下ろすことに決定した。[*13] あまり混雑を引き起こすことなく軍隊を前進させるために、シュリーフェンは中立国であるベルギーおよびオランダの侵犯により、北ブラバント地方のみならずリンブルク地方（いわゆるマーストリヒト突出部）の占領を提案した。[*14] ベルギー内部の道路を十分確保するために、彼は最終的には進撃正面を拡大して、彼自身の言葉によれば「右翼最後のてき弾兵ともなると英仏海峡を袖口でかすめるかもしれない」[*15] ほどになった。これによってさらに利点が生じた。というのは包囲作戦の際ドイツ軍は、ベルギー軍のみならずその援助にやってくるイギリス軍をも、「すくい上げる」ことが可能になるだろうからである。

だが新旋回運動計画の規模の拡大によって兵站上の問題を一つ解決したとしても、すぐ別の二つの問題が生じた。第一に、作戦全体に許容された時間は依然として四二日間と定められていたので、すさまじいまでの前進を軍隊に対して要求しなければならなかった。特に最右翼を担う軍は、英仏海峡の海岸近くを通過した後、パリのはるか下流のセーヌ川に達するまで、ほとんど四〇〇マイルを進むことになるだろう。第二に、移動距離の恐ろしいほどの長さのために、本国からはるかに離れた土地で、大軍――最右翼にいるフォン・クルックの第一軍だけで二五万人をはるかに超えていた――を維持し補給するという問題が生じた。換言すればシュリーフェンは、二つの新しい問題を起こすことによってのみ兵站と戦略の相克を解決したのであり、しかもこの二つは、後にわかるように補給上の問題としては恐るべき組み合わせであった。

これらのうち最初の問題を「解決」するために、シュリーフェンは単にその計画書の中に、右翼軍は「非常な努力」をしなければならないだろうと書き込んだだけだった。通常一個軍に期待できる進撃速度は、三日間連続の場合一日当たり一五マイルだった。だがシュリーフェンはこれを無視し、そのかわりにクルック軍に対して、戦闘した日を含め約二五日間でセーヌ川に到達すべきことを命じた。かかる行動は、初期の頃のナポレオンの大陸軍(グランダルメ)だったらあるいは要求されたであろうが、すでに見たごとく、一九一四年の陸軍ではその巨大な規模のために、そのような離れわざはできなかった。だから危険なのは、ドイツ軍がすさまじい行進の果てに遂にフランス軍と対峙した時、疲労困憊のため行動不能になるかもしれないということだった。実際、マルヌの戦闘でドイツ軍が勝ったとしても、前進を継続できなかったであろうことは、他の要因もさることながら疲労のためだったのだ。

第二の問題については、シュリーフェンはそれを全く理解するに至らなかったように思われる。シュリーフェンを讃美する人は、「彼のような才能を持った将軍だったら、当然のことながら補給線、輸送梯陣、鉄道運輸、弾薬・糧食・軍事設備の補給について、すべての準備を注意深く考慮し検討し決定したであろう」[*16]と言ってきた。だが実際のところ、急速かつ長距離の進撃をしている間右翼軍をいかにして維持するかという問題について、シュリーフェンはそれほど注意を払っていなかったようである。精妙な三重の補給制度——一九世紀半ばに大モルトケによって初めて導入された制度を元にしたもの——が確かに存在はしていた。この制度の下では、ドイツの歩兵隊（騎兵隊を含んでいないが、その点については後に触れる機会があろう）は連隊、軍団ごとに自分の機動輸送部隊を持ち、それらは二つの梯団に分かれていて、どちらかが戦闘部隊に混じったり、あるいは戦闘部隊の直後を行進したりした。これら輸送部隊は、補給地帯で行動する重輸送中隊によって補充を受けた。重輸送中隊はさらに鉄道線から補給を受けたのである。[*17] だがこの制度は全体として硬直的かつ精密で、波瀾万丈の機動戦よりも緩慢で機械的な前進に向いていた。殊に重輸送中隊を構成する車両は、前進速度が一日約一二マイルを超えると、たちまち置き去りにされやすかった。たとえ奇跡が起こってこのようなことが生じないとしても、重輸送中隊が軍隊を補佐できる距離は非常に限られていた。それゆえに、結局兵站駅が追尾できる速度以上に速く軍隊を動かすのは不可能であろうということは、当時の軍の首脳と同様にシュリーフェンにも明らかだったはずである。

普通一個軍の背後には常に一本の複線鉄道があると想定されていた。[*18] その鉄道線を迅速に占領し修理し運用するのは極めて重要な任務であり、そのために最高司令部（ＯＨＬ）は直接指揮下に、高度に訓練された約九〇個の鉄道中隊を持っていた。これらの部隊は、破壊されたレールを修繕し、必要となれば新しいレールを敷設するために、あらゆるものを運ぶいわゆる「建設列車」を装備しており、先頭部隊とともに、あるいは先頭部隊よりも前に立って前進することが期待されていた。[*19] シュリーフェンは、フランス軍がヴェルダンとセダン間のミューズ川渓谷一帯の鉄道線を徹底的に破壊するであろうと予想した――これは正しい予想だったことが後で判明した――ので、「補給線は主としてミューズ川北方のベルギーを通るようにしなければならない」と述べた。読者は尋ねるかもしれない、シュリーフェンはミューズ川南方で行動する三個軍に対しては、どのような方法で補給しようと思っていたのかと。また聞くかもしれない、もしベルギーが同国北部の鉄道線を爆破したらどうするのかと。「世界で最良の鉄道網」[*20] と言われていたこの地域の鉄道線は、無数のトンネル、鉄橋、立体交差点が目立っており、爆破するのは簡単である。先程の質問に対してシュリーフェンは、「ベルギーの鉄道はドイツの鉄道とフランスのそれとを結ぶ最良の連結部である」[*21] というあいまいな言い方以外に、解答を持っていなかったようである。
シュリーフェン計画のうち、兵站の側面について適切な考慮が払われなかったのではないかとの印象は、次の事実によって強まってくる。すなわちシュリーフェンは、参謀本部の鉄道担当部門に命じて、両翼の軍隊を互いに移したり、西部戦線から東部戦線に移動するために、兵力輸送の可能性を試す大規模な兵棋演習をさせておきながら、極めて重要な右翼については、明らかに軍の維持・補給を検討するための兵棋演習を行なっていないのである。この無関心の原因を発見するのは難しい。ある軍事研究家が言うように[22]、フランス進撃で予想されたような短期の勝ち戦の作戦では、このような問題は大規模には起こらないだろうという希望からきたのかもしれない。しかし、もっと本当のことを言えば、シュリーフェンは当時の軍事常識[23]に挑戦して、軍隊の補給を少なくとも一部は通過する土地から得ようと望んだからなのであろう。[24]弾薬や他の設備の補給については、なおのんびりしたこの時代にあっては、糧食やかいばに比べ「ゼロに等しい」と思われていた。[25]
シュリーフェン計画についての様々な草案から発見できる証拠に従えば、この計画の兵站側面は、極めてあやふやな根拠に依存していたように思われる。ドイツ軍がどの程度の糧食――特に最重要物資であるかいば――を現地から調達できるかどうかは、季節いかんによっており、それゆえに予想不可能だった。弾薬消費量を書きとめた統計表も、四〇年前の経験に基づいて完全に非現実的な想定[26]をしており、軍の輸送計画の責任者にはそれほど役立たなかった。[27]シュリーフェンが戦争の未来の姿をいかに過小評価していたかは、補給線を維持する部隊に武器を与えなかったこと、またベルギーの鉄道線回復を助けるためにドイツ民間会社を動員することもしなかった事実で明白である。[28]実際に希望がつなげられたのは、十分な量の糧食とかいばをベルギーで見出すこと、できるだけ多くの鉄道部隊を編成し、可能な限り前線へ送り出すこと、そして最善の結果を期待することだけだった。

小モルトケは小才だったか

一九〇六年一月一日シュリーフェンは退役名簿に載せられ、参謀総長としての彼の職務はヘルムート・フォン・モルトケ・ジュニアによって引き継がれた。小モルトケはこの時以来何十年にもわたって歴史家によって非難され続けてきた。まず第一に名匠の計画を修正したことによって、次いでそれを遂行する決意に欠けていたことによってである。確かに兵站の側面に関する限り、略奪と異常な幸運というあいまいな期待にドイツの将来を賭けることにおいて、小モルトケはシュリーフェンよりはるかに覚悟のほどは劣っていた。彼がその職に就くや一ヵ月もしないうちに、シュリーフェン計画の補給および輸送問題について、最初の現実的研究論文が書かれた。その筆者は参謀本部鉄道局長グレーナー中佐であり、彼は後になってシュリーフェン構想のおもな反対者になった。それだけに彼はあまりにも慎重すぎると見なされざるをえない。それでも当時にあって、彼は、シュリーフェン計画は成功の可能性がほとんどないと結論したのだった。ドイツ軍は現地徴発で十分生存できるとのシュリーフェンの楽観的仮定に、グレーナーは与しなかった。彼の意見によれば、恐らく進撃があまりにも急速なため、糧食補給隊はベルギーからフランス侵入に至るまで、大軍を維持することができないだろうということだった。したがってすべては鉄道の正常運転に頼ることになるであろうし、「もし鉄道が完全破壊されれば」大問題が生じるという予想だった。グレーナーが明確に予想するところによれば、馬車輸送部隊は戦闘部隊の前進について行けないであろうから、「軍隊は停止のやむなきに至り、補給部隊の到着を待たざるをえなくなる」時がくるかもしれなかった。このような状況下では自動車輸送部隊がいちばん役に立つであろうが、グレーナーが予想し、事実もまたそのようになったように、ドイツ軍が自動車部隊によって十分な補給を得るまでには、まだかなりの時間がかかるであろう。[*29] 明らかにこのような予想は楽観的ではなかった。他の誰にもまして、右翼軍に補給の流れを維持することに責任のある人が、果たしてそれを実行できるかどうかについて甚だしく懐疑的だったのだ。

シュリーフェン計画の兵站側面について、初めて重大な研究を開始したことはさておいて、小モルトケは補給および糧食確保という問題のすべてが、シュリーフェンによってないがしろにされていると感じた。そのために彼は、参謀本部による通常の参謀旅行に加えて、いわゆる「穀物視察旅行」を始めた。その旅行の中で部下たちは、輸送および補給という複雑な任務の訓練を受ける予定になっていた。モルトケはかなりの反対を押し切ってこの賢明な政策を推進し、前参謀総長シュリーフェンお気に入りの兵棋演習とは異なって、本当の作戦がいかに難しいものであるかを、第一次世界大戦直前の最後の大演習で再び強調するつもりだった。[*30] シュリーフェン計画の実行可能性について、さらに言えば戦争についてのシュリーフェンの全概念について、何度もモルトケは疑念を表明した。[*31] それだけに彼が、計画の基本的輪郭を大幅修正するのではなく、それを依然として継続したというのは驚きである。

このことは、厳密に兵站上の視点から見ても、つけ加えられた計画修正が、すべてプラスに働いたということを意味するものではない。若干の幻想を持っていたように思えるシュリーフェンとは違って、モルトケはオランダがおとなしくドイツ軍の通過を許すとは思っていなかった。オランダの中立性を侵犯し、もう一人の敵を作るよりも、オランダ領に侵入しないでシュリーフェン計画遂行を可能にさせる慎重な参謀計画を作ることを彼は決定した。シュリーフェンは、一六個軍団（別の梯陣を形成する七個の予備軍団を含む）と五個騎兵師団より成る二個軍を用意し、「リエージュ下方の五本のルート（すなわちマーストリヒト突出部経由）と……この上方の一本のルートとによるミューズ川渡河」を決めていた。[*32] だがモルトケはこれに反対して、右翼の攻撃の先頭となる第一軍、第二軍の進撃方向を、オランダ国境とアルデンヌ高原との間の狭い峡谷にすることを考案した。このような決定の政治的価値が何であるにせよ、これによって各軍が利用できる道路の本数は半分に減った。そのために第一軍と第二軍は横に並んで進むかわりに縦に繋がって進撃せざるをえなくなり、また約三日間の遅れが必至となった。同時に最大限の鉄道本数を利用しなければならないことから、兵力集結地域をしぼり込むことができなくなった。そのために第一軍が通過しなければならない距離がさらに四〇マイル長くなった。第一軍は今やマーストリヒト突出部を通り抜けるかわりに、そこを迂回することになり、二度にわたって急激な方向転換を行なうものと想定された。クルック軍は北東からではなくて南東からベルギーに入ることになったため、ベルギー軍を旋回運動の中に取り込むのが非常に困難になった。そのためベルギー軍がアントワープ大要塞に逃げ込む危険があり、まさに実際そうなったのである。結局オランダの中立性を重んじるという決定は、ドイツ軍事理論のもう一つの原理[*33]の放棄を意味した。すなわち第一軍および第二軍がリエージュ峡谷を縦列を作って進むことにより、各軍に属する六個の軍団にはたった三本の道路しか残っていないだろう。そのために部隊の縦列の長さは約八〇マイルになるであろうし、必然的に戦闘部隊と兵站部隊との間に渋滞と連絡の断絶が生じるであろう。[*34] そのような状況下では補給の全制度が混乱の中に放り込まれることは確実だ。ミューズ川への進撃の間、第一軍は予め鉄道でブレイベルク、モルスネ、アンリ・シャペルに送り込んであった糧食によって食べてゆかなければならないだろう。[35]

ミューズ川北方のベルギー領で、どれだけの軍隊を作戦行動させるか――させられるか――という問題も、マーストリヒト突出部には手をつけないというモルトケの決定の影響を受けた。すでに見てきたごとく、シュリーフェンはこの地域に一六個軍団と五個騎兵師団（このうちの若干は彼の生存時にはまだ準備ができていなかった）を展開させ、その後を多数の国土防衛軍に追従させようと思っていた。国土防衛軍は第二後備兵であり、その部隊任務は補給線を引き継ぎ、かつ後方に取り残される要塞などを包囲することにあった。これらの軍に補給を続けるために、シュリーフェンは明らかに三本の複線鉄道線に頼っていた。そのうち二本はマーストリヒトとルールモントでオランダ領を通過していた。[36] これらの鉄道線にもはや頼れなくなった以上、第一軍、第二軍はエクス・ラ・シャペル（アーヘン）―リエージュ線を共同使用せざるをえなくなろう。このことは――とにかくまず第一に――ミューズ川北方で行動できる最大軍団数が一二個に減ることを意味した。[37] 最右翼の軍をこのように減らした――かの有名なシュリーフェン計画の「稀薄化」――ために、モルトケはひどく非難されてきた。しかし計画変更は見かけだけで、実際はそれほどではなかった。第一に、オランダの中立性尊重という決定のために、オランダ軍を牽制するための部隊を割く必要がなくなった。オランダ軍は約九万を数えていたが、ある点では――ベルギー軍よりもむしろ[38]――ドイツ軍を引きつけており、少なくとも二個軍団を縛りつけておいたであろう。第二に、シュリーフェンはアントワープ包囲のために五個もの軍団を使うつもりだったが、[39] モルトケは結局たった二個ですませた。それゆえにモルトケ考案の右翼軍は、シュリーフェンの計画ほどに強力ではなかったことは本当だが、このマイナスもモルトケ修正案で生じた軍隊節約によって、十分補われたのである。

オランダをドイツの進攻からはずし、その結果生じる技術的困難は引き受けようというモルトケの決断の功績を論じるとするならば、彼の修正計画がはっきりとシュリーフェンの計画より優れている点が一つある。すでに見てきたごとく、シュリーフェンはベルギーを通過するドイツ軍の旋回運動の大きさに非常な関心を抱いていた。一八九七年から一九〇五年にかけて旋回運動の計画規模はますます大きくなり、まずナミュール、ついでブリュッセル、そしてとうとうダンケルクまで包摂するに至った。それによって進撃距離は膨大になったが、モルトケはシュリーフェンとは違って、側面を敵にさらすことにそれほど偏執狂的な不安を持っていなかったので、ブリュッセルはドイツ軍の南西への大旋回運動の直前で取り残すことにした。そしてこの決定は確かに正しかったのである。シュリーフェン計画のこの変更のために、第一軍、第二軍は戦線収縮を余儀なくされ、またブリュッセル―ナミュール間の隘路を通過する際、縦隊で進まざるをえないという混乱が生じた。だが、ほとんど一〇〇マイルに及ぶ進撃距離の縮小によって、この混乱は十分補われた。一九一四年、ドイツ軍はモルトケ修正計画による〝小型〟旋回運動を遂行した後、ともかくも前進を続けて、文字通り疲労のためよろめいてはいたものの、遂に出発点から約三〇〇マイル離れたマルヌ川まで到着した。もしもシュリーフェン案に基づいて英仏海峡をかすめようとしていたら、ドイツ軍は疲労困憊のために、セーヌ川下流のずっと手前で、確実に前進を停止せざるをえなかったであろう。

マルヌ川戦闘での兵站術

第一次世界大戦は一九一四年八月一日、ヨーロッパ列強が総動員を命令した日に勃発したと言える。

その一〇日後ドイツ軍は計画に沿ってドイツ帝国国境に展開し、リエージュおよびルクセンブルクの占領という準備作戦は成功裡に完了した。ベルギーを貫通する大旋回作戦が今や始まろうとしていた。この旋回作戦においては、最右翼で行動するフォン・クルックの第一軍が、極めて重要な役割を演じることになっていた。第一軍は最大速度で最長距離を進まなければならなかったために、その兵站問題は必然的に最も困難となるだろう。いわば軍全体の補給問題を拡大した形で反映することになるだろう。この理由から、関係ある時は他の軍に触れながら、論議をこの第一軍に集中することにしよう。

第一軍はクレフェルトおよびユーリヒ周辺の兵力集結地域を八月一二日に出発した後、じょうごを逆さにしたような地域に入って行った。この地域は進むにつれて平野部が狭くなっていった。エクス・ラ・シャペルに到着するまで、第一軍指揮下の六個歩兵軍団（同軍所属の騎兵軍団は、リエージュ峡谷を通過するために第二軍に従ってすでに先行していた）は、三本の道を共用せざるをえなかった。この状態は、三〇マイル西方のミューズ川を渡河するまで続いた。すでにこの初期の進撃段階で――実にベルギー国境を越える以前においてさえも――重輸送中隊（軍所属）は遅れ始め、補充すべきはずの各部隊所属の車両隊から、間もなく、果てしなく前進する部隊から数マイルも離れてしまった。[*40] 幸いにもミューズ川とそこに至るまでの地域は、ビューロー麾下の第二軍によって、すでに多少なりとも掃討されていた。敗残兵や狙撃兵はともかくも、クルック軍は全く抵抗に遭わず、エクス・ラ・シャペル―リエージュ線から直接補給を受け続けた。

リエージュを縦列で通過した後、第一軍は方向を南西から北西へ変え、戦線を横に広げてベルギー軍をブリュッセルに向けて潰走させ始めた。今や戦野は開けて各軍はそれぞれ一本の道路を占有するに至ったが、重輸送部隊はあまりにも後方へ取り残されたため戦闘部隊に追い着くことができず、それができたのはようやくマルヌ川からの退却後になってからであった。[*41] 予想通りクルック軍の最右翼各部隊が最初に緊張を感じ始め、八月一九日――ドイツ・ベルギー国境を越えてたった三日後――には前進スケジュールから遅れ始めた。[*42] その結果包囲作戦でベルギー軍を「すくい上げる」試みは、前進方向の修正でオランダの中立侵犯は差し控えようというモルトケの決断以後望み薄になってはいたものの、最終的に失敗することがはっきりした。

作戦のごく初めの時期において、第一軍が直属の重輸送部隊との間の接触を失った時、各部隊に糧食を補給するための諸措置が全く不十分であることが即座に明瞭になった。ブルーム大尉の中隊は、第三後備軍団の一部隊であったが、前進の期間中輸送部隊をチラリとでも見ることができなかった点において代表的な隊だった。[*43] ドイツ軍にとって幸いだったのは、通過する国土が豊かであり、季節が好都合だったことだった。またドイツ軍の前進があまりにも急速だったため、退却するベルギー軍はしばしば、自軍の補給物資集積場を破壊ないし撤収することができなかった。こうして前述の第三後備軍団は、若干の野菜とコーヒーを除いては、軍直轄輸送部隊からの供給に頼ることなしにうまくやってゆくことができたのである。第九軍団は、前進開始時期に第三後備軍団とともに一本の道路を共同利用していたが、幸運にもリエージュでベルギー軍所有の莫大な貯蔵小麦粉を発見できた。八月二〇日ブリュッセルに入るや、直ちに第一軍は四個軍団に必要な一日分の糧食を徴発した。またもやアミアンにおいて、第四後備軍団はかなりの量の糧食を発見した。[*44] ルカトーの戦闘の後、第三後備軍団はイギリス軍から奪った物資で十分食っていけた。[*45] こうして大モルトケ以来三〇年間にわたってすべての人から発せられた恐ろしい警告、すなわち近代の一〇〇万軍隊は野戦では存在しえないとの警告は、誤っていることが分かった。逆に、兵士の腹は現地でとにもかくにも満たすことはできるのだというシュリーフェンの自信に満ちた見解が正しかったのだ。

もちろん問題は発生していた。各軍団はそれ自体完全な小軍隊であり、一日で約一三〇トンの糧食とかいばを消費していた。[*46] そしてそのような莫大な量を発見するために徴発隊も広い地域にわたって派遣せねばならず、そのことが一層一日当たりの前進距離を増大させた。多くの種類の食料品を得るのはかなり簡単だったが、パン——兵士の糧食のうちいちばん重要な単品食物——は常に供給不足だった。それはパンが途中でかびるか、あるいは移動用野戦厨房車がパン焼きを終えるまで一ヵ所に十分長く留まることができなかったからであった。同様に、現地で牛を買って軍隊とともに連れて行き、新鮮な肉を供給しようという計画も完全に失敗だとわかった。そのためこの目的のために振り向けられた輸送部隊は、間もなく他の用途に転用された。[*47] さらに、騎兵隊から所属の糧食補給隊をはずすことによって機動性を増そうという試みは不成功に終わった。騎兵隊の各部隊長は陽気に「軽装で旅行する」かわりに、自隊の補給物資に対して過度に気難しくなり、手に入れられる糧食や宿泊先を求めて歩兵部隊と競争した（もちろん歩兵隊よりも先に走って）。そしてベルギーの重い農民用馬車を輜重用に徴発したために、機動の自由を阻まれることになった。[*48]

それゆえに全体として兵は、現地徴発で食べていけた——時には十分な糧食があった。兵士が身につけている非常用携帯口糧に手をつけるのが必要になったのは、特にマルヌ川戦闘の直前または交戦中のわずかな場合に限られていた。[*49] 前進するにつれて田野はますます豊かになってきたため、時々は空腹の日があっても、戦闘がドイツに有利に運んでいる限り、軍隊に糧食を供給する問題は克服することのできない難題とはならなかったであろう。

しかしながら、このことは馬匹用かいばには当てはまらない。一九一四年におけるドイツ軍の経験では、軍用動物は兵士よりも生き難しとの古いことわざを確認するのに役立った。すでに第一次世界大戦前、騎兵の大部隊を現地物資に依存して維持するのは危険だとの警告の声はあがっていたのだが、[*50]シュリーフェンも小モルトケもこれを無視した。実際のところ現地物資に頼るほかに方法はほとんどなかった。なんとなれば一九一四年当時、ドイツ軍が必要としたかいばの量はあまりにも巨大であって（クルック軍だけで八万四〇〇〇頭の馬匹を保有し、そのかいばの消費量は一日当たり約二〇〇万ポンドを数えた。これは標準型かいば運搬貨車九二四両を満たす）、もしそれを輸送部隊によって根拠地から運搬しようとすれば、作戦全体が全く実行不可能となったであろう。したがってドイツ軍は、敵地では馬にどうやって食物を与えるかについては、ほとんど、否まったく準備なしで戦争に突入した。そしてまたもや幸運にも季節が非常に有利だった。かいばは刈り取られたり、きれいに山積みされた形で野原でしばしば発見され、時にはその土地の機械を使ってその場で加工できた。[*51]だが、たいていは未成熟の穀類を与えねばならず、そのために馬が衰弱したり病気になったりした。適切な野戦獣医隊がなかったため、これに対しては何ら有効な対応策はなかった。[*52]馬匹に食物を与えるための準備があまりにも悪かったため、一部の砲兵隊用馬匹は作戦のごく初期に倒れ、時にはベルギー国境を越えないうちに死んでしまった。[*53]騎兵隊指揮官は繰り返し最高司令部にかいばの不足を訴えたが、返事は常に、たとえ前進速度が落ちても現地調達でやってくれとのもの柔らかな勧告だった。[*54]

馬匹に食物を与えるという問題に注意を欠いたことは、現実に作戦のごく初期に影響を与えた。すでに八月一一日には、騎兵一個師団が軍馬の飢えと疲労のために戦線から脱落せざるをえなくなった。その二日後、第一軍および第二軍の先頭に立って進んでいる全騎兵部隊に対して、前進停止と四日間の休養という命令を発せざるをえなくなった。この休息にもかかわらず、第二騎兵師団（第一軍）は補給不足のため八月一九日に再び停止せざるをえなくなった。そしてドイツ軍がフランスに侵入するまでの間に、全騎兵部隊は疲労に苦しんでいた。マルヌ川戦闘の直前、ドイツ軍重砲隊——他の砲兵隊と同じく馬匹牽引で、かなり質的に優遇を受けていた兵科だった——はもはや追蹤を続けることができなくなっていたし、騎兵隊は不必要な死傷者を出していた。馬があまりにも弱っていたので、すばやく駆けて騎乗兵を危険から脱し去ることができなかったためである。*55 この時までにあるドイツ軍団では、騎兵隊の状況悪化が作戦に重大な阻害をもたらしていた。モルトケ自身が述べたごとく、その軍団は前進できる馬をもはや一頭も持っていなかったのである。*56

たとえ糧食の補給が——時々起こる不足は我慢するとして——その場のやりくりで解決でき、かいばの補給は馬が倒れるまで無視するとしても、もう一つ重大な問題を弾薬が提起した。精妙に作られた近代兵器は、それ自身の特別の弾薬と部品とを必要とする。ナポレオンのような将軍が、オーストリア軍の武器庫のいっさい合財を大陸軍(グランダルメ)の兵器に合体させた時代は過ぎ去っていた。小火器、機関銃、野砲、迫撃砲、重砲などすべてが補給を受けねばならず、しかも第一次世界大戦前では思いつきもしなかったような速度で補給を仰がねばならなかった。ここでも馬匹牽引の重補給部隊は完全に失敗し、本来の任務を遂行するかわりに、移動軍需品倉庫として使われた——否、むしろその役割も果たさなかった。*57 こうして右翼軍に弾薬を補給するための全任務は、極めて数の少ない自動車輸送中隊に移った。*58 これらの自動車輸送中隊は、一九一四年に第一次世界大戦が起こった時、各種の徴発車両やエクス・ラ・シャペルの企業家によって設立された民間自動車隊とともに、その数が少ない割に有用な働きをした。

自動車輸送中隊が弾薬の輸送を維持しようと奮闘した時、彼らが遭遇した問題は興味深いものがある。それらの問題は、新技術の時代の入り口に立ちながら、まだ管理組織や思考プロセスを新技術に適応させないでいる軍隊に典型的に現われたからである。すなわち右翼軍はかなりの数のトラックを指揮下に持っていたにもかかわらず、隊列を指揮し監督する組織を持っていず、移動中の自動車中隊と接触する唯一の方法は、多数の参謀将校を派遣して自動車中隊を発見させ、それを停めることだった。

そのうえドイツ軍の兵站官たちは、すべての部隊レベルで、他の補給品目にもまして弾薬に絶対的優先順位を与えるように教育されていた。この命令は極めて厳格に守られた。あまりに厳しく守られたため、第一軍では唯一の効果ある弾薬運搬車であるトラックの運転手たちは、しばしばガソリンの補充を受けられなかった。[*59] 自動車輸送中隊は重要な存在だったにもかかわらず、その利用は効率が悪く、急速に変化しつつあった技術状況に適応することができなかった。

そのうえ普通でも起こるあれやこれやの問題が存在していて、急速前進する軍隊への補給を非常に困難ならしめていた。トラックは規則によって一週間六日、一日当たり六〇マイル以上は運転せずと決められていたが、実際は激しく使われ、そのためにトラックの六〇パーセントがマルヌ川戦闘開始までに破壊されてしまっていた。運転手たちは一日中働いたために、疲労が原因になって多くの事故が起きた。部品、特にタイヤはほとんど手に入らなかった。おびただしい種類の自動車が使われたことと、現地徴発の車両を輸送隊に押し込んだ結果事態が一層悪くなったためである。[*60] また弾薬消費量が不定だったために、トラック輸送部隊はしばしば連隊付き輸送隊の車両がまだ未使用の弾丸で一杯になっているため、積み荷を下ろすことができないことがあった。そのような場合、野戦司令官たちはトラックを「ハイジャック」し、それを移動軍需品倉庫に利用したいとの誘惑にかられた。そうしなければトラックは積み荷を乗せたまま送り返されたものである。どちらになるにせよ輸送隊は何日間にもわたたって何もしないという結果になるだろう。だが厳重な命令を発したにもかかわらず、こうしたやり方はほとんど根絶することができなかった。[*61] 八月二四日までに弾薬不足、特に大砲の弾薬不足が感じられ始めた。[*62] 第一軍にとって幸いなことに、八月二六日ルカトーの戦闘以後消費量が急速に低下した。もしそうでなかったなら、ほとんど確実に補給部隊は崩壊していたであろう。

弾薬の補給維持に問題が生じたのは、多くは輸送すべき距離と任務の巨大さに原因があったが、誤った組織、戦闘部隊側の不注意、あるいは単純な官僚主義的管理のまずさにも若干原因があった。最高司令部が機動性を損なうからとして部隊付き輸送隊を取り上げたために、各騎兵師団とも慢性的に弾薬が不足し、騎兵師団そのものに責任があるかのように常に各軍団にとって重荷となっていた。[*63] 弾薬はしばしば必要量以上に荷下ろしされ、野天に放置された。[*64] 結局、各軍は指揮下に自軍所属の糧食貯蔵所を置いていたが、弾薬の補給は最高司令部のジーガー将軍の手に集中されていた。彼が急速に減ってゆく予備弾薬を進んで引き渡すのは最後の瞬間だけであり、しかもそれら弾薬を全速力で送り出せと要求したものだった。このような措置は明らかに満足すべきものではなかった。グレーナー将軍は、将来は軍司令官に自軍の貯蔵弾薬についての全権を与えることが必要だろうと日記に書いた。[*65]

第一軍の補給困難は、マルヌ川戦闘の直前と戦闘の最中に一段と悪化した。第一軍の移動が非常に不定になったからである。クルックは八月二六日に北方から下りてきて、ルカトーで撃破したイギリス遠征部隊を追って進撃方向を南西に変え、次いで八月三一日南東に転じた。マルヌ川を渡河した後、ウルク川のフランス軍に対峙するため、第一軍は急激に西方に旋回し、自軍の補給線を横切らねばならなくなった。結局は九月九日にエーヌ川への退却命令が出された後、第一軍は左翼の第二軍との接触を保つために、一個軍団を再び補給線を越えて東方に送らねばならなかった。このように混乱した時期に、弾薬補給や連絡全般が崩壊しなかったのは、参謀の功績として記憶されるべきだろう。しかし戦闘が終わりに近づくにつれて前進や後退の影響が現われ始め、第一軍の補給線ではかなりの混乱と渋滞が生じた。ヘンチュ中佐は重要な任務を帯びて、九月九日にクルックに会うために馬を駆って出掛けたが、この混乱に巻き込まれ、道を開けさせるためにやむなく暴力に訴えざるをえなかった。[*66] この時受けた悪い印象が、ドイツ軍をエーヌ川まで撤退させるという彼の決定につながったことは、容易に想像できる。

だが、あらゆる困難にもかかわらず第一軍への弾薬補給は、マルヌ川の戦闘の間途絶えることはなかった。また他の右翼軍が、深刻な弾薬不足を味わったという証拠もない。不足が生じたのはマルヌ川戦闘が終わってからであった——弾薬節約のための最初の命令は九月一五日に発せられている[*67]——し、しかもそれは第一軍の内部もしくは後方における輸送の困難から生じたのではなく、ドイツ本国での貯蔵弾薬が全般的に減ってきたためだった。

鉄道は混乱し続けた

何百という補給中隊、何万という車両が一九一四年の八月と九月にベルギーの道路上に群がっていたが、フランスへの進撃は、新しい前進兵站駅が戦闘部隊の速度に比例して開かれた時にのみ続けられるだろう。正確な細部はわからないが、ドイツ軍は右翼の五個軍に補給するため、四本の鉄道線の利用に依存していたようである。そのうちの一本は、クルックの後を追ってリエージュ、ルーヴァン、ブリュッセル、カンブレと続き、第一軍および第二軍の右翼に対し補給維持を行なうはずだった。それからもう一本の鉄道線がリエージュからナミュールまで南西に走っており、これは第二軍と第三軍を維持する予定だった。大旋回運動の軸附近の第四軍および第五軍は、ルクセンブルクを通過する線路とルクセンブルクからリブラモン—ナミュールに至る線路の二本によって、補給を受けることになっていた。もう少し後の段階になれば、メッツからセダンに至る鉄道線が運転可能になると予想されていた。[*68]どこの鉄道線が最もひどい破壊を受けるかは、もちろん正確に予測できなかったため、計画は必然的に概略的なものだったし、計画の実行は破壊されたレールを迅速に修繕できるかどうかにかかっていた。

ところが実際は、修繕という仕事は予想以上に困難だった。ベルギーおよび北フランスへの進撃が深くなればなるほど鉄道破壊は広範となり、遂に九月半ばには総勢二万六〇〇〇人から成る鉄道建設中隊全部隊ではもはや間に合わなくなり、ドイツの民間会社から援助を仰がねばならなかった。民間会社は自分たちだけで修繕を全部やってしまうほどの能力を持っていた。一方各軍は全力を尽くして処理していかなければならなかったが、明らかにこれだけでは不足だった。ベルギー領内で爆破されたは他の方法で破壊された四四ヵ所の主要土木建造物のうち、マルヌ川戦闘までに修復されたのはわずか三ヵ所だけだった。[*69]同じ期間に、ベルギーの鉄道網を構成している二五〇〇マイルの線路のうち、たったの三〇〇〜四〇〇マイルが元通り運転されただけだった。これらの数字は真実を表わしているけれども、これだけでは実際のすべてを物語ってはいない。レールがどうにかこうにか無傷のところでさえも、信号や転轍機がベルギー人かあるいはドイツ軍前衛部隊自身によって取り外され、全くなくなっていた。踏み切りや側線の長さはむろんのこと、レールの強度も満載したドイツ軍用列車を運ぶにはしばしば不十分だった。すでに過重な仕事を負わされていたうえに、不幸にも鉄道部隊は敵側民間人の略奪や騎兵の攻撃から鉄道線を守ることも強いられた。また作戦の初期の段階で鹵獲したベルギーの貨車は非常に少なく、後になって大量に鹵獲した時は、それらがレールを塞いでいたため、撤去し配列し直さなければならなかった。

鉄道線路は時には修理され[*70]てもまだ危険であり、たいてい最も基本的な設備さえなかったが、その上を走る輸送は最初混乱をきわめた。運転が再開されても、このような鉄道網からは大した仕事は期待すべくもなかったが、輸送連絡地区当局は補給の要求を満たすことに熱心なあまり、鉄道線の運用にどんな結果をもたらすかを無視して、できるだけ多数の列車を押し出しては能率をさらに悪化させていた。[*71]いらいらした野戦司令官たちは、他部隊向けの列車を「ハイジャック」したり、貨車を列車から外して簡易軍用倉庫に利用し、しばしば輸送を妨害した。右翼各軍の移動は、特に八月三〇日以後不安定となり、予想外の進撃方向をとることが多かった。そのために、ある部隊に向けた補給列車が目的の部隊を発見することができず、司令部の誰かがその列車を思い出すまでは、行方不明になることがたびたびあった。[*72]前線向けの見当違いの善意による贈り物を積んだ列車を「無法」列車と呼んでいたが、これらは引き取ることができないのでしばしば兵站駅から送り返され、司令部からの命令がないままに鉄道線の上をうろうろしたものである。[*73]こうした欠点はすべて一時的なもので、時間や経験、厳格な規律とともに直るだろう。しかしながらそれらの欠点が直るまでに、マルヌ川戦闘は戦われドイツ軍は敗れたのだ。

各軍の後方補給線の能力は様々だった。状況が最もよかったのはクルックの第一軍――最大距離を走破する軍であることと矛盾しているが――であった。ベルギー軍は明らかにクルック軍の前進方向を予想できなかったために、その前方の鉄道線を徹底的に破壊する時間がなかった。小規模の妨害行動――レールの破壊、反対方向から列車を走らせてトンネルを塞ぐこと（ある時はこのために一七両の機関車が使われた）等――はかなり普通に行なわれたが、比較的簡単に修復することができた。鉄道部隊は二四時間作業を続けながら、八月二二日にはランデン、その二日後にはルーヴァン、三〇日にはカンブレ、九月四日にはサン・カンタンへの輸送を開いた。それにもかかわらず第一軍後方の鉄道輸送は、次の表が示すように不満足きわまるものだった。

日時	前線所在地	兵站駅所在地	前線までの距離
八月二二日	ブリュッセル	ランデン	四〇マイル
八月二四日	コンデ	ルーヴァン	七〇マイル
八月二六日	クレヴクール	ブリュッセル	八〇マイル
八月二九日	アルベール―ペロンヌ	モンス	六五マイル
八月三〇日	コルビー―ショルネ――ネスル	カンブレ	四〇マイル
九月　四日	クロミエール―エステルネ	サン・カンタン	八五マイル
九月　五日	クロミエール―エステルネ	ショニー	六〇マイル

すなわちほとんど全期間、クルック軍は兵站駅からの有効補給距離のはるか外側で作戦行動していた――この事実は、前掲の数字が多くの場合かなり理論的な最低のところを示しているだけに、一層重大である。ある地点への鉄道輸送路を開いたということは、軍の輸送中隊が以後その地点ですべて

の荷物を受け取れるということを、自動的に意味するものではなかった。むしろ次から次と駅を占領し、後方へ残しておくにつれて、鉄道の全線にわたって臨時資材集積所ができ、そこに貯蔵物資が堆積する傾向があった。例えばサン・カンタンはマルヌ川戦闘の前夜、第一軍の兵站駅となっていたが、クルック軍の多くの弾薬は、依然としてヴァランシャンヌか、さらに後方のモンスの軍需品倉庫に積まれたままだった。[*74] 至近距離の補給地点でも前線後方八五マイルだったから、困難が生じるのは避けられなかった。

第一軍の鉄道補給がどうにかこうにか最初の計画通りに運んだとしても、その左翼に展開する第二軍の状況は非常に違っていた。第二軍司令官ヴューローはサンブル川に沿って南西に進んだが、自軍の補給線はナミュール要塞によって阻まれた。ナミュールは八月二三日に陥落したが、サンブル川にかけた橋が大破したため、シャルルロアまでの鉄道区間は九日後まで開通できなかった。その間第二軍の補給物資は、リエージュからランデンまで大回りをしなければならなかった。そしてランデンからは単線を利用して南方のジャンブルー（八月二三日）、シャルルロア（八月二五日、この日付はビューローがシャルルロア兵站駅が使えるようにならなければ前進を停止すると言って脅かした期限に当たっていた）、[*75] フルミエ（八月三〇日）に運ばれて行った。だからエクス・ラ・シャペル発リエージュ経由ルーヴァン着の鉄道線は、二つの軍への補給物資で非常な負担を背負っていた。八月三〇日から九月二日までは、さらにもう一つの軍――ハウゼンの第三軍――も同じルートから補給を受けた。そのため三つの軍は、おのおの一日当たりたった六列車を受領したにすぎなかった。[*76]

その間、第二軍とその兵站駅との距離は、次表に示すようにますます離れて行った。

日時	前線所在地	兵站駅所在地	前線までの距離
八月二三日	ビンシューチュアンーナミュール	ジャンブルー	二二マイル
八月二五日	チュアンージェヴェル	シャルルロア	二〇マイル
八月三〇日	サン・カンタンーヴェルヴァン	フルミエ	三〇マイル
九月　二日	スワソンーフィスメ	フルミエ	九五マイル
九月　四日	モントミラーユーエペルネ	クヴァン	一〇五マイル

第二軍は作戦の初期の間は十分補給距離内を保っていたが、マルヌ川戦闘が開始されて弾薬消費量が急激にふえたその時に、補給線を急速に離れて行った。同じように第三軍も九月四日にはクヴァンから補給物資を受け取っていたが、クヴァンからはエペルネ―シャロン・シュル・マルヌ線に沿って道路上を八五マイル運ばねばならなかった。だがクヴァンからルトランブルワまでは、「能力低劣」と言われた一本の狭軌鉄道があり、これだと距離が約一五マイル縮まった。

だがその狭軌鉄道は、他の普通の鉄道線よりも、一層ひどい困難に陥っていた。この困難はアンとリエージュ間の上方から始まった。そこはレールが急な坂となっており、そのため一本の列車を前進させるのに四台の機関車が押したり引っ張ったりしなければならなかった。坂を下るとリエージュが隘路となってしばしば混雑した。毎日特別の問題が生じた。八月一八日にはナミュール向け攻城重砲隊の輸送のために、他のほとんどの輸送が中止のやむなきに至り、八月二一日にはリエージュでの事故のために鉄道線が止まった。八月二三日、別の事故が今度はアンで起こった。翌日はシュレスヴィヒ・ホルシュタインからの第九後備軍団の部隊輸送のために、補給列車は停止された。八月末にはリ

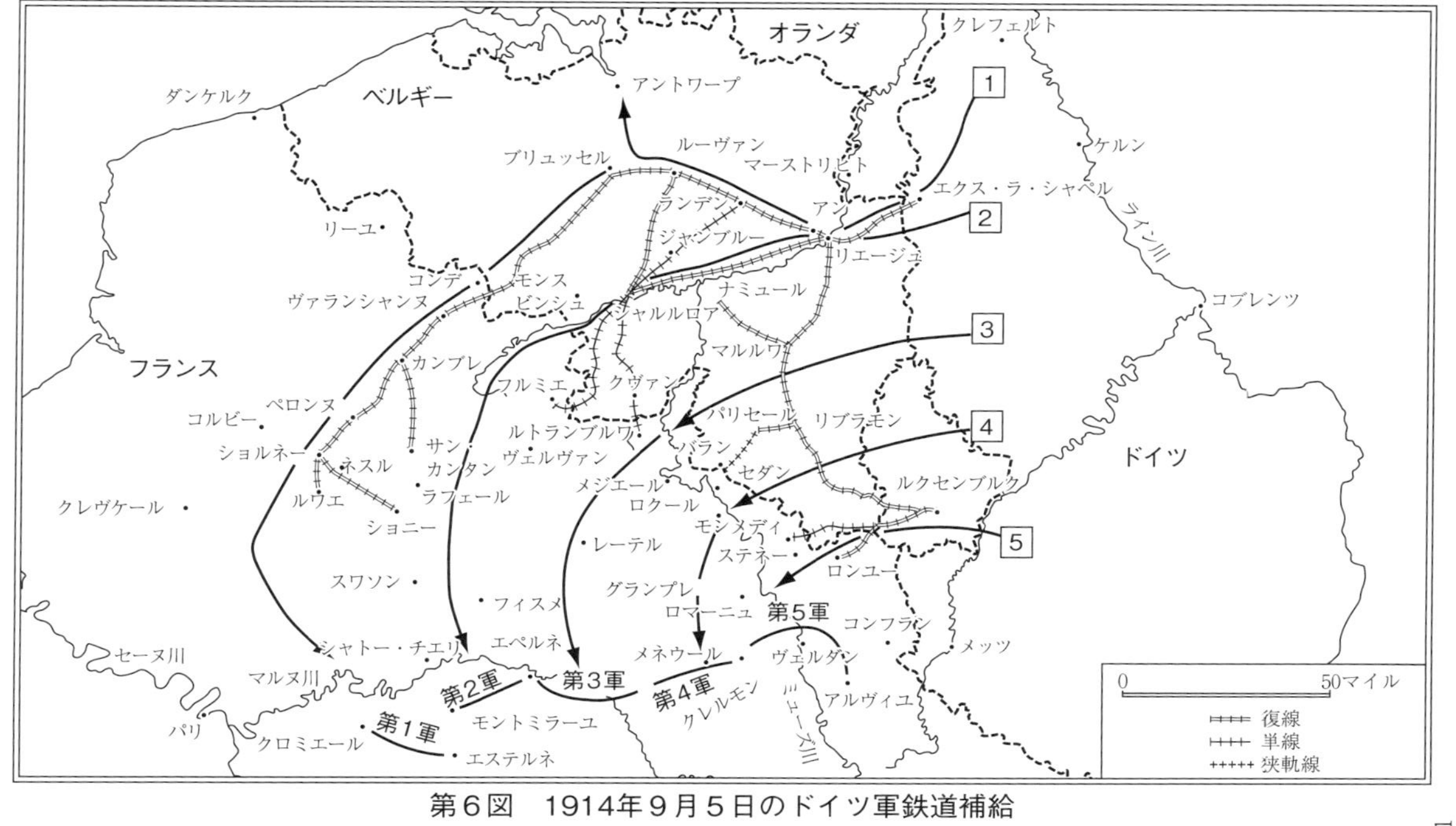

第6図　1914年9月5日のドイツ軍鉄道補給

エージュとエクス・ラ・シャペル——極めて重大な使命を持つドイツ軍第一鉄道監理局の所在地——との間の連絡が絶たれた。こうしてドイツ軍にとって補給の大動脈となるべきベルギーの鉄道線は、ほとんど常に危機的状態にあった。

この東方では状況は若干よかった。八月一六日には、第四軍はルクセンブルクからリブラモンに至る複線を一本持ち、半月後にはパリセールに至る単線を一本持った。九月一日にはパリセールからバランの破壊されたミューズ川鉄橋に至るまで狭軌線が通じた。ここで補給物資はフェリーで川を渡され、次いでセダンからロクールまで標準軌道の単線によって運ばれた。この線は九月四日に開通した。その結果、兵站駅と前線との間の距離は次の通りだった。

日時	前線所在地	兵站駅所在地	前線までの距離
八月三〇日	レーテル—ステネー	パリセール	七〇マイル
九月　一日	グランプレ	バラン	五〇マイル
九月　四日	メネウール	ロクール	六〇マイル

第四軍は、右翼の諸軍に比べれば道路に頼らなければならない距離はそれほど長くはなかったが、やや複雑な兵站経路に頼らなければならなかったため、その補給物資は一日当たり約三〇〇トン、主として弾薬に限定された。[*77] これに比較すると、シュリーフェン構想による大旋回作戦の軸附近に展開した第五軍は、状況が最もよかった。

日時	前線所在地	兵站駅所在地	前線までの距離
八月二五日	モンメディ―コンフラン	ヴェリトン	二〇マイル
八月三〇日	ステネ―ロマーニュ	モンメディ	一五マイル
九月　四日	クレルモン―アルヴィユ	モンメディ	四五～四〇マイル

モンメディではトンネルが破壊されており、一〇月終わりまで使用不能のままだった。鉄道は苛酷な仕事を強いられ、時には崩壊寸前にまでいったが、されぱと言って十分な量を運ぶことができなかったり、または軍隊の前進と速度を合わせることができなかったことが、マルヌ川でのドイツ敗戦の重要な原因になったという直接の証拠はない。しかしながらマルヌ川戦闘がドイツ軍に有利に運んだとしても、恐らく鉄道状況のためにドイツ軍は勝利を拡大することはできなかったであろうし、さらにフランス領奥深くに侵入することはできなかっただろう。すでに見てきたように、鉄道破壊の範囲とひどさが拡大したため、作戦行動の継続時間は延長する傾向にあった。クルックはショニーおよびサン・カンタンに至る鉄道線を、無傷のままに占領するという信じ難い大成功を収めたのだが、その彼でさえも九月初旬には重大な妨害活動に直面していた。もしエーヌ川へ撤退していなかったら、この鉄道破壊を修理するためにクルックは長い時間を必要としたであろう。[*78] 他のドイツ諸軍について言えば、第五軍は恐らく数日間前進を続けることができ、モンメディ麾下のフランス砲兵の着弾距離から脱することができたであろう。第二軍、第三軍、第四軍は、明らかにそれ以上の前進は不可能だった。

敗けるべくして敗けた

シュリーフェンは参謀総長としての在任期間中、大計画を遂行するために十分な兵力があるかどうかについて、常に懸念を繰り返していた。[*79] ドイツの国家資源利用、特に人力利用は、あらゆる点でフランスほど広範ではなかった。ドイツの人口はフランスのそれを約三分の二上回っていたが、ドイツはフランスに匹敵する兵力展開を行なうことが困難だった。シュリーフェンは展開兵力の中に多数の存在しない部隊を加えることによって、この問題をいつものように軽快に「解決」した。これらの追加兵力は一九一四年には使用可能になっていたが、輸送力の限界のために右翼ではそれを使うことができず、そのかわりにロレーヌに送られた。

シュリーフェンは、「かつてのすべての征服者がそうであったごとく」、ドイツ軍もベルギーおよびフランスへの進撃中甚大な損害を被るものと思っていたが、十分な予備兵力を用意しておくという当然な結論には至らなかった。それに彼の作戦計画も予備兵力問題の解決には役立たなかった。というのは、作戦計画の中でドイツ軍の前線の長さが前進開始時の一四〇マイルより、ブリュッセル到着時には約一九〇マイルに広がることになっていたからである。ヴェルダンからダンケルクまでの三五〇マイルを、密集して前進するというシュリーフェンの空想的な構想になると話にならない。それほどの兵力が全くなかったからである。一九一四年当時の比較的短い戦線でさえ、ドイツ軍は地上においてはそれほど兵力稠密ではなかった。軍の間には絶えず間隙が生じた。その結果中央に位置するハウゼンの第三軍は、側面防御を求める隣接軍の要請に応えるために、常に進撃方向を変更していた。[*80] 実にドイツ軍がマルヌ川で敗れたのも、第一軍と第二軍の間に生じた三〇マイルの間隙が直接の原因だった。

悪いことには、一九一四年八月および九月に起こった出来事は、敵地を急速に前進する際に生じる消耗について、シュリーフェンが恐れていたことを裏書きしていた。完全な統計の数字は全く存在していないが、各種の連隊記録や個人の日記から集められた証拠によると、マルヌ川に到着した時、ドイツ軍の大隊の多くは実兵力が半分に減っていた。[*81] 戦闘および病気による損害と、敵意を持っているフランス人から長い補給線を守ろうという途方もない必要性とが、すべてこの原因になっていた。そのうえ兵士にはひどい疲労が生じていた。シュリーフェン計画では、非常に大きな努力が右翼の諸軍に要求されていた。一部の軍は、一日平均二〇ないし二五マイルの距離を何日間にもわたって歩いてきた。九月四日、第一軍および第三軍の両司令官とも、指揮下の部隊はほとんど倒れんばかりであると報告している。[*82] 最高司令部でもモルトケは状況をよく把握しており、全右翼軍に対して九月五日に一日の休養を与えようと思ったようである。相次ぐ出来事によってこれは不可能になり、実際においてハウゼン軍だけが息つく暇を与えられた。作戦が終わり、もはや参謀総長ではなくなった時にモルトケは、前線からマルヌ川までの絶え間ない突進は過ちだったと気づいたようである。[*83]

シュリーフェンが予備兵力の投入を考えた――彼はかつて「最良の予備軍とは弾丸の絶えざる補給である」[*84] と述べたことがある――例としては、ロレーヌにいる左翼から二個軍団を持ってくることを計画したくらいなものである。一九一四年この目的のために鉄道線は十分に利用できた。かなりの量の貨車が、兵力総動員一〇日目以降、右記の目的のために準備されていたからである。[*85] 八月二三日夕刻フランス軍はロレーヌで攻撃を開始したが、手痛い損害を受けて撃退された。予定通り二個軍団をベルギーに輸送することに、今や何らの障害もなかった。だが結局モルトケは、シュリーフェン計画のうちこの部分は実行しないで、そのかわりに左翼でも攻撃に移ることを選んだ。ロレーヌにおけるこの「特別転換」の決定理由については、他のところで論じられているので、ここでは係わり合う必要はない。[*86] ただし関心が持たれるのは、輸送および補給という見地から見て、マルヌ川戦闘にちょうど間に合うように、増援軍を右翼に持って行くことができたであろうかという点である。

鉄道による軍隊の移動速度は、非常に多くの要因いかんにかかっている。その中には占領できた鉄道線の数と状態、貨車の状況と量、そして恐らく最も重要なものとして列車の積み下ろしに利用できる鉄道駅の数と位置がある。これらについては、四本のよく発達した鉄道線を利用できたということ以外に正確な史料がないので、極めて基本的な若干の計算に限定せざるをえない。

一九一四年当時、ドイツ軍二個軍団を輸送するには、各々五〇両の車両から成る列車二四〇本が必要だった。仮定としてこうした多くの車両が実際に利用できること、四本の鉄道線が全部他の列車は排除されて一日当たり六〇本の軍用列車が通過可能になっていること、多くのプラットフォームがあって、部隊のすぐ近くでこれら列車から荷下ろしと荷積みが同時にできること、と想定してみよう。このような理想的な条件の下では、汽車に乗り降りする時間を含めて、約四日間でメッツ・ディーデンホッフェン地区からエクス・ラ・シャペルまで一五〇マイルを行くのは可能だったであろう。そうなれば移動は八月二七日夜には終わっていただろう。

前述のような要求を行なうのは全く不可能であることはさておいて、右記の計算では、移動を行なうに際して時計仕掛けのような正確な能率を前提としている。そのうえ、九万の軍隊とそれに必要な全補給物資は、処理可能の駅を見つけるためにかなりの距離を走らなければならないであろうという事実を考慮に入れていない。しかし、かりに八月二八日にエクス・ラ・シャペルを出発できたと仮定しても、その二個軍団はマルヌ川まで三〇〇マイルを前進するために、ちょうど一三日を要したであろう。したがって九月九日のマルヌ川戦闘が終わったところへ到着したであろう。たとえ一日当たり二〇マイルの速度を維持できたとしても、このように間に合わなかったであろう。

当時、エクス・ラ・シャペルから先へ軍隊を鉄道線で運ぶのは不可能だった。たった一本の複線が第一軍および第二軍に利用できた。しかしこの線は一日約二四列車を取り扱うことができただけであり、しかもそのうち四列車は鉄道線そのものの運行のために必要だった。[*87] 二個軍団の戦闘部隊を運ぶためには、一二〇列車が必要だった。標準輸送量の三分の一が途中で停止されたと仮定しても、二個軍団が到着するのは、エーヌ川撤退が完了した後になったであろう。グレーナーがこの鉄道線に依存している軍団に対し、補給の要求を必要最小限にとどめよと繰り返し警告したのは、このためだった。[*88]

二個軍団は徒歩前進するかわりにトラックを使って、「一日当たり一〇〇キロ」で脅威にさらされている右翼まで進んだらよかったのにという説があった。[*89] しかしながらそれらの戦闘部隊を運ぶには、一万八〇〇〇台ものトラックが必要だっただろう。[*90] 一九一四年にはたった四〇〇〇台がドイツ軍にあっただけだった。このような案は明らかに実行不可能だった。

ドイツ軍が国力を尽くして大規模な予備軍を作りあげたとしても、それら各部隊——ある権威によれば一〇個軍団に達した[*91]——を右翼で使用するのは、兵站面から見て可能だったかどうかの問題は依然未解決だ。第一軍および第二軍が二つの隘路、すなわち一つはエクス・ラ・シャペル、もう一つはブリュッセル—ナミュール間を通過しなければならないとすれば、道路に余裕がなくなって、ミューズ川北方では実際よりもっと少数の兵しか使用することができなかっただろう。[*92] しかし、別の軍団

――恐らく四個軍団――だったらクルック軍の真後ろに従うことができ、マルヌ川ではクルック軍側面への脅威を取り除くことによって、マルヌ川戦闘をドイツの勝利に変えたであろうという説があった。[*93]この説の著者たちが認めているごとく、すでに過大な負担を負っている鉄道から、これらの部隊に補給を行なうのは不可能だったろう。だが、この軍団は恐らく弾薬消費量が非常に少なかったであろうし、現地徴発で糧食を得ることができたであろうという説がある。この議論は、前進する土地がすでにクルック軍が通過した後であること、したがって補給物資、特にかいばを得るのが困難だったであろう事実を見逃している。予備軍の必要物資のうち半分だけを根拠地から運ばなければならないと仮定すると、約五〇〇両の三トン貨車が必要になったと計算できる。[*94]これは一九一四年八月時点では、右翼に展開する全ドイツ軍五個軍が利用できる数量を上回っていた。

結　論

シュリーフェン計画が兵站面から見て実行できたかどうかの疑問について明確な答えを与えようとしても、情報不足に悩まざるをえない。例えば、この問題については膨大な文献が存在しているにもかかわらず、多くの重要な要因については正確な史料がない。作戦期間中の様々な時期および場所における糧食と弾薬の消費量、ベルギー領内の鉄道線を通った列車の数や積載量、利用した駅の正確な数・状態・位置、野戦軍に到着した補給物資の数字等が欠けているのだ。

シュリーフェンの思想を細部にわたって追究する限りでは、彼はその計画を発展させた時、兵站にはそれほどの注意を払っていなかったようである。彼は遭遇するであろう問題をよく理解していたが、組織的な努力を払ってそれを解決しようとはしなかった。もし努力していたなら、彼はこの作戦は実行不可能であるという結論に到達したであろう。

シュリーフェンはもともと輸送や補給に興味を持っていなかったが、神秘的な正確さでベルギーで起こる鉄道破壊の姿を予言することができた。ある場合にはもし一九一四年に破壊されれば大困難を引き起こすであろう施設の名をあげたほどである。現地徴発で軍隊に糧食を補給するのは可能であるという彼の予想は、ほぼ正確であることが分かったが、当時の軍事評論家はすべてこれに疑念を表明していたのである。もしシュリーフェンがこの点について間違っていたなら、作戦全体が開始早々から失敗を重ねていたであろう。

小モルトケはシュリーフェン計画の兵站面を大いに改善した。彼の命令で初めて問題が徹底的に研究され、将校はウィルヘルム二世の軍隊では無視され見過ごされた戦争「技術」の訓練を受けた。ドイツ陸軍がトラック輸送中隊を導入したのはモルトケのおかげであり、トラック輸送中隊がなければ作戦は全く不可能だったであろう。彼は確かにシュリーフェン計画に多くの修正を施した。もっぱら兵站的視点から言えば、これらの修正のあるものは有用だったが、ほとんどは害をもたらした。それにもかかわらず彼の在任期間を全体として見れば、恐らく彼はシュリーフェン計画の展望を損なうよりり、むしろ同計画を改良したほうである。

事実ドイツ軍は、シュリーフェン計画の限界以上に成功を収めた。一九一四年の前進距離は、平時に考えられたものをはるかに超した。[*95] 田畑は実っており季節は最もよかった。鉄道破壊は全体的に予想より深刻だったが、いちばん大切なところ、すなわち第一軍および第二軍後方でははるかに軽微だった。どれくらいの補給物資が鉄道網によって前方へ送られたかは明らかではないが、一九一四年に大破した鉄道は、運用するのは困難だったけれども、軍隊に糧食を補給するにはとにもかくにも役に立っていた。三個軍もが一本の鉄道線に頼った最大の苦難期でさえも、各軍に毎日到着する六列車で、最も緊急の必要に応じる補給物資は十分運ばれた。[*96] 少なくともそうではなかったという証拠はない。

鉄道は必要な量の補給物資を取り扱うことができたけれども、兵站駅をすみやかに前進させて戦闘部隊の補給可能距離内に置くことは困難だと分かった。マルヌ川戦闘時までに、一個軍を除いて他のすべてのドイツ軍は、補給可能距離をはるかに超えていた。マルヌ川戦闘に勝ったとしても、わずかにクルック軍にのみ急速な部隊再編の可能性があった。しかし彼とてもたぶん非常な困難に遭遇したであろう。そして他の軍に補給を続けるのは全く不可能だったろう。

一九〇八年に実施した徹底的再編にもかかわらず、ドイツ軍補給制度の第二段列——補給地域で行動する重輸送中隊——は完全な失敗だった。[*97] 周知のごとくその任務は、一本の道路を複数の軍で利用せよというモルトケの命令によってますます難しくなっていた。モルトケのこの措置は、作戦開始前から全補給組織を狂わせ、それ以後修正することはできなかった。しかし前進部隊と馬車の速度比から見て、戦闘部隊はいずれ輸送部隊を引き離したであろう。一九一四年のドイツ陸軍には、段列間に重要な連結がなかったのだ。連絡はトラック輸送部隊によって行なわなければならず、前進距離が遠くまで延びたのはトラック部隊の大変な努力によるものだった。

一時的な糧食不足や飢餓の日が起こったけれどもマルヌ川でドイツ軍が敗れたのは補給困難のためではなかった。糧食は現地で得られたし、馬匹はかいばなしでも死ぬまで歩んでいたし、弾薬は後方からとにもかくにも十分な量が到着した。一九一四年の八月、九月の両月では、ドイツ軍が物量不足のために戦闘に負けた例はどこにもなかった。

しかしながら戦闘がドイツ軍に有利に運んだとしてもその進撃力は尽きたであろうと信じる理由は多数ある。そのおもな要因は、部隊の前進に歩調を合わせることができない兵站駅、かいば不足、それに疲労困憊のためだったであろう。まさにこの意味で、シュリーフェン計画は兵站面から見て実行不可能だったというのが真実である。

実際シュリーフェン計画のうちの「技術的」側面は、全体としてドイツ参謀本部から普通連想される徹底的、かつ組織的な計画化という特徴を持ってはいない。四〇年間続いた平和の後では予想もできなかった問題に対して、シュリーフェンその人が愚かにも取り組むのを拒んだことから特徴が現われている。モルトケはこの点の改善に力を尽くした。だが結局のところ、それは注意深い準備に基づいたものではなくて、急いで即席で行なった改善であった。しかし、このためにドイツ軍は実際に前進した距離まで進むことができた。第一軍後方の補給地区を担当した将校は、次のように書いている。

最初の数ヵ月間のあわただしさと緊迫は非常に大きく、……そのために補給の全理論が、急速前進によってある程度ひっくり返されてしまった。それゆえに補給の実施は、初めに認められた原則を厳格に守ることができなかった。この理由のゆえに、わが軍が補給実施等に関する各種の規則を発令した時、特別な弊害は何も起こらなかった……。これらの規則は包装箱に釘づけされて掲示され一緒に運ばれた。しかし私が知る限りでは、包装箱はドイツ軍がエーヌ川後方に撤退するまで開かれることはなかった。*98

補給規則が現実に問題を起こさなかったと言われた時期に、ドイツ軍が現実に見る通りの大成果を収めたということは、確かに注目すべきである。ドイツ軍の前進を批判する人も、このことを銘記すべきだろう。

シュリーフェン計画は、いくつかの点においてこの種のものでは最後となることになった。リデルハートが述べたように、シュリーフェンによって計画された作戦の大きさと大胆さは、ナポレオン時代には可能だった。また次の世代だったら、自動車輸送部隊がそれを達成させたであろう。[*99] しかし一九一四年におけるドイツ陸軍の規模と重量とは、利用可能な戦術的輸送手段に全く釣り合っていなかった。このことは、マルヌ作戦後になって初めて消費量の大激増が起こったとしても真実だった。一九一四年にイギリス軍一個師団は、あらゆる種類の補給物資について一日当たり貨車二七両分の積載量を必要としていた。その二年後、経常的補給物資——糧食、かいばなど——の一日当たり消費量はなお二〇両分だったが、戦闘物資、特に弾薬の運搬に必要な車両は、約三〇両に増加していた。[*100] 一九一四年以後人馬に必要な糧食は、野戦軍が求める全補給物資のうちの一部、それも通常はごく一部分を占めるにすぎなくなった。まさにこのために、軍隊の必要物資の大部分を現地で調達するのはもはや不可能となった。古い輸送形式が近代戦の必要物資を処理するのに不十分であることは、第一次世界大戦の証明書と言うべき永久的な塹壕線によって示されている。

歴史にしばしば起こるように、この経験の教訓は誤って理解された。ドイツ軍のマルヌ川作戦と特に野戦鉄道部隊の作戦は、二つの大戦間に何度も分析された。もしも数ヵ所のトンネルがクルック軍のルートで吹き飛ばされていたなら、作戦全体が全く不可能になったであろうことは明らかだ。一九四〇年ベルギー軍はこの経験から学んだと信じて、主要な鉄道設備全部に爆薬を仕掛け、それらを直ちに破壊する準備を行なった。ところがその時には、戦争の局面はもう一度変わっていたのである。

第五章　自動車時代とヒトラーの失敗

自動車化で徹底さを欠く

一九三三年一月ヒトラーが権力の座についた時、彼はドイツ人の生活の近代化と機械化について、意味は明瞭ではなかったが確固たる誓約を行なった。この誓いは経済的および戦略的根拠から見ていかに有用であり必要だったとしても、功利主義からだけでは十分に理解することはできない。すなわちヒトラーの国家社会主義党は常に自動車に大きな関心を持ち、集会やパレード、デモに自動車を大いに利用した。同党は特別に運転手の団体、NSKKさえも組織した。ヒトラー自身車を愛し、その技術や構造、自動車を運転する人や自動車道路に驚くべき理解を持っていた。彼は、詰まるところ輸送手段の中の一つにすぎず、しかも大して重要でないものに、一国の元首としては度を越した関心を示していた。白色のアウトバーンと昆虫に似たフォルクスワーゲンとが、国家社会主義党の卓抜した特別見本品として人目を引いた。自動車は第三帝国の掌中に握られた単なる一つの道具ではなく、多くの点において第三帝国のシンボルだった。

ドイツ陸軍、特に補給と輸送に責任を持つ各種機関の見地からすれば、このような状態は複雑さの入り混じったありがたさだった。主として問題なのは、他の分野と同様にこの分野においてもヒトラーが、行政上の細部には全く興味を持たず、また長期の計画を遂行する忍耐も持ち合わせていなかったことだった。もしその忍耐さえ持っていたならば、最後には彼はバランスのよくとれた自動車化軍隊を持っていたであろう。そうしないで彼は壮観な見せものを求め早急に結果を欲しがった。それゆえに彼は二つの価値尺度の目的、すなわち一方で装飾的・具象的目的、他方で戦術的目的に集中する傾向を強くみせた。このような政策の結果は、ナチ党が支配してから数年後、無数のパレードや軍隊の分列行進の中にほとんど毎日見ることができた。ナチ高官を乗せた車列とともに、ぎっちり列を作った戦車や他の戦闘用車両を伴った装甲部隊や自動車部隊が登場した。こうした催し物は華やかだったが、その輝きの背後に問題が潜んでいた。そのうちの一部は誤った政策の結果だったが、あるものは基本的な問題から生じており、ドイツ国防軍が今や歩み出そうとする進路全体を極めて疑問にさせるほどだった。

恐らく最も重要な問題は、鉄道に対する道路の役割であろう。第一次世界大戦の間、ドイツは鉄道によって国内戦線を総動員することができ、こうしてほとんど全世界の資源全体に対抗することができた。その後この功績が認められたことが一因になって、グレーナーはシュリーフェン計画の鉄道局長からワイマール共和国国防大臣に就任した。しかしながら鉄道はあまりに軽快さに欠けており、戦場での機動作戦を支えることができなかった。そのことは一九一四年に証明された通りであり、その後西部戦線で戦争の間中、両軍から行なわれた攻撃でも、あらゆる場合に証明された通りだった。戦術的に敵陣突破が成功したところでさえ、補給が続かなかった。それゆえにヒトラーとその部下の将軍たちは、未来の勝利を装甲自走車両に賭けた際、より柔軟性のある補給手段を工夫しなければならなかった。それはトラックしかなかった。

補給部隊の自動車化が、将来戦場で勝利を確保するために重要かつ必要不可欠だとするのは正しいとしても、戦略的な利点については極めて疑問のように思われていた。一九三九年当時の技術的状況では、たった一本の複線の鉄道輸送能力に匹敵するには、一六〇〇台ものトラックが必要だったからだ。さらに考え方の範囲を大きく取って、実質積載量との比較においてすべてのもの（燃料、人員、予備部品、維持）を考えると、二〇〇マイル以上の距離では鉄道のほうが優れていた。その結果自動車化は作戦行動および戦術目的には重要だが、戦略への効果には限界があるということになった。それゆえに多大の努力を払うにしても、予想できる将来において、ドイツ軍の主要輸送形態として自動車が列車を助けたり、いわんや列車にとって代わる可能性はほとんどなかった。[*1]

事実、軍隊を自動車化するという決定によって、ヒトラーは虻蜂取らずに終わることになった。関係経費の支出では鉄道は比較的軽視されることになり、一九一四年から一九三九年の間に実動機関車と貨車の合計台数は減少するに至った。[*2] 一方ドイツ自動車産業は、民需に加えて新たな軍隊の需要をまかなうほどには十分に発展していなかった。一九三九年九月一日現在で、ドイツの道路上にはあらゆる種類の四輪自動車が一〇〇万台弱存在していた。これは人口に比べ七〇人に一台の比率であり、それに比べアメリカは一〇人に一台だった。さらに自動車化は、ドイツが持っている石炭と鉄鋼のかわりにゴムと石油を必要としたが、ドイツはそれらを持っていなかった。第二次世界大戦の勃発前ですら、輸入原材料に頼らなければならない政策の有用性を疑う声はあがっていた。合成原料を生産したり間に合わせ品を英雄的に作ったにもかかわらず、大戦を通じてゴムと石油を得るための困難は多くの問題を生じていた。[*3] こうして自動車化は、一九一四～一八年の戦術的袋小路から脱却する唯一の道だったかもしれないが、兵站面から見てその利点は疑問だった。

ヒトラーが再軍備に乗り出した一九三三年から一九三九年の間に、ドイツ自動車産業の能力は、陸軍に必要な規模の装備を与えるには全く不十分であることが判明した。戦争前夜使用可能な一〇三個師団のうち、一六個の装甲師団、自動車化師団、「軽」装甲師団が完全自動車化され、そうすることによってある程度まで、戦術、戦略の両行動にわたって鉄道から独立した。残りの師団は全部徒歩で進むことになっており、総数九四二両の自動車（オートバイを除く）が各歩兵師団の正式編成だったが、補給物資の大部分は一二〇〇台の馬車によって運ばれていた。なお悪いことに、これらの車両は全部各部隊に分属しており、主として作戦行動内の任務を割り当てられていた。物資集積所から兵站駅までの間をつなげるために、全陸軍に対したった三個の自動車輸送連隊（部隊付属の軽輸送隊に対して重輸送隊として知られていた）が用意されていただけだった。これら連隊は合計して約九〇〇〇の兵員、六六〇〇台の車両（そのうちの二〇パーセントは常時修繕を受けているものと想定されていた）を保有し、一万九五〇〇トンの輸送能力を持っていた。[*4] ドイツ国防軍の全部隊が一時点で同時に行動を起こしたことはないので、一万九五〇〇トンという数字と消費量を比較することはできない。だが一九四四年に連合国軍は、フランスで四七個師団を維持するために、六万九四〇〇トンもの自動車輸送能力を使っていたが、それにもかかわらず深刻な物資不足に苦しんだことが注目されよう。

ドイツ軍は、自動車を手に入れるのが非常に難しかったので、民間部門から直接大部分を回さなければならなかった。この結果自動車は途方もなく多種類となり、しかもそれらすべての自動車は予備部品の供給を継続して受ける必要があったが、その供給は軍需によって非常に困難になっていた。これら軍需はあまりに巨大だったため第二次世界大戦の初期では、既存の軽量の自動車化さえ維持することができなかった。一九三九～四〇年の冬と一九四〇～四一年の冬の二度にわたって、各部隊や補給部隊の自動車数は一部減少せざるをえなかった。しかも一九四〇～四一年の冬までの間に、八八個師団ものドイツ軍――全軍の約四〇パーセント――が、フランス軍からの鹵獲物資で装備を受けていたにもかかわらず、こうしたことが起こったのである。[*5]

ドイツ国防軍が一部しか自動車化していなかったという事実から生まれたもう一つの問題は、同質性の欠如ということだった。ドイツ軍の軍用自動車は、全軍に少しずつ配られないで、少数の部隊に集中されていた。このことは実際に二つの別々の軍隊、すなわち早くて機動性のある軍隊と、遅くて歩行に頼る軍隊との存在を意味した。前者の軍隊が後者を追い越すにつれて、この二つの異質の部隊を協同させるのは困難だった。また後者の軍隊が後方に置き去りにされるにつれ、最も重要な装甲先頭部隊への護衛補給隊の通過を歩兵部隊が妨げないよう、歩兵部隊の移動に厳重な制約を課すことが絶対必要だった。道路を選び、その道路上を移動するのに必要な時間を計算し、交通規制を維持すること、つまり兵站術は難しい問題になった。

ドイツ国防軍の兵站装備に欠点があるとすれば、同様に編成にも欠点があった。戦時にあっては鉄道および国内水路による全輸送はゲルケ将軍の指揮下にあった。同将軍のポストは陸軍総司令部（OKH）の輸送局長であり、他方同時に国防軍総司令部（OKW）の国防軍輸送局長でもあった。しかしながら連絡地域の自動車輸送隊は、彼ではなくてOKHの兵站総監ワーグナー将軍の指揮下にあった。もちろんワーグナー将軍も補給物資の輸送に責任を持っていた。このように陸軍への補給任務は二つの部局に分かれており、一方は補給のパイプの両端を指揮し、他方はその中央部を握っていた。さらに悪いことに、ゲルケの権限は海軍や空軍には及んでいなかった。海軍、空軍に関する彼の役割は単純な連絡任務であり、彼のできるのはせいぜい両軍の輸送部隊を自分の指揮下に置いてくれるように要請することだった。[*6]

一九三九年および一九四〇年の作戦は、期間は短く比較的短距離を行動しただけであったが、これまで述べてきた問題のすべて、あるいはそれ以上のものがはっきりしてきた。対ポーランド作戦では、敵味方両軍による鉄道破壊があまりにも激しかったため、兵站組織は辛うじてポーランド軍の早期降伏によって崩壊を免れたにすぎなかった。[*7] 他方道路はすさまじい状態を呈したため、自動車輸送中隊の車両の損失は五〇パーセント以上にも達した。この損失を補充するのは不可能だった。というのは各地区の地上部隊に新品のトラックを一〇〇〇台ずつ割り当てたが、これでは普通の損耗による損失を補うのにも不十分だったからだ。[*8] 自動車台数の急減に直面したOKHは、一九四〇年一月各歩兵師団の自動車補給部隊の数を半分に減らし、後の半分を馬車に置き換えざるをえなくなった。しかし、このような劇的な方法をもってしても、次の戦いが始まった時、各部隊は編成の九〇パーセントに達するのがせいぜいだった。西ヨーロッパを揺り動かすに至るドイツ陸軍も、食物を求めて徘徊する軍隊だったのだ。勝利への望みは、フランス、オランダ、ベルギーで自動車を鹵獲し利用することに一部はかかっていた。

西ヨーロッパでの戦争の間、ドイツ軍の自動車化はあまりにも不完全だったために、前進の速度のみならずその形態さえも左右されるに至った。軍隊が二つの異質の部分から構成されていたために、最初の計画では歩兵師団によってまず緒戦を戦い、そうすることによって「高速」部隊を節約し敵陣突破とその拡大のために使う予定だった。実際にもこれがドイツの普通のやり方であって、後になってロシアやバルカン半島において使われることになった。だがフランスの場合、ミューズ川に対して型通りの攻撃を仕掛けると、アルデンヌ高原を通っている少数の道路が、歩兵師団によって塞がれる心配があった。そのために最初の攻撃は装甲部隊と自動車部隊とによって行なうことが決定された。[*9]
しかし結局のところ、装甲前進部隊があまりにも急速に移動したために——グデーリアン将軍は、計画の五日の代りに三日でミューズ川に到達してしまった――前進部隊と歩兵との間に間隙が生じた。このことが左翼に対するヒトラーの不安を呼び起こし、遂にダンケルク直前で戦車部隊を停止させる一因になったわけである。

作戦第一段階が在ベルギーの英仏連合国軍の包囲と一掃で完了するや、ドイツ軍はウエーガン・ラインへ向けて前進を続けるために、各部隊に再補給をしなければならなかった。この目的のためにブリュッセル―リーユ―ヴァランシャンヌ―シャルルロア―ナミュール地区に前進補給基地設定が企てられた。これは大仕事だったが、一九一四年の時と全く同じように鉄橋やトンネル、陸橋の破壊が甚だしかったため、より一層困難になった。そのため五月二〇日頃にワーグナーはドイツ帝国運輸大臣に昇進するとともに、「ドイツの全トラック」を彼の直接指揮下に置くことを要求した。トラックはエクス・ラ・シャペルに送られることになっていた。そこでは指揮官が待っていて、それらのトラックを隊列に組み、「ドイツ国防軍」の兵団と一緒に運転手を乗り込ませることになっていた。特別参謀がベルギーでの新補給基地建設監督の任務を帯びてブリュッセルに派遣され、五月二二日には作業開始の準備完了を報告してきた。同日総計一万二〇〇〇トン（オランダからの二〇〇〇トンを含む）の物資がトラック輸送隊に積み込まれ送り出された。同時にワーグナーはアントワープ行きの列車（五月二四日以降一日当たり一五本）や、デュスヴルク発ブリュッセル行きの水上輸送をも利用した。そのようにして彼は、ドイツ軍が六月五日に攻撃を再開できるようにさせた。[*10]

対フランス作戦はたった六週間続いただけで史上最大の勝利で終わったが、兵站上の基本的弱点がヒトラーの注意を引かずにはいなかった。多くの物資――特に弾薬――の消費量はほどほどだったのだが、急速前進中の装甲突撃部隊への補給の難しさは相当なもので、飛行機を利用したり、タイミングよく敵の燃料を大量に鹵獲することができなければ、装甲部隊は攻撃停止のやむなきに至ったかもしれない。そのうえ足どり重く徒歩前進する歩兵の大集団は、一日当たり二五マイル、すなわち七〇年前の距離さえも移動できないことが分かった。行軍規律の欠如のために馬車とトラックとが同一の道路を並進することになり、その結果道路は混雑し、時には行き詰まることさえあった。破壊された鉄道は非常な速さで修繕されはしたが、鉄道部隊の数は修理を効率的に行なうにはあまりにも少なすぎたし、このために民営のドイツ帝国鉄道会社から借りた要員も質に若干問題があった。そのためにヒトラーは、作戦が進行中の時に陸軍の補給制度の完全再編成を命じた。[*11] 結局のところ再編成では不十分だった。十分に発展していない自動車産業や不安定な燃料供給など、ドイツの基本的な弱点をカバーするのは、どんな手品をもってしても不可能だったからである。

バルバロッサ作戦と兵站

ヒトラーのロシア侵攻については数千の本が書かれているが、その中でドイツ国防軍の敗北の原因を、少なくとも一部は兵站上の要因――主として距離の長大さと道路事情の悪さから起因する困難――にありとしない本は、恐らく一冊もないだろう。しかしながらこの作戦、すなわち史上最大の陸上作戦について、今まで詳細に兵站から研究をしたことは全くなかった。

ヒトラーがソ連攻撃の「決断」をいつ行なったかが、研究家の間で大きな論争の種になってきた。だが最初のくわしい研究――それを「作戦」計画と見なそうと「緊急」計画と見なそうと――は一九四〇年八月に、ＯＫＨとＯＫＷの双方で同時に始まったことは疑いがない。両者の研究では当然兵站上の要素が大きく浮かび上がっていたが、おもしろいことに力点は初めから全く別なところに置かれていた。

ＯＫＨでは、後に「バルバロッサ」作戦に拡大してゆくことになる最初の計画立案は、第一八軍参謀長マルクス将軍の任務だった。マルクスはおもにロシアの道路配置に関心を持っていた。そして問題は、プリピャチ沼沢地の北側地方は道路の本数が多いために戦略行動に適しているが、戦闘にはその南側地方のほうが有利と判断されるところにあった。湿地帯の南側を進めばドイツ軍はウクライナ地方に行くことになるだろう。そこは絶好の「戦車戦地帯」ではあったが、キエフを経て西から東に至る良路はたった一本しかなかった。他方、湿地帯北側にある道路の数は多かったが、この方向に押し出せばドイツ国防軍は白ロシアの森林地帯に至ることになり、進撃路は数本の遠く離れた軸に限られるであろう。その場合軸と軸との間の接触は、ほとんどかあるいは全く不可能だ。マルクスはこの問題に直面してちゅうちょし、外見から見る限りでは決断がつかなかった。最後に彼は、戦術と戦略という二つの世界のうちの最もよいところをとることに決め、湿地帯の両側に沿って同じ力で攻撃を始めることを勧告した。その目標は、モスクワとキエフの両方に同時に到達することであった。

これとは逆に、ＯＫＷでマルクスと同じく作戦起案の任務を帯びたフォン・ロスベルク大佐は、道路よりも鉄道のほうに関心を抱いた。彼は最初から、いったん作戦がドイツ支配下のポーランド国境周辺地帯から離れ、ロシアの無限の空間の中に移ると、作戦補給に頼れるものとしては鉄道しかないと理解していた。そして彼は、攻撃は鉄道線が最良で数も最も多いところ、すなわちワルシャワ―モスクワ大公道をはさんで進めるべきだと正しい結論を出した。作戦に先立って、兵力を展開する必要があることからも同じような結論が出た。兵力展開は、鉄道によってのみ達成可能な大仕事だからである。ロスベルクは「南方」からの進撃の利点を知らないわけではなかった。彼はこの方向からの攻撃の利点はルーマニアから距離が近いこと、さらに「攻略後」東ガリシア油田を利用できることにあると見ていたが、この見方はＯＫＷがとっていた幅広い見解の代表的なものであった。マルクスは特にウクライナ地方の平坦さと、戦車戦に向いている点に強い印象を受けていたが、ロスベルクはマルクスとは違って、雨が大地を沼地と化した時、ウクライナ地方には問題が起こるであろうことも予想していた。しかしながら、すべてこうしたことは第二義的な問題だった。戦術的、作戦的にドイツ軍はソ連軍より優れていると見られていたので、主要な問題は作戦補給を維持することにあり、そしてこれは鉄道によってのみ行なうことができるであろうゆえに、鉄道線に沿って前進しなければならないはずである。

ところが実際は、これらすべての要因は何一つとしてヒトラーにとっては重要ではなかった。部下の将軍たちによって提起された様々な戦術的、戦略的、兵站的考慮に対して、ヒトラーは経済およびイデオロギー上の側面をつけ加えた後、ドイツがコーカサス地方の穀物と石油を確保しなければならないとしたら、何はさておいてもウクライナ進攻が絶対必要であると決定した。同時にボルシェビキ的な世界観の中心地であるレニングラードを占領することも、根本的に必要であると見なされた。この結果数千マイル離れた線に沿って、二つの攻撃が行なわれることになった。しかもさらに状況を複雑にさせたのは、陸軍参謀総長ハルダー将軍がモスクワ攻撃を望み、兵力展開の際彼の意向通りに配置したことである。[*12] それゆえに、ヒトラーが作戦の基本命令を定めた「指令第二一号」は、三つの軍団が各々の軸路に沿ってキエフ、モスクワ、レニングラードに向かい、ドヴィナー－スモレンスクードニエプルの総括ラインに達することを命じた混乱した文書になった。

兵站の側面に戻ると、以前にも、ある点では後世でも経験したことがないほど問題は大きかった。約三五〇万という従軍兵員の数は、一八一二年ナポレオンがロシアのネマン川を渡った時の五倍以上である。この巨大な集団は数十万の馬匹、車両もろとも、北から南の順に出発地点から六〇〇マイル、七〇〇マイル、九〇〇マイル離れた目的地に向けて前進しなければならず、さらに前進中に補給を続けねばならなかった。すべてこうしたことを、道路が少ないうえに悪いことで有名であり、鉄道の全線は軌間(ゲージ)を標準軌道に変えなければ利用できない国で行なわなければならなかった。そのうえその国は、やがては石油からゴムに至るまで基本的な戦略物資を大量にドイツ帝国に供給することになるが、作戦開始の直後は供給を止めるであろう。

実際、どのようにしてこのような物資を十分に貯蔵するかは、対ソ連作戦立案者の主要な不安の一つだった。例のごとく第一に難しい点は、どれほどの量が必要かを決定することだったが、これは恐らく予測不可能な多くの要因いかんにかかっていた。その要因の中には作戦展開の速度(これによって燃料の必要量が影響を受けるだろう)、敵の抵抗(これによって弾薬の必要量が決まるだろう)そしてもちろん作戦の継続期間が含まれていた。だが実際は、担当参謀たちは非常に楽観的な仮定を数多くたてた。例えば弾薬消費量を西部作戦のそれと同程度だろうと見たこと、ソ連軍はドヴィナー―スモレンスク―ドニエプル線の西側で敗れるだろうと仮定したことである。だが、たとえ楽観的に仮定したとしても、若干の種類の物資は手に入れるのがなお困難だった。例えばタイヤは甚だしく供給が不足していたため、ある車両用にはタイヤの代用品として鉄の輪をはめた車輪を考案しなければならなかったし、ゴム靴底の生産は停止に追い込まれた。燃料の当座の消費量はドイツ軍が必要最小限と見なしている水準以下に切り下げたとしても、消費量の三ヵ月分にしかすぎない備蓄(ディーゼル油の場合はたった一ヵ月分）を積み増せるだけだろう。作戦は六月に開始する予定になっていたので、早くも七月には、ある程度の燃料不足が予想された。もっともそれ以降、ルーマニア油田から直接ロシア遠征軍に供給することによって、状況改善が期待できるであろう。[*13] 鹵獲燃料を利用することには大して期待が持てなかった。というのはソ連軍のガソリンはオクタン価が低く、ドイツ軍の車両が使用する時は、特別に建設された施設でベンゾールを添加しなければならなかった。[*14]「バルバロッサ」作戦の準備の中には、陸軍の規模の大拡張（装甲師団は九個から一九個へ、各種師団の合計数は一二〇個から一八〇個へ、後には二〇七個へ修正）が含まれていたので、現存部隊には予備品はほとんど入手不可能だった。この問題は、ロシア進攻軍が二〇〇〇種類も違ったタイプの車両を使用したという事実によって一層悪化した。中央軍集団地域の車両が必要とする予備部品だけでも、一〇〇万以上を数えていたからである。[*15] さらに問題は弾薬消費量の予想にあった。最終的に達した予想は、必要とされる量ではなくて、むしろ運搬できる量という見地からだった。しかしこの予想では、補充軍の軍司令官が要求したような一二ヵ月分の戦闘用備蓄どころではなく、二〜三会戦分の基本装備プラス二〇個師団分の未指定予備だけで、ロシアに進攻することを意味していた。こんなに物が足りないなら、ドイツ軍首脳とても全作戦の理論的原理を再考せざるをえなくなるだろうと考えるかもしれない。しかしながら再考するどころか、ドイツ軍首脳は初め五ヵ月で達成するだろうと予測したものも、実際には四ヵ月、いやたった一ヵ月で達成するだろうと自分に言い聞かせたのだった。[*16] この点においてドイツ参謀本部員は理論を捨て去ったように思われる。彼等は自分たちの目標を限定された手段に合わせて引き下げるよりも、むしろ最初の計算があまりにも慎重すぎたのであり、また目標達成は最初の予想よりもっと簡単なのだと自らを説得したのである。

だが、これまで述べてきた問題点に暗い影を投げたのは、作戦維持に必要な十分な輸送力を手に入れることの難しさだった。この点においてドイツ軍は基本的なジレンマに直面していた。というのは戦いの規模が大掛りなため鉄道線によってしか維持できないのに、ロシアの鉄道はドイツの軌間と同じではないため、鉄道利用が不可能だったからである。軌間を変えるまで待つことはとてもできなかった。そうすればソ連軍は果てしない国土の奥深くに退却することができただろうし、そうなればドイツ国防軍は勝利の機会を失うだろうからである。となれば一年前の西部戦線の場合と同様に、すべてをトラックによる豊富な供給に頼るということになるのだが、トラックは相変わらず供給不足だった。後方補給部隊を「再編成」してその車両を取り上げたり、スイスでトラックを買ったり、民間用トラックをフランスの鹵獲車両と入れ替えたりして、ＯＫＨは三つの軍集団の各々の後方に、平均二万トンの能力を持つ重輸送部隊に必要な最小条件をとにもかくにも満たすことができた。しかし、これでは予備品を集積するのは全くできなかった。そして輸送力不足が甚だしいために、七五個の歩兵師団は各師団あて各々二〇〇台の荷車（農業用荷車の一種）を与えてもらわなければならなかった。[*17]

トラック部隊が立往生するまでに、どれくらいソ連領奥深く軍隊を運ぶことができたか、また、新しい補給基地を建設できたであろうかについては、ほとんど答えることができない。というのは燃料消費量および弾薬消費量について、数字が全くばらばらだからである。だが一般的には、もしソ連軍が敗れるとしたら戦争開始後五〇〇キロ（三〇〇マイル）以内だろうと見られていた。そして実際のところＯＫＨで作られた計画では、国境からスモレンスクまでの距離はひと飛びで通過できるだろうが、その後はひと休みして鉄道輸送が追い着くのを待つという前提から出発していた。[*18]荷積みおよび荷下ろしの時間を含めて、トラック輸送隊が六日以内に往復六〇〇マイルを走れるとすれば――これは非常に楽観的な仮定なのだが[19]――一四四個師団から成る軍への一日当たり運搬可能トン数は、60,000 ÷ 6 = 10,000 トンとなるであろう。これは一個師団当たり一日約七〇トン平均の供給に当たるが、このうち三分の一以上は口糧になるであろう。問題を別の面から考えると、三三個の「高速機動」師団の必要量は（支援部隊、司令部等々を含めて）、一日平均各師団当たり三〇〇トンと見積もられるであろう。とするとこのことは、出発点から三〇〇マイル離れた地点では、全軍の重輸送部隊を全部合わせてもそれら三三個師団に補給するのがやっとであり、残余の一一一個師団には全く何も残しておかないということを意味するだろう。このことについてはくわしい証拠は何もないし、右記の数字は、われわれ自身による初歩的計算に依拠しているにすぎない。それにもかかわらずこれらの数字は、ＯＫＨの期待がいかに楽観的であり、ドイツ軍はその全師団がソ連領深く三〇〇マイル侵入するはるか手前で、補給困難に遭遇するであろうことを明らかにしているように思われる。

だが実際は、ＯＫＨは前線から自動車輸送隊を往復させることによって、突出した装甲機械化部隊に補給するつもりはなかったのだ。たとえ大量のトラックが利用できたとしても、そうするのは不可能であろう。というのはドイツ軍は、以前の場合と同じくこの作戦でも、二つの異なった部隊が交互につながって前進したからである。前進部隊に補給するトラックを、その後方に続く歩兵師団の間を通して送り返せば、すでに非常に混雑している道路を、一層混乱させることは必至だろう。それを避けるには、作戦の初期の段階において、装甲前進部隊が基地からの補給なしで行動できるようにさせることが必要だった。このために、約四三〇トンに達する装甲機械化各師団当たりの標準燃料輸送能力[20]に加えて、さらに四〇〇～五〇〇トンの通称「携帯トランク」が追加された。これは容器に詰めた燃料であり、この追加により合計五〇〇～六〇〇マイルの踏破を可能にさせようとした。進撃軍の車両は一マイルを占領するごとに二マイル走るものと計算されていたから、五〇〇〜六〇〇マイル走行可能だということは、半径二五〇〜三〇〇マイルの地域を占領することになるであろう。追送物資は装甲部隊とその後に続く歩兵集団の中間地点で下ろされることになっており、装甲部隊は部隊所属の軽輸送隊から補充を受けることになっていた。物資貯蔵所に監視兵を置くのは、歩兵師団によって先遣された特別分遣隊の任務になる予定だった。[*21] このようにOKHは自動車輸送部隊の大部分を前進突出部隊の補給に集中することによって、長期にわたって休止することなく、ドヴィナ－スモレンスク－ドニエプル線に到達しようと望んだのである。しかしながら、これが達成可能の最大限であることは明らかだった。[*22]

三〇〇マイルの限界を超えて進むためには、ドイツ国防軍は鉄道に頼らざるをえないであろう。鉄道はドイツ軍をソ連国境に展開することができる唯一の手段でもあり、したがってその能力を増大させる作業は一九四〇年の初秋に開始された。翌年四月にはポーランドを東西に走る鉄道の全能力は、往復で四二〇列車に増加していた。[*23] 後で分かったことだが、この数字は実際には能力過剰であり、能力いっぱいに利用されたことは一度もなかった。だが鉄道拡張は犠牲なしには達成されなかった。特にドイツ鉄道部隊は、その冬はソ連の鉄道を標準軌間に転換する練習で過ごすはずだったのに他の任務に使われ、そのために十分な訓練なしに対ソ連作戦に入った。これだけが鉄道部隊が直面した問題ではなかった。鉄道部隊は戦闘部隊ではなかったので、優先順位のリストでは低く置かれ、最終的に認められた自動車はたったの一〇〇〇台にすぎず、しかもそのほとんどは性能の劣ったフランスおよびイギリス製だった。そのために鉄道部隊の辛うじて六分の一が完全に自動車が配備されたにすぎず、三分の二はほとんど配備されないままだった。燃料の供給は戦闘部隊に割り当てられたので、鉄道部隊は戦闘部隊から燃料をもらい、しばしば補給が不足した。また鉄道部隊は信号や通信施設も不足しており、それらは最初の六〇マイルだけ補給が続くと想定されていた。[*24] さらに部隊の数的勢力も絶望的に不十分であり、早くも一九四一年七月には、鉄道会社から人員を回すことによって鉄道部隊を補強しなければならなかった。[*25]

壮大な全作戦を指導し監督するために、新しい組織が作られた。この組織は「在外機関」、すなわちOKHの兵站総監の先遣隊によって構成されていた。各軍集団にはこれらの先遣隊が一個ずつ配属された。しかし先遣隊は野戦司令官からは独立しており、ワーグナー自身の命令に従うだけだった。これは理想的な解決とは思えないが、恐らく訓練を積んだ補給将校が不足していたため、そうせざるをえなかったのであろう。各「在外機関」は多くの物資貯蔵所に対して責任を持っており、物資貯蔵所は一軍集団に一つずつ設けられていた「補給地区」に集結されて置かれた。これらの補給地区は、最初は国境地帯に設けられるが、兵站駅が使用可能になるとすぐ前方へ移動することになっていた。敵領土内で鹵獲された工業施設や補給設備を利用するために、国防軍の新機関、すなわち俗称「技術部隊」が創設された。[*26] 兵站総監およびその部下たちは、重輸送部隊のみならず軍需品倉庫も指揮下に置いたが、右記に説明したごとく鉄道に対しては何らの権限も及ばなかった。この権限は「国防軍輸送局」の掌中にあった。そして毎日送り出す列車の目的地のみならず列車の本数も、これら二つの組織間の交渉を通じて決定しなければならなかった。当然のことながら二つの組織は、いずれも自分だけの特別の利害感情を胸中に持って行動することになろう。[*27]

このように、ソ連との戦争に入った時のドイツ軍の補給組織は、お見事と言えるどころのものではなかった。陸軍の大部分から自動車を取り上げ、その戦略的機動性を奪い取るという犠牲を払って、最初の三〇〇マイル前後の間「高速」部隊に補給を続ける問題は多少なりとも解決された。だが三〇〇マイルの地点で、兵站上の困難のために、戦況いかんにかかわらず停止のやむなきに立ち至るのは確実であろう。「鉄道部隊」は、できるだけ早期に補給という重荷を鉄道が引き受けられるようにするのを任務としていたが、この目的に対して一部の点で装備が劣弱であり、数の上ではあらゆる点で不十分だった。各々の軍の後方には一本の鉄道線があるのが普通の必要条件だとすれば、東部戦線の状況では、軍集団後方に一本だけ鉄道線を建設するのが可能という状態だった。最も楽観的な消費予想に基づいてさえ、ある種の備蓄資材は危険なほど少なく、それらを前線へ補給するのは不安定だった。このような状況下では、モスクワ到達の企てさえも――さらにその先の目的地となると言わずもがなである――確かかどうか疑問のように思える。[*28] なるほど、短期間のうちに国境から近い距離で赤軍を撃破することに過大な信頼が置かれた。しかし、万一これらの計画が達成できなかったならば、補給の困難が作戦の継続に影響しないわけがないであろう。

惨憺たりソ連の鉄道

一九四一年六月二二日午前三時、バルト海からハンガリー北部国境に至る八〇〇マイルのソヴィエト国境線沿いに配置されたドイツ軍一四四個師団の砲兵隊が火ぶたを切り、史上最大の陸上作戦の開始を告げた。戦略と戦術の両面において完全に奇襲に成功したため、ドイツ軍は最初ほとんど敵の抵抗に遭わなかった。ブレスト・リトフスクのような孤立した要塞は別として、ソヴィエト国境守備隊による抵抗は数時間内で撃破され、装甲機械化師団の行く手には全速力で前進する道が開かれ、最初の包囲計画を遂行することができた。一生懸命に前進したもののしだいに後方に取り残されたのが、歩兵と馬車輸送隊の大集団だった。その間にはさまれた地域はしばしば確保不十分だったが、そこは前進装甲部隊から帰ってくる空のトラック隊列や、周辺地域を十分に手中に収めないうちから鉄道線路の修繕と軌間変更を行なうために、すでに先遣されていた鉄道部隊でいっぱいだった。兵站部隊は作戦行動の後を追って進まないで、作戦行動の前を進んでゆくように想定されていた。これは恐らく近代戦史においては類を見ないやり方であり、軍隊の補給を維持するためにドイツ国防軍がとらざるをえなかった必死の方法を表わしたものである。

鉄道線が利用できないうちは、巨大な作戦を補給する全責任は、ほとんど重輸送部隊だけにかかっており、ここでは最初から多くの問題に遭遇した。ＯＫＨはソ連の道路は数が少なく、しかも悪路であることを承知していたが、既設の砂利道路の路面が作戦三日目ですでに悪化し始めている事実に驚いた。[*29] 砂利の敷いていない道はあった。だが七月の最初の一週間のうちに、それらの道は激しい降雨のために沼地と化し、こうして一年前にロスベルクが表明した不安は的中した。驚くべき道路事情と、前進する戦車隊によって撃滅されなかった敵の小部隊の行動とによって、重輸送部隊所属のトラックの損失は、作戦開始後一九日以内で早くも二五パーセントに達した。[*30] その一週間後には中央軍集団の損失は三分の一に達した。このような状況は、主要な修理を行なうための設備が前進しておらず、はるか後方のポーランドやさらにドイツ国内に留まっていたことによって、ますます悪化したのである。[*31]

トラック輸送隊の稼動数が急速に減少したこととは別に、ソ連の状況も残りのトラックの運転を困難ならしめていた。すなわち悪路のために燃料需要が増加し、予想していた一ヵ月当たり二五万トンのかわりに、三三万トン（一日九〇〇〇トン）にふえたことである。一〇〇〇キロメートル（六〇マイル）

走るのに必要な標準燃料消費量は、ソ連ではたった七〇キロメートルしか保たなかった。[32]エンジンは苛酷な使用のために早めに消耗をきたし、ガソリンに比べてエンジン・オイルの消費量を二ないし五、あるいは七パーセント増加させた。[33]予備部品、特にタイヤは手に入れるのが難しかった。ドイツ本国のゴムのストックが急速に低下したからである。そのような状況下で、重輸送部隊の実動能力は予想していたよりはるかに低下し、戦線が鉄道線から六〇マイル以上離れるたびごとに、作戦補給は困難になった。[34]

ソ連の鉄道線が違った軌間を持っていることから考えて、ＯＫＨの作戦予想は鹵獲貨車の利用に大きくかけられていた。しかしながら戦闘部隊がこのことに十分な注意を払わないこともあって、ＯＫＨの期待は裏切られた。ＯＫＨは陸軍のみならずそれを支援する空軍に対しても、毎日鉄道輸送のリストを与え、それぞれの作戦担当内で別々に鉄道輸送を行わせねばならなかった。[35]だが既設の鉄道線の大部分を計画通りに保持するのは不可能だった。軌間変更作業は思ったより困難であり、その作業を受け持った部隊は、まず最初に鉄道線から敵を排除しなければならないことで邪魔された。というのは作戦はたいてい道路に沿って行なわれたからである。[36]このことはすなわち、作戦はある時代の技術的手段で行ない、補給は他の時代の技術的手段で行なおうとしたために起こった結果だった。

ソ連の枕木は鉄ではなく木で作られていたことによって助かっていたけれども、軌間変更は時間がかかったし、これで問題のすべてが解決されたわけではなかった。ソ連のレールはドイツに比べ単位当たりの重量が軽く、枕木の数は三分の一少ないため、軌間変更線の上を大型機関車に走らせることはできなかった。ということはおもに古い資材を使って鉄道線を利用しなければならないことを意味した。ソヴィエトの機関車はドイツのものより大きいため、給水駅は遠く離れていた。しかもその多くは破壊されていた。それにソ連産石炭は、ドイツの石炭かガソリンを添加しなければ、ドイツの機関車には使えなかった。信号や通信施設は非常に不足していた。退却するソヴィエト軍によって分解されるか、しばしば起こったことだがドイツ軍の前進部隊によって取りはずされたからである。鉄道建設部隊も、鉄道運転の見地から見て適切なやり方で必ずしも修理を行なったのではなかった。殊に軌条や橋梁の修復について言えば、鉄道部隊はプラットフォームや修理工場、機関庫への接続線、給炭の必要性、あるいは一本の複線のほうが二本の単線よりも多くの物が運べるなど初歩的重要問題について、しばしば何らの注意も払わなかった。すべてこうしたことは、ゲルケ将軍が毎日運転する列車の数を、複線は四八本、単線は二四本と決めたところで、その数字は大部分架空のものであって、実際とはかけ離れたものであったことを意味した。[*37] さらにソ連での軌間変更は鹵獲貨車に問題を生じた。簡単な方法は貨車を標準軌道に合わせることだったが、そうしてできあがった貨車はソ連領をはずれると使用することができなかった。鹵獲機関車は軌間変更するのが全く不可能であり、そのためにフィンランドに譲渡された。

兵站と作戦との関係をもっとくわしく調べる前に、もう一つ考えなければならない問題がある。それは鹵獲補給物資の利用についてである。すでに見てきたごとく、ソ連の燃料は液体、固体ともドイツの燃料とは種類が異なっており、少なくとも若干の調整を加えなければ使用できなかった。もちろんソ連の糧食は完全に食用に適していたが、退却する赤軍は軍需品の集積場を作ることはしないで、貨車から直接部隊の車両に糧食を分配した。そのために鹵獲すべき軍需品倉庫の数は少なかったのである。[*38] ドイツ軍はソ連領奥深く侵入するにつれて、占領地の資源を利用できるようになった。ある時期には兵站総監ワーグナーは、全糧食のうち後方地帯から運ばなければならないのは、五〇パーセン

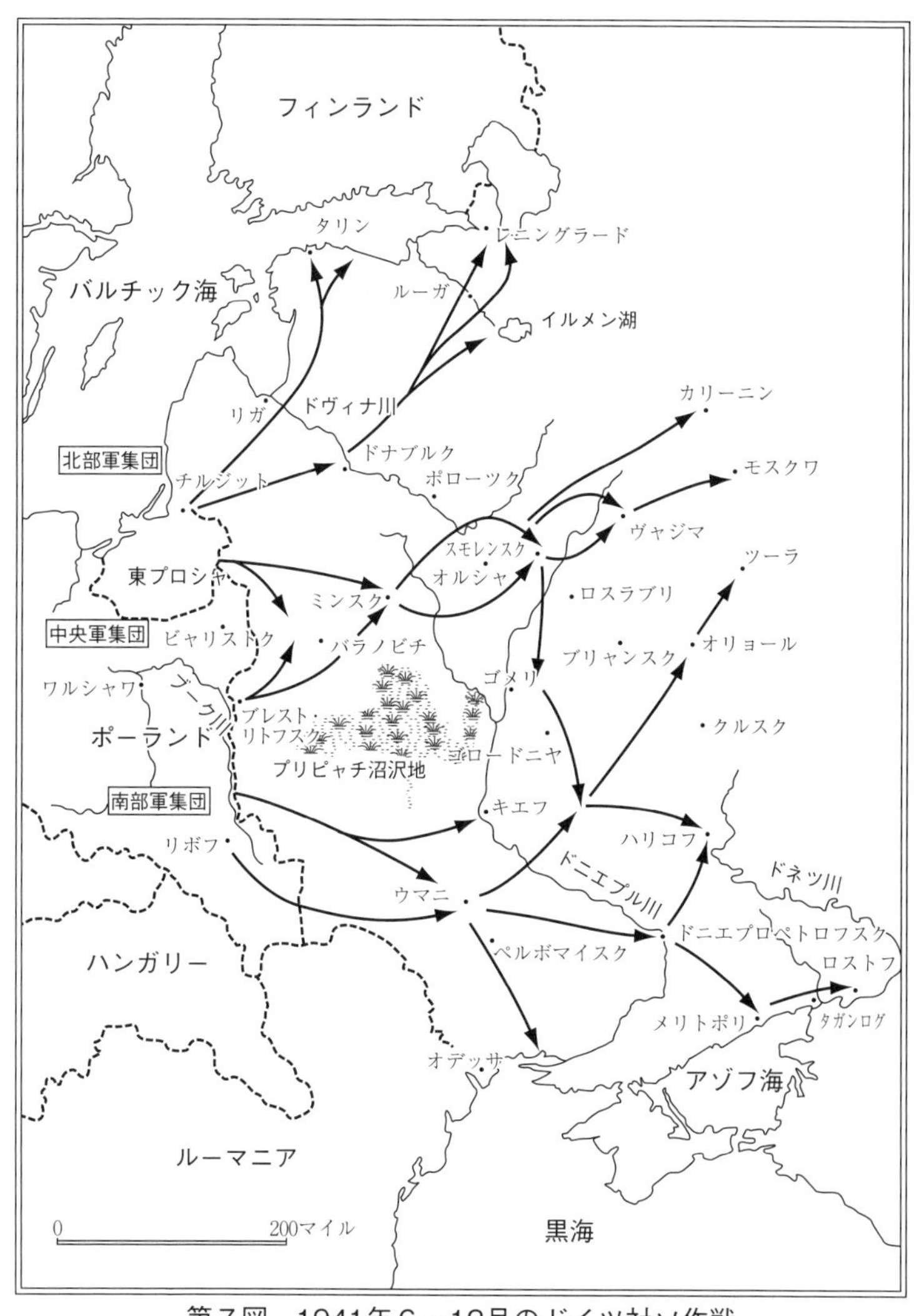

第7図　1941年6〜12月のドイツ対ソ作戦

トにすぎないと見積もっていた。けれども糧食――かいばを含めてさえも――は、全補給の一部にすぎなかった。ソ連の資源の利用は、ドイツ経済にとっていかに有利であったにせよ、鉄道ないし重輪送部隊のいずれかに対する必要性を、たいして減らすことにはならなかった。

一九四一年六月二二日にソ連に侵入したドイツ三個軍集団のうち、フォン・レープ元帥の北方軍集団が最も小さく、この点において補給が最も簡単だった。目的地も最も近く、東プロシャにある基地からレニングラードまでの距離はたった五〇〇マイルにすぎなかった。ソ連の他の地区に比べると、バルト海地方はよい道路と鉄道網に恵まれており、特に海岸寄りがそうだった。しかし北東に進むにつれて、森林は深くなり道路の数は少なくなっていった。北方軍集団の兵站総監部在外機関の長はトッペ少佐だった。彼はその任務を遂行するために、指揮下に（ワーグナー自身の下に属していた重輪送部隊とは別に）五〇のトラック隊と一〇の自動車補給中隊の他に、パン焼き部隊、食肉調理部隊等を持っていた。また彼の指揮下にはチルジットとグンビンゲンに二つの補給基地があり、それらの基地は合計二万七八〇三トンの弾薬、四万四六五八トンの糧食、三万九八九九トンの燃料ばかりでなく、工兵や技術、信号の設備も保有していた。[*39] レープ軍は三個軍、すなわち第一六軍、第一八軍、第四装甲軍（第四戦車軍として有名）に分かれており、六個の「快速」師団を含めて合計二六個師団から成っていた。一個装甲師団は一日当たり約三〇〇トンの補給物資を消費すると予想され、他の師団は恐らく二〇〇トンと想定できた。また約四〇〇機を保有するケラーの第一航空艦隊にも補給することになっていた。

まず初めにソヴィエト軍をバルト海地方で撃滅せよとのヒトラーの一九四〇年一二月の命令に従って、[*40] レープ軍は午前三時〇五分国境を越え、第四戦車軍は二つの歩兵軍団に挟まれて突出部隊として行動した。前進速度はめざましかった。ある装甲軍団（フォン・マンシュタインの第五六軍団）は、六月二六日にドナブルクに到達しドヴィナ川の渡河点を占領した。すなわち五日間でほとんど二〇〇マイルの距離を走ったことになる。だが戦車軍団はすでに補給線を追い越していた。前進する歩兵の隊列によって道路から押し出されたトラック部隊は、何日間も続けて立往生させられた。その結果早くも六月二四日には、二つの装甲軍団とも辛うじて空中輸送によって、燃料と弾薬の深刻な不足を避けることができた。[*41] かかる状況の下では、なお前進を続けるためには前進補給基地の設置が必要不可欠であり、このために戦車隊は七月四日まで停止せざるをえなかった。その日に新しく行動を起こすことができたのも、北部軍集団の重輸送部隊の大部分を第四戦車軍後方に集中することによって、やっと可能になったのである。そのために第一六軍は一時前進停止という犠牲を強いられた。[*42]

第四戦車軍を構成する二個軍団は、ドヴィナ川を渡河してから二つの軸に沿って北方に向かった。マンシュタイン軍団は、レニングラードを東方から封鎖する目的でイルメン湖方面に向かい、他方ラインハルトの第四一装甲軍団はルーガに向けてなお西進し、直接レニングラードに向かう道をとった。再び前進速度は信じ難いものになった。七月一〇日にはラインハルト部隊はルーガにあった。ドナブルクからさらに二〇〇マイル走ったことになり、レニングラードからはたった八〇マイルのところに迫った。しかしこの時には、二つの軍団とも樹木が密生し戦車には向かない地域で作戦行動していた。そのために前進は鈍り、歩兵がついてこないことで困っていた。歩兵ははるか後方に置き去りにされ、バルト海沿岸地方全体に数百マイル以上の長さにわたって糸のように延びていた。

この時期、北部軍集団はジレンマに直面していた。現在遭遇しているような地域では、歩兵のほうが適していることは明らかだった。他方第四戦車軍のほうは、第一六軍、第一八軍が停止して使用できる全輸送隊を一本の突撃の背後に集中しなければ、補給事情のためレニングラードへ到達できないであろうと告げていた。[*43] しかしながら、北方軍集団総司令官フォン・レープはそのような根本的な決断をすることができなかった。それゆえに第四戦車軍の諸部隊はほとんどレニングラードへ手が届くところにいながら、次々に補給の危機に襲われた。[*44]

装甲前進部隊がソ連の奥地深く突っ込むにつれ、その背後にいる鉄道部隊は、鉄道を修理しドイツ式軌間に変更するために必死で作業していた。七月一〇日までに、こうして約三〇〇マイルが修理されたが、輸送能力はなお非常に低下しており、そのため一日当たり一〇本の列車が必要だったのに、たったの一本がドナブルクに到着していただけだった。しかもドナブルクはすでに前線から数百マイル後方にあった。[*45] 兵站駅を戦闘部隊の前進に合わせることは明らかに不可能だった。鹵獲貨車もろともソ連のレールを利用することになっていたが、ドイツの列車からソ連の列車への乗り換え地点が、全兵站組織の隘路になっていることが間もなく明らかになった。こうして早くも六月三〇日には、非常な混雑がエイツカウに発生した。[*46] その三日後、鉄道乗り換え地点シャウレンの状況は「破滅的」と言われた。遂にその衝撃は軍事組織全般にまで広がり、陸軍総司令官であるフォン・ブラウヒッチュ元帥自身にまで及ぶに至った。[*47] だがシャウレン駅は、またも七月一一日閉塞した。貨車からの荷下ろしは、規則に定めた三時間のかわりに、一二時間、二四時間、あるいは八〇時間もかかった。そのため各駅は絶望的なまでに混雑し、利用している鉄道線の能力の一部しか使うことができなかった。[*48] 混乱があまりにも大きかったため列車全体が「消えて」なくなり、一部の列車は再び姿を現わすことがなかった。[*49] その結果補給組織は、実際に崩壊することは一度もなかったが、常に危機的状態にあった。警報を鳴らす部隊がない日は、ほとんど一日もなかった。トッペは、すべての必要を満たすためには一日当たり三四本の列車（一列車当たり四五〇トン）が要ると思っていたにもかかわらず、実際に輸送局長から受け取ったのは一八列車にすぎず、この数字さえも到着したのは例外的な場合だけだった。[*50]

兵站総監部北部支所は、軍隊が実際に物資不足で苦しんでいるところはどこにもないと繰り返し主張したが、[*51]状況はあまりにも悪く、その責任はどこにあるかについて厳しい論議が生まれるほどになった。前線部隊ほどには後方部隊を信用していなかった各軍司令官――特に歯に衣を着せない第四戦車軍司令官へプナー――は、ワーグナーの補給部隊を怠惰であり柔軟性に欠けると非難し、さらにつけ加えて、自分の部隊に割り当てられた列車は、第一六軍、第一八軍によって「ハイジャック」されたと主張した。[*52]それに対してワーグナーは非難を輸送局長ゲルケに向けた。彼の言うところでは、ゲルケは補給物資のすべてを運搬するだけの列車を準備しなかったというのだ。ゲルケは列車からの荷下ろしが遅れていることを指摘して責任は自分にはないとした。論争は陸軍を越えてさらに発展し、各軍相互の問題になった。ワーグナーの部下が主張するところによれば、空軍は合意した数字以上に大きな鉄道輸送比率を占め、外部からの干渉を防ぐために機関銃で武装した将校まで列車に乗り込ませていた。[*53]

しかし、補給の問題は主観的な理由とはあまり関係はなかった。毎日送る列車の数が前線への補給維持にやっと足りるかどうかだったために、物資貯蔵の速度は遅く、新しい基地の設立は、進撃速度に歩調を合わせることができなかった。このために重輸送部隊は耐えがたいほどの重荷を背負った。部隊の能力は、大変な悪路のためにトレーラーが利用できなかったので、すでに四〇パーセント低下していた。[*54]鉄道の能力もむだ遣いされた。一種類の資材だけを一律に積んだ列車のかわりに、トッぺは多種類の物資を積んだ列車を命じざるをえなかったからである。補給部隊が戦闘部隊から要求される補給物資を七～八日以内に調達できない以上、厳格さゆえに補給部隊に向けられた非難は恐らく不当ではないであろう。[*55] だからこそトッペの北部兵站機関が中央軍集団から増援部隊を送るように要求されても、事態改善の助けにはならなかった。[*56] しかしワーグナーがヘプナーに注意を喚起したごとく、要するに問題は北部軍集団が前進部隊を四週間で約四〇〇マイル進撃させ、長大かつ複雑な補給線の先端で行動していること、しかもその補給線は前進を急ぐ歩兵や後方部隊によって混雑しているのみならず、すでに「実に不愉快な」パルチザンの攻撃目標になっていること、そのために列車からの荷下ろしが予想以上に妨げられていることから起こっていた。[*57] それにもかかわらずOKH兵站総監ワーグナーは、北部軍集団の補給状況を在ソ連全ドイツ軍のうち「抜きんでて良好」と見なした。これはフォン・レープが聞き逃した言葉であったが、聞き逃したのも当り前だろう。[*58]

　どの程度まで補給問題がドイツ軍のレニングラード占領失敗の原因になったかは述べるのが難しい。というのは作戦計画に最初から欠点があったし、その実施はヒトラーの神経質さと優先順序を明確に立てる能力の欠如とによって台無しにされていたからである。[*59] そのうえレニングラード進撃は、バルト海沿岸地方の他の地区に比べて機甲部隊にはるかに不向きだった。そのため七月二六日三人の戦車軍団司令官全員――ヘプナー、マンシュタイン、ラインハルト――が一致して、レニングラード進撃から機甲部隊をはずすように進言した。[*60] しかしながら量的に優越した敵に直面していることから考えて、北部軍集団がレニングラードを占領する最大の機会は、七月中旬前後にくるのが確実のように思われた。その頃ラインハルト部隊はレニングラード市から八〇マイル以内に侵入していた。だが七月中旬には補給の困難のために、攻撃を直ちに再開することは全くできなかった。ヘプナー部隊は作戦開始後最初の半月間を自分の思い通りにやったが、その頃には強力な敵に遭遇しつつあり、そのために弾薬消費量が増大した。だが弾薬追送の要求は満たされることがなく、そのため部隊の備蓄は最初に比べ五〇パーセント以下に減少した。[*61]

七月後半の間、補給部隊は最も小規模の攻撃すら維持することができなかった。それは補給部隊がドナブルクからルーガ周辺地域への基地の移動にかかりきりだったからである。この間攻撃開始は七回も延期された。[*62] 情勢があまりにも絶望的に見えたため、八月二日へプナーは、一個装甲軍団だけでレニングラード市ならびにその住民二五〇万人を攻撃するという非常手段をほのめかした。しかし兵站総監はこれさえも補給することはできないと考え、へプナー案を拒否した。[*63] 攻撃は八月八日に再開された。だがこの時までにレニングラード市は防衛の準備を終えていた。[*64] 間もなく始まった豪雨のために、道という道は泥沼と化し、戦闘部隊の弾薬需要を満たすのは不可能になった。[*65] 九月一一日、ヒトラーはようやく戦闘地域が戦車に向かないのを認めて第四戦車軍の引き揚げを命じ、同戦車軍はモスクワへの最後の攻撃に加わることになった。この決定と同時にヒトラー総統は、レニングラードを空軍の担当と決めたが、これによって最後の機会は失われた。

フォン・ルントシュテット元帥麾下の南部軍集団は、北部軍集団よりもさらに作戦目的があいまいで様々だった。その目的の中には、クリミア半島の征服のほかウクライナの小麦、ドネツの石炭、コーカサスの石油奪取が含まれていた。[*66] 南部軍集団は四一個師団より成り、四個の軍（第六、第一七、第一一、および第一戦車軍）に分けられており、その指揮下には多数のルーマニア、ハンガリー、イタリアの各師団が入っていた。しかしそれら師団の補給は特に困難であることが判明した。これら同盟国軍は自動車輸送隊の数が少なく、ドイツ軍のやり方に不馴れだったからである。[*67] 南部軍集団はポーランド南部のプリピャチ沼沢地地帯から出発し、まもなく戦車に理想的な地域に到達した。しかしプリピャチ沼沢地の北部に比べて鉄道は少なく、真っ黒な土は雨が降ると必ず泥沼と化した。

ソ連進攻の三つの軍集団のうち、数字的に最も多く、かつチモシェンコという最も有能なソ連軍司令官をいただいた敵に向かい合ったのは、ルントシュテットの南部軍集団であった。そのためにこの戦線での前進は遅く、一対二の割合で重輸送部隊に弾薬と燃料を積み込むのは計算が間違っていることがすぐ分かった。[*68] 何にもまして南部軍集団は天候の影響を受け、七月一九日までに指揮下のトラック輸送中隊のうち完全に半数は行動不能になっていた。その翌日、世界で最も近代的な軍隊を補給困難から救うため、農業用荷車部隊が編成された。[*69] 七月後半はずっと弾薬不足が続き、部隊の司令官たちがヴァインクネヒトの兵站総監部南部支所のえこひいきを非難したり、軍と南部支所との間や司令官が相互に列車の「ハイジャック」を批判するにつれて、猛烈な泥試合が起こった。[*70] それでも七月末までにドニエプル川の全西岸はドイツ軍の手に落ちた。だが補給困難と、例によって歩兵部隊が機甲部隊に追蹤してゆくことができないために、第一戦車軍はドニエプル川を渡って前進を続けることができず、ウマニ周辺で包囲した敵を弱めることに時間を浪費せざるをえなかった。[*71]

この地点に到達するとドイツ軍の進撃は止まった。ドニエプル川を渡河して前進するために前進補給基地設立の作業がすぐ始まったが、困難に突き当たった。鉄道の輸送能力がなお非常に低いために、トラック輸送隊をはるかかなたのソ連・ポーランド国境まで送り返さなければならなかったからである。攻撃再開予定日のわずか四日前の八月一日、ルントシュテット軍の各軍団は弾薬定数のまだ六分の一ないし七分の一しか持っていなかった。[*72] 実際のところ備蓄積み増しがあまりに遅いため、新基地の設立完了を待たないで攻撃を再開することが決められた。この結果八月の作戦はわずかな補給で行なうことになり、物資不足は至るところで常時発生した。特にクライスト指揮下の第一戦車軍では燃料と弾薬の不足がひどく、入着する列車の積み荷は、当面の戦況に応じて分配しなければならなかった。このために積み荷の詳細は参謀長ツァイツラーによって兵站総監に電話で知らされた。[*73] 八月二三日までに弾薬不足は危機的になってきた。だがこの時、第一七軍の「寛大な援助」によって、第一戦車軍は少なくとも暫くの間この危機を克服することができた。

ＯＫＨはヒトラーの命令にいやいやながら従って、今や第一戦車軍の方向を九〇度転換させキエフ北方に向かわせる準備を進めた。この移動の準備を行うためクライスト指揮下の重輸送部隊は引き揚げられ、八月末に休養を与えられた。だが予備部品の深刻な不足のために、同部隊の輸送能力は編成定数の六〇パーセント以上に達することができなかった。[*74] もっともそんな状態でも第一戦車軍は、ブジョンヌイ指揮の南西戦闘地域に対する作戦では、深刻な問題に苦しんだことはなかったようである。好天のために車両の移動は容易であり、ペルボバイスク兵站駅への距離は法外ではなかった。しかし南部軍集団が使える二本の鉄道線の実動状況は不十分だった。南方の鉄道線は洪水で塞がれ、北方のレールは混雑で行き詰まったからだ。南部補給集積地区（主要補給基地）は混乱をきわめており、一日当たり二四列車という目標数字は、九月の一ヵ月間を通じてわずか一二日間達成できただけだった。[*75] そのうえ列車は一部しか荷を積んでいないままで到着した。[*76] ドニエプル川に架けられた鉄橋がいくつか爆破されたため、ドニエプル東岸に本格的に前進しようとする企ては非常な困難に遭った。そのため九月末に南部軍集団は警告を発し、もし兵站駅をドニエプル川の対岸に進めないなら、「作戦目的地点」に到達すること、すなわちクリミア半島占領はできないだろうと言った。[*77]

キエフ地域を掃討した後、一〇月一日南部軍集団は東方への進撃を再開した。前進は最初非常に速く、一〇月三日にはすでにクライストは補給可能なラインを完全に超えていた。そのうえ補給線は、後方から重い足取りで歩いてくる歩兵部隊によって、例のごとく妨げられていた。[*78] 一〇月六日天候が急変、そのために二日後にはルントシュテットの前進は鈍りはじめた。「想像できないほど最悪」の条件下で、南部軍集団の全トラック輸送部隊は停止を余儀なくされ（トラックのうちなお稼動できたのは四八パーセントにすぎなかった）、最南部に配置された第一戦車軍だけが前進を続けることができた。だが、それも一〇月一三日には停止せざるをえなくなった。この時以降、情勢は急速に悪化していった。一〇月一七日には状況は「破滅的」と伝えられ、その三日後戦闘部隊には補給物資が全く到着しなくなった。部隊はもっぱら現地徴発によって食べていった。[*79] 凍結が始まるまで本格的な事態改善は望むべくもなかったが、一〇月二四日までに天候は持ち直して、少なくとも一軍団がロストフ攻撃のための補充が十分できるようになった。[*80] 一方戦闘部隊は荷車隊の編成によって急場をしのいだが、これは驚くほど役に立った。[*81] ドニエプル川の対岸には鉄道線が接続していなかったため、第六軍はソ連式軌間のレールを間に合わせで作った。しかし第一戦車軍の先頭部隊は、今やメリトポリ（その後ジダーノフと改名）およびタガンログにあったが、飛行機によって少量の燃料、弾薬、予備部品を受け取るにすぎなかった。そのはるか後方では、鉄道線はますますひどい状態を呈していた。一〇月全体を通じて、予定されていた七二四列車のうち、実際に到着したのはたったの一九五列車だけだった。しかもこの数字の中にさえ、前月から繰り越された列車が一一二本もあった。[*82]

南部軍集団が直面する問題の本質が、ＯＫＨによって理解されるまでには若干時間がかかった。参謀総長ハルダーが一一月三日軍務に戻った時（彼は落馬して鎖骨を折っていた）、彼はルントシュテットはあまりにも悲観的になりすぎており、至急「背中からひと押し」する必要があると思った。だがその翌日、彼は「全軍が泥濘にはまって」おり、そこから軍を脱け出させるには言葉だけではできないことを認めた。「しっかりした基地が設けられないかぎり、軍司令官たちに圧力をかけてもむだ」だった。[*83]今や誰もが凍結開始を待ちわびていたが、それが一一月一三日に訪れた時、気温はたちまちにして零下二〇度まで低下した。道路事情はよくなったけれども、使用可能なトラックの数は、エンジンの始動不能のため急減した。鉄道の運転状況はなお一層悪化し、ドニエプル川の流氷は補給物資を運ぶフェリーの定期運航を危険に陥れた。[*84]全面的な崩壊に直面して、南部兵站機関はその機能を失い始めた。各部隊は燃料は自分で調達せよと命じられたし、ウクライナ地区ドイツ軍司令官はＯＫＨの兵站総監へおもむいた。[*85]このような状況の中で、クライストがなおロストフに到着できたのは注目すべきことである。その後、ミウスへの撤退期間の補給状況が「安全に確保」されていると評価されていたことは、さらに驚くべきことであった。[*86]

南部軍集団の場合、三〇〇マイルの限界を超えると作戦に補給を行なうのが不可能だという警告は、正しいことが証明された。鉄道輸送を補うために、少なくとも重輸送部隊の一部を使えたら、輸送部隊はかなりの困難があっても軍の進撃をささえられた。第一戦車軍がキエフ方面に向け北方に進路を急激に転換させても、解決できない問題は生じなかった。というのはこの時他の部隊は実際上動けなかったからである。しかしながらドニエプル川対岸への攻撃は、十分な兵站準備もなしに始められた。川を越えて鉄道線路を推し進める見通しが全く立たないうちに、しかもポーランドから延びてくる線路が、ロシアの冬と全く関係なく非常な混乱を呈していた時に始められたのである。南部兵站支所は、かかる状況下では「戦術目標」――明らかにドネツ盆地を指していた――に到達するのは不可能だろうと予言していた。しかし、この見解がヒトラーやＯＫＨ、さらに南部軍集団自身によって検討された形跡は全くない。三人の軍集団司令官のうち最も慎重だと見なされていたルントシュテットでさえ、ロストフ占領後まで作戦を中止するつもりはなかった。ロストフそれ自体が兵站組織の能力外にあるということを、彼でさえも考えていなかったようである。

〔ドイツの対ソ連遠征軍の組織は、軍集団―軍―軍団―師団となっていた〕

運命の秋雨

一九四一年六月二二日にヒトラーがソ連に進発させた三個の軍集団のうち、最強のものはフォン・ボック元帥指揮下の中央軍集団であった。同軍は四九個師団、四個軍（もう一個の軍、すなわちフォン・ヴァイヒの第二軍はOKHの予備軍として後置されており、後になって中央軍集団に加わった）より成り、そのうち二個軍（第九軍、第四軍）は歩兵部隊であり、二個軍（第二軍、第三軍）は装甲機械化部隊であった。この二個の戦車軍は歩兵軍団の下に従属した。この措置は恐らく戦車部隊があまりにも早く前進しすぎ、後方に続く歩兵部隊との接触を失うのを防止するためだったのだろう。最左翼および最右翼に「高速」部隊を配し、左右両翼に分かれた中央軍集団は、三つの包囲戦によって正面の敵を撃滅し、最後はスモレンスクでやっとこのハサミを閉めるのを目的としていた。この地点で機動作戦を停止するはずだった。[*87]

ソヴィエト国境守備隊による抵抗に勝った後、ボック軍の進撃は六月二二日朝はずみをつけ、二個の戦車軍、特に右翼に配されたグデーリアン指揮下の第二戦車軍は、急速にソ連の深部に前進して行った。この地方はウクライナ地方に比べると機甲部隊には向いていなかったが、それでも北方のヘプナー軍に比べれば情勢ははるかに簡単だった。だが道路は少なく、前進の秩序は悪かった。歩兵の大集団がブーク川にかけられた橋を塞いでおり、グデーリアン軍への補給のために配属させられた重輸送部隊は、六月二五日の夕方になってもブーク川を越えることができなかった。そのために早くも六月二三日には、グデーリアンは空中からの燃料補給を要求せざるをえなかった。*88

同じような問題は第九軍の担当地域にも起こっていた。同軍の歩兵部隊とホト指揮下の第三戦車軍の補給部隊とが、道路通過の優先順序をめぐって争っていたからである。二個の戦車軍の燃料消費量は非常に大きかったが調達できた。それは弾薬消費量が相対的に少なかったからであり、また第二戦車軍がタイミングよく、バラノビチ附近で大量のソ連軍備蓄を発見したからである。*89 前進するにつれて糧食は乏しくなっていったが、現地徴発で食ってゆくのは可能だった。六月二六日、グデーリアンとホトはミンスクで最初の包囲作戦を完了したが、他方では同時に後方の歩兵部隊がビャリストクで小さな包囲を形成しつつあった。七月一六日機甲軍団は今度はスモレンスクで再会した。これらの作戦の間、補給ではさして大きな困難に遭わなかったようである。もっとも走破した距離が長く、そのためすでに作戦開始後一〇日目には、予備部品の不足から戦車の損失も出てきた。*90 そのうえ、この頃には包囲は非常に大ざっぱなものになっていた。すなわち歩兵部隊が追い着くまでには数週間もかかったものだし、他方機甲部隊はほとんど立往生を余儀なくされ、敵の反攻を追い返したり、前進できないことでいらいらしていた。戦闘が今や守勢的性格を帯びてきたため、燃料の消費量は急減したが、一方で弾薬消費量は異常に増大し、一度ならず危機的瞬間が生じていた。*91

国境からこのように遠ざかったところでは、鉄道だけが長期にわたって補給を確保できたのだが、そうこうしているうちにこの鉄道に問題が起きた。道路中心のドイツ式戦闘方法のために、鉄道線の大部分は手をつけないままに残されており、鉄道守備隊はあまりにも少数だったため状況に対応できなかった。この理由と、さらにドイツからソ連への乗り換え地点が隘路になったためもあって、鉄道の稼動状況は予想をはるかに下回った。そのため第九軍は、承認済みの一日当たり列車割り当て本数の三分の一しか到着していないと不平を訴えた。[*92] 状況は改善するどころかますます悪化していった。七月八日以降鉄道は第三戦車軍に対してだけ補給物資を運び、そのために第九軍は、基地からの距離が今や二五〇マイルを超え、その間の道路が恐ろしく悪いにもかかわらず、重輸送部隊を利用するほかなかった。[*93] 例のごとくOKHが事態の進行を把握するには時間がかかった。七月一三日、ワーグナーは機甲軍団に対しモスクワ進撃まで補給できると楽観的な報告を送った。だがその翌日彼はこの予想を修正し、機甲軍団はスモレンスク以上には行けないであろうこと、また歩兵部隊はさらにその西方、すなわちドニエプル河畔で停止せざるをえないであろうことを認めた。[*94]

七月半ばから中央軍集団の補給状況は、支離滅裂の兆候を強めていった。一方でワーグナーとハルダーは若干の「緊張」があるのを認めていたが、それでもなおドニエプル川の近くに新補給基地を建設することができると確信していた。七月末頃その補給基地からさらに作戦が進められるはずだった。ワーグナーとハルダーには、戦闘部隊からの助けを求める強い叫び声が聞こえないようだった。この間弾薬消費量は非常に多く、燃料および糧食補給を大幅に削ることによって、ようやく調達できたのだった。[*95] 第九軍はスモレンスク周辺で戦っていたが、その最寄りの兵站駅はなおポローツクにあった――搭載燃料が規定の六五マイル分を下回って、たったの二五〜三〇マイル分しかない時に、この状態だったのだ。[*96] 八月中頃、第九軍、第二軍ともその日暮らしの生活を送っており、弾薬備蓄は新攻勢の準備のためにふえるどころか、ますます減っていった。そのうえPOL（ガソリン、オイル、潤滑油）の補給は極めて不十分で、エンジンの消耗を考慮に入れていなかった。[*97] スモレンスク包囲網の中にはまり込んだソ連軍が抵抗を続けたために、機甲部隊の休養期間が延び、グデーリアンが必要だと考えていた三ないし四日どころか、とうとう一ヵ月にもなった。その時になっても状況は不完全なまだった。車両の生産計画を犠牲にして戦車のエンジンを作ることをヒトラーが拒否したからである。[*98] 他方スモレンスク包囲地帯からは最終的に敵を一掃したが、中央軍集団はなお激しい戦闘に従事していた。八月いっぱい中央軍集団は東方からの敵の反攻に直面しなければならなかった。そのために弾薬を大量に使い果たし、その消費量は糧食を削ることによってようやく調達できた。新攻勢のための備蓄積み増しは不可能だった。[*99]

ボック軍の前進が止まりそうになった時、ＯＫＨとヒトラーは作戦継続について非常に見解を異にした。すなわちＯＫＨはモスクワ進撃によって赤軍を決定的にたたくことを主張した。その目的はモスクワ進撃によってソ連軍の撤退が不可能になるだろうからである。これに対しヒトラーは、ウクライナの小麦、ドネツの石炭および鉄鋼、コーカサスの石油、それにクリミア半島の占領（「クリミア半島はルーマニア油田に攻撃をかける航空母艦である」）に、より強い関心を持っていた。モスクワへの進撃継続に賛成するＯＫＨの提案に対して、ヒトラーは赤軍は後方への脅威を全く無視して戦い続けているのだと論じた――これはそれまでのあらゆる戦闘で、赤軍は包囲された時でも抵抗を続け、しばしば主力部隊を薄い包囲網から脱出させるのに成功した事実から考えた理論であった。

ヒトラーは、包囲に対する赤軍の免疫質から見て、これまでのドイツ軍の作戦はあまりに野心的にすぎたと論じた。ソ連の「生命力」を破壊する方法は、ゆっくりと規則的に前進してソ連軍を絶え間なく小さな包囲網に追い込み、一つずつ敵軍を掃討することであるとヒトラーは言った。まず手始めに彼は、ドイツ軍がソ連第五軍と呼んでいたキエフ近辺の敵軍を殲滅させることを提案した。もっとも実際にはこのソ連軍は、少なくとも四個軍とさらに二個軍の一部部隊より成っていた。[*100] この作戦の最大利点は、南部軍集団と第二戦車軍との協力によって実行できるということだった。第二戦車軍はようやくスモレンスク包囲地帯の戦闘から引き抜かれ、少なくとも一部は休養をとっていた。残りの中央軍集団は作戦に参加しない予定だったが、このことは兵站状況からみて都合がよかった。

第二戦車軍の記録から見ると、グデーリアン軍は――主としてドイツ軍の鉄道が八月末にゴメリまで延びたために――キエフへの南進の間、大きな補給困難に苦しむことはなかった。他方この作戦に補給する必要から、第二軍の物資補充には若干マイナスの影響があった。第二軍はゴメリからゴロードニヤに至るソ連鉄道線の末端にあって、その日暮らしの不安定な状態を続けていた。この鉄道の輸送能力は最初は低かった。ちょうど改善のしるしが見え始めた時、九月一二日洪水のために兵站駅から部隊に至る道路が塞がり、作戦中止のやむなきに至った。このような状況下にあって、第二軍が再び補給状態を「安全」だと言うことができたのは、やっと九月一五日になってからだった。[*101] ゆっくりと備蓄が再開され、九月末にはとにかく完了したようである。しかし兵站状況が悪いため、一〇月初めまでは第二軍の攻撃は不可能だった。

その北方では、中央軍集団に属する他の部隊の状況も同様だった。日常必要な消費量を調達し、さらにモスクワ攻撃のための貯蔵物資を積み増すためには、ボックは一日三〇本の列車が必要だと計算した。だがＯＫＨ輸送局長ゲルケは二四本を約束しただけで、しかも八月前半の平均は実際のところ一八本以下であった。八月一六日オルシャ―スモレンスク線の軌間をドイツ式に変換してから、状況は若干よくなったが、それでも一日三〇列車という目標数字には遂に到達しなかった。[*102] モスクワ進撃が対ソ連作戦のうちで最終かつ決定的行動になるはずだが、ＯＫＨは全資源を集中しなかった。八月一五日、神経質になったヒトラーは北部軍集団を援助するために、ホト指揮下の第三戦車軍に命じて一個軍団を送り出させた。この行為のために一個軍団が「戦車の使用が極めて愚かしく」困難な地域に引き込まれたばかりではなく、ほとんど一八〇度の方向転換を意味していたため補給の困難が生じた。[*103] それにもかかわらず、この時陸軍総司令官ブラウヒッチュはヒトラーの意見に同意したようである。さらにブラウヒッチュは、備蓄が非常に困難になっている南部軍集団に向けて、中央軍集団から五〇〇〇トンの運搬能力を持つ重輸送部隊を分けるように命令した。[*104] このようなほとんど信じべからざる資源の分散を見て、第九軍は九月一四日、軍の輸送部隊は「来るべき作戦の補給を行なうには不十分」であると率直に明らかにした。[*105] 第四軍司令官フォン・クルーゲは補給状況に個人的興味を持ち、次のように書いた。[*106]

軍の補給事情は、概して言えば安全と見なしうるであろう……進撃距離が増大するにつれ、軍はほとんど完全に鉄道線に依存している。現在鉄道線は経常の消費をまかなっているのみである。今までのところ輸送事情が悪いため、戦術的状況に応じて必要とするものを戦闘部隊が十分に得られるだけの物資貯蔵所の設定が不可能だった。軍は特に燃料について、その日暮らしを続けている。

洪水のために八日間停止した後、[*107] 中央軍集団の備蓄積み増しは九月二一日に再開され、同月末までにどうにか完了した。しかし、これができたのも糧食を削減してのことであり、そのため戦闘部隊は現地徴発を強いられた。その他の不足品には、エンジン・オイル（輸送制度全体の隘路のため）、車両、エンジン、戦車の予備部品（ヒトラーの命令で全く生産していなかった）、タイヤがある。タイヤは一六台の車両について、月に一台の割で到着しただけだった。[*108] また燃料の不足があまりにひどかったため、一一月には作戦停止の恐れが出てきた。この理由は一部はドイツ国内での不足にあり、一部は基地から四〇〇マイル離れたところに展開している六個軍（三個装甲軍を含む――今やヘプナーの第四戦車軍が中央軍集団に加わっていた）、約七〇個師団に補給するのが不可能だったからである。[*109]

ドイツ軍のモスクワ攻撃は、遅まきながら一〇月二日に始まり、最初は以前の攻勢と同じく成功した。ホトとヘプナーはいつものような作戦をとって、それぞれが挟撃作戦の刃となり、一〇月八日ヴャジマでその刃を閉じて、約六五万のソ連軍をわなに陥れた。同時に最南部に位置するグデーリアンは、右翼からモスクワ防御陣の側面を包囲すべく大きく前進しつつあった。ところが一〇月四日以降補給に問題が生じ、第四戦車軍は使用可能の輸送用自動車のうち、たった五〇パーセントで作戦を開始したと不平を述べた。[*110] その四日後、第四軍は後方からくる燃料列車の数が少ないと抗議した。[*111] 一〇月九日から一一日の間に天候が変わった。降雨のために田野は沼地と化し、使用可能の数少ない道路は、ひんぱんな交通のためにたちまち崩れてしまった。この時以来約三週間、全軍は泥濘にはまり込んで進むことも退くこともできず、戦闘部隊は現地で徴発できるものは何でも徴発して、それで生きてゆくしかなかった。秋のぬかるみの中でヒトラー軍は崩壊した。世界で最も近代的な軍隊が、その攻撃の成功にもかかわらず、今や重火器の支援を受けず農業用荷車しか持っていない歩兵の小部隊に頼っていた。

中央軍集団は泥の中で立往生したままで、一一月七日頃に始まった凍結を迎えたが、このことは状況が至るところで同じように悪かったこと、あるいはどこにも事態の改善が見られず、少量の補給物資の運搬さえできなかったことを意味しているものではない。さらに兵站総監の日記を詳細に調べると、各師団の戦史担当者がとかく隠しがちだったことが明らかになってくる。すなわち問題は至るところにある泥濘と全く同じように、鉄道線の稼動の悪さに原因があったのである。鉄道輸送の危機（特に燃料）は凍結の始まるずっと前から起こっていたのだから、ドイツ軍のモスクワ占領失敗は、もっぱら冬の訪れが遅れたことに原因があるとする意見は修正する必要がある。[*112] 例えばグデーリアンの第二戦車軍では、一〇月一一日から道路事情のため重大な補給問題が生じていた。しかし同時に、オリョールに到着する燃料列車の数が急減し、凍結のために道路が固くなり戦術的状況が再び「有利」になってからさえも、攻撃を再開するのは不可能となった。[*113] シュトラウスの第九軍には、一〇月二三日から一一月一三日の二〇日間に、燃料列車はたったの四本しか到着しなかったが、一一月一日まで軽い凍結（零下五度）は始まっておらず、その日以降数日間はこの温度のままだったのである。[*114] スモレンスクからモスクワに至る幹線自動車道の南側では、第四戦車軍が一〇月二五日になってもなおゆっくりと前進し、前面に立ちはだかる「劣勢な敵軍」を蹴散らすと同時に、ＯＫＨに対し燃料補給のために鉄道線を「容赦なく使って」くれるよう懇願していた。[*115] 第二軍では、状況はまず一〇月二一日から重大になった。第二軍の補給動脈であるロスラブリ、ブリャンスク間の道路が悪化し、軍がオリョールかブリャンスクのいずれかで受け取ることを要求していた一日当たり三本の列車のうち、到着したのはたったの一本にすぎなかった。そのため第二軍司令官ヴァイクスは、列車がこなければ指揮下の軍の補給状況は絶望的になるだろうと警告した。この警告は、一〇月が終わるまでくる日もくる日も繰り返された。[*116] 軍司令官のうち、フォン・クルーゲだけが繰り返し自軍の貯蔵物資は十分であると言っていた。だが問題はその物資を戦闘部隊まで運ぶことにあり、この目的のためにヴャジマに至る鉄道線が、一〇月二三日以降運転できるように工事が進められていた。その後数日間危機的な日があったが、一〇月二八日補給状況は再び「安全」だと宣言された。このことは当時戦闘部隊が使える貯蔵物資で明らかである。[*117] この地方の凍結は、他の地方に比べて早く始まったようである。そのため道路事情はよくなり、クルーゲの第四軍は一一月六日から八日に至る間、補給状況は「次の作戦のためという観点から見ても安全」だと繰り返し主張できた。[*118] 一一月一三日になると、クルーゲは若干楽観的見方をなくし、エクシュタインの中央軍兵站支所が第四軍への補給を削って、他の部隊に回していると主張した。[*119] このように見てくると、泥濘はドイツ国防軍を停止に追い込んだ一要因にすぎないことが確実である。同じように重要な原因は鉄道であり、鉄道はすでにスモレンスク基地建設の際、恐るべき困難を経験していた。しかもそのスモレンスク基地は、新攻撃のために必要な物資の増大に対処できなかった。

一一月中旬以後、こうした事実の重大性はより明白になってきた。今や凍結は至るところで始まり、道路は再び通れるようになった。しかし車軸までのめり込んだ車両を泥の中から引き離すのは困難な作業であり、そのために多くの車両が修繕できないほどの損傷を受けた。一〇月一一日以降、理屈のうえでは少なくとも全ドイツ軍が不凍結ＰＯＬだけを支給されていたはずなのに、点火装置やオイル、ラジエーターも故障を起こした。[*120] しかしながら寒気が最悪の影響を与えたのは鉄道に対してだった。ドイツ製機関車は給水パイプをボイラーの内側に備えておらず、そのためにパイプの七〇〜八〇パーセントは凍結して破裂した。[*121] その後に続いた輸送の危機は、かつて見られなかったほど大きかった。一一月一二日から一二月二日に至る間第二軍には全く列車が到着せず、そのために道路事情とはかかわりなく、かつてないほどの筆舌に尽くしがたい重大な物資不足が生じた。[*122] 一一月九日から同月二三日までの間、第九軍にはたった一本の燃料列車が到着しただけだった。だが、この列車の積載物資を配ることはできなかった。タンク車そのものが空だったからである。ところがこの期間を通じて、重輸送部隊は鉄道よりも常に能率がよく、相当な量の補給物資を運んで第九軍を持ちこたえさせた。[*123] 第四戦車軍について言えば、後方からの補給物資——特に燃料——は、一一月一七日以降からやっと到着した。[*124] 第四軍は一〇月と同様に例外的存在だったようである。指揮下の重輸送部隊は、最初の編成のたった八分の一に低下していたが、補給物資は列車によって十分な量が到着していた。[*125]

この間はるかかなたの東プロシャにあって、ヒトラーとOKHが情勢を検討していた。一一月一一日夕刻会議が開かれ、その席上ヒトラーはモスクワ占領の意向を確認したばかりでなく、モスクワ市のはるか向こうに目標を設定した。その二日後に参謀総長ハルダーが中央軍集団を訪れた時、彼は兵站責任者、エクシュタインから激しい抗議を受けた。だが中央軍集団司令官ボックはエクシュタインの意見に賛成せず、最後の努力をするほうが、野天でロシアの冬を過ごすよりもよいと主張した。ハルダーは準備不足を十分に知っていたにもかかわらず、しぶしぶボックの意見に従って、戦争には運がつきものである以上、中央軍集団が攻撃を望むなら、それを抑えることはできないと述べた。[*126] こうして最終攻撃は承認された。だが、まず第一に鉄道事情の悪さのゆえに、これは失敗した。

ドイツ軍をモスクワ前面で悲惨な状態にしたままで筆を擱く前に、冬期装備という議論百出の問題について一言述べなければならない。ヒトラーが冬期装備について、軍司令官たちが口に出すのも禁じたのは本当かもしれない。しかしそれにもかかわらずハルダーは、七月二五日にこの問題について予備的に調査した。[*127] 文献を調べれば、冬期の補給物資について無数の命令、指示、回覧文書が、八月初め以降OKHから発せられ始めているという印象を受けざるをえない。これらの命令は、理想的な掩蔽壕の作り方から不凍結POLの供給、冬期被服から馬匹の疫病処理まで詳細を極めている。[*128] これらの文書がどの程度まで具体的な現実性を帯びているかは述べるのが非常に難しいが、ＯＫＨが単に頭の体操をやっていたとはとても思えない。そのうえワーグナーやその部下には、冬期装備は「十分」な量があったが、鉄道の危機的状態のためそれらを運搬することができなかったという証拠がある。[*129] モスクワ攻撃を準備し、さらに攻撃開始後それを補給するにしては、鉄道は絶望的なまでに力不足だったが、そのうえさらに冬期装備運搬という新しい仕事に取り組むことはできなかった。それゆえ、冬期装備が実際上使用可能だったかどうかの問題は、恐らく第二義的なことであろう。

結論

ドイツ軍のソヴィエト連邦侵略は、単一軍事作戦としては史上最大であり、それに伴う補給問題は想像を絶する大きさだった。これらの問題に取り組もうとしたドイツ国防軍の手段は、あまりにも地味なものだった。ドイツ国防軍が目的地に非常に接近したとすれば、それは準備が優れていたというより、兵士と司令官たちの決意に負っていた。彼らはすべてを捧げ、驚くべき困難に耐え、与えられたあらゆる手段、または自分で発見したあらゆる手段を利用した。

対ソ連作戦について、ドイツ国防軍は決して十分な手段を使えたのではなかった。このことは戦闘部隊についてよりも、原料や予備貯蔵物資、輸送手段について一層ひどかった。自動車輸送を唯一の手段としてモスクワに到達するには――さらに遠くのアルハンゲリスク―ヴォルガ川線は言わずもがな――実際に使った車両の数より最低一〇倍が必要だったろうと推測されている。[*130] 同時に鉄道部隊も、ある面で装備不足、訓練不良だったが、それのみならず数も決して十分ではなかった。兵站組織のおもな責務は、結局その鉄道部隊の双肩にかかっていたのだ。鉄道が電撃戦をささえるには決して柔軟性のある手段でないことは、一九一四年の戦争、あるいは一八七〇年の場合で明らかだった。だが鉄道線を全く無視し、すべての資源を自動車に集中したとしても、ドイツ国防軍は自動車輸送だけで対ソ戦争を遂行できるほど十分な自動車化に近づくことはできなかったであろう。

自動車の大部分を四個の戦車軍の背後に集中したことと、歩兵部隊が作戦の初期には大した戦闘を行なわなかったことのために、ドイツ国防軍は突進部隊を北部ではルーガ川、南部ではドニエプル川、中部ではスモレンスクまで進めることができた。これらの地点で作戦は停止した。作戦開始前にすでに予想されていたとおりであった。北部軍集団では、新基地の設定にあまりに時間がかかったため、レニングラード占領の望みがなくなった。南部軍集団では状況があまりにも困難だったため、適当な基地を全く作ることとなしに新攻勢を始めなければならず、その結果ドニエプル川以東の作戦は常に脅威にさらされ、遂に作戦目的に達することなく停止した。中央軍集団では、前進基地の設定にほとんど二ヵ月を要したが、それでも若干の最重要物資、なかんずく全予備部品、タイヤ、エンジン・オイルが供給不足のままだった。タイヤの「供給」については、一つの修飾語――「ばからしい」――を使えるほど量が少なかった。

兵站状況悪化のために、八月末には中央軍集団によるモスクワ進撃ができなくなっていたことは疑う余地がない。せいぜい第一四軍および第一七軍の装甲師団、自動車化師団、歩兵師団から成る一部隊を、この目的のために使えたかもしれない。*131 だが一九四一年九月の時点でさえ、これでモスクワ市の防衛を突き破るのに十分だったかどうかは非常に疑問である。さらに、モスクワ攻略がウクライナ地方以上に機動戦には不向きであったために、第二戦車軍に補給できたかどうかは疑わしい。ＯＫＨ

がグデーリアン軍のキエフ派遣を中止させていたら、彼の指揮下の戦車はそれほど損耗することなく、それによって第二軍は補充をスピードアップできたであろう。だが中央軍集団の主力部隊は、事情に大きな変化はなかったであろう。補給物資は別の鉄道線によって運ばれていたからである。しかしこの鉄道線の稼動率はあまりに低く、九月二六日になっても中央軍集団の貯蔵燃料は実際に減り続けていた。それゆえに、モスクワよりもウクライナを優先するというヒトラーの決断によって生じた遅延は、普通に推定されている六週間よりもはるかに短い。もしあったとしても、遅延はせいぜい一週間ないし二週間にとどまっただけである。

モスクワ攻撃のための基地設定に際して経験した困難からみて、時折行なわれている議論も同様に成り立たない。その議論とは、ヒトラーは麾下の軍隊を三つの異なった軸に分散しないで、モスクワ攻撃だけに集中すべきであったというものである。しかしながら兵站状況からみて、このような解決策は不可能である。なぜなら利用可能の道路と鉄道線とが少なかったために、モスクワ攻撃軍に補給ができなかったであろうからである。後で起こったように、一〇月初めに攻撃のために七〇個師団を集結したことによって、特に鉄道と燃料補給に非常に重大な困難が生じた。だからその二倍の規模に当たる軍隊のために、前進基地を作れるはずはなかった。

ドイツ軍がモスクワに入れなかった要因の中では、至るところに見られた泥濘が最も重要だというのが一般的見方だ。確かに悪天候のためにドイツ軍は二ないし三週間遅れた。だが鉄道輸送の危機は、ラスプーチチャ、すなわちぬかるみの季節が始まるずっと前から起こっていたことを想起しなければならない。一〇月の間鉄道の稼動率は絶望的なまでに低かった。そして燃料補給はドイツ本国での不足のためにゼロに等しかった。こうした鉄道輸送の崩壊が起こらなければ、恐らくボックは実際よりも一週間早く攻撃を再開できたであろう。遂に凍結が始まった時、自動車輸送隊よりも鉄道のほうが被害が大きかった。自動車輸送隊は一一月になっても貴重な——限定されてはいたが——任務を果たしていたが、鉄道は機関車の不足のため、ほとんどないに等しいほど能力が低下した。

ドイツ軍の敗因として泥濘を重視するあまり、ドイツ国防軍が鉄道より自動車に兵站制度の基礎を置いたことの過ちが指摘されてきた。[*132] 確かに自動車を鉄道敷設に振り向けさえすれば、一〇月中にモスクワに接近することはどうにかできたであろう。だが機甲師団に属する約三〇〇〇台の車両のすべてをこのような目的に使うべきだったと言うのは、この時期におけるドイツ軍の戦争のやり方を完全に誤解するものである。たとえドイツ軍が大量の軌道用車両を生産できたとしても——むろん実際はできなかったのだが——それらに燃料と予備部品を供給するのは絶対的と言っていいほど不可能だったであろう。この二つとも甚だしく供給不足だったからである。ドイツ国防軍の野望をはるかに超す生産能力を持っている現在の世界でも、軌道用車両で補給物資の全部または大部分を運搬する軍隊はどこにもない。

一九四一年にソ連征服のために出発したドイツ国防軍は、資源が厳しく制限されている貧しい軍隊だったために、成功するかどうか——兵站上の見地から見て——は、なかんずく鉄道、自動車、軌道用車両の正しい均衡に依存していた。一九四一年のドイツ軍の勝利が歴史上最大のものの一つであったという明白な事実や、兵站制度の詳細な研究から見て、前述の均衡はどの点からみても達成されており、実際に採用された解決策は恐らく最良のものだったと思われる。政治的、軍事的、経済的考慮の結果、ドイツが緩慢かつ組織的やり方でソ連征服を企てることができたとしたら、鉄道により大きく依存できたであろう。また非常に強力な自動車産業が存在していたら、自動車と軌道用車輛がより大きな役割を演じることができただろう。しかしながら、第二次世界大戦の全期間を通じて完全に自動車化された軍隊の創設に手を染めることができたのは、交戦国中たった一ヵ国しか存在しなかった――アメリカ合衆国である。

以上に述べたことによって、利用可能な資源という限界内では、ドイツの計画と組織は常に理想的であったと受け取ってくれては困るのである。以下の例が示すように、真実はこれとははるかに遠い。輸送制度を二つの機構、すなわち輸送局長官と兵站総監に分けて、参謀総長だけがその機能を調整するとしたことは着想が悪く、果てしなき紛争を生んだ。兵站総監部の組織もまた不満足だった。というのは、それによると軍集団司令官は指揮下の補給部隊を奪われ、一方ではOKH、他方では軍集団兵站将校との間に挟まれたままになったからである。しかも軍集団兵站将校は軍集団司令官ではなくて、ワーグナー指揮下の兵站総監在外機関から命令を受けていた。

作戦の立案に際しては、ソ連軍貨車の鹵獲と利用にあまりに多くの重点が置かれた。機関車および車両が予定通りの数だけ集まらなくなると、鉄道線路をドイツ式軌間に変えることが必要になった。この作業は技術的にはそれほど難しくはなかったが、ドイツ軍が準備していた以上の多数の鉄道部隊を必要とした。その結果ドイツとソ連の両方の線路を使わなければならず、乗り換え駅は常に前へ前へと進められたが除去されることはなく、いつも隘路になっていた。鉄道修復に責任を持つ司令部と、鉄道を運転する司令部との間の協力は不完全だった。前者は後者の要求を無視していたからである。

ソ連への鉄道輸送の計画と管理とは、完全に不十分だった。ポーランド総督フランクは非協力的であり、ドイツ軍が軍用列車に絶対的優先権を与えよとの要求を彼に認めさせたのは、ようやく一九四一年一一月になってからであった。[*133] 列車荷下ろしの要員は十分でなく、捕虜をこの仕事のために使わなければならなかった。[134] 輸送管理は甚だしく緩んでおり、そのために一部の列車は「ハイジャック」されたり、完全に消滅したりした。現地住民との意思疎通は言葉の問題のため困難だった。線路完成と運転開始との間には、しばしば長期かつ不当な遅れが生じた。[135] 組織には柔軟性が欠けており、特に列車の取り消しについてそうだった。[136] 鉄道守備に振り向けられた部隊の数は全く不足していた。

野戦憲兵の数が甚だしく少なかったため、道路交通の管理はいつもひどく、時々かなりの摩擦を招いた。特に作戦開始時――モスクワ戦で数少ない道路をめざして競争が破滅的ひどさに達した時が甚だしかった。[137] 自動車輸送中隊は組織が悪く、OKHの手許に集められた数は少なかった。[138] 戦闘部隊は物資不足を克服するために、絶えず正規の補給ルートを無視しようとした。この欠点はどうしても一掃することができなかった。他方その同じ戦闘部隊が、補給部隊との協力にはあからさまに嫌悪を示した。その結果戦闘部隊所属の車両は利用度が十分ではなく、たとえ敵の行動にさらされることがあっても、実際の被害は働きすぎの重輸送部隊に比べて少なかった。軍レベルの主計将校は師団の戦利品に対して適当な管理を行なうことができず、そのため一部の部隊は鹵獲車両でいっぱいになったかと思うと、他の部隊、特に後方部隊は深刻な不足に見舞われた。はじめ自動車輸送中隊の荷積みは間違った計算に基づいて行なわれた。弾薬を重視し燃料を軽視しすぎたからだ。その結果燃料は不足し、他方弾薬は、その運搬に予定されていたトラックがタンクに燃料を補充することができなかったために、野天にさらしたままに放置しなければならなかった。[139] トラック中隊の利用が必ずしも完全でなかったことは、五〇〇〇トンという大きな容量を持つ重輸送隊が、ボックからルントシュテットに振り向けられたことによって示されている。しかもボックがモスクワに対し決定的攻撃を開始しようというその瞬間にである。

ドイツ本国に話を戻すと、車両の損失予想があまりにも楽観的にすぎた。補充を全く行なうことなく作戦を遂行する予定だった。[*140] 自走式車両――戦車を含んで――やその予備部品に認められた比較的高い優先度も思慮が不足していた。これは数についてのヒトラーの幻惑の結果であり、また既設部隊を定数通りに充実させるよりも、新しい部隊を編成したほうがいいとのヒトラーの主張の結果でもあった。[*141] だから予備部品は供給が不足していたし、また予備部品がもっぱら戦闘部隊に向けて支給されていたために、補給部隊との間に常に摩擦が生じた。[*142] 修理部隊の組織も欠点を持っていた。大規模な分解修理が必要となる前に作戦は終了するであろうとの想定から、修理部隊の大部分がドイツ本国に留まっていたからである。[*143]

欠点を数えあげるのと同時に、全体を展望する感覚を失わないことが肝要である。兵站術は戦争技術のほんの一部を形成するにすぎなく、そして戦争そのものは人間社会の政治的関係が作る多くの形態の一部にすぎない。一九四一年当時、ドイツが二つの戦線で戦争を行ないながら、ソ連を打ち破るほど強かったかどうかは、当然疑問とせざるをえない。[*144] しかしながらヒトラーがイギリスとの間の政治的解決にも、あるいは軍事的手段によるイギリスの無力化にも失敗した後では、彼に戦争以外残された道があったかどうかとなると予想するのは困難である。[*145] ソ連に対する戦争は危険に見えたであろう。だがソヴィエトからの攻撃は近いうちにはないと信じたとしても、第三帝国が生き残るためには対ソ戦が必要不可欠であったことは疑う余地がない。

この戦争は兵站術以外の原因で敗れた。その原因の中には疑問のある戦略、不安定な統帥機構、乏しい資源のいわれなき分散が数えられる。ドイツ国防軍をほとんどクレムリンの見えるところまで持っていった偉業の大きさ——なかでも兵站術——は認めるとしても、右記の要因が国防軍の敗北に重要な役割を演じた。そしてその責任をとらなければならないのはＯＫＨであってヒトラーではない。細かな戦術と戦略との間にあるすべての事柄と同様、兵站術について総統は何らの関心も持っていなかった。一、二の点は別として、兵站の分野——戦争という仕事の一〇分の九はこれだと言われている——で犯された過ちはすべて、ハルダーおよび参謀本部にきっぱりと帰せられるべきである。一九四一年の作戦の間ヒトラーが行なった最も重要な決定、すなわちグデーリアンをモスクワでなくウクライナに派遣したことさえも、兵站の見地から見れば正当であり、ソ連の首都への突進延期とは、ほとんど関係がなかったのだ。戦争ではしばしばささいなことが重要である。そしてこうしたささいなことがたび重なって、ドイツ国防軍は圧迫を受け、寿命が尽き、欠乏にあえいだのである。

第六章　ロンメルは名将だったか

史上最初の砂漠機動戦

　枢軸国の中東攻略がヒトラーの勝利になりえたであろうかという問題は、第二次世界大戦史において、いまだに最も多くの論争を呼んでいるものの一つである。以前の評論家たちは、リビアからエジプト、パレスチナ、シリア、イラクを経てペルシャ湾に抜けるというロンメルの突進をヒトラーが助けていれば、彼はイギリスとの戦争に勝つところまで行ったかもしれないと述べていた。[*1] だが最近多くの研究者はこの見解に疑問を呈しており、結論としてヒトラーが地中海を第一義的戦場と見る見方を拒否したのは正しかったと主張している。[*2] 見解の相違がいかなるものであれ、この二つの見方とも根本的な問題はヒトラーの意志いかんだったということで一致している。すなわち問題は、ヒトラーが地中海にもっと多くの兵を派遣できただろうかということではなくて、そうすべきであったかどうかということなのである。しかし、これは決して簡単な問題ではない。覚え書においてロンメルは、あらゆるところで補給問題解決失敗の非難を投げつけているが、補給の調整責任者——ローマのドイツ大使館付武官——は論文を書いて、この問題は最初から解決困難だったと主張している。[*3] だがロンメルの覚え書も武官の論文も粗っぽいものであり、二人とも補給に無関心だったために、冒頭に述べた攻撃目標が枢軸国軍の到達範囲内にあったかどうかの問題は未解答のままである。

　まず初めに、問題そのものの明確な定義が必要である。第一に、ヒトラーとその幕僚は実際にジブラルタル占領計画と、隣接諸島もろともフランス領北西アフリカの占領計画とを持っていたけれど[*4]も、対イギリス戦争で勝利が得られるとしたら、それは東地中海においてであったと仮定することにしよう。第二の仮定は、枢軸国の中東攻略は南方、すなわちリビアとエジプトに限定されていたであろうということである。なぜならトルコ経由の企てはソヴィエトの抵抗に遭い、独ソ戦争に発展しただろうからである。[*5]こうして二つの仮定を設ければ、ドイツとイタリア、フランス、スペイン、トルコとの協力で発生した政治的問題のほとんどを無視することができるし、独伊によるリビアからエジプトおよび中東への進撃が、軍事的に達成可能かどうかの問題に焦点を合わせることができる。

砂漠では何が必要だったか

軍事史において、サハラ砂漠作戦は独得の地位を占めているとしばしば言われており、このことは補給の分野において最もよく当てはまっている。一般的に兵站の歴史とは、軍隊が現地徴発への依存からしだいに脱却することである。もっともこのような方向が、決して単純かつ簡単なものでなかったことは多くの実例で見たごとくである。ソ連におけるグデーリアンやフランスで機械化部隊を指揮したパットンのような人物でさえ、少なくとも若干の現地徴発を直接行なわざるをえなかった。両将軍の後からは、大規模な管理組織がついてきたのだが、その目的は補給地域を組織し、それを全体として戦争遂行のために利用することだった。だが砂漠の中で作戦を遂行するには、イギリス軍もドイツ軍もらくだの糞以外に利用できる物を発見する望みは全くなかった。そして、まだしもイギリス軍はエジプトにかなり大規模な基地を持っていたけれども、ドイツ軍はいちばん基本的な必需品さえも海上輸送に全面的に依存していた。実に二年以上にわたって、ロンメル軍が消費する物資は一トン、一トン、イタリアで骨を折って木箱に詰められ、それから地中海を渡って船で運ばなければならなかった。弾薬、ガソリン、食物、ありとあらゆる物がこのようにして運ばれ、さらに砂漠の状態があまりにもひどかったために、しばしば水でさえも何百マイルを越えて運んでこなければならなかった。

問題をさらに深刻化したのは膨大な距離だった。それはドイツ国防軍がヨーロッパで直面しなければならなかった距離を、はるかに超していた。ポーランドでの独ソ境界線上にあるブレスト・リトフスクからモスクワまで、距離は約六〇〇マイルにすぎなかった。これはトリポリからベンガジまでの距離にほぼ等しかった。だがトリポリからアレクサンドリアまでの距離の半分にすぎなかった。軌間九五センチのわずかな鉄道線[*6]を除けば、この広大な空間を渡るには道路に頼るしかなかった。しかも、その道路もあるのは一本だけだった――海岸に沿って果てしなく延びているバルビア街道がそれだが、時には洪水でさえぎられ、常に頭上に徘徊する飛行機からは絶好の目標にされた。これを別にすれば砂漠道しかなかったが、これはむりやりに使うしかなく、往復する車両のために損耗がひどかった。

ドイツ軍は砂漠戦に全く不慣れだったために、経験不足から生じる他の問題にも直面した。例えばドイツ軍の糧食はアフリカの暑熱には不向きだった。脂肪分が高すぎたからである。この理由もあって、兵士をリビアに二年以上駐屯させたら、必ず生涯健康を損なわせることになると考えられていた。ドイツ製のエンジン、特にオートバイのエンジンは過熱し止まりやすかった。戦車のエンジンも同様で、その寿命は一四〇〇～一六〇〇マイルから、たった三〇〇～九〇〇マイルに短くなっていた。[*7]暑熱や悪路の影響の一部は、手入れを厳重にすることによって防げたかもしれない。だがこのようなことは、ロンメルが顧慮するところではなかった。ドイツとイタリアの装備は規格が異なっていたために、いずれにしても保守修理は特に難しかった。[*8] ロンメルは数年後に回顧して、司令官たるものは「補給に個人的注意を払い、自発的に事を始めるよう補給参謀を強制すべきだ」と述べている。[*9] しかしながら実際においては、作戦上の展望と補給の可能性とを比較する場合、しばしば後者が無視されていた。

ドイツ国防軍部隊の北アフリカ派遣は、一九四〇年一〇月初旬に初めて本格的に考えられた。[*10] ドイツ参謀将校リッター・フォン・トーマ将軍が、現場調査のためにエジプト進攻のイタリア軍に派遣された。一〇月二三日、彼は機械化部隊だけが砂漠では役に立つと報告した。成功するためには「四個機甲師団だけで十分であろう」し、この兵力はまた「砂漠越えでナイル川渓谷まで進むためには、補給物資で維持できる最大限度」であった。トーマ将軍は、この小部隊は最精鋭部隊でなければならないと述べたが、このことはリビアにいるイタリア兵をドイツ兵に交替させることをも意味していた。だがヒトラーがよく知っていたように、これにはムッソリーニが決して同意を与えないであろう。[*11] 決断は下されず、問題は暫く棚上げになった。

一九四一年一月にこの計画が再び持ち上がった。イタリア軍はエジプトに侵入するどころか、ウェーベルのナイル軍によってキレナイカから放り出された。ヒトラーは北アフリカ全体を失っても枢軸国にとっては「軍事的に我慢できる」と考えていたが、[*12] そのような事態がムッソリーニの立場に政治的にはね返ることを強く恐れ、イギリス軍の進撃阻止を援助するために迎撃部隊を派遣しようとした。参謀が急いで指摘したごとく、その部隊は結局はソ連進入計画に予定されている軍隊より抽出しなければならない。[*13] そのためにヒトラーは、できるだけ小部隊にとどめる決心をした。

とどのつまり、このような小部隊でさえも維持するのは初めから問題だとわかった。若干の兵員と少量の補給物資だったら飛行機で運び込むことができよう。こうして一九四二年初めには、二六〇機もの飛行機――エンジン一〇基搭載の巨人水上機多数を含む――が使用された。だが資材の大部分は海上で運ばなければならない。船積み港として利用可能なナポリ、バリ、ブリンジジ、タラントについては、渡航のためのイタリアの最終点として問題は少ないと見ることができた。もっともイタリアの鉄道網が十分でないため、ほとんどの輸送はナポリに限られていた。ところがキレナイカから撤退して以後、イタリア軍は一九四一年二月には、補給物資荷揚げ港として一港を持つだけになっていた。トリポリがそれである。トリポリはリビアでは断然大きい港であり、五隻の貨物船または四隻の兵員輸送船を同時に――理想的な条件下だったら――取り扱うことができた。その能力は、予期せざる爆発が桟橋を破壊せぬ限り、あるいは現地労働者の大部分が空襲によって追い散らされない限り、一ヵ月平均約四万五〇〇〇トンに達していた。

だがトリポリは、北アフリカ軍に補給する問題の単なる発端にすぎなかった。作戦上の根拠に基づいて、ヒトラーは賢明にもアフリカでムッソリーニを援助するという合意を条件つきで結んだ。その条件とは、イタリア軍の守備範囲は、イタリア軍が望むのとは違って、トリポリおよびその周辺ではなく、機動戦を展開でき空襲からの防御もできる広い地域であるとしたことだった。[*14] この決定によって、チャーチルがウェーベル軍をギリシャで使うために撤退させたことも重なり、戦線はトリポリ東方三〇〇マイルのシルチで安定化するに至った。トリポリから東方に延びる鉄道線が不十分だったために、ドイツ軍は最も有利な条件下でも、通常自動車輸送によって基地から補給できる限界と見なされていた距離より、半分の範囲で行動せざるをえなくなるだろう。[*15] ムッソリーニは部下の将軍たちにそそのかされて、あえてこの事実にローマ大使館付き武官フォン・リンテレンの注意を引こうとした。

だがドイツ軍はムッソリーニを無視する道を選び、こうしてアフリカ出兵の最後まで悪魔のようにつきまとうことになった作戦と兵站との思想の衝突を、自ら起こしたのである。

ドイツ軍が当初リビアに送った機械化部隊は、一個師団当たり水を含んで一日三五〇トンの補給を必要とした。陸軍最高司令部が計算したところでは、各部隊付属の車両や予備を別にして、三五〇トンの補給物資を三〇〇マイル以上にわたって砂漠を運ぶには、二トン・トラック三〇両より成る輸送隊が三九個必要になろう。[*16] しかしこれだけではないのだ。ロンメルはトリポリに到着するや、すぐに増援部隊を要求し始めた。ヒトラーはハルダーの反対をはねつけて、ロンメルに第一五機甲師団を送ることを決めた。これによってドイツ・アフリカ軍団（ＤＡＫ）の補給に必要な自動車輸送能力は六〇〇〇トンにふえた。この量はソ連進攻を準備している軍に振り向けられたものに比べて比率的に一〇倍も多かったために、このことが明らかにされるとＯＫＨ兵站総監から怒号のような抗議を受けた。兵站総監は、ロンメルの飽くことなき要求がバルバロッサ作戦に重大な危険を及ぼしはせぬかと恐れたのである。[*17] そのうえ、もしロンメルがなお多くの増援部隊を受け取ったら――あるいは彼が三〇〇マイルという限界を踏み越えるようなことがあったら――車両の不足が続いて起こるはずであった。沿岸伝いの海上輸送が、問題をそれほど軽減できないだろうことはわかっていた。それゆえにヒトラーはロンメルに対しトラックの増送を承認しながらも、ロンメルが大規模な攻勢をとって要求をさらにふやすことを、はっきりと禁じた。[*18]

しかしながらロンメルは、攻勢をとらないうちから二番目の師団増派を要求し、このことが早くも補給を危機に陥れていた。イタリア軍を合わせると、今や在リビアの枢軸国軍は合計七個師団を数え、航空部隊や海軍部隊をつけ加えると、一ヵ月当たり七万トンを必要とした。[*19] これはトリポリ港の取り扱い能力を超えるものであった。そのために、もしフランスがチュニジアのビゼルタ港を通じて一ヵ月二万トンの補給物資の通過を許さなかったら、危機が発生していたに違いなかった。[*20] ロンメルは常に名目上の上官であるイタリア人と不和だったが、今回は合意に達した。というのはムッソリーニはかねてからチュニジア侵入の機会を望んでいたからである。このためにビゼルタ獲得というロンメルの要求は熱心な応援を受けた。[*21]

こうしてヴィシー政府との交渉が始まった。最初に首相ダルラン提督は、アフリカにあるトラックをドイツ軍に売却するよう求められ、彼はすぐに同意した。[*22] ヒトラーはこの成功に勇気を得て、次には五月一一日ダルランを呼んで差し向いの会談を開いた。その中で彼は、トリポリ港の荷揚げ施設は「能力いっぱいまで使われており」、ビゼルタ使用の許可を求めたいと述べた。ダルランはこの要求に譲歩し、かくして五月二七〜二八日にドイツ・フランス議定書がパリで調印され、ドイツにビゼルタ通行権が認められた。この議定書によってフランス船が枢軸国によって用船されることも決められ、ナポリが塞がった場合には、ツーロンが船積み港として使われることも許されるとされた。[*23] だがちょうどこの時、ヴィシー政府はイギリス軍のシリア進攻に驚かされた。ドイツもまた別の理由によってフランスと合意したことを後悔するようになり、[*24] この年の夏が終わるまで枢軸国の荷物は一個たりともビゼルタを通ることはなかった。

他方ロンメルのほうは、ヒトラーの明白な命令に挑戦して四月初め攻撃を開始した。彼はイギリス軍に襲いかかってリビアから駆逐し、トブルクを包囲した。第一波の攻撃でトブルクからイギリス軍を追い出すことはできなかったものの、最後にはそれに成功し、エジプト国境のかなたのサルームで停止した。このロンメルの電撃的突進は、戦術的に輝かしいものではあっても、戦略的には大失敗だった。決定的な勝利を収められなかった一方、ただでさえ延び切っている補給線に、さらに七〇〇マイルをつけ加えることになったからである。OKHが予言したごとく、その結果として生じた負担はあまりにも大きく、ロンメルの後方部隊はそれに耐えられなかった。五月半ばロンメルは補給に対して初めて不平を言い始めたが、不平を言うのはこれが最後ではなかった。[*25]彼が直面した困難は、これまでしばしば主張されてきたように、マルタ島の戦闘能力を奪うことに失敗したからではなかった。補給がピークに達した五月でさえも、アフリカへの輸送途中で損失を受けたのは、荷積みした補給物資のうちわずか九パーセントにすぎなかった。[*26]二月から五月に至る間、ロンメルおよびイタリア軍は合計三二万五〇〇〇トンの補給物資を受け取った。すなわち現在の想像より四万五〇〇〇トン多いのである。[*27]

しかしながらいったん攻勢を開始するや、手元にある手段では、トリポリから前線までの広大な間隙に橋をかけることができなかった。その結果、桟橋には補給物資が溜る一方なのに、前線では不足が生じた。不足量はしばしば少量にすぎなかった。例えば、五月六日に緊急に必要とされた対戦車砲弾は数トンだった。[*28]だがそれにもかかわらず重大だった。同時にイタリア軍はさらに深刻な困難を味わいつつあった。二二万五〇〇〇の兵員に対して、たった七〇〇〇台のトラックしかなかったからである。[*29]

だから六月は危機の月だった。記録的な量の補給物資——一二万五〇〇〇トン——が荷揚げされたが、情勢は「日々非常に危険」であり、ロンメルはその日暮しを強いられた。[*30]四月四日に枢軸国軍は、エジプト国境からわずか三〇〇マイルしか離れていないベンガジ港を再占領したが、これによって事態はそれほど改善しなかった。というのは一ヵ月五万トンの沿岸伝い海上輸送を計画していたのに、

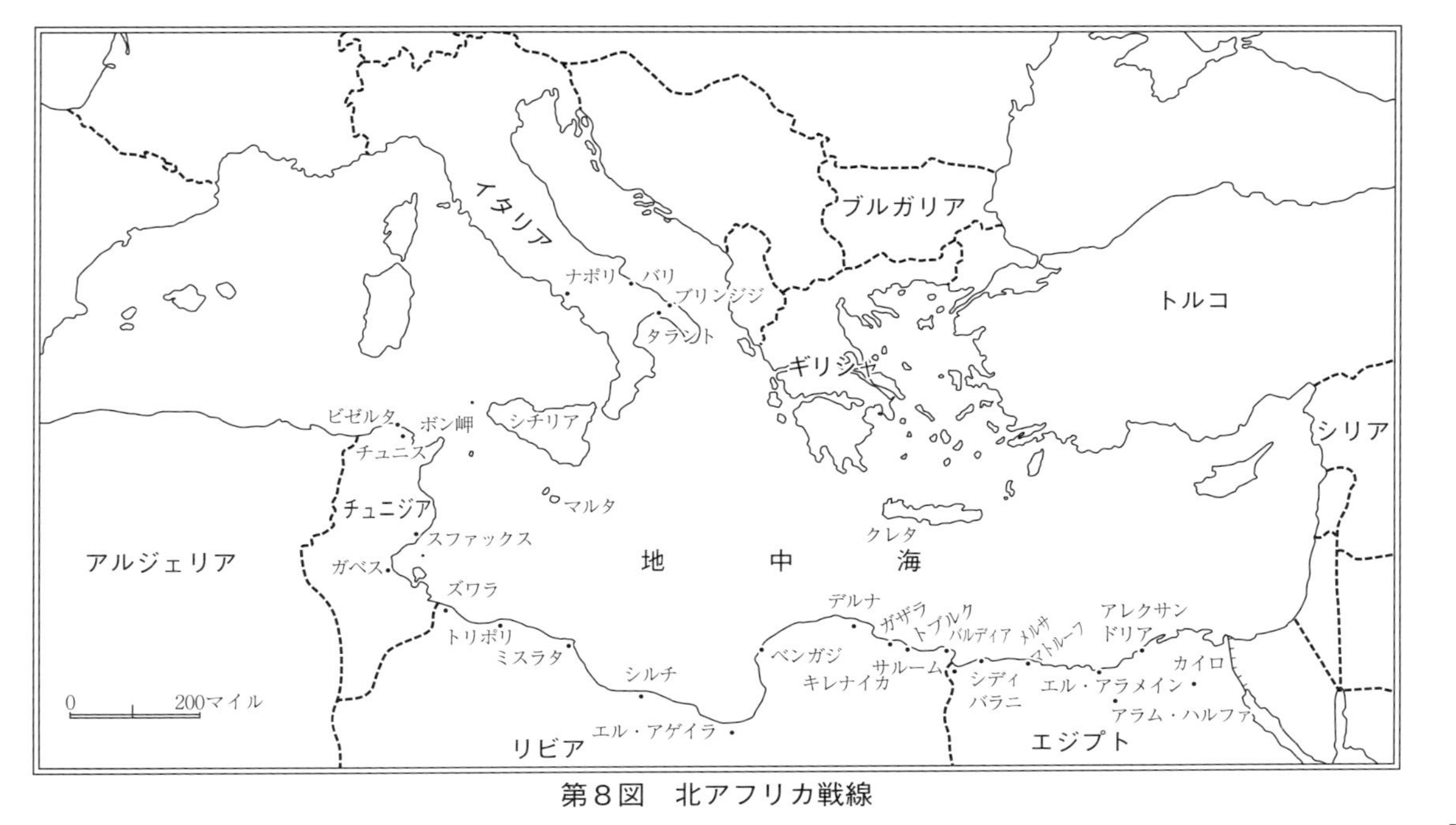
イタリア
ブルガリア
トルコ
ナポリ
バリ
ブリンジジ
タラント
ギリシャ
ビゼルタ
ボン岬
シチリア
チュニス
シリア
マルタ
チュニジア
スファックス
クレタ
アルジェリア
ガベス
地　中　海
ズワラ
デルナ
ガザラ
トブルク
バルディア
メルサ
マトルーフ
アレクサン
ドリア
トリポリ
ミスラタ
ベンガジ
サルーム
カイロ
シルチ
キレナイカ
シディ
バラニ
エル・アラメイン
0
200マイル
アラム・ハルファ
エル・アゲイラ
リビア
エジプト

第８図　北アフリカ戦線

わずか一万五〇〇〇トンしか運ぶことができなかったからである。[31] ベンガジは理屈の上では一日二七〇〇トンの処理ができることになっていたが、イギリス空軍の飛行距離内にあり、当然ながら空襲を受けた。[32] ほんの例外的に七〇〇～八〇〇トンの荷揚げを行なうことはできたが、[33] そのためにトリポリでは補給物資が溜る一方だった。他方でロンメル軍の状況はますます深刻になっていた。

ロンメルは、暴風のような突進によって自らを窮地に陥れた。ベンガジ港の能力が、前述のように制限されていたため、現在地に留まることは惨事を意味した。退却すればOKHがやはり正しかったと認めるに等しかった。OKHでは、今やロンメルは「頭がおかしい」という評判をとっていたのだ。[34] 危地から脱出する唯一の方法は、トブルク港を攻撃し占領することだった。だがロンメルは、その作戦を行なうにはドイツ機甲師団が四個以上必要であると認めざるをえなかった――最初フォン・トーマが考えた数字と全く同じである。[35] しかしこれは不可能な要求だった。ドイツ軍はすでに完全にソ連に対して投入されていたし、それればかりではなくロンメルの要求を認めることは、ドイツ・アフリカ軍団がさらに一ヵ月二万トンの補給物資を必要とすることを意味しており、そのための荷揚げ設備がなかった。[36] イタリア軍との間に相談が行なわれ、ロンメルは手元にある部隊で間に合わせるということで合意が成立した。[37] 慰めのために、在リビアの枢軸国軍は七月三一日付けでアフリカ装甲軍と改名され、今や大将に昇進したロンメルは、ドイツとイタリアの両軍を任された。

一九四二年に起こったことから見て、トブルクを占領してもロンメルにとって救いとなったかどうかは疑問である。同港は理論的には一日当たり一五〇〇トンを荷揚げすることができたが、実際には稀に六〇〇トンを超しただけだった。ドイツ海軍はトブルク港の利用について相談を受けた時、大型船の陸揚げ港として使うことはできないとはねつけ、OKHに対し、ロンメルに補給するにはもっぱらトリポリとベンガジに頼ったほうがよいと述べた。[*38] この時期（一九四一年七〜八月）、海岸伝いの輸送船もベンガジを十分に利用するほど数が多くはなかったから、[*39] トブルク占領によって補給困難を解決しようというロンメル案は、極めて実行困難のように思われる。

そうこうしている間に、ロンメルの背後では地中海情勢が悪化しつつあった。これまでアフリカ行きの護送船団をシチリア島の基地から守っていたドイツ第一〇航空軍が、六月初めに大部分ギリシャに移動させられた。そのためにマルタ島や他の地域に基地を置くイギリスの海・空軍が、徐々に行動の自由を回復した。海上での損害は、それまでは取るに足らなかったのだが、こんどは驚くほどふえ始めた。七月にはリビアに送られた全補給物資の一九パーセント（重量）が沈められた。八月には九パーセント、九月には二五パーセント、一〇月には再び二三パーセントになった。[*40] そのうえ九月にはベンガジが大爆撃された。そのために船舶はトリポリに向けられ、これによって補給線は二五〇マイルから約一〇〇〇マイルに延びることになった。いろいろな関係司令部が、今や互いに非難をぶっつけ始めた。常に反イタリア感情の強かったロンメルは、イタリア軍最高司令部の非能率を非難し、ドイツ国防軍が補給の組織全体を受け持つべきと主張した。[*41] ドイツ海軍はこれに同意するとともに、イタリアがトリポリに強く執着するのは、「戦後に備えて」商船隊を取っておこうという彼らの願望に関係があるのではないかとの疑念を表明した。[*42]

ＯＫＨは、ドイツ空軍が東部地中海の諸目標への攻撃を優先して、護送船団の防衛をおろそかにしたことを示すために、詳細な研究を準備した。[*43] また補給物資をギリシャから直接キレナイカに送る可能性が研究された。だがこうするとベオグラードからニッシュに至る単線軌道に依存することになるが、同線はいつも爆破されていた。[*44] 他方イタリア側は、トリポリを常に利用することが「敵軍を分断するために」必要だと論じ、自国の海軍はマルタ所在のイギリス軍を処理できる燃料を持っていないと述べて、ドイツ空軍がその任務と取り組むよう要求した。だがOKH司令官がイタリア軍に対し、リビアの諸港が機能できるようドイツ海軍の要員を援助に送ろうと申し出ると、この提案は丁重に断わられた。[*45] 一〇月初旬、アフリカ装甲軍にとって最も緊急に必要なものを空中から補給するために、熱心さに欠ける試みが行なわれた。しかし航空機の不足のために失敗に終わり、[*46] 一層非難と反論を呼び起こした。ある時にはロンメルはあまりにも自制心を失い、幻のイギリス護送船団が地中海を横切るのを想像し始めた。そのために彼は陸軍総司令部から激しいけん責を受けた。[*47]

一つの事実が混乱の最中で全く見落とされた。何としたことかイタリア軍が、平均七万二〇〇〇トンの物資——すなわちロンメルの予想以上——を、七月から一〇月に至る連続四ヵ月間地中海を運ぶことに成功したのである。[*48] それゆえにロンメルが直面している困難は、ヨーロッパからの補給の不足に起因しているのではなくて、アフリカ内でのとてつもなく長い補給線に原因があった。例えばロンメルは、貴重な燃料の一〇パーセントもが、残りの九〇パーセントを運搬するだけに必要になっていることを発見した。[*49] もしもアフリカ装甲軍用の燃料が、必要物資全体のうちの約三分の一を占めているとすると（水と兵員を除く）、北アフリカに荷揚げされた全燃料のうち、三〇ないし五〇パーセントはトリポリと前線との途中で消費されるという推測が当然成り立つだろう。片道一〇〇〇マイルの砂漠の走行を強いられて、車両の三五パーセントはいつも故障していた。そのような条件下では、どんな補給業務であれ崩壊せざるをえなかった。

一一月になって必然的に危機が生じた。同月九日の夜、二万トンを運搬していた五隻の護送船団が、すべてボン岬沖でイギリス海軍部隊によって沈められた。その後イタリア軍は、トリポリは「実質上閉塞された」と宣言した。[*50] 一一月に陸揚げされた補給物資は、三万トンという惨憺たる数字に低下し、[*51] 他方使用船舶の損失は三〇パーセントに上昇した。[*52] しかしながら、ロンメルの主力戦闘部隊を構成するドイツ軍二個師団は、合わせて一ヵ月約二万トンを消費し、それに若干の補給物資を手持ちしていたから、右記の補給の減少は直接的には重要ではなかった。むしろ問題なのは一一月一八日に開始されたイギリス軍の攻勢のために、アフリカ内部のルートが安全でなくなったことだった。イギリスの飛行機と装甲車はトラック輸送隊に重大な損害を与え、その輸送能力を半分に低下させた。移動が夜間だけしかできなくなったからである。[*53] 一一月二二日以降の数日間、両師団とも後方を断たれ、護送補給隊がたまにくぐり抜けてくるだけだった。[*54] このような状況下では戦線を維持することはできず、一二月四日ロンメルは総退却を命じた。奇妙なことにドイツ・アフリカ軍団兵站将校の日誌は、同日付で次のように書かれている。「補給状況はあらゆる観点から見て有利である」[*55] と。

初めは退却のために状況はなお一層悪化した。海岸沿いの街道が西に移動する人と車で詰まってきたばかりではなく、貯蔵物資を撤退させるために車両の不足がますますひどくなったからである。車両を護衛する戦車がなかったために、アフリカ装甲軍の輸送トラックのうち、五〇パーセントがイギリス軍装甲車のために粉砕された。[*56] だが退却によって補給距離は断然縮まり、一二月一六日にはロンメルはベンガジ近くにあって同市撤退を準備していたものの、「(ドイツ・アフリカ軍団の兵站) 将校は不安を持っていない。各師団とも十分に補給を受けたからだ」と述べている。[*57]

しかしながら全体として言うならば、アフリカ装甲軍は決して満足すべき状況にはなかった。一一月一四日にドイツの圧力によってイタリア軍はトリポリへの海上輸送を再開した。[*58] だが当初はこれによって損害はふえるいっぽうだった。一二月中頃までに特に燃料が不足し、そのために在アフリカのドイツ空軍は、一日に一回の出撃ができるだけだった。[*59] むろん、このような状況を永く続けることはできなかった。ヒトラーは提督たちの反対を押し切ってUボートの地中海派遣を決定し、さらに一二月五日には、ソ連から部隊を引き抜いて地中海のドイツ空軍を急いで増強することが発表された。[*60] 暫定的方法としてドイツはフランスに重圧をかけて、三六〇〇トンの燃料売却を認めさせた。[*61]

他方イタリア軍はロンメル救援のために全面的な努力を払った。戦艦を使ってロンメルの退却を助け、潜水艦によって燃料をデルナおよびベンガジに送った後、イタリア軍は次に全力をふりしぼって戦艦四隻、軽巡三隻、駆逐艦二〇隻を送り、一二月一六～一七日にリビアへの船団護衛に当たらせた。作戦は成功したけれども——戦艦リットリオが損傷を受けたのみ——これによって北アフリカの枢軸国軍を悩ませているもう一つの問題が劇的に明瞭になった。それは港の荷揚げ能力が非常に低いために、実際にはたった四隻の船舶しか護送することができず、しかもそのうちの一隻は護送船団を離れて、トリポリよりもベンガジに向かわざるをえなかったことである。[*62] 合計二万トンの商船隊を護衛するために一〇万トンの軍艦を使ったわけであり、その燃料コストは甚だ高価についた。一月初めにもう一度、このような大規模な作戦を繰り返すことができただけで、後は続かなかった。

ムッソリーニは、心に抱いていたフランス領チュニジアの征服構想を復活させるために、危機を利用しようとした。一二月二～三日に彼は情勢を緩和するために様々な対策を提案した（その中にはドイツ軍の石油をイタリア海軍に供給することや、ドイツ輸送機の「大規模」使用が含まれていた）。だが同時に彼はビゼルタ港だけが問題を明確に解決するだろうとつけ加えた。[*63] ヒトラーは最初の二つの対策には賛成したが、あまりにも圧力を加えすぎるとフランスをイギリスの陣営に追いやるかもしれないことを恐れて、ムッソリーニのチュニジア計画を却下し、ビゼルタからリビアに至るルートは、いずれにしても遠すぎると述べた。[*64] そのため一二月八日にはイタリア軍最高司令官は、チュニジア併合構想は「ご破算になった」と考えた。[*65] しかし一二月二四日ロンメルがベンガジを撤退すると、ムッソリーニは再び議論をむし返して、ドイツがフランスに対し「譲歩」することを要求した。さらに彼は、もし必要となれば「イタリア全海軍」を使用することも辞せずと述べた。[*66] 恐れをなしたヒトラーは、ヴィシー政府との交渉再開を認めたが、交渉は何の成果も得られなかった。[*67]

ビゼルタ港が使えたらロンメルが助かったかどうかは非常に疑問である。アフリカでの荷揚げ能力の問題は一挙に解決されたろうが、さらに五〇〇マイルという輸送距離が、延び切った補給線につけ加わることになったであろう。五〇〇マイルのうち、三〇〇マイル強は二本の別個の鉄道線を使えたが、ガベスからズワラに至る一五〇マイルの距離は、自動車によって運ばなければならなかったろう。その自動車が不足していた。トリポリまでの全ルートはもとより、ビゼルタそのものもマルタ島からの空襲圏内にあり、鉄道線はイギリス空軍にとって絶好の標的となったであろう。この事実から考えると、「全イタリア海軍」はマルタ占領に使ったほうがよかったであろう。もっともそうしたところで、ロンメルを苦しめている二つの根本的な問題――港湾能力とアフリカ内陸部での輸送距離の長さ――を取り除くことにはならなかったであろう。

そうこうしているうちに、ドイツ・アフリカ軍団兵站将校の日誌が示すように、事態は改善されつつあった。たった三万九〇〇〇トンが地中海を渡ったにすぎなかったのだから、改善されたと言っても海上輸送路の安全性向上とはあまり関係がないことは明らかである。むしろトリポリ近辺で、一万三〇〇〇トンのイタリア軍燃料備蓄を思いがけなく発見したためなのだ。[*68] さらに重要なことは、エル・アゲイラへのロンメルの撤退によって、補給線が四六〇マイルという扱いやすい距離に縮まったためである。一九四二年一月六日、六隻の補給船を護衛した第二回の「戦艦護送船団」が到着したために、状況はいっそう緩和した。一月の間アフリカに到着した補給物資は、ほとんど五万トンを超すことはなかったが[*69]、アフリカ装甲軍、特にドイツ・アフリカ軍団は新年を極めて気持よく迎えた。[*70]

最後までたたった港湾不足

一九四一年の初めにはヒトラーは権力の絶頂にあり、全西ヨーロッパを支配するとともにバルカン半島へも勢力を伸ばす準備をしていた。それから一年後、ドイツ支配下の領土は巨大なまでに広がっていたけれども、事態は完全に変り早くも第三帝国の周りには影が濃くなっていた。一九四一年一二月一〇日アメリカ合衆国が正式にヒトラーへの戦争に参加した。同じ頃ドイツ国防軍はソ連で進撃を止められ、次いで戦争開始以来初めて押し戻されようとしていた。一部の評論家が言うように、この頃ドイツが戦争に勝つ望みを失っていたかどうかは、いまだに疑問である。確かにドイツに残された可能性の一つは、西部の敵がすべての資源を集中しないうちに、全力をもって使用可能の全兵力を集結して東部の敵を撃破することだった。そのためにはあらゆることを、この一つの目的に向けるべきだったであろう。

このような状況の下では、北アフリカで新攻勢を起こすことが正しかったかどうか疑問である。一九四二年一月ロンメルはなお広大な防衛地域を抑えていた。補給線が短くなるにつれてロンメルの補給状況は好転し、数百マイルにわたって砂漠の上に兵站組織を維持するという困難な仕事は、今は敵方にのしかかっていた。ケッセルリングの第二航空艦隊の到着によって、中部地中海の情勢は大いに緩和されたが、トリポリから前線までの間に鉄道線が建設されない限り、補給は本当に安全とはならないであろう。[*71]さすがのロンメルも、攻撃を再開すればすぐに兵站上の困難が再び現われるに違いないということを見逃すわけにはいかなかった。それゆえにロンメルは、補給部隊向けに八〇〇〇台のトラックを増強するよう要求した。これは論外であった。というのは、この時ソ連で作戦していたドイツ装甲軍は、四個軍を全部合わせても一万四〇〇〇台のトラックしか集めることができなかったからだ。[*72]ＯＫＨ、リンテレン、さらにムッソリーニでさえもこの要求を拒否し、ロンメルに向かって、また攻撃をすれば補給は崩壊するだろうと警告した。[*73]だがロンメルは続けて二度も警告を無視し、再び電撃戦を仕掛けた後、一月二九日ベンガジに再入城した。幸いそこで若干の昔の貯蔵物資を手に入れることができた。あとの経過はロンメル直率のドイツ・アフリカ軍団（ＤＡＫ）の日誌の中に読むことができる。二月九日一〇〇パーセントの補給は早くも戦闘部隊に保証できなくなり、翌日には戦術的展開のために補給能力はさらに低下、遂には距離の長さと車両の慢性的不足のために、もはや弾薬は前進部隊に到着しなくなった。二月一二日、ＤＡＫの補給将校は腹を立ててロンメルに対し至急に面会したいと申し入れた。二月一三日、前進はトリポリから九〇〇マイルのエル・ガザラで停止すると発表された。[*74]

二月中旬から五月までの間、アフリカ装甲軍とＯＫＨとの間のおびただしい通信には、兵站状況に関する不平は少ない。[*75]これは注目すべきことである。というのは兵力増強によってロンメル軍は一〇個師団（ドイツ軍三個師団、イタリア軍七個師団）にふくらみ、そのために必要物資は一ヵ月一〇万トンにふえたのに、[*76]実際にロンメルが受け取ったのは、この四ヵ月を通じて一ヵ月平均六万トンにすぎなかったからである。[*77]この量は、もっと小部隊だった頃のアフリカ装甲軍が、困難な時期だった一九四一年六〜一〇月に受け取っていた量を下回っていた。それにもかかわらずロンメルは、まず第一に攻勢を掛けることができ、次に再び大規模な新攻勢を準備することができたのだ。このような一見して理解できない事実も、次のように考えることによって説明がつく。第一は一ヵ月一〇万トンという要求が、非常に誇張されたものであること。すなわちこの数字は、完全装備のドイツ軍一〇個師団に必要な量だが、実際にロンメルの指揮下にあった部隊は、はるかに小規模だった。[*78]第二は、前年の攻撃時には大して役立たなかったベンガジが、今度は全能力を発揮したために、アフリカ装甲軍はトリポリから九〇〇マイルのところにあっても補給を受け続けられたこと。[*79]その結果、補給物資のうちの約三分の一は、なお甚だ遠いとはいえ、二八〇マイルという短縮された距離を輸送されればよいことになった。

だがベンガジの東側には全く港がなかったために、攻撃をさらに続行すれば再び危機に陥るのは必至だった。ムッソリーニとイタリア軍総司令官カバエロ将軍は、このことを悟って進撃停止を要求した。しかしロンメルはトブルク、リビア・エジプト国境、さらにその先まで突進するために、増援を待つ間だけ留まるつもりだった。イタリア軍最高司令部から補給方法を尋ねられた時、ロンメルはわからないと告白するとともに、いずれにしても兵站業務は戦術的状況に「適応」せざるをえないであろうと述べた。[*80]イタリア軍はロンメルを諦めさせることができなかったので、中部地中海のイギリス軍の要衝、マルタ島を占領したいというヒトラーの願望を利用して、ロンメルがアフリカで攻撃を再開する前に彼の計画実行を阻止しようとした。[*81]イタリア軍は七月末までは実行できないような大規模な上陸作戦を準備することによって、ロンメルが秋まで攻撃を延期せざるをえないようにさせようとした。[*82]新任の南部ドイツ軍総司令官ケッセルリング元帥はこの計画を軽蔑し、一撃でマルタを占領するようにイタリア軍を説得しようとした。[*83] だがイタリア軍は頑固で、問題は四月二九～三〇日の枢軸国首脳会談に持ち込まれた。ヒトラーが早期攻撃案を支持したため――彼はエジプトに「革命の機が熟しつつある」と考えていた――妥協的解決が図られた。すなわち五月下旬にロンメルは攻撃を始めトブルクを占領することになった。しかしロンメルはエジプト国境を越えることはできず、六月二〇日までに作戦を完了するように命じられた。そうすればドイツ空軍はマルタ占領のために再展開できるわけだ。[*84]

最近三〇年間、この決定の当否が果てしなく議論されてきた。純粋に戦術的見地に立てば、この決定はあるいは正しかったであろう。キレナイカの飛行場がイギリス軍に渡るのを防いだためにマルタは孤立した。[*85] 他方兵站上の問題ははるかに複雑だった。すでに見てきたように、ロンメル軍の補給はマルタに左右されたのではなく、むしろリビア国内の港湾能力とアフリカ内部の走行距離いかんにかかっていた。前者の問題は恐らく解決可能であったろうが、後者は未解決のままにならざるをえなかった。ドイツ・アフリカ軍団に編成通りの資材を運搬する車両が不足していたからである。[*86] 例えばサルームに前進すれば、戦略的勝利を生み出さないにもかかわらず、すでに延び切った補給線にさらに一五〇マイルをつけ加えるだけだったであろう。それはドイツ軍指揮官が保有する石油をベンガジからトリポリへ転用する量が増え続けていたことをイタリア軍が石油燃料の不足の言い訳にしていた時期と重なっていた。[*87] トブルクの荷揚げ能力が非常に低かったために、マルタを占領したところでロンメルの補給問題を解決することにはならなかっただろう。このことは前年の六月にすでに明らかになっていた。この時補給物資が実際上妨害を受けることなく地中海を渡っていたのにもかかわらず、アフリカ装甲軍の補給線が長かったために果てしなく問題が生じていたのである。

したがって枢軸国が直面していた問題は二重のものであった――イタリアからの護送船団の安全をいかに守るかということと、前線から適度に後方にどうやって能力のある港を確保するかである。勝利を獲得するためには、この二つの問題の解決が重要だった。しかしながらこれを別個に解決するのは不可能であろう。とすると二つの道が枢軸国には残されていた。一つはイタリア軍の提案を受け入れること――すなわちロンメルは現在位置に留まるべきであり、イタリア軍は好きな時にマルタを占領すべきだということである。そうすればイタリア海軍用の石油が発見できたであろうし、ベンガジ港の拡張ができたであろうから、ロンメルは永久的に持ちこたえることができ、後日エジプトへの大攻勢を準備することができたであろう。これにかわる方法は、十分な増援部隊――二ないし四個のドイツ装甲師団[*88]――を仰ぐことであり、かつ十分な貯蔵物資を集積して、ロンメルをして一挙にアレクサンドリアを占領させることであった。このようにすればハルダーが一九四〇年初頭に指摘した[*89]ごとく、荷揚げ能力の問題はきっぱりと解決されたであろうし、他方同時にマルタを戦略的な後方孤立地帯に陥れて、兵糧攻めにできたであろう。[*90]

マルタが枢軸国の掌中にあろうとなかろうと、アレクサンドリア攻撃が実行可能だったかどうかは疑問である。ヒトラーが手元に増援部隊を持っていたとしても、それをアフリカに持ってくれば、アフリカ装甲軍の必要物資はベンガジとトリポリ両港の能力をはるかに超えてしまっていたであろう。このことを裏返して言えば、攻撃を起こすために物資を集積することは、絶対不可能だったであろう。他方アフリカ内陸部で貯蔵物資を運搬するのに必要な車両数は、ドイツ国防軍の非常に限られた資源をはるかに超していた。恐らく問題解決の唯一の方法は、アフリカ装甲軍からイタリア兵という役立たずの重荷を取りはずすことだったであろう。一九四〇年一〇月にトーマ将軍が要求したのはこのことだったのだ。しかしながら、もしこれに応じれば戦争の性格は変わっていたであろう。また、もしマルタを占領していたら、ロンメルは基地から適度に離れたところで、永久的に持ちこたえることが可能になっていただろう。これがもともと彼に割り当てられていた任務だったのだ。それ以上のことをやろうとするのは、イタリア軍の将軍カバエロやリンテレンが飽きもせず指摘しているように、兵站という苛烈な現実のために失敗せざるをえなかったのだ。

このような状況下で現実にとられた解決手段は最悪のものだった。五月二六日にロンメルは攻勢を開始した。六月二二日にトブルクを占領、港が無傷のままなのを発見した。[*91] だが枢軸国軍はこの成功を利用する状態にはなかった。六月の船舶損失量は五月に比べほとんどふえていないにもかかわらず、海軍の燃料不足のためアフリカ行きの船舶トン数が三分の二に落ち、他方荷揚げされた補給物資は一五万トンからなんと三万二〇〇〇トンに落ちてしまった。そのうえ燃料不足によって、このようなわずかな荷物でさえ陸揚げはトリポリではなくベンガジで行なわざるをえなかった。[*92] このことによってロンメル軍の状況は絶望的になった。現在地に留まることができないために、ロンメルは退却するか、現地徴発に望みを託して「敵中突破逃走」を図るしかなかった。[*93] ドイツ軍南部方面総司令官の賛成を受けたイタリア軍最高司令部の抗議[*94]も、何ら役には立たなかった。ロンメルはトブルクで鹵獲した補給物資でナイル川まで行けると主張して、攻撃続行を決意した。他方ヒトラーは、マルタ作戦にはそれほど熱心でなかったのでロンメルの意見を支持した。[*95] 枢軸国軍の希望は今や二〇〇〇台の車両、五〇〇〇トンの補給物資、なかんずくトブルクで鹵獲した一四〇〇トンの燃料にかかっていた。[*96] だがこれだけでは十分でなかったのだ。さらに四〇〇マイル前進した後、疲労と激化した抵抗と、それのみならず「困難な補給事情」とによって、アフリカ装甲軍は七月四日停止した。[*97] ロンメル自身が後になって認めたごとく、この地点で停止したのは幸運だった。もしそうでなかったら、ロンメルは二個大隊と戦車三〇両でアレクサンドリアに到着したかもしれないが、補給線はさらに長くなっていたであろう。[98]

アラメインで停止させられたけれども、ロンメルは決して諦めてはいなかった。彼はなお数日間の休養の後攻撃を再開するつもりだった。[99] しかしながら長い補給線からくる全面的な影響が、今や姿を現わし始めた。一ヵ月に必要な一〇万トンのうち、[100] トブルク――それ自体前線から数百マイル後方にある――が扱えるのはたったの二万トンだった。トラックは依然として不足しており、サルームからはイギリスの鉄道線を使うという企ては、一日に一五〇〇トンを運ぶという計画に対して、実際は三〇〇トンにすぎなかった。[101] 悪いことには、トブルク港とそこに至る海上ルートは、エジプトに基地を置くイギリス空軍の攻撃に絶望的なまでに身をさらされていた。補給船を直接トブルク（またはさらに小規模で攻撃にもろいバルディア港およびメルサマトルーフ港）に送るのは難しかった。一方補給物資を、前線からそれぞれ八〇〇マイル、一三〇〇マイル後方にあるベンガジおよびトリポリに荷揚げするのは、途方もない浪費と遅延とを意味した。このようなジレンマに直面して、イタリア軍最高司令部は逡巡した。七月、イタリア軍はアフリカ装甲軍からの嵐のような抗議を無視して、ベンガジとトリポリとでの荷揚げを選んだ。その結果損失船腹はたったの五パーセントにすぎず、九万一〇〇〇トンが海を渡ったけれども、補給物資が前線に到着するまでには何週間もかかることになった。[102] ロンメル自身は明瞭にジレンマがわかっていたが、それでも彼はイタリア軍は船舶を直接トブルクに差し向けよと主張した。[103] そのために八月には船舶損失量は四倍に増加し、海を渡った補給物資は五万一〇〇〇トンに低下した。[104]

こうした事実からの教訓は十分に明らかだった。マルタが枢軸国の掌中にあろうとなかろうと、トリポリおよびベンガジ向けの船舶は安全無事だったが、その東方に向けられた船は、いたずらにトブルクをして「イタリア海軍の墓場」と化したのみだった。[*105] それゆえに八月半ば、イタリア軍はロンメルの要求を無視して、トリポリおよびベンガジに集中することを決断した。[*106] これによってアフリカ装甲軍の状況は絶望的になった。現在地に留まることは自殺を意味した。ロンメルは、八月に必要だとした三万トンの燃料のうち八〇〇〇トンしか持っていなかったが、今やすべてのものを賭けて、ナイル川へ向け最後の突破を試みることを決意した。彼はケッセルリングの支持を受けた。ケッセルリングはトブルクに向けてもっとタンカーを送ると約束した。タンカーが沈められると、ケッセルリングは一日に五〇〇トンの燃料を飛行機で運び込むといった。だがケッセルリングの約束した飛行機は来なかった。そして一万トンという貴重な燃料を費やした後、「あのロンメル野郎」はアラム・ハルファで四日間の激しい戦闘を戦い、結局攻勢発起点に戻った。[*107]

これまで試行錯誤を重ねてきたが、すでにロンメルは戦争が負けであることを悟った。彼はアフリカ撤退さえも考え始めたが、この時ヒトラーが介入し退却を禁じた。[*108] アフリカ装甲軍の抗議を無視して、イタリア軍は九月もトリポリおよびベンガジに物資を集積した[*109]――その結果海を渡った補給物資は七万七〇〇〇トンにふえ、一〇月は僅かに落ちただけだった。これらの補給物資は決してロンメルの必要量を満たすものではなかったが、このことは海上での被害に原因があったのではなかった。九月の船舶損失は七月の水準に低下し、一〇月にはまたふえたものの、[*110] まだ八月の水準をはるかに下回っていたからだ。[*111]

ロンメルが直面した困難は、むしろアフリカ航路を往復する船腹量が急激に減少したことに起因していた。[112] これが本当に船舶の不足を反映したものなのか、それともこれ以上船を失いたくないというイタリア軍の気持ちに原因があったのか、論断するのは難しい。最も信用するに足る数字によれば、イタリアが一九四〇年六月に地中海で保持していた船舶一七四万八九四一トンのうち、一二五万九〇六一トンが一九四二年末までに沈没した。しかし、この間に五八万二三〇二トンがドイツ船またはドイツ鹵獲船の形で加わり、さらに約三〇万トンが新造船、沈没船引揚げなどによって追加されているから、一九四二年末の使用可能の全船舶量は約一三六万二六八二トンに達していたはずである。すなわち開戦時のイタリア所有量の七七パーセントである。[113] そのうえ重要なのは、カバエロ将軍が一九四二年一〇月中旬の時点でも、その年のイタリアの損害は〝軽微〟であると表現できたことである。[114] いずれにしてもロンメルは、船舶が不足しているわけはないと言い、イタリア軍は自国の軍隊だけを大事にしていると非難した。[115] 情勢が悪化するにつれて、枢軸国同士の対立は激しくなったが、何の役にも立たなかった。エル・アラメインの戦闘の開始時、ロンメル部隊が所有していたのは燃料三携行定数――アフリカでは三〇定数が必要だと彼は主張していたのに対して――弾薬八ないし一〇携行定数だった。トブルクからの鉄道線は荷物であふれていたために、輸送状況は再び「極めて困難」だとされた。[116] 事実一万トンの補給物資はなおトブルクにあり、そこから前線まで運搬するのは不可能だった。

結論

北アフリカでの戦争が終わった後、ロンメルはこれを痛烈に批判し、もしもヒトラーがチュニジアを占領しようというむだな試みに注ぎ込んだ兵力と補給物資の一部をロンメルに振向けていたら、イギリス軍を何度でもエジプトから追い出すことができたであろうと述べた。この主張には、その後多くの著述家から賛成の声があった。しかしこの主張は、在アフリカの枢軸国軍の立場がロンメルの退却と西アフリカ北部への連合国軍上陸によって、全く変わってしまったという事実を無視している。当時枢軸国軍はフランス商船隊をだ捕したばかりでなく、ビゼルタとツーロンの両方を占領することによって、アフリカ装甲軍が経験したことのないような速度で、アフリカへ増援部隊を派遣することができた。だが、それでも軍隊をチュニジアに長く留めておくことはできなかったのだ。

リビア作戦に限って言えば、その教訓は明らかである。第一に、ロンメル軍の補給困難は常に北アフリカの港湾能力が限られていたことから起こった。そのために補給可能の最大兵力は限定されていたし、それのみならず護送船団の規模も限られており、燃料および使用船舶から見て、護送任務を途方もなくコスト高なものにした。第二に、「護送船団の戦い」を重要視する見方は非常に誇張されている。恐らく一九四一年一一～一二月を除けば、中部地中海での海対空の戦いが北アフリカの戦況に決定的影響を与えたことは一度もなかった。一一～一二月の時でも、ロンメル軍の困難は海上での損害よりも、むしろアフリカ内陸での遠距離――かつ脆弱――な補給線に原因があった。[*117] 第三に、マルタ島は占領せずとの一九四二年の枢軸国側の決定は、北アフリカでの戦闘の結果に対して重要ではなかった。それよりもはるかに重大なのは、トブルク港が非常に小さく、しかもエジプトからやってくるイギリス空軍の攻撃に対して、絶望的なまでに身をさらしていたことだった。

しかしながら、以上の要因にもまして重要なのは、アフリカ内陸で走らなければならない距離の長さであった。この距離は、ソ連を含めてこれまでドイツ国防軍がヨーロッパで経験していたものをはるかに超えており、しかもその距離を走るトラック輸送隊が少数しかなかった。なるほど一九四二年には若干ながら沿岸海上輸送が行なわれた。だがイギリス空軍が制空権を握っている限りは、その効果は限られていた。港に近づけば近づくほど空中からの攻撃にさらされたからである。この事実から見て、駐イタリア武官のリンテレン将軍が鉄道だけが補給問題を解決する唯一の方法だと指摘したのは正しかった。結局のところイギリスが採用した解決策の一部は鉄道だった。だがイタリア軍は、このために資源を動員しようとはしなかったし、ロンメルもそれを待つほどの忍耐を持ち合わせていなかった。

一九四二年の夏と秋のロンメル軍敗北はイタリアから燃料が来なかったからであるとか、極めて重要なタンカーが思いもかけず大量に沈められたためであるとたびたび主張されてきたけれども、実際のところ根拠はない。一九四二年九月二日から一〇月二三日までに沈められた船のリストを詳細に調べると、合計二七隻のうちタンカーはたったの二隻だった。*118 同様にロンメルが七〜一〇月に受け取っていた燃料の月平均量は、二〜六月の平穏な時に受領していたものより実のところ若干多かったのである。*119 このことは、ロンメルが直面した困難はヨーロッパからの補給物資の途絶に原因があるよりも、むしろアフリカ内陸部での燃料輸送の不能に起因していることを示している。エル・アラメインの戦闘の間、アフリカ装甲軍の限られた貯蔵物資のうち三分の一もが、前線より数百マイル背後のベンガジになお滞留していた事実を想起すべきである。*120

最後に言えば、ヒトラーはロンメルを十分に助けなかったという、しばしば聞かれる説は正しくない。ロンメルは北アフリカで維持できる最大の部隊を与えられたし、それ以上の兵数を与えられた。その結果一九四二年八月末になっても、彼の情報将校が推計したところによると、アフリカ装甲軍は戦車と重砲の数において、イギリス軍を上回っていた。*121 これらの部隊を維持するために、ロンメルは同程度の規模と重要性を持つ他のドイツ軍団よりも、比較にならぬほど多くのトラックを与えられていた。もしもアフリカ内陸での補給線確保が、これまで述べた原因の結果として全く不可能だったとしたら、ロンメル自身が大部分その責任を負うべきだった。彼は次のように悟ったが、その時はすでに遅すぎた。

軍隊が戦闘の緊張に耐えるためには、まず第一に不可欠の条件として武器、石油、弾薬を十分に貯えることである。実際のところ撃ち合いが始まる前に、戦闘は兵站将校によって行なわれ決定されるのである。いかなる勇敢な兵士といえども銃なしでは何事もなしえず、銃は十分な弾薬なしには何事もできない。だが機動戦においては、車両とそれを動かす石油が十分になければ、銃も弾薬も大して役には立たない。保守修繕も、敵のそれに対して量的にも質的にも同等でなければならない。[*122]

ドイツ国防軍が一部しか自動車化されず、本当に強力な自動車産業によって助けられていなかった以上、また政治的事情のためにイタリア軍という無用の重荷を負わなければならなかった以上、あるいはリビアの港湾能力が低く運搬距離が非常に遠かった以上、ロンメルの戦術的天才をもってしても、枢軸国軍の中東進撃を補給する問題は解決不可能だったことは明らかだ。このような状況の下では、北アフリカでは限られた地域を守るために部隊を送るのだというヒトラーの最初の決定は正しかった。そしてロンメルが再三にわたってヒトラーの命令に挑戦し、基地からの適当な距離を超えて進撃を試みたことは誤りであって、決して黙認すべきことではなかったであろう。

第七章　主計兵による戦争

完璧な組織

これまでの研究では、歴史上最も壮大な機動作戦に意識的に関心を集中してきた。これらの作戦のうち一部は結末が上首尾ではなかったが、作戦に注がれた準備の大きさとその作戦の成功、不成功との間にどんな関係があるのか、明らかにされていないように思われる。例えばマールバラのドナウ川進撃は、ルーヴォワの包囲戦に比べてはるかに管理上の困難は少なかった――恐らく彼がこの作戦を企てたのは、まず第一にこのことが理由の一つであっただろう。ナポレオンの作戦のうち最も成功した二つ――一八〇五年と一八〇九年の作戦――は、ほとんど何らの準備もなしに始められた。ところがロシア戦役は大規模に、かつ前史に例をみないほど完全に準備されたにもかかわらず、記録的敗北から免れることはできなかった。一八七〇年の普仏戦争は奇襲で始まったけれども、そのための作戦準備はその前に何年にもわたって続けられており、その結果作戦の進行とモルトケの作戦計画との間には、ほとんど関係がなかった。第一次世界大戦前、一群の参謀将校たちは少しもひるむことなく、あらゆる時間を割いて――クリスマスでも――次の戦争を徹底的に計画した。だが戦争が始まってみると、全く予想外のものとなり、精妙を尽くして用意した計画でさえも敗戦をもたらしたにすぎなかった。その二五年後全ドイツ軍によるソ連進攻は、準備期間がたった一二ヵ月間しかない即席の早わざにすぎなかった――課題の大きさをあまり視野に入れたものではなかった。ロンメルのアフリカ遠征は準備が六週間もなく、事前の経験が全くないままで始められた。だが一般には、歴史上かつてないほど輝かしい軍事的才能を発揮した作戦と見なされている。

これらの多くの作戦には、非常に短時間の準備しか許されていなかったのだから、わずかな補給で遂行しなければならなかったのは当然である。ナポレオンは一八〇五年、軍隊に備え付ける予定だった荷馬車のうち、半分も手に入れることができなかった。一九一四年八月第一次世界大戦が勃発した時、ドイツ参謀本部は壮大な鉄道配置計画の完全組み替えを含めて、大規模な再編の最中にあった。[*1] 一九四〇年の第二次世界大戦発生時には、ドイツ国防軍の無敵の戦車師団は、大部分マークI型およびマークII型の戦車から構成されていた——これらは教育用以外には使う予定のなかった小型戦車であった。ドイツ軍の装備は砂漠戦を予定して設計されてはいなかったのだが、その多くはイギリス軍所有のものに比べて、北アフリカの作戦地域に適していた。[*2] これらの作戦を計画し遂行した人々は、現在その局にある人たちと同じように、「兵站計画の根本問題」は、準備に時間がかかることだと主張するであろう。[*3] 一つの新型装備を設計し完成させるには何年もかかるだろうし、さらに現有装備を大量生産するには数年かかるだろうが、戦術的条件——政治的条件は言うに及ばず——は、数週間または数日の間にも変わりうるのだ。これらの事実を踏まえて、歴史上の偉大な軍人は、計画立案の時間的長さには限界があることを悟っていた。これを悟らなかった軍人は、必ずしも成功を収めなかった。[*4]

過去に存在したおびただしい数の司令官たちは、政治的運命の変遷や戦術的条件の変化によって、理想的だと考えていた数量と種類に近い資源を使って、戦争をすることができなかったであろう。このことは、司令官にはある種の個人的資質が必要だということを意味した。例えば適応性、機略縦横、即製能力、そしてなかんずく決断力である。これらの素質を欠いていたら、いかに分析的頭脳を持ち洞察力の富んだ司令官でも、計算器より劣るであろう。だが司令官がそうした資質を発揮するためには、柔軟性のある幕僚と、過度の組織化によって硬直化していない指揮機構が必要だ。

軍隊の「中枢機構」が、その本体に比べてどれくらいの規模となるべきかは、正確には言えない。だがこのことと戦場での勝利との間には、なんら明確な相互関係がないことにも留意しなければならない。例えばナポレオンの皇帝司令部は果てしなく膨張して、遂には一万人という小型兵団になっていた。しかしこの大部分は無用の長物だった。なぜならナポレオンは常に自分ですべてのことをやっていたからである。大モルトケによって作られた組織は、恐らく二十数人の将校を数えるにすぎなかった。だが、いくつかの歴史上最も輝かしい勝利を収めることができた。シュリーフェン指揮下の参謀本部は、人間の作った誤りを免れがたい組織の中では最も完璧な機構だったであろう。だがその戦略は疑問が多かったし、その兵站術は恐らく戦略以上に悪かった。一九四一年、ドイツ軍はちゅうちょすることなく七〇個師団を単一の軍団の指揮下に置いた。その司令部は直下に八〇〇〜九〇〇人しか持っていなかった。それにもかかわらず一連の驚くべき勝利を収めることができた。ロンメルはしばしばほとんど司令部なしでやっていた。「マンモス」無線トラックに乗って戦場を回るか、偵察機に乗って戦場の上を飛ぶかしていたからである。

以上のように準備が悪く、部隊は急いで寄せ集めたもので、しばしば間違った装備しか持っておらず、その場の判断で作戦開始を命じられた戦争に比べて、一九四四年六月フランスに進攻した連合国軍は洞察力と組織の勝利を示した。この軍隊こそは自由に戦闘開始日時を決めることができ、あらゆる行動は二年間にわたって詳細に計画されていた。また当面の任務に必要だと見なされた手動装備について、後にも先にもないほどに選択し、設計し、開発し、テストし、製造することのできた軍隊であった。さらにその指揮官は、過去二つの世界大戦で数多くの大渡航作戦を経験していたために、最後の燃料缶に至るまで詳細な荷積み・荷揚げの準備を要求した。要するに歴史上比を見ないほどに組織的な計画に頼って、作戦を準備し遂行した軍隊であった。[*5] それだけにどのような指揮構造になっていたかについて一言しなければならない。

一九四四年九月連合国フランス遠征軍が編成された時、同軍は四七個師団より成っていた。これらは三個の軍集団――二個がアメリカ軍集団、一個がイギリス軍集団――に分けられ、さらにその下で六個の軍に分けられていた。これら部隊の総指揮権は連合国遠征軍最高司令部(SHAEF)の手中にあった。同司令部は米英混合の組織であり、それ自体が大規模な進攻作戦司令部と、さらにそれを上回る規模の後方作戦司令部とに分かれていた。これら本部の間のみならず、本部と米英両国の他の部隊との間の調整は、おびただしい数の委員会、事務局、連絡将校によって行なわれた。アメリカ軍部隊の補給業務に専念するだけでも、一九四三年一一月には五六二人もの将校や兵士が計画立案に当たっていた。これらの将兵は、九〇マイル離れた後方作戦司令部と進攻作戦司令部(それぞれCOMZ、ADSECと呼ばれた)とに配属され、相互の連絡を図るために「急使派遣制度」を設けていた。[*6]

総司令部を二つに分ける制度は、もともとは英仏海峡の両側で兵站組織を運用するために作られたのだが、全員がヨーロッパ大陸に渡り、ADSECが元の組織から離れようとして二つの司令部の間に摩擦が生じた後まで長く続いた。そのうえCOMZもADSECも直接SHAEFの下に従属していた。その結果在仏アメリカ陸軍部隊先任司令官ブラッドレー将軍は、補給物資を指揮下の部隊の間に配るのを要求することはできたが、それを命令することはできなかった。要するに、一九四四年の連合国軍は恐竜ブロントサウルスに似ていた。もっともブロントサウルスの場合は身体に比較して脳が小さすぎたが、連合国軍はそうではなかった。

組織とは別に、「軍隊の頭脳」の思考プロセスも批評に価する。これは「国民的」特性とみなされているものによってではなく、命令文書によってできた現実の諸記録に基づいて、最もよく研究することができる。一九四四年当時のＳＨＡＥＦは、最大の軍事的資質とは「問題に含まれている諸要因を冷静に推量し、巌のごとき決断に到達する」[*7]才能であるとした将軍に率いられていたが、同時に、「まず考え、次に実行せよ」という大モルトケのスローガンをも採用していたように思える。もっともＳＨＡＥＦは、考えることと実行することとの間のバランスをどうとるかは知らなかった。記録が示すところによれば、決定――しばしば非常に小さな問題についての――は次のようにして行なわれた。まず初めにある問題――例えばある港が口糧を取り扱うべきかどうかについて――を解決せよとの命令が発せられた。次いでこの責任は指揮系統を伝って下部に渡り、必然的にこれ以上、下の者には渡せないところまで達した。それから問題の港の偵察が行なわれ、あらゆる方面から見た報告書が書かれた。次に報告書が指揮系統に従って上に昇り始めるが、この間にあらゆる関係組織が議論を重ね、絶えず広い見解を反映させ、最後に最終責任者に到達した。こうして集められたすべての情報を基にして、彼は決断を明らかにすることになろう。このプロセスは組織的で、能率的で、極めて合理的なように見える。それがいかに能率的であるかを探るのが、この章の目的である。

だがこの仕事に取りかかる前に、少なくとも歴史家としての見地から見て、ＳＨＡＥＦの文書をかき回すのは期待はずれの作業であり、また、そのゆえにこそ有益な仕事であるということを付言しなければならない。かさ張った綴じ込みの中にある情報量は膨大であり、グラフや表、統計の数は、他の現代軍隊（例えば一九四一年のドイツ国防軍）の文書中にあるものをはるかに超えている。いわんやそれ以前の軍隊とは比べようもない。しかし、こうした大量の資料をすべてふるいにかけ消化したところで、最終的な分析では真に価値ある情報は少ししか発見できない。どうしてそうなのかを述べることは、この研究が終わった後でようやく可能となるだろう。他方、この書物で研究した作戦のうち、一九四四〜四五年に連合国軍によって行なわれた作戦のみが、使用した兵力のバランスから見て楽勝であったかどうかという問題が生じたことは、注目する価値はない。[*8] この問題に答えるのがここでの目的ではないが、そのような問題が存在していること自体は示唆的である。

数表を軽蔑したパットン

「戦争とは残酷なものだ。そこでは決定的な場所に最大の兵力を集中することを知っている者が勝つ」とは、ボロジノの戦闘を前にして瞑想したナポレオンの言葉だと言われている。あるひとりの人間の判断に基づいて、この決定的場所を見分けることは、天才がなしうるところか、さもなければ全くの偶然によるかのどちらかであろう。しかしながらひとたびその場所が確認されたなら、そこに兵士と資材を投入するのは、基地や補給線、輸送手段、組織——要するに兵站術の問題である。

「オーバーロード」作戦を計画した人々は、連合国軍によるヨーロッパ進攻が最終的に成功するかどうかは、敵を上回る速度で、兵力と資材を投入できるか否かにかかっていることをよく承知していた。問題そのものは、基本的には昔から司令官たちが直面していたことと変りはなかったが、連合国軍のやり方は独得だった。上陸する約一八ヵ月前から開始して、数千の構成要素から成る一つの巨大なモデルが徐々にでき上がっていった。これを作った目的は、兵員と資材の流れに影響を与えるありとあらゆる要因について、包括的な展望を行なうためであった。[*9] このモデル構築のために数ヵ月を費やした後、最も重要な要因は次のものだとされた。

(a) 上陸開始日のDデイに使用する上陸用舟艇、沿岸用舟艇、兵員輸送船、貨物船、タンカー、はしけの数。これらは一定時間内に揚陸できる兵員・装備の最大量を決定する。さらにこれらの船は荷物を積むために基地（場所はどこであろうと）へ戻らなければならないから、帰りの時間を短縮するため基地はできるだけ近くにあるべきだ。

(b) 海岸の広さと数、その勾配（もしあらゆる型の舟艇ができるだけ海岸に接近し、そうすることによって障害になるに違いない複雑な移動作業を省こうとするなら、勾配は極めて重要な問題である）、それのみならず海流、風、波浪の一般的状況、海浜から内陸部に入り込む道路も重要であった。海岸はいかにじょうずに選び巧みに作戦したとしても、すべての条件を長期にわたって満たすとは考えられなかったから、海岸を補うために二個の人工栈橋を建設、それを分解して英仏海峡を引いてゆくことが決定された。そのためにはまた地形学的および気象学的条件を満たすことが必要になった。

(c) 海岸から適度な距離のところに、かなりの能力を持つ停泊地があること（それ自体相互に関連した一連の要因に依存しているが）[*10]。そのような港湾があって初めて連合国軍の大陸拠点を長期確保できると見なされた。殊に上陸用舟艇や人工栈橋は、冬がやってきて使用が不可能になるまでの間の一時的解決策にすぎなかった。

(d) 空軍の援護が与えられること。連合国軍が敵の作戦を妨げ、敵の増援軍到着を防止できるかどうかは、これいかんにかかっていた。

このモデルを作り終えてから、モーガン将軍指揮下の計画担当者たちは地図にとりつき、これらの条件を満たせる場所をヨーロッパに探し始めた。その際彼らは、モデルの中に設定された条件がしばしば相互に矛盾していたために、「理想的な」上陸地が存在していないことをすぐに発見した。例えば、勾配という観点から見て、理想的に思えた海岸（パ・ド・カレー沿岸の何ヵ所かのように）は、高くて大きい砂丘が多かったために、内陸地にすぐ近づくことができなかった。ビスケー湾地方には、たくさんの良港があったが、戦闘機の支援距離外にあった。三〇〇〇マイルにわたるドイツ軍支配下の海岸線を調査し、すべての関係要因が最もうまく組み合わさるように努力した際、もし二つの基本的な条件がなかったら、モーガンの部下たちは永久に候補地を見つけることができなかったかもしれない。その第一は、上陸用舟艇や他の船舶がすぐ引き返せるようにするために、上陸地はイギリスにある連合国軍主要基地からあまり離れてはならないということだった。この条件によっておのずから地中海、ノルウェーの両方とも排除され、フランスの西海岸のみが残った。第二は、上陸地はイギリスから作戦する同空軍のスピットファイヤー戦闘機の行動範囲内でなければならなかった。これら二つの要因を一緒にすると、選択の範囲は約九〇パーセント限られ、結局フランス北西部のパ・ド・カレーかノルマンディかのいずれかとなった。

戦略的見地から言えば、パ・ド・カレーはドイツに対して最短かつ最も直接的なルートとなっていた。それのみならずパリおよびパリ後方に向けて大胆に東進すれば、セーヌ川南方にいる全ドイツ軍を孤立させる機会もあった。だが一方、そこはいちばん堅固に防衛されている地方でもあり、優れた道路と発達した鉄道網を利用することによって、直ちに増援することができた。結局ノルマンディを選んだのだが、大西洋に向けて西方に突き出た半島という地理的形状のために、比較的フランスの他の地方から隔離しやすい地域を連合国軍はとることになった。だが、この条件そのものも、最初の足場をつかんだ後前進するとなると、連合国軍に不利になりそうであった。

上陸地点を選んだ後、最初の九〇日間のための包括的な兵站支援計画が仕上げられた。上陸する兵士の数、場所、日時、順番が正確に決められた。そのほか、海岸の障害物除去や作戦手順、それのみならず廃棄物の捨て場所、ある揚陸方法から他の揚陸方法への切り換え点（例えば海岸線で行動する上陸用舟艇や水陸両用車から、イギリスから来航するリバティ型船舶への引き継ぎ、さらにその後アメリカ本土から直接来る大型船への引き継ぎ）、またある梱包方法から他の梱包方法への切り換え時期さえも（例えばDデイ一五日目には、石油缶をかさばったドラム缶に換える）決められた。無数の物品を正しい時間に正しい場所に揚陸するために、厳密な優先順位が作られた。それに従って文字通りあらゆる品目について、集積、請求、梱包、引き渡し、分配の詳細な手順が決められた。連合国軍はいくつかの港を占領し、兵士と資材の揚陸用に使うつもりだったから、十以上の港湾を修復する計画——一日当たり数百トンしか扱えない港まで含めて——が考え出された。これは、この目的のためにどの資材が、どこに、いつ必要かをあらかじめ決めておく作業だった。[*11] この計画は非常に範囲が広く、完成までにまるまる二年かかったのは驚くに当たらない。

比類なき大きさと徹底ぶりを示した計画を見ると、作戦の勝利は大部分計画がうまくいったためだと考えるかもしれない。だがそうではなかったのだ。上陸後数時間も経ないで、順序よく揚陸させるための計画は、大波と、特にアメリカ軍地域では猛烈な敵の抵抗のために、ことごとく失敗に帰した。航路を誤ったことによって、上陸は間違った場所に間違った順番で行なわれた。その結果工兵部隊が攻撃部隊より先に海岸に着き、非常に少ない兵員と資材で、攻撃部隊の援護もなしに作業しなければならなかった。Dデイ後数日間は海岸の障害物除去が遅れ、また内陸部への出口が十分に開けなかった。そのために全地域が絶望的なまでに混雑するようになり、もしもドイツ空軍が攻撃してくれば、かっこうの目標となったであろう。多数の車両の防水は不十分だったことがわかり、その多くが失われた。波立つ海を一〇ないし一二マイル航海させられて、積み荷過重の水陸両用車両は燃料が尽きて沈んでいった。トラックが不足していたため、水陸両用車両は通常よりも内陸部へ深く進み、その結果引き返すのに時間がかかったし、操作はうまくいかなかった。このような条件の下で、最初の一週間に海岸に揚陸された補給物資は、計画立案者の予想の半分にすぎなかった。補給不足、特に弾薬不足がすぐ現われ、使用量割り当てを行なわざるをえなかった。

以上の問題の多くは戦闘の危険から生じたものだが、若干は計画の欠点からもきていた。兵站制度のすべての要素が相互に完全に調和するのを望むあまり、計画があまりにも厳密すぎ、あまりにも詳細にすぎたからである。例えば一日当たりたった一〇〇〇トンの資材――Dデイ一二日目でさえ揚陸ずみ補給物資の一パーセント弱である――が、緊急用のために取っておかれただけだ。飛行機で一日当たり六〇〇〇ポンドの緊急用物資を送り込む用意はあったが、要求されてから四八時間以内に補給物資を送る方法がなかった。予想されたごとく、補給物資揚陸の優先順位を厳格に守ろうとしたために、大混乱と果てしない遅れが生じた。兵士たちは小さなボートで揺れながら、一隻また一隻と船を回って、積み荷が何であるかを聞いていた。船舶や上陸用舟艇がイギリスに帰って再び荷を積むための時間表はあまりにもきつく、遅延を許さなかった。そのために港は混雑し、緊急手段によって整理しなければならなかった。その間に多くの部品がバラバラになったり、どこかへ行ってしまったりした。

港湾での混雑は、三つもの組織〔MOVCO（移動統制所）、TURCO（往復輸送統制所）、EMBARCO（部隊乗船統制所）〕が上陸の責任を分担していたことによって、一層ひどくなった。しかし、計画の最大の欠陥は、戦争に必然的に伴う摩擦に対して、十分な用意をしていなかったことだった。浪費を省くのに熱心なあまり、計画の窮屈さがかえって浪費を生んでしまった。パイプラインの末端に生じた混乱が、直接パイプライン全体にはね返ったからである。

Dデイ一日目から二つの人工桟橋の建設が開始された。この設備は非常に複雑で、建設と英仏海峡えい航のためにコストが高くついたにもかかわらず、期待に添わなかった。特にイギリス軍のそれは、構造物の四〇パーセントが海中に没してから、ようやくノルマンディに到着した。そのために機能は著しく期待を下回った。[*12] アメリカ軍の人工桟橋はとにもかくにも無傷で到着したが、ほとんど稼動を始めないうちに台風で水浸しとなり、風に吹かれて文字通りバラバラに分解してしまった。とどのつまり上陸援護に最も役立ったのは、閉塞船の利用という昔からある工夫だった。人工桟橋という複雑で高価な設備の大部分（その一部は全く別の作戦のために設計されたのだが、応用できるということだけで持って来られた）は、上陸地点に破片を散らかし、船の航行を危険にさせただけだった。他の作戦と同様、ここでも「オーバーロード」作戦の立案者たちは、ヒンデンブルクの金言、すなわち「戦争では単純さのみが勝つ」という金言に、明らかに違反したのである。

作戦の初期の段階で補給をつけるには海岸と人工桟橋とに頼らざるをえなかったが、作戦の最終的な勝利は、水深の深い港を占領しそこを修理して使えるようにするかどうかに、ひとえにかかっていた。だが上陸後の戦術的展開が予期していたより遅くなったために、この希望は最初はかなえられなかった。例えばシェルブール――ノルマンディではこのうえなく重要な港――が機能し始めたのは、予定より六週間遅く、一日当たり六〇〇〇トンという計画能力に達したのは、さらに数週間後だった。Dデイ九日目までに落ちるはずだったサン・ローは、実際にはDデイ四八日目に陥落した。グランヴィユとサン・マロは、Dデイ二七日目頃に動き始めるものと予想していたのだが、Dデイ五〇日目までドイツ軍の手中にあった。ノルマンディの上陸地点がブルターニュ半島の諸港、特にブレストに近いことが、「オーバーロード」作戦のためにこの地を選んだおもな理由だった。結局これらの港は、予定より数ヵ月も遅れてやっと占領されたが、その時には戦線からあまりにも離れていたため役に立たなかった。グランシャンやイシニなど他の港は、とにかく予定通りに占領されたもののあまりにも小さく、連合国軍の補給に重要な役割を果たさなかった。こうしたすべての原因の結果、六月中に揚陸されたアメリカ軍の全補給物資は、計画の七一パーセントに達したにすぎなかった。そのため一連の作戦――「斧」「大当たり」「保険受取人」「お手上げ」「刀のつか」――があい次いで検討されたものの、完全に兵站上の理由から拒否された。[*13]

以上のような事実によっても連合国軍のフランス作戦が崩壊しなかったとしたら、それは海岸のためであった。予定されていた人工桟橋がなくなったとはいえ、海岸では計画をはるかに上回って補給物資を荷揚げすることができた。しかし、これはすべての計画を無視することによってのみ実行できた。最初の敵陣突破はDデイ二日目に行なわれたが、その時にはあらかじめ決められた優先順位を無視して、なんでもかでもすべての物資を陸揚げすることが決定された。海軍は何ヵ月にもわたって、引き潮の最中に舟艇を乗り上げさせることに反対していたが（このことが作戦の日時決定に大きく影響した）、突然そのようなやり方も実行可能であることを発見した。苦心して集めたたくさんのボート、浮き桟橋、舟橋等々を使いながら、積荷を直接海岸に荷揚げし分配することができた。こうして荷揚げ作業は計画に従ってというよりは、むしろ計画なしで進み、ある場合には計画とは違って進捗した。このことは、計画立案者たちが複雑な人為的準備の価値をあまりにも過大評価し、決断とか常識、即決処理の有用性を過小評価していたことの、もう一つの証拠であった。

さらにもう一つ、兵站組織の欠点がマイナスとなって現われるのを防いだのは、消費量の過大評価ということだった。これは戦術的展開が予想よりはるかに遅れていたという事実に一部の原因があった——Dデイ一九日目までに占領した連合国軍の拠点は、計画の一〇パーセントを占めるにすぎなかったのだ。そのためどの方向であれ距離が数十マイルしかなかったので、車両は割当て燃料の一部を消費しただけだった。計画立案者たちがいかに不正確であったかは、上陸地点への荷揚げが六月、七月を通じて計画より若干遅れていたにもかかわらず、Dデイ二四日目から計画より「早く」増援師団を送ることができたことからも明らかである。

戦術的展開が遅れていることによって一部補給物資の消費量が減っているとしても、他の分野において問題が起きていた。例えばノルマンディ森林地帯での弾薬消費量——特に小火器や手投げ弾、迫撃砲弾——は、兵器の損失と同様に予想より大きかった。物資集積所を手に入れるのが難しく、そのために偽装や散開はしばしば行なわなかった。縦深の浅い陣地でたくさんの車両が通行したために混雑が生じ、すぐに数の少ない道路は破壊されてしまった。ノルマンディの鉄道線は占領したけれども、「ほとんど無傷」[*14]の鉄道も走行すべき距離が短かったために、予想に反して経済的でなかった。前線が海岸よりわずか二〇マイルぐらいしか離れていないということによって、後方作戦司令部と軍団との間に摩擦が生じた。各軍団とも当然ながら、後方作戦司令部のために補給物資の指揮権を放棄したくなかったからである。後方作戦司令部と進攻作戦司令部との間にも紛争が生じた。そのために後方作戦司令部のフランスへの移動は予定より早められた。

このように、一九四四年六月および七月に戦術的作戦の展開が遅れたことにより、兵站に若干の問題が起きたのは事実だが、それにもかかわらず拠点地域を兵員と補給資材で満たすことができた。アブランシュでの包囲突破を狙った「コブラ」作戦の前夜、一五七〇平方マイルの地域内に、一九個のアメリカ師団と一七個のイギリス師団、総計一五〇万の兵員が、アメリカ師団だけで一日平均二万二〇〇〇トンという補給物資とともに閉じ込められていた。この補給物資のうちほとんど九〇パーセントは、なお海岸に荷揚げされていたが、シェルブールがいったん開かれれば、Dデイ以前の予想を上回って補給できることは明白だった。[*15] 走行距離が短かったため、燃料の集積は予想外の高水準に達し、一方弾薬の補給状況は、包囲突破前の戦闘休止の間に劇的に改善された。[*16] だがこの物資豊富の最中でも連合国軍の補給将校は心配し続け、秋（その季節では天候悪化のため海岸に補給物資を荷揚げするのは不可能になろう）に具体化するとみられた物資不足を深刻に予想したり、あるいはブルターニュ半島の諸港を占領するための新しい計画を考えたりしていた。

後方作戦司令部のリー将軍は、ノルマンディの補給状況について不安を感じ、フランスにおける作戦続行を、なお非常に悲観的にみる傾向があった。初めから「オーバーロード」作戦の兵站計画は、ドイツ軍が組織的な防衛作戦を展開し、次から次へと川に沿って抵抗線を作るであろうという仮定の上に成り立っていた。このために連合国軍の前進は、一九一八年の場合と同様に、緩慢で慎重になると予想されていた。この前進のための兵站支援は、主としてトラック輸送によって行なわなければならないだろうが（フランス鉄道網の七五パーセントまでは、ドイツ軍による破壊か連合国軍の航空機攻撃かによって、運行不能になるものと想定されていた）、トラック輸送による割合は、鉄道線を蛙飛びして一つの川から次の川へ進んでゆくには、あまりにも少なすぎるであろう。それゆえに補給物資は、順序正しいやり方で海岸（または人工桟橋か港湾）から兵站駅へ、兵站駅からトラック輸送駅へ、そして軍需品集積所へと進んでゆくことになろう。このように作戦しながら、Dデイから九〇日目にセーヌ川へ、Dデイから三六〇日目にドイツ国境へ到達することを連合国軍は望んだ。

だが結局、戦術的展開は非常に異なった形をとった。七月二五日――Dデイ四九日目――には、連合国軍は一五日目までに到達する予定だった線をまだ一部しか占領していなかった。もしセーヌ川に予定通り到着しなければならないとしたら、セーヌ川とDデイ一五日目の線との間の距離を制圧するには、計画した七五日間ではなく四一日間で進撃しなければならないだろう。そのような予定繰り上げが可能かどうかを見出すための幕僚研究が、連合国遠征軍最高司令部G―4（補給部）のクローフォード将軍によって命じられた。しかし結論は実行不可能ということだった。なんとなれば補給部隊のトラック中隊（GTR）が、一二七中隊もDデイ九〇日目に不足すると予想され、早ければDデイ八〇日目にも重大な兵站上の困難に遭遇すると見込まれたからである。これは兵站の可能性について、非常に悲観的な見解を示すものだった。

連合国軍にとって幸いなことに、決断力のあるリーダーがこの状況を引き受けていた。すなわちパットン将軍は、大部分の同僚司令官とは違って、兵站専門家の数表に縛られるのを拒否した。実際パットン将軍の補給統計表に対する無関心は甚だしいものがあり、そのため一九四四～四五年の作戦期間を通じて、彼が自分の司令部のG―4を訪ねたのは二回だけだった――一回目は指揮権を取る前であり、二回目は戦争が終了する週になってである。[*17] パットンの第三軍は八月一日に作戦可能となり、その二日後には突進を開始した。その際すべての計画を無視したし、六個もの師団に対しアブランシユーポントボールの隘路を通じて七二時間以内に補給したのである。第三軍はポントボールで扇状に散開し、東方および南東に向けて前進を始めた。ただし補給の動脈として活躍した唯一の道路は、なお敵の反撃にさらされていた。八月六日にパットン軍はラバールとルマンを脅かし始めた。八月一六日にはオルレアンに入り、その三日後トロアでセーヌ川に達した。そのうえパットンの前進によって、連合国軍の拠点をノルマンディの中に閉じ込め孤立させようと図っていたドイツ軍は、側面を包囲されることになった。そのためにドイツ軍は、モルタンで反撃に失敗した後急いで後退した。その結果動けないでいたホッジス将軍のアメリカ第一軍とモントゴメリーの第二一軍集団は、敵陣を突破しセーヌ川に到達することができた。[18] 第三軍はこうしたことをやってのけたのだ。こうしてセーヌの西岸は八月二四日までに最終的に確保された――予定よりもまるまる一一日早く、兵站専門家によればありうべからざることだった。しかし兵站将校たちは、喧騒をきわめながら、パットンとホッジスのやっていることは不可能だと主張し続けた。

安全なほうに賭けて間違えるのは、普通その反対より好ましいことには違いないかもしれないが、この場合予想と実際との違いはあまりにも大きく、説明を必要とする。だが計画立案者たちが、自分たちが使える手段についていかに過小評価していたかをみれば、説明は簡単につく。例えばトラック中隊は、一日に五〇マイル前方への運搬しかできないと想定されていた（すなわち二四時間で走行する全距離は一〇〇マイルを超えることはないと思われていた）。[19] だが実際の距離は少なくともこれを三〇パーセント上回っていた。[20] ほとんど信じられないことだが、補給計画ではフランスの道路事情のために、自動車輸送による補給は、兵站駅より七五マイルを超えることはできないとされていた[21]――これは非常な過小評価であり、実際は最低これを三倍ないし四倍上回っていた。さらに連合国軍の一個師団の消費量は一日当たり六五〇トンとされていた。だが実際に追撃戦を行なった部隊に必要だったのは、この量の一部、恐らく三〇〇トンか三五〇トンにすぎなかった。[*22]

しかしながら、これらの原因を考慮に入れても、連合国軍の補給計画立案者たちの悲観論は、彼らが持っている実行手段の豊富さとあまりにも矛盾しているように思われる。一九四四年八月末にはフランスには二二個のアメリカ軍師団がいた。このうち一六個師団は、シェルブールから約二五〇マイル離れて、セーヌの河岸またはその近くで作戦し、残りの師団はなおノルマンディで上陸中か、ブルターニュめざして東進していた。以上の全師団の港湾からの平均距離を二〇〇マイルとし、実際の消費量が規定通りの六五〇トンに達するとすれば、22×200×650＝286万マイル・トンが、一日当たりの輸送量として必要だった。この当時正確にどれだけの輸送力があったかについては証拠がない。だが七月二五日の時点でさえ合計二二七個の補給部隊付きトラック中隊を保持していたうえに、一〇八個以上の鉄道輸送施設中隊を持っていた。[*23]それゆえに荷物送り出し能力は、規定通りに計算したとしても一日当たり三三五万マイル・トンに達していた――これには補給部隊付きトラック中隊の増援部隊が八月いっぱいに到着していたことが考慮に入っていないし、各師団がトラック部隊を豊富に持っていたということも考慮に入っていない。各師団はその後に起こった事件で見るように、その補給物資の大部分を、師団の上部組織である軍団の後方から何百マイルにもわたって運搬してくることができた。[*24]

証拠は完璧だとはとても言えないけれども、右記の事実によって、ノルマンディからセーヌへの連合国軍の進撃は、戦略的にいかに成功し驚異的であるとはいえ、兵站面では近代軍事史上かつてないほど前代未聞の行動だったことがわかる。このことは、この作戦での条件を本書ですでに研究した他の作戦の条件と比較すると、なお一層驚くべきことである。連合国軍は他の国の軍隊が夢想だにもしなかったような多数のトラック輸送隊を持っていただけではない。天候のよい夏期に作戦を展開したし、世界でも最も整備され数の多い道路網の上で行動していたのだ。敵飛行機の活動は少ししかなかったし、[*25]友好的な住民は破壊活動に加わるより、むしろ援助を提供してくれた。だが、このような好条件にもかかわらず、連合国軍の攻勢は常に兵站専門家から反対を受けていた。有名な引用句を借りれば、補給という王国でどこかが腐っていた。

永遠の謎・ルール突進

一九四四～四五年に北西ヨーロッパで行なわれた連合国軍の作戦で提起された問題のうち、恐らく最も重要なものは、ベルギーからドイツのルール地方に迅速な突進をすることによって、戦争を早く終わらせることができたかどうかという問いである。この問いについての文献は膨大であり、いまもなお増えている。ここでは主要な見解を短く要約するにとどめよう。次のようになるであろう。

(一)　チェスター・ウィルモットそしてとりわけモントゴメリー元帥によって示された見解。この二人は一九四四年九月に戦略的機会が生まれたと論じてきた。最高司令官が優先順位決定のための決断と積極さを持っていれば、イギリス第二軍とアメリカ第一軍は、ルール地方を占領することができたであろうと言う――恐らくベルリンさえも。しかしながらアイゼンハワーは、これらの軍の後方に補給物資を集結することを拒否した。特に彼はパットンの第三軍の進撃を停止させるのを欲しなかった。そのために一九四四年に戦争を終結させる機会が失われた。[*26]

(二)モントゴメリーの非難に答えて、アイゼンハワーは戦略的理由に基づいて自分の決断を弁護した。彼の主張によれば「ドイツ心臓部」に軍隊を突進させるのはあまりにも危険であり、「破滅以外の何物」にも到達しなかったであろう。[*27]その後評論家たちは、アイゼンハワーの決定を正当化する議論を多く展開してきた。その議論の中には、パットンの前進を止めることによって連合国（すなわちアメリカ）の輿論を怒らせるのを避ける必要性、フランスでの指揮系統の相違、そして——最後にもう一つ重要なことだが——兵站が含まれていた。[*28]

(三)最後にリデルハートの見解がある。彼によれば、ルール地方に進む好機は確かに存在していたが、それを生かせなかったのはアイゼンハワーではなく、むしろモントゴメリー自身に原因があった。特に最も重要な時に、イギリス製の一四〇〇台のトラックがエンジンの欠陥を発見されたのが決定的だった。これではアイゼンハワーは、ほとんどどうすることもできなかった。なぜならパットンの第三軍は補給を少ししか受けておらず、そのためパットンの進撃を止めたところで、モントゴメリーがルールを占領できるほどの十分な輸送力は生じなかったであろうからだ。[*29]

一九四四年九月初めに連合国軍が直面していた状況は、結論や細部において説明に違いがみられるが、それ以前の作戦が史上最もめざましいものの一つであったことには、ほとんど疑いがない。パットンの第三軍は、八月二〇日に前衛部隊をセーヌの向こう岸に送り込んだ後、一二日間でほとんど二〇〇マイルを進み、メッツの前面で停止した。ホッジスの第一軍は第三軍の左翼にあってもっと進撃し、九月六日東ベルギーのアルバート運河に到達した。モントゴメリーの第二一軍集団は、それまではアメリカ部隊より前進速度がはるかに遅かったが、今やアメリカ軍のスピードを超えて北部フランスを横切りベルギーに押し寄せた。九月五日にはアントワープ――港は実質的に無傷だった――を占領し、その四日後ミューズ―エスコー運河で停止した。電撃戦の創始者でも自慢したであろうような偉業であり、連合国軍自身が予想だにもしなかった行動だった。

以前の例で予想されたように、これらの作戦はすべてヨーロッパ遠征軍最高司令部の兵站専門家の意見を押し切って行なわれた。彼らはこれらの作戦は全く不可能だと言い切っていた。用心深かった七月の予想を修正せざるをえなくなったため、彼らは八月一一日に改めて実行可能性の研究を行なった。それによると、「もしも」すべての条件が満たされるならば、九月七日には四個アメリカ師団によるセーヌ川越えの試験的攻撃を補給「できるかもしれない」ということだった。だがこの結論さえも条件つきだった。すなわちセーヌ南岸地区での作戦行動は、英仏海峡の諸港を攻撃するために停止すべきであること、またパリ解放は、ノルマンディ地区からの鉄道線が補充物資を運搬できるようになるまで、一〇月末まで延期すべきであるというのである。ところが実際は、パリは八月二五日に解放された。九月七日という目標日付までに、パットン、ホッジスともすでにセーヌ川のかなた二〇〇マイルまで進んでいた。その一週間後には、アルデンヌ高原の両側にわたってドイツ国境またはその附近で、不十分ではあったが一六個のアメリカ師団が補給を受けていた。他方さらに数個の師団がブルターニュ半島で活発な戦闘活動を行なっていた。

すべてこれらのことは、八月一一日の検討文書で決められた条件が、一部しか満たされなかったにもかかわらず成し遂げられたのだ。参謀将校による予想が、これほどまでにも間違ったのは珍しい。急速に延びている補給線――アメリカ軍地区の補給線は二〇〇ないし二五〇マイルから四〇〇マイル以上へ、イギリス軍地区のそれは八〇マイルから三〇〇マイル近くへ延びた――を越えての兵站は、普段の日常的なやり方を棄てて緊急手段を用いなければ、もちろん実行できなかった。戦闘部隊は、ガソリンをタンクに詰め、ポケットに口糧を突っ込んで前進したが、組織的な抵抗が非常に少なかったために、ほとんど自由に速度を速めることができた。

しかし後方作戦司令部（ＣＯＭＺ）はそうはいかなかった。急速に進んでゆく前線に合わせて、物資集積所を作ることができなかったからである。物資集積所の場所が選ばれるか選ばれないかのうちに、すぐにそれは後方へ取り残された。ＣＯＭＺは何回か試みた後（いずれも輸送面において犠牲を払いながら）お手上げとなり、時には後方はるか三〇〇マイルも離れた基地から、最も重要な物資を運んできた。この距離を通って補給物資を運ぶための輸送部隊は、それほど重要ではないと見なされた数百の部隊――重砲隊、高射砲隊、工兵隊、化学部隊等――から集められた。これらの部隊は車両を取り上げられ、時には口糧まで減らされて、移動できないままに放置された。例えば新たにフランスに到着した三個師団がそうだった。これらの師団に所属するトラックは持ち去られて、輸送部隊直轄の中隊に編成された。口糧や燃料、弾薬は迅速に前方に運ばれてきたが、他のすべてのものの補給、例えば特に衣類や工兵隊の備品の補給は延期せざるをえなかった。空輸は大規模に行なわれたが、一日平均一〇〇〇トン以上を送ることはできなかった。その理由は前線の近くに飛行場がなかったこと、さらに驚いたことには、計画されても実行されなかったパラシュート降下作戦のために、飛行機が引き揚げられたためである。前線に補給物資を送る方法の中で、最も有名なのが赤玉特急（レッド・ボール・エクスプレス）だった。これは補給専門のために使われた一方通行のハイウェイ環状線で、その道の上を数千台のトラックが、夜となく昼となく轟音をたてて走っていた。

これらの緊急対策にもかかわらず、前線に到着する補給物資の流れは徐々に減少し、遂に九月二日

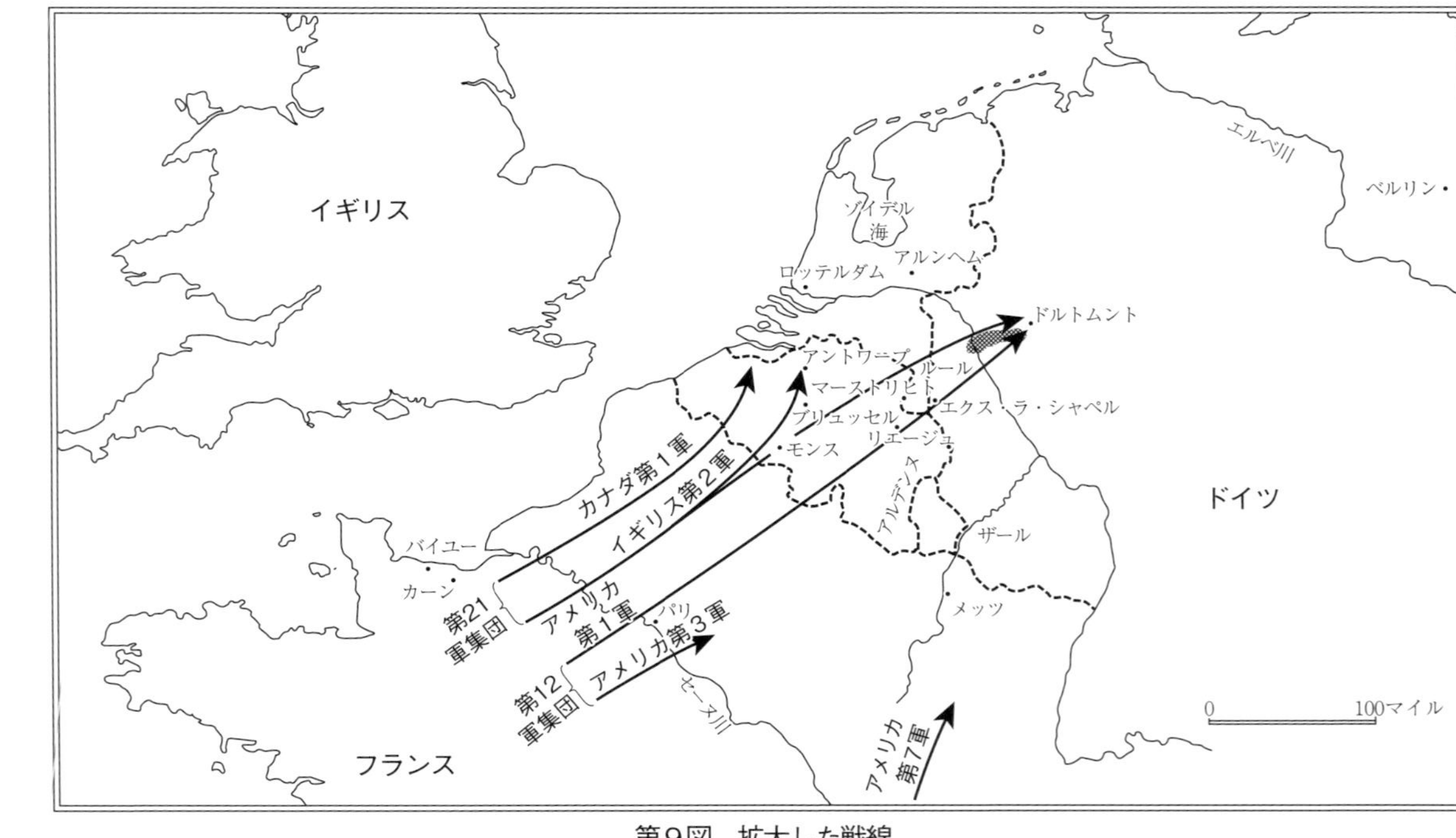
イギリス
フランス
ドイツ
ゾイデル海
ロッテルダム
アルンヘム
エルベ川
ベルリン
ドルトムント
アントワープ
ルール
マーストリヒト
ブリュッセル
エクス・ラ・シャペル
モンス
リエージュ
アルデンヌ
ザール
メッツ
バイユー
カーン
パリ
セーヌ川
カナダ第1軍
イギリス第2軍
第21軍集団
アメリカ第1軍
アメリカ第3軍
第12軍集団
アメリカ第7軍
0
100マイル

第9図　拡大した戦線

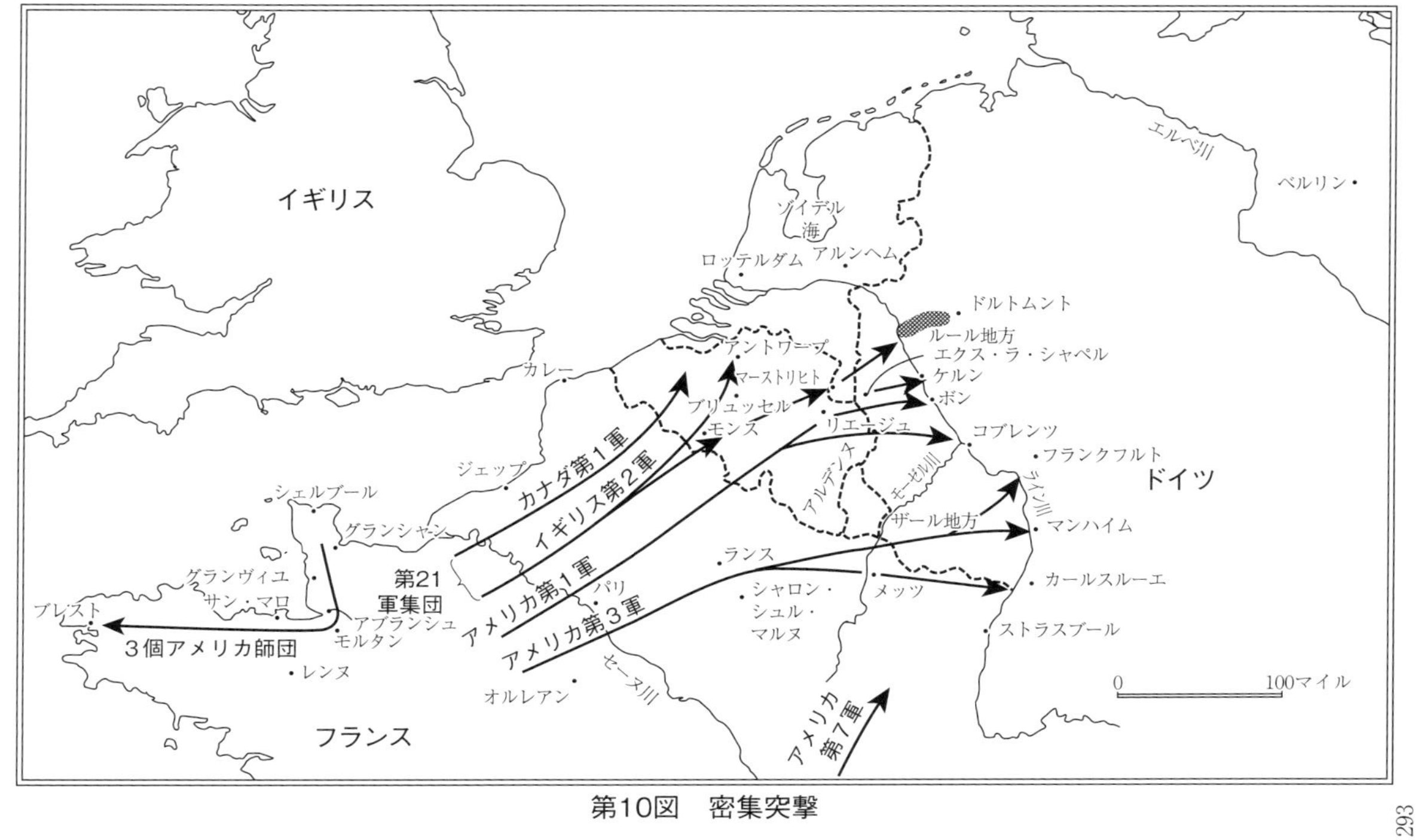

イギリス
ゾイデル海
ロッテルダム
アルンヘム
エルベ川
ベルリン
ドルトムント
ルール地方
エクス・ラ・シャペル
ケルン
ボン
アントワープ
マーストリヒト
カレー
ブリュッセル
モンス
リエージュ
コブレンツ
フランクフルト
ドイツ
ジェップ
カナダ第1軍
イギリス第2軍
アルデンヌ
モーゼル川
ライン川
シェルブール
グランシャン
ザール地方
マンハイム
ランス
第21
軍集団
アメリカ第1軍
パリ
シャロン・
シュル・
マルヌ
メッツ
カールスルーエ
グランヴィユ
サン・マロ
ブレスト
アブランシュ
モルタン
3個アメリカ師団
アメリカ第3軍
ストラスブール
レンヌ
オルレアン
セーヌ川
0
100マイル
アメリカ
第7軍
フランス

第10図　密集突撃

第三軍の前進は停止した。第一軍はなお数日あがいたが、これもまた停止した。八月第二週には両軍に対し一日一万九〇〇〇トン以上を輸送していたのに対し、ＣＯＭＺは八月末には七〇〇〇トンしか約束できなかった。しかもこの量でさえ実際に補給されたかどうか疑わしい。[*30] 前線部隊の手元にある貯蔵物資は驚くべき速度で減少した。例えば八月五日には第一軍の燃料貯蔵は一〇・五日分だったが、九月二日には〇・三日分に低下し、その一週間後にはゼロとなった。[*31] 一方ノルマンディの集積物資は前線へ輸送することができなかったために増大した。弾薬消費量は七月に比べ三〇ないし九〇パーセント落ち込んだが、配送量が需要量を非常に下回ったため、ある軍団（第二〇軍団）の補給要求量は、その軍団が属する第三軍全体への割当量を超えるほどだった。弾薬集積所は作る端から後へ取り残されたため、第一軍、第三軍とも移動式武器庫を作ることにした。このやり方は、少なくとも若干の補給物資が常時使用できることを保証した点で効果的だったが、輸送力を浪費させた。

補給が不足すると常に起こるように、摩擦と緊張が前線部隊と後方との間に生じた。特に第三軍は、必要な物を手に入れようとする時、異常な方法を使うことで悪名が高かった。その徴発隊は他の部隊の兵隊のふりをしたし、第三軍は列車や護衛輸送隊の送り先を変えたり、ハイジャックしたりした。輸送中隊は帰還するために必要な燃料を盗まれたし、燃料輸送船を発見するために、偵察機が何百マイルも後方へ飛ばされた。補給ライン自体の内部では、一日中働きづめによる緊張のために、疲労、事故、仮病人、時にはサボタージュが発生した。車両は保守点検なしに使われたために故障し、修繕台数が急増した。補給物資の移動記録は、常に連合国軍の組織の中では弱点となっていたが、八月の突進の期間中に一層ひどくなった。その結果、ただでさえ足りない輸送隊のうち一部のものは、戦闘部隊が徴発もしなかったし必要ともしなかった物資のためにむだに使われた。時々最悪の浪費事件が起きた。例えば二二〇〇万個の石油缶のうち、半分以上が八月末までになくなっていた。その結果、こんなつまらぬ物資の不足のために燃料油の全補給システムが制約を受けた。補給の規律、特に第三軍の規律は低く、そのために大量の装備、殊に衣類が後方に放置された。かくて、回収部隊がその後始末に忙殺された。[*32] パットン部隊の兵はフランスの機関車やトラックを鹵獲しようとはせず――ある著者の評言を借りれば、彼らはそうした輸送手段を「憂さ晴らしに与えられた標的」と見なし――わざと銃撃を加える有様だった。[*33]

ベルギーで作戦しているイギリス軍の兵站状況も同様に緊張していたが、アメリカ第一軍、第三軍ほど悪くはなかった。ここでは輸送距離は短く――第二一軍集団は海岸線に沿って「内側のトラック」で行動していた――また道路の数がロレーヌ地方よりも多かった。八月三〇日、ホッジスとパットンは燃料が切れていたが、第二軍司令官デンプシーは、ヨーロッパ遠征軍最高司令部に対し、補給状況は「極めて良好」と報告した。[*34] その後で補給線の長さはほとんど三〇〇マイルに延びたが、イギリス軍は港湾での荷揚げを一日一万七〇〇〇トンから六〇〇〇トンに減らし――こうしてトラック中隊の仕事を減らし――また一個軍（第八軍）全部のほか多数の部隊を停止させることによって、これに対処した。[*35] 前進があまりにも迅速だったため、世界最高のベルギー鉄道網が無傷のままで占領された。もっともその利用は、アメリカ軍が予定通りに貨車を引き渡さなかったために遅れた。[*36] しかしブラッドレー部隊に比べて、モントゴメリー部隊の前進は遅れており、補給港からそれほど遠くには行かなかった。それどころか前進が遅れたためにモントゴメリーは、英仏海峡に沿った港の全部――ルアーブル、ジェップ、ブーローニュ、カレー、ダンケルクを含めて――を掃討することになった。そのためこれらの港の荷揚げ能力は、わずか一ヵ月前に予想していたよりも、はるかによくなることが確実になった。

　ところでドイツ軍はどうだったのか。連合国軍のノルマンディ上陸以後、西部戦線でのドイツ軍の被害の数は驚くべきものだった。すなわち四〇万の兵士、一八〇〇台の戦車および突撃砲、一五〇〇門の各種大砲、二万台の各種車両が失われた。[*37] 残存部隊は連合国軍の飛行機および陸上部隊によって見る影もなくたたきのめされていたし、ファレーズやモンスなどの孤立地帯から撤退を余儀なくされ、戦闘隊形がとれるような外観を全く失っていた。

　こうして、例えば親衛隊第一師団は、セーヌ川を越えて逃げた時には、わずかに四〇台の戦車と一〇〇〇人の戦闘員が残っていただけだった。第八四歩兵師団は三〇〇〇人だったし、第二装甲師団はわずか二〇〇〇人の兵と五台の戦車を保有していただけだった。また第二パラシュート軍団は、その名前に反して約四〇〇〇の兵員を数えただけだったし――大型の一個旅団にすぎない――ほとんどすべての軽火器は失われていた。[*38] ドイツ軍側の推定によれば、同国軍は全戦線にわたって戦車では一〇対一、大砲では三対一（この不均衡はそれ自体「大して重要ではない」とみられていたが、ドイツ軍は弾薬不足に苦しんでいた）、飛行機では「ほとんど無限」なほどに劣勢となっていた。[*39] そのうえヒトラーはパットンの進撃を食い止めるために、ほとんどの兵力をモーゼル河岸に集結していた。そのためにアイゼンハワーによれば、ヒトラーはアルデンヌ高原北方では、二個の「弱小」装甲師団と九個の歩兵師団程度を使えるにすぎなかった。しかもこれらのすべての師団は、「組織力を失い、全面的に後退中であり、大した抵抗もできないであろう」と言われていた。実にドイツ軍はこのような状態だったため、アイゼンハワーの幕僚の一人（多分参謀長のベデル・スミス将軍自身であろう）は、「この地域の連合国軍の兵力を三個師団減らしても、前進にマイナスとなるどころか、むしろ前進を助けることになる」と考えた。[*40] 要するにルール地方——ドイツ工業の心臓部であり、石炭と鉄鋼の半分以上を生産していた——への道は大きく開かれていた。リデルハートが述べたごとく、戦争においてこのような好機が生まれたのは稀であった。

この機会をどうして逸したかを理解するためには、一九四四年の春に戻らなければならない。来るべきヨーロッパ大陸作戦の基本戦略が決められた時である。五月三日の覚え書において——ついでながら言えば、これにはイギリスの将校もサインしていた——ベルリンは連合国軍の窮極の目的ではあってもあまりにも遠く離れており、ドイツでの第一目標はルールでなければならないと決められた。ルール地方に達するための最も簡単で最も直接的なルートは、アルデンヌ高原の北側を通ってリエージュとエクス・ラ・シャペルを通過することだということは認められてはいた。だがドイツ軍の力を分散させ、かつ連合国軍の意図を疑わせるために、ザール地方を通過する第二の突撃ルートをとることに決定された。この覚え書で作られた原則は、五月二七日、アイゼンハワーのサインを得て発せられた命令の中で具体化された。[*41]

連合国軍が保有していたような圧倒的な量的優勢を利用する方法は、それらを分割して敵の行動を後退ラインに向かわせるようにするのがいちばんよいのかどうか、この点はここでは論じない。すでに見てきたように、ノルマンディの戦闘が、予想していたのとは全く別なやり方で展開したことを述べるだけにとどめておこう。

最初展開は遅々としていたが、ひとたび敵陣突破が実現するやいなや、誰もが想像しないほど決定的になった。これを見てモントゴメリー元帥は、連合国軍の戦略内容について別の考えを持ち始め、八月一四日に初めて——恐らくは——この考えをアメリカの将軍たちに伝えた。[*42] 三日後には彼は考えをはっきりと固めて、ブラッドレーに次のように述べた。「セーヌ渡河後、第一二軍集団、第二一軍集団は、四〇個師団より成る密集集団として協力すべきである……この密集集団は右翼をアルデンヌ高原に置いて……北上すべきである」と。[*43] しかしモントゴメリーがアイゼンハワーに会ったのはようやく八月二三日になってからで、その時にはすでに意見を変えていた。モントゴメリーはアメリカ第一二軍集団全軍を、ベルギーにある自軍の右翼防御のために配置せよとは要求しないで、この任務はホッジスの第一軍の九個師団だけで遂行すべきだと考えるようになっていた。第一二軍集団の他の軍団――すなわちパットンの第三軍――は、現在位置に留まるべきだとも考えていた。なぜなら連合国軍は全軍の同時進撃を維持できるほど多量の補給物資を持っていなかったし、全戦線で優勢になろうとすれば、結局は弱体化してどこでも決定的勝利を得ることなく終わるであろうからである。[*44]

アイゼンハワーはパットンを停止させることは拒否したけれども――それどころか彼は、パットンが東進を続けて少なくともランスおよびシャロン・シュル・マルヌまで進むのを認めた――ホッジスの全軍に対し第二一軍集団と協力してアルデンヌ高原北方を進むように命令することでは、モントゴメリーは目的を達した。[*45] しかしながらアイゼンハワーは、北進の主要目標地点はリエージュ－エクス・ラ・シャペル峡谷ではなく、アントワープ港にするつもりだった。彼は、アントワープ港を手に入れなければ、これ以上ドイツへの進撃に補給を続けることはできないと信じていた。[*46]

これで大論争の第一ラウンドは終わりとなった。次の大論争は、モントゴメリーがちょうど八〇マイルの進撃を終えて、セーヌ川に達した時起こった。この時パットンは、まだずっと先へ行かなければならなかったため、すでにセーヌ川を渡って急速に前進しつつあった。国家的名声と世論の支持は考慮外に置くとしても、アイゼンハワーがこれまで追撃戦の名人でもなかったモントゴメリーのために、最も突進しているパットンに停止を命じるのを望まなかったのは当然である。だがその一〇日後、第二一軍集団は二〇〇マイル前進してドイツ国境に近づいた。こうして非常に強固になった立場を背景に、モントゴメリーはアイゼンハワーに対し次のように手紙を書いた。[*47]

(一)　本官が考えるにわれわれは今やベルリンに対して強力かつ意気旺盛な突撃の実施が可能となり、かくして対ドイツ戦争を終結する段階に到達した。

(二)　われわれは二つの突撃を維持するほど十分な資源を持っていない。

(三)　一本にしぼられた突撃には、必要な補給資材をすべて無制限に与えなければならない。他の作戦は残った資材で最善を尽くさなければならない。

(四)　突撃できる道は二つしかない。一本はルール経由であり、もう一つはザール経由である。

(五)　本官の意見によれば最良にして最も迅速に結果を生む突撃は、北方からルールを経由するものである。

このようなメッセージを書いたことは非常に不運であった。というのは目標としてあげられたところ――ベルリン――は、なお四〇〇マイル以上も彼方にあり、後に見るようにこの時点では連合国軍の到達距離外にあったからである。その数日後、モントゴメリーが自説を強調する手紙を送ったことも、彼には幸いしなかった。その中でモントゴメリーは、「ドイツ中心部への……ナイフのような突撃」について述べていた。[*48]こうした誇張した表現のゆえに、アイゼンハワーはモントゴメリー元帥の提案は無鉄砲であり検討も不十分だと主張することができた。また、そう主張するのも無理のないところがあった。

北に向けての攻勢案は、九月八日になって一層混乱した。同日最初のロケット弾V2がロンドンに飛来し、そのためにイギリス政府は、第二一軍集団はオランダの発射基地を占領せよと要求するに至った。この結果モントゴメリーはもう一度自分の着想を修正し、ルールに向かって東方に突っ込むのはやめて、ゾイデル海方面に向け北上することに決めた。モントゴメリーがアルンヘム作戦を承認する限りでは、アイゼンハワーは彼の説を支持した。だがアイゼンハワーは、アントワープが解放されなければドイツ進撃は不可能であるという点で、石のように頑固だった。[*49]

このように、モントゴメリー自身の考えでは何をしたいと思っていたのかについて、われわれが信じ込まされているほど彼は明瞭ではなかった。彼が最初唱えていた「密集集団」は「ナイフのような突撃」に縮小した。また彼がベルリンを目標地点に掲げたことは、絶えず議論を混乱させた。[*50]しかしながら、その問題をめぐって混乱したからといって、主要な論点をあいまいにさせるべきではない。主要な論点とは、一九四四年九月において、最初にアントワープを占領しないでルール地方を征服することが、兵站面からみて可能であったかどうかということである。この時点でドイツが崩壊にひんしていたかどうかは、[*51]今の議論とは直接関係がない。というのはヒトラーが「ドイツの中心地」[*52]でどんな兵力を用いようと用いまいと、九月上旬にはルールへの道が大きく開かれていたことは疑いようがないからである。それゆえに問題はただ一つ、連合国軍の使える兵站方法が、ルールへの突撃を維持するのに十分だったかどうかである。

最初に若干の定義をしておかなければならない。問題の研究のために、「ルールへの突撃」とは、イギリス第一軍およびアメリカ第一軍の合わせて一八個師団による進撃と見なすことにする。その目標地点はドルトムントで、ここを取ればルールを包囲下に置くことになろう。イギリス軍の出発地点はミューズ―エスコー運河になろう（アルンヘム作戦が開始されなかったとして）。他方アメリカ軍はマーストリヒト―リエージュ地区から出発することになろう。これら出発点から目標地点ドルトムントまでの距離はほとんど同じで、約一三〇マイルである。ドイツ領内での鉄道運輸全施設は運転中止になっており、前進部隊への空中補給は、飛行場が使用不可能になっているため実行できないものと仮定する。計算はすべてアメリカ補給部隊の二〇〇トン能力を持つ中隊単位で行なう。それがヨーロッパ遠征軍最高司令部自身の習慣だったからだ。攻撃開始の目標日付は九月一五日とする。

一日当たり一個師団の消費量を六五〇トンとすると（米英両軍の平均としては、これは若干多いかもしれない）、作戦に必要な補給物資全体は、一日当たり 18 × 650 = 11,700 トンとなろう。九個師団より成るイギリス軍は、このうち五八五〇トンを占めることになる。この量をベルギー領内の出発地点まで運ぶのに、まず鉄道がある（二八〇〇トン）。それからアルンヘム作戦から転用した飛行機によるブリュッセルまでの空中補給（一〇〇〇トン）と、ノルマンディで停止させられたアメリカ軍三個師団からのトラック輸送（五〇〇トン）があり、これで合計四三〇〇トンになろう。[*53] 残りの一五五〇トンをモントゴメリーは指揮下のトラック部隊を使って、カーン―バイユー地区から運搬しなければならなくなるだろう。各トラック中隊は一日当たりの標準である一〇〇マイルしか走れないと仮定すると、右記の目的のためには四六個中隊が必要となろう。ドルトムントまで行き帰り二六〇マイルの距離[*54]に二日かかるとみると、作戦全体では（5,850 × 2）÷ 200 = 58 トラック中隊が必要となろう。当時イギリス軍は総計一四〇個トラック中隊を持っていたが、[*55] 三六個中隊はカナダ第一軍六個師団の補給用と港湾整備用とに取って置かなければならない。しかしルール進撃はやろうと思えばできる。

これに反して、ホッジスのアメリカ第一軍の状況はかなり難しかった。指揮下の九個師団は一日当たり五八五〇トンを消費したが、この当時の配給量は三五〇〇トンにしか達しなかった――COMZはこれさえ配送するのが困難だった。セーヌ川南岸の鉄道線から二〇〇マイル運搬するには、約三五個の補給中隊の増援が必要になるであろう。ドルトムントまで進撃するとなると五八個中隊が必要となり、不足の合計は九三個中隊となろう。

したがって問題は、第三軍がモーゼル川進撃を中止してパリ―オルレアン線で停止したら、どれくらいのトラックが転用できたであろうかということになる。パットン軍を維持した輸送力がどれほどかについて詳細な数字は全くないが、大ざっぱな推定だったらできる。九月一五日には、第三軍は一日当たり最低三五〇〇トンを受け取っていた――この数字は、あるいはもっと多かったかもしれない。というのはパットンは指揮下のトラックを、作戦区域内に限定しないで、補給線での運搬にも使っていたからである。三五〇〇トンという量を補給線から前線まで一八〇マイル以上移動させるには、五二個の補給中隊に相当する能力――形はどんなものであれ――が使用されていたに違いない。[*56]

九月中旬、アメリカ軍の一個軍団――第八軍団――がブレストに向けて作戦していた。この作戦はもともとは十分な港湾能力を確保するためのものだったが、すでに時期はずれになっていた。それにもかかわらず遂行されたのは、単に名声を求めるだけの理由からだった。[*57] この作戦の消費量と輸送能力について、くわしい数字は例によってないが、だいたいの推計はできる。この当時ノルマンディでは、連合国軍運転の鉄道線がシェルブールからドル―レンヌ地域まで行っていた。ここからブレストまで八〇マイル強にわたって三個師団分の補給物資を運ぶには、約一五個の補給中隊が使用されていたに違いない。

さらに右記のすべての部隊には付属のトラックがあった。詳細な数字はないが、もし暫定的にホッジスの九個師団の車両を補給中隊に編成すれば、ベルギーにある同軍への補給物資は、さらに一五〇〇トンふやすことができたろう。[*58] こうすればホッジスにとって必要な補給中隊は二二個減ったであろう。とするとドルトムント突進に必要な補給中隊は七一個になるが、このうち六七個は第三軍から回す五二個中隊と、第八軍団から転用する一五個中隊によって揃えられたであろう。それゆえに結論としては、必然的に仮説にならざるをえないが[*59]、ドルトムント進撃は不可能ではなかったということにならざるをえない。もっともぎりぎりではあったが。

結　論

できる限りの情報に基づいて計算したところでは、一九四四年九月には、イギリス第二軍とアメリカ第一軍をルールに進ませるだけの十分な輸送力は発見できたであろう。しかし手元にあるトラック中隊の数というのは、多くの関連要素の中の一つにすぎない。研究を完全にするためには、他の要因も簡単ながら検討しなければならない。

もしもアイゼンハワーがモントゴメリーの提案を受け入れて、イギリス第二軍とアメリカ第一軍の後方に補給物資のすべてを集中していたら、在フランスの連合国軍四三個師団のうち一二個師団は完全に停止させられ、その付属トラックは取り上げられていたであろう。そのうえ「ドラゴン」作戦によって地中海から上がってくる七個師団は、主力作戦とは無関係になろう。したがって二四個師団だけが後に残ることになる。このうちカナダ第一軍に属する六個師団は、英仏海峡に面する港湾の攻撃のために行動することになったであろう。ルール地方そのものへの進撃には、一八個師団だけが使えたであろう――明らかにこれはかなり少数だが、当時劣勢になっていたドイツの抵抗を突破するには、あるいは十分だったかもしれない。

ドイツ領内での進撃距離は比較的短かったから、露出した側面への空中支援は、それほど困難ではなかっただろう――ベルリンへ進むとなったら明らかに難しかったが。アルンヘム作戦では四つの川を渡らなければならなかったが、この作戦だと二つの川しかなかったであろう。ルールに向かって東に延びる道路網は、オランダに向かって北上する道路網よりもはるかに良好だった。

日常の消費物資のほかに、ベルギーに十分な前進武器集積所を作るとしたら、そのための輸送能力はなかった。だからルール突進は、数百マイル後方にある主力補給基地によって開始しなければならなかったであろう。もしそうしたとすると、補給物資の請求とそれら物資の前線への到着との間には、かなりの遅れが生じたであろうことは疑いない。こうしたことは緊急時の場合には重大な結果を生じるであろう。しかし、一日当たり六五〇トンという配送量はあまりにもぜいたくな数字だったし、それにフランスやベルギーでの連合国軍補給線――特に鉄道輸送施設[*60]――は、日々急速によくなっていた。このことから見て、かなり遠方の基地から作戦する危険性も受け入れることができたであろう。殊にドイツ空軍が無力化しており補給線を妨害できなくなっていたから、なおさらである。

ところがルール進撃計画は実現しなかった。連合国軍はフランス横断の間に、すでに二度も兵站的側面より戦略的側面を重視したために[*61]、補給線を極限まで延ばさずに三度もそうすることはできなかったのだといわれている。だがこの見解は、バイユーからドルトムントまでの距離が、パットンの走破したシェルブールからメッツまでの距離に比べて遠くないという事実を無視している。言い換えるなら、連合国軍は実際には四五〇マイル以上遠方から軍隊に補給できたのだ――だが方向が間違っていた。

興味深いのは、一般に信じられているのとは違って、もしルール進撃計画を承認したとしても、輸送部隊をアメリカ軍からイギリス軍に移動させる必要はなかったであろうし、したがって複雑な結果も生じなかったであろうということである。[*62] むしろ問題はアメリカ軍同士の間の車両移管にあった。ベルギーに進んだ三人の連合国軍司令官――クレラー、デンプシー、ホッジス――のうち、モントゴメリーの計画にとっていちばん害となったのは、ホッジスの補給困難だった。[*63] もしパットンを停止させていたら、それによって生じた余分な輸送部隊はホッジスの第一軍に行くはずだった。アイゼンハワーは第三軍の停止を拒否することによって、アントワープを占領せずしてドイツ進撃はできないであろうとの予言を現実化させた。というのはホッジス軍への補給距離が四〇〇マイル強から七〇マイルに短縮したのは、一一月末になってようやくアントワープ港が占領されたからである。イギリス軍は、その時にはセーヌ川や英仏海峡の諸港から十分に補給を受けていたから、アントワープを必要としなかった。[*64]

それゆえに、最も重大な問題はどこにあるかを理解し、それに従った優先順位を調整することに失敗した責任をアイゼンハワーが負わねばならないとしたら、彼は超人的な洞察力を必要としたであろう。連合国軍の基本戦略について思想の転換が初めて口にされた時、パットンは全速力で進軍していたし、他方モントゴメリーは――これから進む予定になっている距離ははるかに短かったにもかかわらず――セーヌ川に向かって少しずつ前進していたにすぎなかった。想像力を強く働かせなければ、普段は慎重きわまるこの司令官が、その後二週の間に突然心変りしてドイツ国境に向け二〇〇マイル進撃しようとは思いも及ばなかった。またモントゴメリーが、最初はパットン軍の停止を要求しなかったことも記憶されるべきだろう。それどころか彼は、自軍の攻勢の側面をパットンが守ってくれるように求め、そのためにパットンの攻撃目標を東方ロレーヌに進むより北東方のベルギーに変更するよう要求した。モントゴメリーが四〇個師団による「逆シュリーフェン計画」遂行が兵站面から見て不可能だと悟った時、彼自身認めたようにすでに遅すぎた。[*65]

モントゴメリーは、あいまいな話し方をしたために、自分の計画が受け入れられるのを一層不可能にした。最初はベルリン進撃と言い、次にはドイツ心臓部への「ナイフのような突進」と言ったがごとくである。ルールに対する一八個師団による突撃が、恐らく成功したであろうと信じる理由は十分あるけれども、このような劣勢でドイツの首都までも占領するのは問題外であろう。ナイフのような突進についても、もしもわずか一三〇マイルの距離で行なったなら成功するかもしれないが、四〇〇マイル先の目標を求めて行なったなら――しかも最寄りの基地はさらに三〇〇マイル後方――明らかに危険であり、向こう見ずとさえなる。さらにそのような突進は、一八個師団でも兵站面からみて維持できなかったであろう。そのためにモントゴメリーの幕僚たちは、わずか一二個師団による攻撃を考えていた。これだったら補給は一日一個師団当たり四〇〇トン（若干の場合では三〇〇トン）に減らすことができたであろうが、この量でさえも第二一軍集団が処理できる限度を超えていた。[*66] アイゼンハワーがまさしく述べたように、そのような行動からは破滅以外何物も生まれなかったであろう。

最後に、モントゴメリー案がアイゼンハワーの戦略に根本的な二者択一を迫ったかどうかの問題については答えは否とならざるをえない。計算上からはルール突撃に必要な手段は理論的に調達可能だったと思われるが、たとえ戦略的展開が予想通りに運んだとしても、補給組織が十分な速度で適応し、あるいは必要な決断を下しえたとはとてもみられない。「オーバーロード」作戦の兵站計画を終始特徴づけていた過度な保守性と時には無気力さから見て、補給組織がそうしなかったであろうと信じる理由は十分にある。用心深い兵站担当者たちは、げんに遂行されつつあるセーヌ川進撃でさえ実行不可能だと考えていたのに、それが突然「予定外」のドイツ国境突破作戦を、自ら進んで補給しようと言い出すとは、とても思えない。ヨーロッパ遠征軍最高司令部の兵站専門家たちが英雄的タイプに形作られていなかったことは、否定すべくもない。そうは言っても、おびただしい数の作戦が兵站支援を欠いていたために痛恨の結末で終わったことを知ったからには、最終的には文句なく――たとえ遅れたとしても――勝利を収めた者を非難することはできない。

第八章　知性だけがすべてではない

これまでの研究、特に本書の後半の章や節を振り返ってみると、戦争に関する兵站的側面とは、果てしなく次々と生じる難問の連続そのもののように思われる。問題は絶え間なく現われ、拡大し、合体し、行きつ戻りつし、解決され、あるいは未解決となるが姿を変えてまた現われる。兵站術を研究すると、万華鏡のように続く難問が明らかになるが、これを目の前に見ると、一体全体軍隊はどうやって移動できるのか、作戦はどうやって実施するのか、勝利はどうやって収められるのか、誰しもが疑問に思う。

戦争というものが、すべて無限に続く困難から成り立っており、過誤を犯すのは当然であることは、クラウゼヴィッツが戦争の「摩擦」ということを述べた時、まさにそのことを言おうとしていたのである。だから、おびただしい数の戦史書がクラウゼヴィッツのこの言葉に触れながらも、なおそれを深く研究しないのは驚くべきことだ。何百という戦略・戦術研究書が、兵站術のあらゆることについて書いてきた。だが、戦争の中でも兵站という面白くもない側面をわざわざ研究した少数の評論家でさえ、注意深く証拠を調べるよりも、いくつかの先入観に基づいて研究を行なうのが普通だった。このように注意深さを欠いたのは、兵站が戦争という仕事の一〇分の九まで占めている事実、そして軍隊の移動・補給に関係する数学的問題は、ナポレオンの言葉を借りれば、ライプニッツやニュートンのような天才にこそふさわしいという事実を無視しているからである――あるいはこれらの理由のためかもしれない。現代の偉大な将軍ウェーベルは、次のように述べている。[*1]

戦争を見れば見るほど、いかに戦争がすべて管理と輸送に依存しているかが分かる……諸君が軍隊をどこへ、いつ移動させたいと思っているかを知るには、熟練も想像力もほとんど必要としない。だが、諸君がどこに軍隊を位置させることができるか、また諸君がそこに軍隊を維持させることができるかどうかを知るには、多くの知識と刻苦勉励とが必要である。補給と移動の要素について本当に知ることが、統率者のすべての計画の根底とならなければならない。そうなって初めて統率者は、これらの要素について危険を冒す方法と時期とを知ることができるし、戦闘は危険を冒すことによって初めて勝利が得られる。

兵站の歴史は二つの基準に従って時期を分けられてきた。一部の研究家はクラウゼヴィッツと大モルトケから発した伝統に従って、近代における兵站史を、補給方法に基づいて三つの時期に分けてきた。第一期は軍需品倉庫によって補給を受けた常備軍時代、第二期はナポレオンの「略奪」戦争を含む時代、そして第三期は一八七〇〜七一年以来の、基地からの永続的補給で特徴づけられる時代である。この分類の変形が時々現われた。例えばある権威は、「梯陣」システムを基本的には一八世紀の移動軍需品倉庫の修正だと見なしている。[*2] 以上のような見方は、一九世紀初頭の短期間の後退期を除けば、兵站術はきれいな連続線を描いて発展してきたという意味を含んでいる。

もう一つの行き方として、他の研究者たちは兵站術の連続的発展の背後にある原因を調査し、輸送のための技術的手段に関心を集中した。これによって戦史をきちんと区分けすることができた。すなわち馬匹牽引車時代の後に鉄道時代が続き、さらにそれがトラック時代にとって代わられたという具合である。これらの輸送手段は、それぞれ独自の性格と限界とを持っていたが、全体としての傾向は、ますます多くの荷物をますます速いスピードで運ぶという方向にあった。ナポレオンがやったことを除けば、兵站術の発展は連続線として描くことができた。

この書物で行なった過去一世紀半の兵站術の詳細な研究に照らし合わせてみる時、右記の分類は、二つとも正確さを欠いているように思われる。一八世紀の戦争が軍需品倉庫によって補給され、軍隊の移動は補給制度によって足かせをはめられていたと思うのは非常な間違いである。またナポレオンはより原始的方法に逆戻りしたどころではなく、実際は前代の通常の方法を広範に利用したし、それまで歴史上になかったような包括的な補給制度を完成したのだった。大モルトケや他の戦争の神には失礼だが、鉄道と梯陣システムの出現は、機動作戦への補給に何らの革命も起こさなかった。その結果ドイツ軍は、一九一四年になっても現地徴発によって食べてゆくことを予定していたし、実際にもそうした。ヴァレンシュタインからシュリーフェンまでの戦史は、多かれ少なかれ組織的略奪の歴史として見れば全体がよくわかる。この時期の最大の特徴は、軍隊は移動を続けることによってのみ糧食が得られたという事実である。だがモンス包囲戦（一六九二年）であれメッツ攻城戦（一八七〇年）であれ、ひとたび軍隊が停止すると非常な困難が生じた。その困難を克服するためには、「不自然な」手段に訴えなければならなかった。このことは、一九一四年アントワープ包囲のドイツ軍が大損害を被った時でもそうだった。[＊3]

もしこのような略奪の連続が遂に一九一四年の第一次世界大戦勃発とともに破れたとしたら、その原因は戦争が突然人類愛に満ちたものに変わったからではない。弾薬や他の戦争必需品（その中には初めて自動車燃料も入ってくる）の消費量が膨大にふえた結果、軍隊がその補給物資の大部分をもはや現地徴発することができなくなったからである。一八七〇年の普仏戦争の時になっても、弾薬は全補給必需品のうち取るに足らぬ比率を占めているにすぎなかったが（糧食とかいばの消費量七九万二〇〇〇トンに対し、弾薬消費量は六〇〇〇トン）、第一次世界大戦の最初の数ヵ月で弾薬対他の補給品の比率は逆転、第二次世界大戦では糧食は全補給物資の八ないし一二パーセントを占めるにすぎなかった。新しい必要物資は、基地からの絶え間ない補充でまかなうしかなかった。そのために、今や停止中の軍隊を維持するのは比較的容易になり、急速に移動中の軍隊を維持するほうがほとんど不可能になった。このような概念の逆転を理解するのに若干時間がかかったのは驚くに当たらない。

逆転によって生じた問題が解決できるまでの間、補給物資や時には軍隊が、文字通り同じ場所に何年も留まり続ける戦争が展開した。鉄道が馬車にとって替わることができなかったからである。膨大な量の補給物資（例えば一九一六年のイギリス軍によるソンム攻撃だけで一五〇万発の砲弾）が前線に運搬され、兵站駅に投げ下ろされると、もうどうすることもできなくなった。一八世紀とは比較にならないほど、戦略は兵站術の一附属品にしか過ぎなくなった。機械製品——砲弾、小銃弾、燃料、高度な工兵資材——が、軍隊の主要消費物資としては農産物を上回った結果、こんどは戦争が無限に多い紐帯のからみに縛られて進撃不可能となり、想像を絶するほど大規模な相互殺りく戦に変わった。

その後に現われた機械製品——トラックや鉄道、飛行機——によって、軍隊が機械化戦争の問題点を克服することができたかどうかは、まだ未解決の論点である。現代の機動作戦と昔の機動作戦との比較が時々行なわれはした。だが正確に比較するのが難しいために、結論は説得力のないものになっている。[*4] この問いに対して、より効果的にアプローチするには、現代と過去の軍隊の速度を比較するのでなくて、その時代の技術的手段によって限定されている理論的最大速度を、軍隊がどの程度まで実現させることができたかを探ること——換言すれば、「摩擦」というマイナス要因の結果を測定することであろう。このようにして見た場合、一八世紀の軍隊の継続的最大速度は一時間三マイル——人間の歩行速度——だが、時として二ないし三週間にわたって、一日一五マイルも歩むことができたようだ。継続的最大速度と理論的最大速度の比は一対五だが、これに対して近代の車両——鉄道車両でさえも——は一時間一五マイルを簡単に走る。しかしいまだかつていかなる軍隊も、例えば北アフリカでロンメルを追ったイギリス軍や、満州で日本軍を追撃したマリノフスキーの機甲軍団でさえ、その五倍の一日七五マイルという速度を引き続いて数日間以上維持することはできなかった。

同じ問題についてのもう一つの見方は、いわゆる「限界距離」、すなわちある種類の車両の支援によって軍隊を基地から「効果的に」維持できる最大距離を検討することである。この概念は、非常に多くの偶然的要因によって左右されるので、それほど役に立つものでないことはすでに指摘した。それにもかかわらずこの概念を基礎として、理論的研究を行なうのは興味深いことであろう。四頭立てで一トンの運輸能力を持つ荷馬車を仮定してみよう。馬一頭は一日に二〇ポンドのかいばを食べるとする。その馬車が全有効荷重を全部使い果たすまでに動ける最大距離は（20 × 2,240）÷ 80 = 560マイルとなる。そのうち恐らく一二〇マイル、すなわち約二一パーセントだけが今までに実際に走った距離だった。これに比べて燃料以外何も積んでいない第二次世界大戦当時の五トントラックは、積荷がなくなるまでに最低五〇〇〇マイル走ることができたであろう。だがヨーロッパでの作戦では、せいぜい五〇〇マイル——すなわち最大能力の一〇パーセント——走ったにすぎなかった。ロンメルは、他の将軍とは違って指揮下の輸送隊をぎりぎりまで使う術を心得ていた司令官だったが、その彼でさえ前述の五〇〇マイルという平均走行距離を二倍にしようとした時、どうしようもない困難に陥った。

これらの事実から明らかなのは、一八世紀の軍隊は歩みがのろく軍需品倉庫に束縛されていたどころか、当時の手段の理論的限界に対して、近代の軍隊よりもはるかに巧みにやってのけたということである。これは当然のことにすぎない。というのは機構の中の摩擦――人間であれ機械であれ――は、その部品が多くなればなるほど増すからである――これは収益逓減の法則の代表的な事例だ。

右記の通りだとすれば、第二次世界大戦後三〇年間にわたる輸送手段の発達にもかかわらず、筆者の見解によれば機動作戦の速度は、近い将来劇的に上昇するとは思えない。一九六七年のイスラエル・エジプト戦争〔第三次中東戦争〕において、イスラエル軍は空で完全な優勢を保ちつつ、第二級の敵を奇襲するという理想的な条件下で作戦したにもかかわらず、一日四〇マイル以上を走るという機会はそれほどなかった。*5 しかしながら、このことから一九四四年式の軍隊は「危険なほど時代遅れ」だと結論するのは、二〇世紀に入ってからの兵站術の発展を見誤るものである。もっともその特徴として、一連の新輸送手段の速度と走行距離は、非常な摩擦の増加、特に補給物資の量の増加によって、完全とは言えないまでも大部分相殺されたことは事実である。それゆえに全く新しく、かつ能率的な輸送手段が明日登場しようとも、その理論的最大能力のうちごく一部しか実際には実現しないし、したがって機動作戦の速度に対する影響も限界があると思われる。

さらに興味深い問いは、戦闘部隊と補給部隊との比率についてである。この比率は、しばしば軍隊の能率を大ざっぱに示す指標として用いられている――比率が低ければ能率が高いことを意味した。だがこれは戦闘部隊と補給部隊との関係を誤解している。小説に登場する英雄的政治家や剛勇無双の将軍はともかくとして、軍事組織の目的は補給部隊の数を極端に少数にしてやってゆくことではなく、可能な限り最大の戦闘能力を創出することである。ある作戦において、一万人の戦闘部隊の背後に一〇〇人の兵を配置して燃料補給、トラック運転、鉄道建設などをやらせれば、右記の目的が達成できるとすると、一〇〇対一が最適の比率となる。しかし、理論上無数にある構成要素を使ってこの比率を作り出すことは、ほとんど不可能な作業である。複雑きわまるモデルとなるので、数学の天才が一揃いのコンピュータを使うぐらいのことになる。そのうえさらに、計算が全部終わり、それに基づいて準備が完了したところで、新しい戦略的または政治の条件のために、これらすべてが無価値になる可能性が、常に強く存在している。

実際において、戦闘部隊と補給部隊との理想的な比率を作り出す作業を、二〇世紀（それ以前は言うまでもないが）の作戦立案者たちが試みたという証拠は乏しい。それどころかたいていの軍隊は、特別の基礎の上に立って精一杯作戦を準備したように思われる。すなわちできるだけ多数の戦術用車両、各種トラック、鉄道工兵等を組織することに、総合的とは言えないにしても大きな努力を払った。だが、それらを理論的な最大距離にまで走らせるための「理想的」組み合わせについては、ほとんど考慮を払わなかった。すでに見てきたように、この方向に向けてたった一度包括的な試みが行なわれたが、その結果は必ずしもよくはなかった。すなわち「オーバーロード」作戦は、燃料を徹底的にあらかじめ缶に詰めておくために詳細な準備を行なったにもかかわらず、否かえってそのために作戦計画は前例を見ないほど保守的、時には無気力なものにさえなった。それに作戦の実際の展開は、計画とはほとんど無関係だったのみならず、兵站手段そのものの働きも予想とは非常に違った。したがって一九四四年に連合国軍が収めた勝利は、あらかじめ作られた兵站計画を実施したからというより、むしろそれを無視したためだと言っても、必ずしも誇張ではないであろう。結局のところ勝敗を決定したのは、計画を無視し、その場で対策を実施し、危険を冒すだけの積極性があるかないかだった。

本書での研究——「あいまいな思考」を避けようとの決意からスタートし、「具体的な数字と計算」に努力を集中した——を終えるに当たって、結局人間の知性だけが戦争を戦う道具ではないし、したがって戦争を理解する道具でもないと認めることが適切であろう。計画の立案とその実行の両面において、知性は中心的役割を果たさなければならない。われわれにはそれ以外によりよい方法がないからである。しかしながら、戦争とか人間行動の他の側面を理解するには知性という手段しかないと信じるのは、バベルの塔を作り罰を被った人々と同じように、自信過剰を証明するものだ。戦争においては、精神と物質との関係は三対一であるというナポレオンの格言の真理を承認すること。結局これが、機動作戦に及ぼす兵站の影響を研究する際、われわれが学びうるところのすべてであろう。

訳者あとがき

本書（原題 *Supplying War*）は一九七七年に初版がケンブリッジ大学出版部から出され、その直後に政治経済の評論誌として有名な英エコノミスト誌の書評欄で、「戦争の真実をついた研究書」として激賞を浴びたものである。出版当時、著者マーチン・ファン・クレフェルト（Martin van Creveld）は三一歳。イスラエルのヘブライ大学で歴史を講じている若手研究者であった。

クレフェルトは、一九四六年オランダのロッテルダムで生まれた。ユダヤ系の出身であり一九五〇年三歳の時にイスラエルに移住している。一九六四～六九年にエルサレムのヘブライ大学で学び、一九六九～七一年にはロンドン・スクール・オブ・エコノミクス（LSE）に留学して同大学で博士号を得た。現在では母校ヘブライ大学の歴史学助教授〔二〇二〇年時点で名誉教授〕となっている。

これまでのおもな業績として、三冊の著作を刊行している。第一作は『ヒトラーの戦略――バルカン半島進攻』（*Hitler's Strategy 1940-1941; The Balkan Clue*（London Cambridge University Press, 1973））、第二作は『第四次中東戦争の軍事的教訓――その歴史的展望』（*Military Lessons of the Yom Kippur War: Historical Perspectives*（Washington, D. C.: Center for Strategic and International Studies, Georgetown Univ., 1975））、そして第三作がここに訳出した『補給戦』である。クレフェルトのこれらの著作には、他の国の軍事研究家にはみられない特色がある。それは激動する中東の小国イスラエルに生きる研究者として、先史に何を学ぶべきかという強い歴史探索志向が行間ににじみ出ていることである。イスラエル国民にとっては、戦争は昨日の事件ではなく、げんに直面している今日の問題なのである。本書でも終章に中東戦争のことが数行ほど出てくるが、そこに著者が『補給戦』というテーマの研究に打ち込んだ動機がうかがわれるような気がする。

さて、本書がエコノミスト誌から絶讃を浴びたのは、補給という戦争の勝敗を決する最大の問題に、現代の軍事研究家として初めて本格的に取り組んだことにある。冒頭に著者自らこう述べている。「最初から最後まで本書では、抽象的な理論化よりも、むしろ最も現実的な諸要因——糧食や弾薬、輸送——に注意を払うであろう」と。このために著者は、一六世紀から二〇世紀までの歴史的主要作戦について、その補給面からの研究を膨大な原史料にあたることによって進めているのである。

一八〇五年のアウステルリッツ会戦に大勝したナポレオンが、その七年後のロシア戦役で大敗したのはなぜなのか。一八七〇年の普仏戦争におけるプロシャの勝利は、プロシャが当時の先端技術である鉄道を最大限に利用したからだとされているが、本当にそうだったのか。一九一四年の第一次世界大戦緒戦でのシュリーフェン計画の発動は、そもそも最初から実行可能だったのだろうか。軍事の天才といわれたロンメルは、結局は北アフリカ戦線で敗退するが、それはヒトラーの作戦指導に原因があったのではなく、ロンメルの戦略思想にも何か欠陥があったためではないのか。〝知将〟ロンメルとは対照的に、パットンは〝猛将〟の名のみ高いが、彼の戦車戦での成功は、補給を重視するあまり消極的になりすぎた連合国軍の作戦に対し、決断の重要性を改めて浮き彫りにさせるものではなかったろうか。

戦史に関心を抱く者だったら、こうした問題には誰しもが血わく思いで議論の展開を追究するであろう。もちろん著者クレフェルトは、これらのテーマに対し明快な答えを与えている。しかし彼のやり方は、荷馬車やトラックの数、一日の走行距離、兵士に必要な糧食や弾薬の量、輜重部隊の編成と能力等、補給に関するあらゆる面から推論を煮つめてゆく。そのうえで戦略と補給との関係を論じ、戦争の勝敗を決定するものは何かという最後の論点に向かって行く――本書がイギリスで「類書の少ない戦史研究」との評を受けたのは、まさにこうした手法のためなのである。

訳者は翻訳作業を続けながら、二つの感想を抱かざるをえなかった。第一は、もし本書の存在がもっと早く明らかになっていれば、多くの戦史書も変わっていたのではないかという思いである。最近の数例をあげれば、大作戦を立案・遂行するに当たって巨大な歯車がどう動いていったかを描いた檜山良昭著『ヒトラーの奇襲』、ナポレオンのモスクワ敗走を活写した両角良彦著『一八一二年の雪』は、本書を合わせ読むことによって舞台の背景と事実の重みが、さらに理解できるのではなかろうか。

第二の感想は、翻訳中にソ連によるアフガニスタン侵攻とイラン・イラク戦争という二つの事件が起きた。このことによって、戦争は日本人にとっても昨日のことではなくなったという感じが強くなった点である。そして戦争を理解するためには、補給問題の研究が不可欠であることを痛感せざるをえなかった。

終わりに当たって、私が本書の概要を説明するや、その場で出版を決定された原書房社長成瀬恭氏にお礼を申しあげたい。私は本業が経済記者である。しかし、今回の翻訳は本業の幅を広げるためにも非常に役立ったと思う。本書の刊行を機会に一層努力したい。

一九八〇年一一月　　　　佐藤　佐三郎

第二版補遺——我々は今どこにいるのか？

ロンドンに住みながら、既に相当前に亡くなった女主人の古い鏡台で主に研究をしていた筆者が、『補給戦』を執筆してからほぼ三〇年が経過した。三〇年とは長い期間である。事実、あるものは多かれ少なかれ同じままであるが、そうでないものは認識できないほどの変化を遂げた。こうした事実を背景にして、この補遺は以下の三点について試みたい。最初の部分では研究分野としての軍事兵站の歴史がどうなっているかについて考える。第二の部分では、『補給戦』そのものが急速に拡大している著作数——そこには本書に対して批判的なものも含まれる——の中でいかなる位置付けが与えられているかを考える。第三に一九四五年以降の軍事兵站そのものの発展について概観する。つまり、そこに何が生じたのか、そして軍事兵站はどこに向かっていくのかである。

I

それでは、研究分野としての兵站はどうなったのかから始めよう。通り一遍の著作の一覧に目を通しただけでも、最も明確な変化はこの問題に対する関心の高まりである。三〇年前は軍事兵站の歴史に関する著作は極めて限られていた。事実、この問題に引き付けられたほぼ唯一の集団は、数名のオーストリア＝ハンガリー軍の将校であり、理由ははっきりしないものの、ほぼ一八六六年から一九一四年の間にこの問題についてかなりの研究を実施している。[*1] 今日と同様に当時も、戦争をめぐる議論は非常に洗練された兵器や兵器体系の驚くべき能力を中心として展開される傾向にあった。実際、こうした言葉は一般に受け入れられつつあった。他の著作は、前進あるいは後退する、機動あるいは側面を衝く、包囲あるいは浸透する軍隊について書かれていた。これとは対照的に、兵站は魅力的なものとは考えられていなかった。ある意味、これは二〇世紀の最も影響力のある軍事哲学者バジル・リデルハートの影響を反映したものであるかもしれない。彼の戦略に関する作品は一九二九年に最初に刊行を迎え、その後、世界のあらゆる地域で大規模な通常戦争が勃発する度に版を重ねた。残念なことに、彼は筆者がイギリスを訪問する数年前に死去しており、お会いする機会に恵まれることはなかった。しかしながら彼の遺産は不変であり、彼の権威はさらに高まっていた。

そのようなわけで、当時の軍事史家の殆ど誰もが戦いを実施する軍隊に何が要求されているかについて自問することはなかった。さらには、彼らが必要とするものをどのようにして手に入れたのか、あるいはこうした要求は彼らが実施しあるいは実施しなかったことにいかに影響を及ぼしたかについても問い掛けることはなかった。加えて、こうした問いについて表層的な答えを求める以上のことまで踏み込む者などさらに少数であった。デイビッド・チャンドラーの *The Art of Warfare in the Age of Marlborough*（一九七六年）を考えてみよう。デイビッドより一八世紀の戦争について知る者はいないし、彼の著作は多くの点で優れている。しかしながら、この作品で「兵站」という言葉を索引で探そうとした者は皆、それが無駄であると分かるであろう。筆者はまた、バーナード・モントゴメリー元帥の *A Concise History of Warfare*（一九七二年）を読んだ後の失望感も憶えている。筆者はシュリーフェン計画の兵站面について研究していたのであるが、モントゴメリー自身が偶然という余地を殆ど残さない完璧な職業軍人であったことを知っている。自らの回想録の中で彼は、自分の装甲車両がガソリンを受け取る正確な方法など関心がないかのように振る舞っているが、[*2] 疑いなく補給を軽視してはいなかった。仮に彼がそうしたのであれば、アラメインからビゼルト〔チュニジア〕まで進撃することなど、あるいはノルマンディの海岸に上陸することなど決してなかったであろう。そのため、彼がこの問題について殆ど何も述べていないことを発見した際の筆者の無念さは、さらに大きなものであった。彼が述べていることはリデルハートとの対話を基礎としたものであり、リデルハート自身も戦略に重点を置いていたため、兵站についてはあまり語っていない。事実、この偉大な人物はあたかも戦いが兵站を含まないサッカーの試合であるかのように戦争を取り扱っていた。人の性格が何かに重要な影響を及ぼすとまだ考えられていた時、若き研究者であった筆者は、こうした問題に取り組むにはあまりにもおとなし過ぎた。仕方なく筆者は、自らの史資料を多数かつ無関係、しばしば不明瞭なものから抜粋することを余儀なくされた。筆者は大英博物館やその他のロンドンの図書館で古びた大判の著作の分析に何ヵ月も費やした。殆ど誰もが名前を記憶することがない一七世紀の幾人かのフランス軍元帥の書簡を利用することに何の意味があるであろうか。別の時には筆者は、フライブルクにあるドイツ連邦史料館／軍事史料館の閲覧室に座り、山のようなドイツ国防軍史料に絶望的なまでに目を通し、その中のどれを読みどれを片付けるかについて決めようとしていた。こうした作業に対して筆者を支援して下さった方々には、今でも感謝している。

それ以降は何という変化であろうか。文献数は今や数え切れないほど膨大に上り、[*3] そして、その一部ではあるものの、本書からインスピレーションを受けたとの事実に筆者自身満足している。こうした人々はあちこちで筆者に支援を求めてきており、筆者も喜んで支援を行った。一部には今日研究を実施している無数の人々にその余地を残すため、さらに一部には、学者としての秩序と完全さに対するいつもの模索の結果として、この分野は筆者が用いたジョミニの兵站をめぐる定義を遥かに超えて拡大した。今では海上での戦い、空の戦い、計画、戦争生産、調達、管理、その他の多くの項目が含まれる。[*4] そうした著作の作者の中には財政を加える者もいるが、これは軍資金と呼ばれてきたものであり、この問題はさらに徴税及びその他の資金獲得の方法について研究者の目を向けさせることになった。さらに別の研究者は、道路や橋梁の建設、研究開発などに代表される専門化された分野を探究しており、それ以外にも、要塞建設には疑いなく多大な兵站努力が必要とされるため、戦争が補給される方策については要塞も含むべきであると主張された。[*5] こうした研究の幾つかは些末な内容に留まっている。確かに、その重量だけがある種の補給の相対的な重要性を正確に表すわけではない。ある戦いでは一本の釘の欠乏のため敗北したのであり、他方である時期ソ連の独裁者であったニキータ・フルシチョフが、兵士がズボンを下げたままで戦うことができないとの事実からはたしてボタンを戦略的物資であると宣言できるかについて尋ねた時、彼にはそれなりの妥当性があった。経済学と同様、それが根底に流れる陰鬱な科学、兵站、さらには兵站の研究は、ほぼそれ以外を全て包含するまで拡大する能力を備えているのである。こうした拡大の多くは自然であり、必要でさえある。それにもかかわらず幾つかの事例は行き過ぎである。クラウゼヴィッツの格言の読み手に、戦争の最も中核には戦いが存在する事実を改めて述べる必要があるであろうか。

著作数が爆発的に拡大する方法の一例として、筆者が探究しなかった主題を取り上げてみよう。すなわち、ローマ軍の兵站についてである。筆者が本書を執筆した時、唯一利用可能であったものはアントン・ラビシュによる *Frumentum Commeatusque*（一九七五年）のみであり、本書の筆者が気付くのが遅れ用いることができなかった先駆的な著作である。それ以降、この主題をめぐる我々の知識や理解は大幅に拡大された。最初に挙げる著作はポール・アダムスの *Logistics of the Roman Imperial Army*（一九七六年）である。主要な著作だけを紹介するとすれば、次に挙げるべきはジェームス・アンダーソンの *Roman Military Supply in North East England*（一九九二年）、テオドール・キセルの *Untersuchungen zur Logistik des römischen Heeres*（一九九五年）、ホセ・レメサル＝ロドリゲスの *La annona militaris*（一九八六年）、ポール・エルドカンプの *Hunger and the Sword: Warfare and Food Supply in Roman Republican Wars*（一九九八年）、最後にジョナサン・ロスの包括的な *The Logistics of the Roman Army at War*（一九九八年）である。古代の駄獣の積載容量からローマ軍団が用いた食糧調達方法に至るまでの手段に関する多数の論文及び学術雑誌については言うまでもない。

これは軍事史とは殆ど関係ないものの、過去三〇年間のもう一つ顕著な発展としては、兵站（ロジスティックス）が独立した、極めて重要な学術分野として出現したことである。軍事の文脈であろうと民間の文脈であろうと、これは世界中で何万という人々によって研究されている。新たな研究センター、学部、あるいは研究所がその門戸を開き、自らの懐にお金を携えた人物を招き入れ、そこに陳列された不可思議なものを見るよう促すことがない週など殆どなかった。事実、「兵站」という言葉そのものが、その主題の魅力の一部と関連付けられる洗練された環を獲得しているのである。人々に自らが「兵站学者（logistician）」だと告げてみよう。そうすればそれは単なる倉庫係、ポーター、運転手、あるいは豆の販売人よりはさらに素晴らしいと思われ、人々はあなたをとても賢明、もしかすると退屈な意味においてかもしれないが賢明と思うであろう。ドイツでは「認識の兵站（*Logistik der Wahrnemung*）」について語ることさえ可能である。これによって何を意味するかについて筆者は全く不明であるが。深刻なことには、一人の人物が深く究明することを阻む、ましてや、それら全てを読書することを阻むような多数の出版物が毎年のように刊行される。それらの多くがインターネット上に掲載されているとの事実は、必ずしも物事を容易にするとは限らない。インターネット上の出版物は常に利用可能な傾向はあるものの、利用するには不便である。兵站の類比を用いれば、それはあたかもパンではなくビスケットを軍隊に供給するようなものである。ビスケットは安価で保存し易い一方で、消化し難いものなのである。

我々の知識を大きく増加させたという限りにおいては、この力強い洪水のような出版物はもちろん歓迎すべきものである。しかしながら、硬貨にはもう一つの側面がある。筆者がこの分野に最初に足を踏み入れた時、全くの無学者としてそうしたものである。筆者がそれまでに関与した最も複雑な兵站の運用は、自分の家族を一つの国から別の国へと移動させることであった。学術的に述べれば、筆者の背景には一つか二つの長く忘れられた著作があり、その本で筆者は躓き、それがゆえに自らを補給する軍隊のやり方についてさらに知りたいと思い、軍隊がそうすることによって運用する人々に及ぼす影響をさらに知りたいと思うに至った。それ以降、この大きな主題の全体像を理解することが誰にとっても全く不可能である事実を、筆者はこれらの著作から理解するようになった。ある時には、筆者はあたかも闇夜に吹雪で方向を見失った旅行者のように感じる。凍った湖を意識なく歩いて渡る旅行者のようである。自らが行ったことを振り返り理解することによって、彼の心臓は鼓動を止め倒れて、死に陥るのである。

Ⅱ

第二に、本書である。仮に作者が自らの目標を明確に定義しそれに最後まで固執するのであれば、その著作に当初の目的以上のことを求めるべきではない。後から振り返って批判することは常に容易なことであり、場合によっては、それは卑しいことですらある。筆者が『補給戦』を世に問うた時、まだ開拓されていない分野に挑戦したのであり、それでも三世紀以上の期間にわたって考察しようと試みた。これは、もしかすると非常に野心的であるとも思えた。確かに、筆者が海上での戦い（偶然にも、孫子やクラウゼヴィッツもそうであったように）や空の戦いを含めて、多くの主題に触れていないことは事実である。さらには、三つの次元、すなわち戦略、作戦、戦術の次元の中で、筆者が第二番目の次元だけに関心を示していたこともまた事実である。最後に、例えばとりわけ強力なアメリカ国民同士が戦ったものも含めて、ヨーロッパ以外の戦いの兵站を研究していないことによって自らの知的な限界を証明することになった。これについて筆者が言えることは、「私の過ち（*mea culpa*）」ということだけである。

それにもかかわらず、そしてそれ以降に追加された詳細な知識の量が膨大なものに上るにもかかわらず、『補給戦』の根底を流れる基本的前提の幾つかは不変なままであると議論するであろう。もしかすると、それらはあまりにも自明のことになったため、殆どの人が敢えてこれ以上言及しなくなったのである。第一に、誰でも今では兵站が極めて重要であることを知っている。あるいは次のように述べることもできよう。すなわち、司令官は常に自らの状況を知っていたが、これは今日の軍事史家ですら理解するようになったものである。太古の昔から補給をめぐる問題は軍事的運用の地理を支配するものであった。あるいはその時期、彼らができることとその結果について支配するものであった。学術雑誌に論文を寄稿する中で、そのように小さな主題について記述したことに対して筆者が謝罪しなければならない日々は、明らかに過去のものになった。第二に、そして第一の点を受けながら、兵站を考慮しない軍事史の研究は、素人的であるとの事実に誰もが賛同する。もちろん、これは関連する文献の中で起きた爆発的な増加の背後にある最も重要な理由である。

さらに低い次元においても、『補給戦』の基本的な主題は今でも妥当であり、筆者はこの機会を通じて幾つかの追加的な事例を用いることによって、これを敷衍したいと思う。最初に、歴史上のほぼ全ての期間を通じて、水路による運搬は陸路によるものと比べて遥かに安価であり、容易であった。ローマについて述べれば、その違いを一対五〇と見積もる論者もいる。[*6] 後年、船舶が大規模化する一方で、馬はほぼ同じ大きさに留まっていたため、この数字はさらに拡大したに違いない。換言すれば、駄獣や四輪車で積荷を運ぶには、同じことを船舶で行うより五〇倍もの費用が必要となるということであり、その積荷が大きければ大きいほど品物は安価になり、結果として違いはさらに拡大する。そのため、司令官の多くは分別ある行動を取り、可能であれば水路で補給品を運搬することを好んだ。陸地に拘束された交通線は短距離になる傾向にあった。ジョナサン・ロスを例に取ってみよう。彼はローマの軍事兵站の研究を可能な限り完璧に実施した人物である。しかしながら、彼が研究した約五世紀の期間において、前線後方一〇〇マイルの基地から陸路で補給物資がもたらされた事例は三つしかない事実を発見した。[*7] いかにしてそれが実施されたかについて史資料からは学ぶことができない。各々の一〇〇マイルという距離は、筆者が馬に引かれた輸送に依存する軍隊に定めた限界と極めて近いというのは興味深い事実である。大多数の事例において網羅される距離はさらに短いものであった。

ロス自身が述べているように、[8]我々が知っているただ一つを除いて、帝国時代のローマの全ての軍団の基地は河川を本拠地としており、それには極めて妥当な理由があった。

第二に、一九世紀後半の著名なドイツ軍将校兼軍事記述家を引用すれば、[9]ほぼ一九〇〇年までは工場で生産された補給物資――弾薬や交換部品など――の重量は、軍隊が必要とした糧食や秣(まぐさ)の重量と比較すれば「無に等しい」ものであったことも事実である。[10]その仕組みの一例として、ボロジノの戦いを考えてみよう。この戦いは一八一二年九月七日にナポレオンがロシア皇帝アレクサンドル一世に対して行ったものである。その場にいたフランス軍兵士の数は約一三万三〇〇〇であった。騎兵、砲兵、さらには軍需倉庫の間には約四万頭の馬が軍隊に付き従っていた。最低でも、一人の兵士の毎日の補給物資は二・六ポンド〔一ポンドは約〇・四五キログラム〕であり、馬は二六ポンドであった（この二つの数字には共に水が含まれていない）。糧食と秣の合計量は六九二トンに少し足らないほどである。そのまさに同じ日、フランス軍は一二〇万発のマスケット銃弾を発射し、六万もの砲弾を発射した。おそらくこれは、その時点までの歴史上の一回の戦いにおいて軍隊が耐えることのできる最重量の火力であったであろう。アメリカ南北戦争で連邦軍〔北軍〕がゲティスバーグの戦いの三日間で発射した砲弾は、その半数に過ぎない。[11]歩兵が一発発射するのに対して〇・〇六ポンド、さらには砲兵の一発につき一〇ポンド（どちらの数字も火薬を含む）、総重量は二二六トンとなった。そしてその中のほぼ九〇パーセントが大砲に用いられ、一〇パーセント強のみが小火器によって用いられた。このように、この日においてもなお、発射された弾薬以上に糧食と秣がさらに消費されたのである。しかし、ボロジノの戦いは大きな戦いの中で唯一の大規模な戦闘行為であった。つまり、戦いは六〇万の兵士と二五万の馬で始まり、ニーメン川渡河から最後の凍り付いた落後兵がロシアとポーランドの国境にフラフラとたどり着くまでの六ヵ月間続いた。これらの数字を用いて全ての戦闘での二つの種類の補給物資の関係について研究したいと考える人がいれば、どうか是非やってもらいたい。

第三に、民間人の人口が稠密な所ではどこでも、補給物資は最も重要なもの（重量による）であるため、野戦に従事する軍隊は自らが横断する田園地帯に頼って生活する傾向がある。事実、現地で調達することができるものを基地から持ち運ぼうとすれば、司令官は本当に愚かということになろう。前述した一八一二年の戦いに戻れば、ナポレオンが自らの軍隊が消費した数万トンにも及ぶ糧食や秣を、ストラスブルクの大きな補給倉庫から運搬したと本気で信じる者がいるであろうか。あるいは前線基地であるケーニヒスブルクからでさえも信じる者がいるであろうか。もちろん彼はそのようなことを行わなかった。せいぜい、これは弾薬、衣服、医薬品、あるいはそのような補給物資に限られ、それは大陸軍（グランダルメ）が必要とし、戦いが始まる前から国境地域で保管されていたものである。しかしながら、こうした物資ですらナポレオンは、可能である時、可能な場所であれば、鹵獲したロシア軍の倉庫を頼りにしたのである。白ロシアの森林地帯に至る、さらにその西方と比べれば、スモレンスク周辺の比較的人口密度の高い地域ではそうすることは容易であろうが、それ以外の物資は殆ど全て途中で獲得したものである。『補給戦』を補足すれば、薪を考慮に加えるとこれはより真実と言える。共和政ローマから一九世紀のロシア軍に至るまで、通常は八から一〇人の兵士につき一つのたき火（同様に一つのテント、一つの調理鍋、一頭の駄獣）が割り当てられた。しかしながら、筆者は全ての歴史を通じて、今日の近代的な軍隊が燃料を運搬するように、後方から薪を運搬した事例が一つでもあるとは思わない。森林あるいは危機に際しては住民の家屋があれば、それで十分であろう。

補給物資を引き出す方策はそれぞれに異なっている。一部には敵の介入を阻止するため、一部には脱走を防ぐため、そして一部には補給物資が破壊されることがないことを確実にするため、あるいはその物資がくすねられたり浪費されたりするのを防ぐため、かなりの規模の組織が求められる。とりわけ秣の場合に有用な一つのやり方は、田畑から補給物資を収穫するために兵士の一部隊を派遣し、残りの部隊は編成を崩さないまま守備に就くというものである。もう一つが徴発と呼ばれるものであり、地方の当局者に命じてあれこれの物資を大量あるいは一部、あれこれの時間やあれこれの場所に届けさせるとするものである。偶然にもこれはドイツ（プロシャ）が好んで用いたやり方のままであり、一八七〇〜七一年になっても同様であった。[*12] 第三の方法は自由意志であれ強制であれ、購入することである。前者の場合、軍隊は市場を設立し、後者は徴発と共通する部分が多い。必要な金額は軍隊そのものの金庫から出すことがあるかもしれない。しかしながら、それ以上にありそうなことは、司令官が地域の人々に「軍税」を支払わせることであろう。彼らは必要なお金を入手したら、これは価値のない紙幣ではなく、チャリン、あるいはガチャガチャと音を立てるもの〔硬貨〕であるが、それを商人や従軍商人への支払いに使った。後者は補給物資を購入しそれを輸送する任を負っていた。

それがいかに行われようとも、ある地方を通過する軍隊はその地域を窮乏へと陥らせた。仮にその軍隊が財産を破壊し降伏を拒否した者は誰であれ殺害するようなことがなかったにしてもである。降伏を求められた後に直ちにそれを拒否した者もいた。ここで論じている地域が軍隊に友好的であれ中立的であれ、こうした事態は極めて頻繁に生起した。現代のアメリカの軍隊が行ったように、資本主義的な原則に則って戦いを実施する軍隊など殆ど存在しなかった。すなわち、調達される品々に対して自由に契約を交渉し、市場価格を支払うといった軍隊は殆ど存在しなかったのである。[*13] そのアメリカ人自身でさえも、彼らが地球上で最も裕福な国民になる前は、今日彼らが主張するほどこうした事項について常に良心的であったわけではない。アメリカ独立戦争までさかのぼる文書には、徴発された補給物資の支払いを約束したメモ書きが数千も見受けられる。その多くは読みづらい殴り書きによって隠されている。[*14] 敵の領地で生起したことは記述できないかもしれない。軍隊の規律が弛緩するほど、そして彼らの好きに任せる度合いが大きくなればなるほど、地域の住民にとっての結果は悪くなった。

例えば、三〇年戦争の間、あらゆる軍隊にはドイツ語で *Brandstaetter*（燃やす人）として知られる特別な将校がいた。この将校は、守備隊に伴われながら占領された町々を見て回り、その価値を見定めた。そして自らの要求が満たされないのであれば町を焼き払うと脅したのである。幾つかの町や地方は、最悪の厄災を遠ざけることを望み、軍隊に対して「自発的」な寄付をもって近付いた。誰でも予測できたように、こうした寄付の幾つかは後に制度化され義務化された。少なくともローマの時代からずっと、地方の当局者が司令官や補給将校に賄賂を贈り自らが管理する土地の破壊だけは勘弁してもらいたいと願い出る事例も存在した。一八世紀初頭ドイツのある伯爵夫人はマールバラ公に対して、彼の軍隊が彼女の土地から離れるよう指示してもらいたいと依頼した。マールバラ公と彼の軍隊の将校はもちろん、喜んで彼女を訪問した。なるほど伯爵はその場を不在にしていたが、彼はことの次第を理解していた。

軍隊が地方の補給物資に依存していたとの事実は、それらが奪い取られることがないことを意味しなかった。糧食を徴発する一行は襲撃を受ける可能性もあった。時として彼らは自らの任務のために分散していたからである。古代の戦争ではこうした事例を多く見出すことができる。あるいは徴発目的の一行が大きな荷を積んで野営所に帰るところを襲撃されることもあった。敵はさらに軍隊とその集結場所もしくは命じられた場所、あるいは補給物資を購入した場所との間の交通を遮断しようとするかもしれない。ラテン語ではこの行為を指す専門用語（*terminus technicus*）に、妨害（*intercludere*）がある。司令官の中には敵の部隊を意図的に、補給物資を入手することができない地域に招き入れるよう誘動する者もいる。これによって敵に脱走するか降伏するかのどちらかの選択を迫るのである。別の場面では、彼らが保管する補給物資を敵が用いるのを防ぐために、その地域が「荒廃させられる」こともある。最後に挙げたやり方の事例は、紀元前二一七年のクィントゥス・ファビウス・マクシムス（Fabius Maximus）の時代から[15]一九世紀さらにそれ以降までの間、そして今日に至るまで見出すことが可能である。ピョートル大帝（Peter the Great）は〔スウェーデン国王〕カール一二世（Charles XII）の侵攻を遅らせるためにこの方策を用いたが、このことが後に、彼はあたかも自分の妻を貶めるため自らの鼻を切り落とした男のように振る舞った、との評価に繋がることになった。

　他方で、そして森、山、さらにはとりわけ砂漠といった特別な環境を例外とすれば、その地方で補給物資をかき集める能力が、軍隊に対して今日の彼らの後継者が殆ど比べることが不可能なほどの行動の自由を与えた。ある一つの地域の補給物資をめぐる困難をしばしば解決したものは、ただ単に別の地域に移動することであった。古代ギリシャについてある専門家が書いたように、[16]戦争というものは大規模な強奪行為を伴った拡大された徒歩ツアーで構成されていたのである。アレクサンドロス大王の兵站をめぐるドナルド・エンゲルスの優れた著作は、[17]それがどのように行われたか、あるいは我々が利用可能な史料が十分なまで詳細ではないため、いかに行われていたであろうかを示す最も成功した試みである。アレクサンドロス大王と彼の軍隊は、半ば伝説の土地への前例のない冒険に出発したのである。彼らが出発の準備をする中で、どこから糧食、秣、そしてとりわけ水を得ることができるかとの情報を事前に入手すること以上に重要なことなどなかった。この情報は転じて地方の役人と協定を結ぶことを可能にした。地方の役人は完全に恫喝された後、軍隊が間違いなくこれから前進する道路に沿って補給物資を運ぶのであった。アレクサンドロス大王がダレイオス三世（Darius）の財宝箱を分捕る度に彼の手元に入ってくるお金もその一助となった。仮にこの制度がなかったとしたら、軍隊は餓死していたであろう。事実、これはゲドロシア砂漠（Gedrosian Desert）を進軍する際にもう少しで生じる事態であった。この砂漠地帯には町も村も存在せず、金銭を用いようが脅迫を用いようが、補給物資を手に入れる契機にはならなかったのである。海軍が洋上で行うように陸軍が人々が居住する地域を航行する能力は、以下の事実によってもまた示される。すなわち、『補給戦』が対象とする期間の中でグスタフ・アドルフ（Gustavus Adolphus）とマールバラ公、さらにはそれ以前の期間であるイングランドのエドワード三世（Edward III）とアレクサンドロス大王は、「破棄された」前線で戦いを実施したのである。仮に後年のように補給線（ライン）が重要な役割を演じていたとすれば、そうしたことを実施することは不可能であったであろう。それよりむしろ、ここで取り上げた司令官たちが絶望的な状況に直面していた事実を我々は語っていたであろう。そして彼らは彼らでその状況を認識しているため、立ち止まり、戦い、そして占領するのではなく、むしろ降伏したであろう。

さらに重要なのは、彼らやそれ以外の多くの司令官は、時として自らの祖国から極めて遠く離れた地域へと進軍したことである。そしてそれは、祖国との接触が殆どなくなるくらいのものであった。通信のための唯一の方法は、到着までに数週間を必要とする書簡のみであった。そしてそれが届いた時さえも、彼らが祖国から得るものはせいぜい時々の増強、そしておそらくいくばくかの金銭であった。それ以外の分野と同様に兵站においては、彼らはほぼ完全に独立していた。彼らは自らが横断または占領した地方から補給物資を引き出した。そしてその地域に自らの基地を構築した。そしてその国々がどの程度裕福であるかあるいは彼ら自身の方法がどの程度成功したかによって、その軍隊は豊穣あるいは窮乏の中で自活することになった。彼らが享受する兵站上の独立はまた、彼らが出発した時点でまだその王冠をいただいていないとしても、時として彼らは将来の軍事独裁者として帰還することができた。例えばローマの時代だけに限定しても、〔共和政ローマの将軍〕ガイウス・マリウス（Marius）、〔共和政ローマの軍人〕ルキウス・コルネリウス・スッラ（Sulla）、〔共和政ローマの軍人〕ポンペイウス（Pompey）、ユリウス・カエサル、〔ローマ帝国皇帝〕ティトゥス・フラウィウス・ウェスパシアヌス（Vespasian）、そしてあらゆる三世紀の皇帝はそうであった。明らかに、こうした事例を説明するために兵站はこの程度までしか用いることができないものの、これらはその他多くの要因によってもまたその原因となるのである。その一方で、今ここで挙げた司令官がその土地の資源を用いて自らの基地を建築するのではなく、彼らがいる場所まで自国から続く通常の補給線（ライン）に縛られていたとすれば、これらのどれも可能になることはなかったであろう。

　その定義において野戦での戦いは機動的であるばかりか、その機動性のいくばくかは軍隊を補給し続ける必要性の明確な原因となっている。実際、軍事補給を意味するラテン語 Commeatus はまた、「自由に動き回る能力」を意味する。これはあたかもこの言葉そのものが我々に対して、後者のやり方によってのみ前者が可能になることを物語ろうとしているかのようである。〔歴史家〕ティトゥス・リウィウス（Livy）、カエサル、あるいは〔歴史家〕コルネリウス・タキトゥス（Tacitus）がこの言葉を用いた時、二つの意味のどちらを意図していたかを述べることは困難であるかもしれない。しかしながら驚くべきことではないが、ラテン語はそれが含む軍事用語の数で悪名高き言語であり、それらが表現することの可能な多くのニュアンスで悪名高きものである。対照的に攻城のための作戦は同じ地域に数週間、数ヵ月、さらに例外的なこととはいえ数年間も留まることになるかもしれない。さらに悪いことには、作戦対象となる地域はしばしばそれより前に補給物資を奪い取られていることがある。すなわち、包囲された側によるものであり、攻城作戦が継続的であるという事実、さらには地域の補給物資の枯渇という事実は、軍隊を平原で戦闘を行っているものよりもさらに維持することが難しい作戦に従事させることになる。史料がしばしば語るところでは、既に古代ローマにおいても、あらゆる攻城戦は包囲する側と包囲された側のどちらが先に飢えるかをめぐる競争である。[*18] 一七世紀後半からずっと、最も初期の知られている現代の兵站組織はとりわけ包囲された都市と共に登場したとしても全く驚くには当たらない。

　第四に、そしてボロジノをめぐる議論で既に示唆されているように、歴史家はフランス革命とナポレオン戦争が進展させた新たな兵站システムの程度について過大に評価する傾向が見受けられる。必需品に関して言えば、大陸軍（グランダルメ）の兵站はそれ以前の軍隊のものと変わりはなかった。兵士は兵士のままで馬は馬のままであった。このような要求に応えるという点において、フランス人はいかなる重要な利点も有していなかった。仮に何かあるとすれば、技術という観点からナポレオンには保守的な傾向が見受けられた。彼より以前の殆ど全ての人物と同様、皇帝ナポレオンは戦争が戦争を養うために自らができることを実施したのであり、補給物資を徴発し金銭を徴用する任務を与えられた特別な組織を用いることで、可能なところからこうした金品を徴収しようとしたのであった。彼が他の人々と違っていた点は、徴兵制度の結果として彼の軍隊がかなり大規模であったことである。この規模のみによって、大陸軍（グランダルメ）は大きな単位（ユニット）――軍団として知られる――に分割され、こうした単位は一本の道路に沿って進軍するのではなく、数本の異なった道路を進軍するように規定された。数本の異なった道路を進軍するということは、軍隊の動きを容易くさせ、またフランス軍を有名にした速度を説明するためには少しばかり役に立つであろう。我々の文脈の下でさらに重要なのは、軍隊が分散することによって補給物資を得ることがより簡単になったことである。筆者が別の場所でも述べているように、[*19]ナポレオンの真の変革は彼の兵站ではなく、彼の指揮統制システムであった。後者によって巨大な機構全体を束ね、それによって自らの部隊を統括することができたのである。それぞれの部隊間の比較的遠い距離、さらには中央司令部からの比較的離れた距離にもかかわらずである。最後に、部隊を分散させるということは殆どの要塞を素通りさせることになるとの利点もまた備えている。このようにして、伝統的に最も重い兵站上の負荷を押し付けてきた攻城のための作戦を、まさに回避することになったのである。

第五に、当初鉄道の導入は多くの歴史家が考えているほど軍隊の兵站に影響を及ぼすことはなかった。徴兵と訓練を受けた予備役という近代的なシステムを可能にすることによって、鉄道は軍隊が構築され組織化される方法に革命的な変化をもたらしたのである。同様に革命的なものとは、軍隊が属する国家の国境地帯での展開の方法であった。一八六六年は、まさに大モルトケがそれをいかに行うべきかについて示した時であったが、世界の他の全ての者は息を飲んだ。鉄道はまた全ての軍隊を一つの作戦域から別の戦域へ移動させることに成功したが、この事実がなければとりわけアメリカ南北戦争は極めて異なった様相を呈していたであろう。最後に、鉄道は自らの兵站上の要求を作ることになり、それらは材木や石炭、水、交換部品などであった。しかしながら、それらが運搬できる積載量と比較して、こうした要求は馬で引かれた荷車あるいは最終的にはそれらに取って代わった自動車などのそれよりも、極めて小さなものであった。鉄道の困難性とは、一旦、実際に戦闘が始まってしまうとそれを維持するのが困難になるという問題である。すなわち、何もないところから新たなものを建築することは言うまでもなく、被害を受けた線路の再建といった作業も通常、長期間にわたる複雑化したものとなる。これが成し遂げられるまで、軍隊は最善を尽くしてどうにか維持を図ることになる。彼らの最も重要な必需品（重量による）は今でも糧食と秣であったため、このことは通常彼らが実施することができるものであった。

野戦を戦う一九世紀中頃の軍隊の兵站上の必需品は何であったか。この問いに事例をもって答えるために、『補給戦』では深く考察していないアメリカ南北戦争での七日間の戦い（一八六二年六月）を事例として挙げておこう。この戦いにはほぼ一〇万もの連邦軍兵士が参加し、少なくとも四万頭もの動物が伴われた。あらゆる種類の補給物資の毎日の消費量は六〇〇トンに上ったとされる。[*20] 次のように仮定してみよう。動物一頭についてボロジノの戦いの時に計算されたのと同じ二六ポンド、そして兵士一人につき二・六ポンドとして、グラント〔北軍の将軍〕がナポレオンよりも自らの軍隊に手厚く糧食などを提供したとすれば、[*21] 後者の数字はほぼ間違いなく過小評価となろう。二六に四万を掛け、二・六に一〇万を掛け、その結果を合計してみよう。答えは六五〇トンにやや届かない数字となる。この不一致を説明するに十分なデータを史料は提供していないものの、この新しい時代ですら糧食と秣を合わせたものがその他全てのものを上回っており、その他の多くの補給物資と同様に弾薬の占める割合を上回ることは明白であり、秣の幾らか、あるいは多くは軍用列車によって運搬されたのではなく現地で集められるべきものであった。秣はその他のものと比べ、地域によっては簡単に入手可能なものであったため、明らかにこの問題は軍隊がどこに行くことができ、どこに行くことができないかに関して、一定の影響力を持っていたに違いない。さらにはどの程度軍隊が留まり、彼らが留まっている間に何が達成可能で何が達成できないかに対してでもある。最後に、こうした事柄を相関的に考えてみれば、その全四年を通してアメリカ南北戦争では、ただ一回の七日間の戦いが生起しただけである。殆どの日々は大規模な戦いが全くないままで過ぎ去った。このことが兵站上の要求にいかなる意味を有していたか、さらにはそうした要求に応える能力にいかなる意味を有していたかも、極めて明確であるように思われる。

　ここで考察している二つの一〇〇年（ミレニアム）を通じて、その量という観点からすれば最も重要な単一の品目は通常、秣であった。秣の全てが草原から直接収穫されるわけではないが、その多くはそう期待され、実際にそうであった。こうした基本的な事実を反映して、「秣を調達する（to forage）」という言葉はあらゆる種類の補給物資の現地での獲得を意味するようになった。このことはドイツ語の *fouragleren* や英語、さらにはフランス語の原語（オリジナル）でも同様であった。この完璧な事例は連邦軍司令官であるウィリアム・シャーマン将軍によって示されている。彼のジョージアから大西洋へのあの有名な進撃に備える中で、一八六四年一月、彼は以下のように記している。すなわち、「全ての旅団長は優れた、そして十分な食糧徴発部隊を組織するであろう。……その部隊は進撃路の近辺で集めることになるであろう。あらゆる種類の穀物や糧食、あらゆる種類の肉、野菜、トウモロコシなどであるが、……馬車に少なくとも一〇日分の配給物資を保管するためにである」[*22]。

『補給戦』でやや詳しく説明しているように、こうしたことの全てに実際の変化をもたらし現代の到来を告げた紛争は第一次世界大戦であった。一八七〇～一九一四年の間は軍事技術の分野で大いなる進歩を遂げた。なかでも弾倉付きライフル銃の登場、機関銃（マシンガン）、そしてとりわけ速射砲である。鉄道もまた、数の上でも運搬能力の上でも進展が見られた。しかしながら、鉄道はこうした機械による新たな兵站上の要求、すなわち軍隊の規模の大きな拡張によって生じた新たな兵站上の要求に適応することができなかった。戦術的防御の優位性と共に、こうしたことについては多くのことが書かれており、筆者自身も以前に述べているが、[*23]攻勢的な戦争で有線で繋がれた（電信）通信を適応することの難しさ、こうした要因が塹壕戦の登場に大きな役割を果たしている。その定義からも塹壕戦は、ある拡大された期間、同じ場所に留まることを意味した。それは現地の補給物資に頼ることを困難にしたが、前線の直ぐ後背地域は撤退あるいは荒廃させられていたため、これはさらに真実になった。弾薬に加えて、有刺鉄線、建設資材などの分野で膨大な要求を作り上げることになった。そしてこうした物資全てが後方で生産される必要があった。この後方地域そのものが時として占領地域になっていた場合でもである。次に、それらは列車に積載される必要があり、運搬され、末端の補給基地で荷降ろしされる必要があった。だが、安全の観点からこうした場所は火砲の射程圏外に位置する傾向があった。なるほど自動車は既に用いられていたが、その数は限られており、比較的小さな役割を演じたに過ぎない。それゆえ、こうした積荷の最後の行程は馬に引かれた四輪及び二輪の荷馬車という長年にわたって評価された方法によって実施される必要があった。時としてこれは、野戦砲の射程圏内に殆ど入ることのない軽便鉄道によって補われることがあった。さらに悪いことには、個々の主要な攻勢は、数十万発、時として数百万発もの砲弾を撃ち込むことから始まった。道路を激しくかき乱し、その地を月面クレーターと化すことによって、成功裏に前進することが益々困難になっていった。

最後に、第二次世界大戦で自動車が大規模に用いられたことは、第一次世界大戦の作戦に課された多くの制限を緩和することになった。指揮統制上の進展に併せて、このことが装甲戦の時代の到来を告げ、有名な電撃戦へと繋がるが、そこではノルマンディからスターリングラードまで、アラメインからミラノを越えてさらにその先まで何万もの戦車が交戦した。しかしながら、兵站が最も上手く指揮され、最も装備品が整った軍隊でさえも、作戦上の自由に制限を課すことになった。一部には、軍隊が要求するほぼ全ての補給物資——およそ九〇パーセント——が今では工場で生産された品々であるためである。つまり、こうした品々は遠く離れた後方でのみ調達することが可能であり、一旦調達した後は、前線まで運搬する必要があった。一方では、この目的のために使われる主たる手段、すなわち自動車両によって、マンパワーという観点から無視すらできないほどの要求を作り上げたからである。それらは例えば、ＰＯＬ（ガソリン、油、潤滑油）や交換部品であるが、こうした要求に対しても同じく基地から応じなければならなかった。

そうした中、このような発展は二つの相反する結果に繋がっていった。一方では、軍隊は例えば砂漠のような環境で作戦を実施することがより容易になった。砂漠では以前は、大規模な部隊が接近することなど難しかったのである。自動化された車両を持たないドイツ軍「アフリカ軍団」を想像してもらいたい。他方で、軍隊を一つの地域から進軍させることによってしばしば兵站上の問題を解決できた日々、つまり補給物資を有するある地域が全て食べ尽されてから次へと移る日々が戻ってくることはなかった。陸軍が享受していた一九世紀末までの移動の自由は回復されることはなかった。おそらく、それ以前のいかなる時代にも増して、野戦軍は「補給という命綱」に縛り付けられていた。こうした命綱を失うことは直ちに大災害に繋がることになる。スターリングラードで数週間にわたって飢餓状態にあり、殺害されるか捕虜となった二五万ものドイツ軍兵士に尋ねてみれば良い。あるいはこのことについて、ドイツ国防軍が戦闘を継続したからではなく、自らの戦車の燃料が尽きたためにロレーヌ地方への進撃を停止せざるを得なかったアメリカ第三軍の兵士に聞いてみても良い。『補給戦』が執筆された際、そして筆者が若き学生として大学に在学していた一九六〇年代には疑いなく、学術的な歴史家にはもう少し慎重な傾向が見られた。すなわち、今日と比べてそれほど論争を好まない集団であった。当時有力とされた知識は、歴史は一九一四年に、あるいは一九四五年に、さらにはそれがいつであれ、終焉したというものであった。多くの人々は「現代史」という言葉はその用語において矛盾していると考えた。それについて書くのは実際にジャーナリストであったし、彼らは彼らで金のために何でもやる人々とあまり変わりなかった。殆ど手つかずの領域に入ることで、自らの頭が既にライオンの口に挟まっていた〔苦悶していた〕筆者は、一九四四年より後の時代については敢えて挑戦しようとしなかった。何れにせよ、仮に筆者がそうした分野に踏み込んでいたとしても、基本的に新しい事実は殆ど発見することがなかったであろうと考える。例えば三つの装甲戦の事例研究、つまり一九四一年のロシア〔ソ連〕、一九四一～四二年の北アフリカ、そして一九四四年のフランスで起きたことで、全く十分であるように思われた。こうしたこと全てが、なぜ本書が第二次世界大戦で終わり、朝鮮戦争でも、一九六七年六月の中東戦争でも、さらには一九七三年一〇月の中東戦争でも終わっていないかを説明している。今一度、筆者が言えることがあるとすれば、「私の過ち」だけである。

Ⅲ

それでは、一九四五年以降に軍事兵站はどのように進化を遂げていたのであろうか。もちろんこれは直ちに明白ではないものの、そして多くの人々がなお「総力」戦という文脈で考え続けているにもかかわらず[24]、振り返ってみれば第二次世界大戦が一つの歴史的な転換点になっていることが理解できる。それまでは、通常型の国家間戦争が何世紀にもわたって進展してきた。なるほど色々な紆余曲折はあったものの、結局のところ戦争は常により大規模な軍隊が関与してきた。軍隊は彼らが実施するより大規模な戦闘を支援するために、より多くの補給物資を要求した。そしてこれは、ヒトラーが三五〇万もの兵士でソ連に侵攻したことを頂点とした。しかしながら、最も強力な国家が互いに核戦力を構築するようになると、こうした種類の戦争はより少なく、そしてより相互に実施されることはなくなってきた。実際に生起した戦争は三流の軍事国家に対してか、あるいは三流の国家間、さらには四流の軍事国家に対するものか軍事国家間という傾向があった。アラブ＝イスラエルの一連の戦争、さらに良い事例としてイラクがイランと戦った戦い、そしてその後アメリカとイラクが戦ったペルシャ湾での戦いを考えてみよう。世界の人口は一九四五年から二〇〇〇年の間に三倍に増えたものの、軍服を着た男性や女性の数は減少する傾向にある。この過程は最初にいわゆる西側先進諸国に影響を及ぼし、その後、旧東側諸国、そして最終的には中国やインドに代表される発展途上国に影響を及ぼした[25]。主要な軍事力が縮小し、幾つかの事例では以前の規模の五パーセント未満に縮小されるにつれて、軍隊がその要員に糧食を与え続けその機械を作動させるために必要な補給物資の量もまた減少した。

通常型の国家間戦争の減少とそれに伴う兵站の減少は単純な過程ではなかった。その理由の一端は、二〇世紀後半の軍隊がそれ以前の軍隊よりもさらに資本集約的であったからである。一九三九～四五年に至ってもなお、第二次世界大戦はいまだに多くは歩兵によって戦われていた。半自動のM－1ライフル銃〔ガーランド・ライフル銃〕を保有していたアメリカ軍を例外として、多くの兵士はいまだに旧式のボルトアクション〔遊底を手動で操作する〕式の単発ライフル銃を携行していた。それ以上に、アメリカ兵（G.Is）やイギリス兵（Tommys）は通常トラックで輸送されていたが、フランス兵（Ivans）やさらに多くのドイツ兵（Jerrys）は、徒歩で長い距離を移動した。筆者の目の前にはいまだに旧知の元ドイツ国防軍将校を見ることができる。あれから四〇年も経過した後、一九四一年に彼と彼の同志がはるばるモスクワまでどうやって徒歩で移動したかを目を輝かせて語った。戦略的機動性のための一つの手助けとしての近代的輸送について語れば、その数年後、言うまでもなく彼らはその全ての行程を徒歩で戻ってきたのである。それから一〇年後になって初めて、こうしたことの全ては完全に過去のことになった。近代的な軍隊の全ては自動小銃によって再装備されただけでなく、徒歩による歩兵は殆ど全て消滅した。今では全ての兵士が自動車による輸送手段により、益々装甲化された兵員輸送車に搭乗している。

輸送手段を別として、比率の観点からすればより小さな軍隊はより多数の重火器を装備することになった。それらは例えば、戦車や自走砲などである。地上においても上空においても共に、用いられる機械はより大規模かつ重量化する傾向にあった。その中でも最も優れた事例、すなわち戦車を考えてみよう。戦車は最初に一九一六年の戦場にその姿を現した。第二次世界大戦が終結するまでには、その多くは三〇～三五トン程度であり、ドイツ軍のタイガー戦車やソ連軍のスターリン戦車のような数は少ないがより重量のあるものもあった。こうした戦車が搭載する火砲は口径七五ミリ程度のものであり、約三〇〇馬力まで出力可能となるエンジンによって推進されていた。その後の四五年間にわたってこうした数字は六〇トン以上、一二〇ミリ以上（その容量や延長距離を考えると、以前のものに比べて二～三倍の重量の砲弾を意味する）、さらには一二〇〇～一五〇〇馬力にさえなった。機械が重ければ重いほど燃料、弾薬、そして時には交換部品や維持のために必要なものに対する要求はより大きなものになっていった。そしてもちろん、一つの単位(ユニット)がより多くのものを持てば、こうしたことは益々事実となっていく。

殆どの兵器システムの兵站面の要求が増加しただけではなく、全ての問題がより複雑化していった。前近代の軍隊は異なった品目の比較的少数を消費していたに過ぎなかった。そして実際、補給物資の殆どは必需品という形で到着した。彼らが要求した品目の中で、糧食と秣、これらは重量という観点から最も重要であることは既に述べた通りであるが、こうしたものは様々な手段によって周辺の農村部から通常は集められた。それ以外の品目も現地で徴発されたり製作されることができた。あらゆる軍隊は自ら錠前屋や靴屋を伴っており、衣服を繕うための人々が女性従軍者という形で付き従った。近代軍においてはこうした事例は殆ど見られない。もちろん彼らは移動修繕所を備えているものの、軍隊は異なった種類の弾薬を大量に、異なった種類の大量の車両のために異なった種類の交換部品を大量に、さらには兵器やそれ以外の彼らが用いる機材を大量に求めているのである。事実上、ここで述べている全ての品目は精巧な製造を必要としている。しばしばこうしたものの製造は一ミリメータの数万分の一で測られる許容差といった極めて繊細なものである。またその他の品目も砂粒の小片といったものが入っただけで機能しなくなるのである。工場を離れてしまえば、こうしたものの多くは特別な倉庫を必要とするか、あるいは限られた期間しか用いることができないかであり、その期間が過ぎれば無用となり、さらには危険とすらなるようなものである。このように、軍隊を運用可能になることを維持することは、すなわち、正しい品目が正しい部隊・正しい場所・正しい時間に使用可能になることを確かなものにすることは、大規模な相互調整の実施へと発展することになる。実際、問題はあまりにも複雑過ぎるため、最も先進的なコンピュータが最も先進的な計算法を用いることによって、もしかしたら解決することができるかもしれない。もちろんそのコンピュータも仮に敵が「情報戦争」に訴えてきたら、それ自身が脆弱な構成要素になることになる。

そのため、なるほど運搬の手段は一九四五年以来大きな進展を遂げたものの、兵站の負担が軽減されたり軍隊が運用上の自由度を増したということは、このいずれも認められないようである。一九九一年の第一次湾岸戦争を考えてみよう。戦略の次元では、[26]アメリカ中央軍の兵站担当者はより大規模な航空基地を必要とするより大規模な航空機、より大規模な揚陸施設を必要とするより大規模な船舶を利用することができた。その結果として約五〇万ものアメリカ軍兵士とその補給物資の集中を、一九四二～四四年の事例と比べてより平易かつ迅速に地球の反対側で実施することができた。この任務を担当したウィリアム・パゴニス中将が誇りをもって述べているように、わずか六ヵ月間で一〇〇万トン以上の物資をサウジアラビアまで運び込むことに成功したのである。[27]もちろん、周辺を遊弋（ゆうよく）するドイツ軍潜水艦や日本軍が抵抗する海岸へと押し寄せる必要がなかった事実が後押しとなったことは確かであろう。ある意味において、戦争を実施していたというよりは、アメリカ軍は全てある種の大規模な工兵演習を実施していたのであり、これについては彼らは常に優れた能力を発揮していた。このことは戦車についても言えるのであるが、多種多様なプラットフォームの本質的な特徴は、仮に変化が生じたとしても殆ど無いに等しいといった事実によって物事がさらに上手く進んだ。ここで筆者が言いたいことは、船舶は船舶のままであり、航空機は航空機のままである事実である。こうしたものの比較上の能力はさておき、最初に「砂漠の盾作戦」のために、そしてその後の「砂漠の嵐作戦」によって必要とされたあらゆる補給物資の五分の四以上が、空路ではなく海路によって運搬された。

将来において、海外へと大規模な軍事作戦を支援する責任を有する者は誰でも、間違いなく同じことを行うことになる。

一旦、補給物資がダーランに到着し荷下ろしが終わると、それらは自動貨物車部隊に積み込まれ前線の背後に位置するいわゆる軍の補給基地まで運ばれる必要があった。もし戦争が別の場所、例えば西ヨーロッパで勃発していれば、兵站の領域で鉄道がより重要な役割を果たしていたかもしれない。『補給戦』でも指摘したように、鉄道は自動車と比べるとより大規模な積載能力を有しているにもかかわらず、むしろ柔軟性に欠けた手段である。自動車による輸送と比較して軍隊に追従する能力が低いことに加えて、敵の行動、とりわけ上空からの阻止行動に対してより脆弱である。なるほど北東サウジアラビアにおいて、イラク軍がこうしたやり方あるいはその他のあらゆるやり方で連合国〔多国籍軍〕側の兵站を攻撃することなど考えられないものの、他方で鉄道がなかったことは事実である。昼夜を問わず、何百万台にも及ぶ車両から構成される輸送部隊は、最初にサウジ砂漠を横切って轟音を立てながら進み、実際の戦闘が開始された後は、南部イラクとクウェートまで進撃した。その絶頂期には、三秒に一台のトラックがある地点を通過しており、交通渋滞があまりにも激しかったため、道路を横切ろうとした人々はヘリコプターを使わざるを得なくなったほどである。[*28] 至るところでトラック輸送を補強するかのように、輸送機やヘリコプターが用いられ、これらは上空から補給物資をもたらし、必要とされる部隊に再供給を行い、彼らの前進を維持する支援を行ったのである。しかしながら、輸送機にはかなり大規模な地上での維持施設が必要とされ、それには滑走路、制空施設、荷下ろしするための施設などがあるが、それらはまた前線の近くまで前進させるにはあまりにも大規模で脆弱である。ヘリコプターは地上のほぼあらゆる場所に着陸することが可能であるものの、燃料における恐ろしいまでの費用を払ってでも、かなり小規模な積荷しか運ぶことができない。燃料以外にも、交換部品や維持のための費用もかなりのものに上る。こうした理由のため、配送するトン数という観点からすれば、それらの貢献はより伝統的な自動車ほど大きなものではなかった。何れにせよ、補給物資を運搬することが可能な航空機、そして殆ど同じような限界の下にあった航空機は、既に第二次世界大戦において運用可能であった。もちろん当時のものは、より小型でより低速であったが。こうした方法において「砂漠の嵐作戦」は細かな部分で生じた多大な進展にもかかわらず、パットン自身の言葉を借りれば、「軍隊でフランスを周遊していた」時代の単なる繰り返しに過ぎなかった。

最低限の変化しか経験していないもう一つのものが、補給物資そのものの性質である。既に見てきた通り第二次世界大戦終結時のアメリカ軍のような自動車化された軍隊においては、補給物資の多くは弾薬、ＰＯＬそして建築資材であった。これとは対照的に、糧食（そしてそれ以上に秣であるがこれに対する要求はほぼ消滅した）は非常に小さな比率を占めるに過ぎず、一〇パーセントかもしれないし、おそらくはそれ以下であろう。一九四五年以降のさらなる機械の増加、それらの多くはまたさらに大規模なものであったが、こうしたものは製造された物品の要求を増加させた。こうしたこと全てがこれまで一世紀までわたって続いてきた潮流の原因となった。すなわち後者の重要性が増したのである。人々によって消費される補給物資の相対的な量は極めて急速に減少し、さらにはそれ以上に減少したにもかかわらずである。一九九一年までには、ＰＯＬ、その多くは航空機燃料などに代表される高品質の製品によって構成され、これらは現地で調達することはできないが、こうしたものが最もかさばる単一の製品になってしまったのである。もちろんその後には弾薬、とりわけ火砲で用いる砲弾が続き、その後にはありとあらゆるものが続いてくる。[*29] より強硬なイラク軍の抵抗とより長期間の戦争を予測したことで、パゴニスと彼の同僚は必要物資を過大に見積もり、補給基地をあらゆるものの山で埋め尽くしてしまった。それは例えば、ハンバーガーから火砲のための砲弾、さらには航空機燃料から解熱鎮痛剤（アスピリン）にまで至る。この戦争を唯一無二のものにしたのは、戦争終結後、消費あるいは浪費されなかったあらゆる全ての物品に対して責任を負う必要があったことであり、初期の状況に回復し、そして撤退する必要があったことである。[*30] アメリカ軍が戦域を離れた時、彼らは現地住民にとって略奪の場となるくず置き場をなくしていた。そしてこのこと自体が、戦争が小規模になりさらに資本集約的なものになっている事実の兆候である。

補給基地がはち切れんほどになっている間、装甲車による先鋒部隊の付近では物事が常に順調に進展したわけではなかった。規模の観点から、シュワルツコフ将軍の作戦は、例えば一九四四年のアイゼンハワー将軍のものとは比較できるものではなかった。速度という観点から、さらには敏捷性と距離という観点から、明らかにそこには進展など見られなかった。それらは例えばアイゼンハワーの「広域進攻作戦」(Broad Front) を、モントゴメリーの「狭域進攻作戦」(Narrow Pencil) よりもさらに想起させるものであった。詳細な情報を得るのは困難であるものの、仮に南部イラクでの作戦がより長く続き、実際の一〇〇時間よりも深く侵攻していれば、こうした軍隊を維持することなどできなかったであろう、[*31] と論じられている。もちろん間接的ではあるものの、パゴニス自身もほぼ同じことを認めているように思える。[*32] 完璧以下のあらゆることを実施したと告白することなど殆どない地球上の最も偉大な軍隊の将軍にとっては適切な言い方ではあるが。

これによって我々が考えるべき最後の問題へと到達したことになる。すなわち、いわゆる軍事における革命（RMA）が兵站の分野にもたらすと期待された衝撃についてである。RMAはその起源の幾つかをさらに早い時期までさかのぼることができるものの、一九九〇年頃に進展したというのが多くの論者が示すところである。歴史的重要性の観点から、一五二五年頃の最初の効果的な火縄銃の導入、あるいは一九三五年頃の最初のドイツ軍機甲師団の導入と比較できるとされている。[*33]この時代、戦争の新たな手段はそれを最初に導入した人々を度重なる勝利へと導くことを可能とし、それは他の全ての人々が追い付くまで続いた。ＲＭＡの核心部分とは、センサー、データリンク、コンピュータ、そして兵器の極めて重大な技術上の進展であり、これらによって目標物への精密誘導が可能になったとされる。ＧＰＳに誘導された一発の爆弾、あるいはレーザーに誘導された空対地ミサイルは今では多数の「無動力の（dumb）」発射体の代替物にしばしばなるとされる。

理論的には、最初の一撃で目標を捉えることが可能な弾薬は兵站面では膨大な節約に繋がる。たとえ他に劇的な変化が何も起こらなくても、結果は迅速、深遠、さらに俊敏な作戦、それもより小規模な軍事力によって実施されるものになるはずである。コンピュータとデータリンクはＲＭＡの基礎となるものであるが、これらは作戦上の必要性に対して都合の良い兵站の能力のために用いることもまた可能となる。これはあたかも民間のジャストインタイムの製造システムと同様に、さらなる節約をもたらすことを期待したものである。[*34]実際には、そうした節約が現実的なものかについて判断するのはおそらく時期尚早であろう。多分、唯一得られる結果というものはあまり高価ではない旧式の発射体の山を、新式の山、それらの幾つかは本当に極めて高価なものによって置き換えられるということであろう。上空からの爆撃より、一〇〇万ドルもする一発の巡航ミサイルによって目標を破壊するのは本当に安価なものであろうか。この問題に対する答えはいまだに不明であり、既に述べたように第二次湾岸戦争は、全く軍事的対決とはならなかったためより不明である。象が蟻を踏みつけた時、蟻は潰されるであろう。とりわけ蟻に同盟者がいなかった場合あるいは蟻が既に踏み潰されていた場合には。その事実が証明されただけである。

包括的な研究がない中で、第二次湾岸戦争におけるジャストインタイムの兵站の有用性に関する見解は分かれている。アメリカ陸軍がバグダッドまでの三〇〇マイルを迅速に網羅したことに対する称賛の声が聞かれ、実際これにはかなりの根拠がある。その一方で、『補給戦』そのものには一九四一年にスモレンスクへの進撃でグデーリアンがさらなる偉業を成し遂げた、すなわちほぼ同様の期間に四〇〇マイルも網羅した経緯が記されている。[*35] 十分な支援が得られず幾つかの部隊は何日も糧食なしに進み、あるいは水の欠乏の結果、進撃の途中でイラクの露店商から水を購入せざるを得なかったと批判するアメリカ軍兵士が存在した。[*36] 部隊の中には前進するために自らの戦車を犠牲にして潰してしまうものもあった。これは、おそらくタイヤや車両のトーションバーを継続的かつリアルタイムに追跡することを可能にすべきものであった。すなわち、兵站の供給線(パイプライン)においてあらゆる段階を通じて追跡すべきものであったが、現実にはあるいは理論上であれ、必ずしも常に上手く進展することはなかった。[*37]

戦役の規模に関連して、ＰＯＬの消費は以前と同じほど大規模か、おそらくより大規模になっていた。しかしながら、司令部の注目を集めた一つの問題がこれであった。その結果、物事は期待された通りに進み、現実には不足は生じなかった。ヘリコプターに対する依存度を考えれば、これは極めて維持集約的なものであるため（とりわけペルシャ湾岸のような熱く埃っぽい環境においては）、交換部品に対する要求はより大きなものであったかもしれない。逆に、弾薬はより小規模なものであったかもしれない。その一つの理由として精確性が向上したのであろうが、それ以上にサダム・フセインの軍隊の多くが、自らの軍服を脱ぎ捨て分散することを、確実な破壊に直面することよりも好んだためである。この観点からすれば、やはりイラクの自由作戦（Operation Iraqi Freedom）は第二次世界大戦の初期には既に確立されていたパターンを踏襲したものであったのかもしれない。

別の言い方を用いれば、軍隊に補給するために用いられる方法と手段は一九四五年以降かなりの進展を経験した一方で、現代戦争の特徴である工場で生産された品々に対する圧倒的な重要性は、どちらかと言えば増加した。『補給戦』の基本的な議論の一つは、まさに求められる補給物資の性質はそれらを使用できる方法と、少なくとも同様に重要であるということであった。その結果、兵站の性質は根本的な変化を経験したあるいは経験しつつあるかのようには見えない。これが示唆することの一つは、トラックは一九九一年と同様に二〇〇三年も不足しており、もちろん一九三九年以降のあらゆる戦役の中でも同様であった。本当の革命が起こるのは、兵士が重金属の発射体を相互に撃ち合うことに疲れ果て、その代わりに無重量のレーザー・ビームを使い始めた時である。このことは石油も同様であり、おそらくテレビシリーズの「スタートレック」の中で出てきたことと同様に要員、機械、そして補給物資がビームによって運ばれる日が来るのかもしれない。その場合、リアルタイムで三次元のシステム、それも個々の分子を追跡可能なことが極めて重要になるであろう。その目的は、分子に分解され、再構成された大佐が、司令部の将軍に報告する際、誤って下士官の頭を肩から生やして現れないようにすることである。今では軍隊に女性も含まれているため、こうした可能性の幾つかはさらに興味をそそるものになる。

Ⅳ

まとめると、『補給戦』が執筆されて以来の三〇年の間、変化したものもあれば、その時と全く同じものもある。おそらく、最も重要な一つの変化というものは、軍事兵站の歴史に関して今日、利用可能な材料の膨大な量であり、この問題が喚起することができる関心の高さである。こうした著作の洪水の中で、筆者は次のように考える。すなわち、今日までのところ、またこれが提示した主題を考えてみると、本書は極めて成功したものであった。これは本書が抱えた幾つかの間違いにもかかわらず言えることである。その間違いの一つはナポレオンと〔ナポレオンの養子〕ウジェーヌ・ド・ボアルネの家族関係であり、筆者が知る限り、あらゆる批評家の注目を今のところ免れているものである。

『補給戦』は、兵站の歴史の最も重要な転換点が一七八九年（「補給という命綱」からの自由の獲得）でもなく、一八五九〜七一年（鉄道の登場）でもなく、むしろ一九一四年であったと主張した。僅か二〜三ヵ月の間、一方では糧食と秣、他方でそれ以外の全てのものの関係が逆転してしまった。弾薬不足、それにシェル・スキャンダルが続いたが、これが急速に生起したためあらゆる国家の参謀本部が虚を衝かれたとしても不思議でない。換言すれば、兵站の面から考えれば、あらゆる戦争は攻城戦の特徴の幾つかを引き継いだのである。自動化車両の連続的な進展は失われた機動性の幾つかを回復できたが、それがアレクサンドロス大王やグスタフ・アドルフ、さらにはナポレオンの自由を回復させることはなかった。ナポレオンについて言えば、彼がまだ食べ尽されていなかった進路（ルート）に沿ってモスクワからの撤退を決めた際に享受できた自由であった。筆者は自ら研究はしていないものの、アメリカ南北戦争のデータは、どちらかと言えば筆者の見解を補強している。仮に統計が正しく、連邦陸軍が実際に一八六四年六月三〇日に終わる一年で一九五万発の砲弾を発射したとすればであるが、これは極めて信頼に足る史料が主張していることである。[*38] さらに仮に、ボロジノの時代以降、一発の砲弾の重量が平均三〇パーセント増加したと考えてみよう。もしそうであれば、単純に計算すれば、約五〇万の兵士の要求に加え、数は不明だが、駄獣に必要な要求とを比較した時、発射された弾薬の量はいまだに取るに足らないものであることを示すであろう。

一九四五年以降の期間について言えば、作戦と同様に兵站の観点から、幾人かの人々が、おそらく自らの偉業を高める目的で主張しているほどは革命的なものではなかったことに関しては殆ど疑いはない。この時期に目撃されたことが、ある種の戦争の連続した進展であり、これを第三世代（Third Generation）と呼ぶ論者も存在するが、[*39] こうした人々の知的な起源は一九一八年までさかのぼり、そして一九四〇年春に完全にその栄光を顕わにしたものであった。兵站について言えば、ここで問題となっている戦争の最も顕著な一つの特徴は内燃機関エンジンへの依存であり、これは地上においてと共に上空においても同様であった。過去数十年間にわたり、この依存については誰もが認識しており、それを低減しようという試みも一部で実施された。しかしながら今日までのところ、新たな技術によって消滅するのではなく、これは依然として増加している。二〇〇三年春にバグダッドへと急進撃した装甲師団を考えてもらいたい。さらにはそれらを保護する航空機やヘリコプターは、一体何に対して保護をしていたのか。当時と同様に、後から振り返っても疑問に思うであろう。

内燃機関エンジン、とりわけ自動化車両への依存は、ＰＯＬと交換部品に対する要求が増え続けたことを意味した。旧式な兵器の持続的な改良や幾つかの新たな兵器の導入は、火力とそれが必要とする弾薬もまた増加することを意味した。大きく改善された航空機や船舶が意味することは、それらを維持するために必要な施設が利用可能であるとすれば、軍隊を世界規模で移動させ補給することは、より安易でより迅速になることである。ペルシャ湾岸でのアメリカ軍の戦闘に加えて、フォークランド諸島におけるイギリス軍の戦闘を考えてもらいたい。一方で、一旦こうした軍隊が戦域に到着し、そして彼らが先人たちがこれらをどう実施してきたかについてあらゆることを知っていると仮定したとして、彼らは殆ど変化が生じていないことを発見し驚くであろう。その他の全ての条件が同じであれば、軍隊が輸送し発射する機械の増大しつつある数は、彼らの先人たちが第二次世界大戦で実施したものと比べて、それらをより扱い難くし、より機動し難くしている。疑いなく、それらがより機動的でより全体的に俊敏であることを示す証拠は乏しい。もちろん改良されたものはあるものの、それらは細部の事柄に関するものである傾向が見られる。

たとえそうであったとしても、一つ確実に言えることがある。すなわち、将来において兵站は、これまでよりさらに複雑化するであろうということである。一部には、これは確かにそれがより複雑化しているからである。無数の新たな機械の導入と、こうしたものを機能させ戦闘を続けるために必要なこれら機械の調整の恐るべき量と共にである。またその一部には、「長期化した（そして高価な）研究を絶対的に不可欠なものにする」との意味において、これが「複雑」であるからである。もちろんこれは、いかなることについて誰もが言える最高のものの一つになった。理論上、精密誘導弾の使用と、それがもたらすであろう節約は、兵站面の負荷を少しは軽減するであろう。もちろん、コンピュータが兵站の流れそのものを管理するために用いられるのであれば、さらにそうなるであろう。だがここで想起すべきことは、戦場ほど理論と実践が分離した場所はないであろう点である。この理由を知るには、『補給戦』を参照し、過去のいかなる軍隊が自らの裁量権の範囲内において、車両の理論的能力を最大限に利用することに成功したかについて、その度合いを知ることである。そして摩擦をめぐるクラウゼヴィッツの『戦争論』も参照することである。[*40] 後者は以下のように記している。すなわち、通常の生活と比較して戦争を遂行することは水中を歩こうとするようなものである。そして簡単と思われるあらゆることが、突如としてより多くの努力を必要とし、あらゆる動きが遅くなってしまうのである。

兵站に対するRMAの衝撃の本当の試練は、仮にあるとすれば、二つの高度に発展した国家の軍隊間による戦争を待つ必要があろう。もちろんこうした戦争は、誰もが理解する核兵器という優れた理由によって、時の経過と共に生起し難くなっているのである。かつてヘーゲルが述べたように、ミネルバ〔知恵と戦争の神〕の使者であるフクロウは夕暮れに飛ぶが、『補給戦』は時代のある特定の時点で特定の知的背景の下に書かれたものである。この背景によって、ある形態の戦争のある側面に焦点を当てることになった。もちろんその戦争の形態とは、筆者自身が急速に過去のものとなりつつあると信じているものである。その代わりに我々は世界中に巡航ミサイルが拡散していることを目撃している。その巡航ミサイルは、一方において大量破壊兵器を搭載することが可能である。他方において、テロリズムやゲリラ戦の兵器を搭載することができるものである。疑いなくこうした新たな戦争の形態もまた、兵站に依存するであろうし、軍事組織はこれからも自らの胃袋に従って進展し続けるであろう。これは太古の昔から続いているものである。機械も人間も空気の薄いところのみで機能することはできない。おなじみの言い方だがひとすくいの米ですら、消費される前に、生産され、代金が払われ、貯蔵され、そして輸送され分配される必要がある。自爆者が自らを爆破する前には、最初に目的地まで到達する必要がある。こうした兵站の性質を探究する仕事、同時にその結果を既に存在する知識と統合し、それから可能な限り包括的な説明を生み出すことについては、筆者は別の人物に任せたいと思う。しかしながら、こうした別の人物の幾人かに対して、筆者はある警告を発したいと思う。もちろん、戦争を成功裏に遂行するためには健全な兵站が絶対的に重要になることについては議論の余地はない。ある意味において、精密誘導弾は通常弾と比べて簡単に入手できることなどより少ないため、戦争が近代的になればなるほど、これはより真実になる。あなたが必要とするものの質を、あなたが必要な場所に、あなたが必要な時に手に入れることができるよう、確実にしてもらいたい。勝利を達成するためには長い道のりが必要とされるのであり、紛争がより対称的になればなるほど、このことはより真実となろう。一方、通常の軍隊間の対称的な紛争においてさえ、良き兵站は必ずしも十分でない。非対称的な紛争であればなおさらである。これはパレスチナにおけるイギリス軍からチェチェンでのソ連軍にまで当てはまる。一九四五年以降の戦争の多くは、必ずしも神が、より大量の補給物資を備え、よりシステムが整った軍隊に、こうしたシステムによって補給物資を運搬し分配する軍隊にさえ、味方するとは限らないことを証明している。仮にこれが正しいとすれば、世界の多くはいまだにロンドン、パリ、そして幾つかの植民地時代の首都に支配されていることになる。筆者自身は、イラクで警察活動を試みているアメリカ軍が、「ジャストオンタイム」があらゆる問題を解決するものではないことを学ぶことは疑わしいと考える。自らの火薬を乾かして準備を怠らないことに加えて、神に忠誠を誓うこと、あるいは自らが戦っているものに忠誠を誓うことについて、確かなものにしておくことである。さもなければ、窮乏した人々の手にかかって敗北する危険を冒すことになる。彼らは何も所有せず、殆んど何も持たない人々の為に戦っている、そして時には「兵站」という言葉を一度も聞いたことのない人々である。

解説——戦争のプロはロジスティクスを語り、戦争の素人は戦略を語る

石津朋之

はじめに

「戦争のプロはロジスティクスを語り、戦争の素人は戦略を語る」と皮肉交じりに言われる。もちろん、この表現には多分の誇張が含まれているが、他方で、補給を含めたロジスティクスをめぐる問題が戦争の最も重要な要素の一つであるにもかかわらず、実務や戦争研究においてこの側面に焦点を当てて分析や考察を実施した資料及び文献が少ないのは今日でも厳然たる事実である。とは言え、本書『補給戦——何が勝敗を決定するのか』が最初に出版された時期、本書以外にはアメリカの歴史家ジョン・リンによる編著、*Feeding Mars: Logistics in Western Warfare from the Middle Ages to the Present* (Colorado: Westview Press, 1993) だけがロジスティクスに関する学術研究と呼ぶに相応しい著作であったが、本書で新たに加筆された「補遺」でも記されているように、近年では優れた専門書が多数出版されている。

本書の著者マーチン・ファン・クレフェルト (Martin van Creveld) は、オランダ生まれのユダヤ人歴史家である。彼はロンドン大学経済政治学学院（ＬＳＥ）で博士号を取得した後、イスラエルに渡った。一九七一年から長年にわたってヘブライ大学歴史学部で教鞭を執った後、二〇〇七年秋に同大学を退官した。その後のクレフェルトは、基本的には執筆活動に専念している。

彼の多数の著作の中から邦訳されているものを一部紹介すれば、本書に加えて、『戦争文化論』（石

津朋之監訳、原書房、上下巻、二〇一〇年）、『戦争の変遷』（石津朋之監訳、原書房、二〇一一年）、『新時代「戦争論」』（石津朋之監訳、原書房、二〇一八年）などがある。

その中でも本書『補給戦』と並んで彼の代表作と呼べるものが『戦争の変遷（*The Transformation of War: The Most Radical Reinterpretation of Armed Conflict Since Clausewitz*）』であるが、同書は、まさにプロイセン＝ドイツの戦略思想家カール・フォン・クラウゼヴィッツの『戦争論』を強く意識し、『戦争論』を超える著作を目標として執筆されたものである。

実は、『戦争の変遷』はこのクラウゼヴィッツと、クレフェルトが高く評価するもう一人の戦略思想家である古代中国の孫子の戦争観を批判的に考察することで、この二人の偉大な思想家を超える著作を遺すことをその目標としていた。だが、その中でもやはりクレフェルトのクラウゼヴィッツへの対抗意識は際立っている。

これについては、『戦争の変遷』の表題をめぐるエピソードを紹介しておこう。原書の副題が明確に示す通り、同書はクラウゼヴィッツ以降の武力紛争――武力紛争とは戦争より広い概念――に対する最も大胆な再評価を試みたものである。

繰り返すが、『戦争の変遷』はまさにクラウゼヴィッツの『戦争論（*On War/Vom Kriege*）』を強く意識し、『戦争論』を超える著作を、目標として執筆された。

なぜ『戦争の変遷』の原書の表題を *The Transformation of War* に決めたのかとのこの解説の筆者の疑問に対して博士はかつて、当初はクラウゼヴィッツの大著『戦争論』に敬意を示す意味でも『「戦争論」について（*On On War*）』を考えていたのであるが、出版社とその編集者の強い意向により *The Transformation of War* に落ち着いた経緯を語ってくれた。周知のように、同書はその出版以来大きな反響を呼び、現在まで日本語を含めた多くの言語に翻訳されている。

筆者は、クレフェルト博士と何度か直接お会いして、戦争や戦略をめぐる問題について教えを乞う機会に恵まれたが、その中で博士が常に述べられていたことは、『戦争の変遷』の執筆を終えた以上、今後は何も書くものがなく、あとは後世の歴史家の評価を待ちたいというものであった。

さらに近年、クレフェルトは『新時代「戦争論」』を世に問うたが、同書の原題である *More On War* の *On War* とは、これがクラウゼヴィッツと孫子の戦争観を超えるための試みである事実を認めながらも、強く意識しているのはやはりクラウゼヴィッツの『戦争論』である、と筆者に明かしてくれた。

マーチン・ファン・クレフェルトと『補給戦』

この解説では以下、ロジスティクスについて考察するが、ロジスティクスとは何かとの根源的な問題を考えるにあたり、本書『補給戦』の内容を検討することから始めてみよう。

クレフェルトは本書の序章の表題を「戦史家の怠慢」として、戦争史研究に対する歴史家の姿勢を厳しく批判する。

彼によれば、例えばイギリスの戦略思想家バジル・ヘンリー・リデルハートの「シュリーフェン計画」をめぐる論述は、実のところ第一次世界大戦におけるドイツ軍の現実の糧食及び弾薬の消費量や必要量などを一切検討しておらず、また、当時の補給制度や組織の詳細についても全く言及していない。

ところが、このリデルハートの見解が、第一次世界大戦前のドイツの戦争計画である「シュリーフェン計画」がロジスティクスの側面から実行不可能であった論拠として、その後の多くの専門書で引用され続けているのが実情である。クレフェルトは、リデルハートのような漠然とした議論ではなく、具体的な数字と計算の根拠に基づいて「シュリーフェン計画」、さらには戦争史全般を再検討する必要があると主張する。

　クレフェルトはこの序章でロジスティクスをめぐる術（アート）を、軍隊を動かし、かつ軍隊に補給する実際的方法と定義する。端的に言って、ロジスティクスをめぐる術（アート）とは指揮下の兵士に対して、それなくしては兵士として活動できない一日あたり三〇〇〇キロカロリーを補給できるか否かの問題である。「決定的な場所に最大の兵力を集中させる方法を知っている者が勝利する」とはナポレオン・ボナパルトの言葉とされるが、一旦、決定的な場所が確認されれば、そこに兵士と物資を投入することがロジスティクスをめぐる術（アート）の領域の問題となるのである。その意味では、ロジスティクスとは優れて運用をめぐる問題と捉えることも可能であろう。

　クレフェルトは本書の目的を、軍隊を動かし軍隊に補給する際に生じた問題が、技術や組織といった要因の変化によって歴史的にどのように影響を受けたかを探ることであるとし、その中でも特に、ロジスティクスをめぐる術（アート）が戦略に及ぼした影響を考察することとしている。実際、クレフェルトは本書の複数の箇所で、戦争をめぐる問題の九〇パーセントはロジスティクスであると述べている。

　戦略は政治と同じく可能性の術（アート）であると言われるが、ロジスティクスもまた可能性の術（アート）である。そしてこうした可能性は、厳しい現実によって規定あるいは制限される。つまり、必要とされる補給物資、調達可能な物資、組織及び管理、輸送、交通線（ライン）をめぐる現実などによって決定されるのである。

　クレフェルトはこれを、「軍事史の書物の上では、ひとたび司令官が決心すれば、軍隊はいかなる方向に対しても、どんな速さでも、またどんな遠くへでも移動できるように思われている。実際はそうはできないし、恐らく多くの戦争は敵の行動によってよりも、そうした事実の認識を欠いたがために失敗することのほうが多かったのである」と表現している。

略奪戦争の時代

本書の第一章「一六～一七世紀の略奪戦争」では、ヨーロッパ諸国の軍隊が一五六〇年頃から一七一五年までの間にその規模を数倍も増大させた事実、そして、当時の戦争においては河川の利用方法を熟知した側が勝利した事実、が述べられている。思えば、この時代以前の補給制度では、敵国領土で行動する軍隊を維持することなどほぼ不可能であった。

より正確に言えば、そもそもその必要がなかったのである。古くから軍隊は、必要な物資を略奪することで補給をめぐる問題の解決を図ったものである。組織的な略奪は例外的なものではなく、むしろ普通の行為であった。

しかしながら、一七世紀初頭までにはもはやこうした方法が機能し得なくなってきたのであるが、その理由の一端が、軍隊の規模の拡大である。当時の軍隊は補給の線(ライン)に殆ど影響を受けなかった一方、その戦略的機動性は、河川の流れによって厳しく制約されていた。これは、河川の渡河が困難であったことを意味するわけではなく、補給物資を陸上で運搬するよりも水路を用いる方が遥かに容易であった事実を示している。

また、当時の軍隊の特徴として、第一に、糧食を得るために常に移動し続けることが絶対条件であり、第二に、進軍の方向を決定する際には策源地、つまり補給のための基地との接触の維持をあまり考える必要がなかったこと、が挙げられる。第三に、河川を巧みに利用するためには、当然、その水路を可能な限り支配することが必須とされたが、スウェーデン王グスタフ・アドルフはまさにこれを実証したのである。

ここで重要な事実は、この時代の戦争ではロジスティクスへの考慮が戦略より優先されていた点である。補給物資を上手く調達する司令官になればなるほど水路に依存した。例えば、オランダのマウリッツ・ファン・ナッサウ（オラニエ公）ほど水路の利点を上手く利用し得た人物はいない。だが、一旦河川を外れるとマウリッツは勝利できなかった。前述のグスタフ・アドルフでさえ、その軍隊の動きを決定していたのは彼の戦略的思考ではなく、実は糧食や秣(まぐさ)であった。

こうした状況が多少なりとも変化したのが、ルイ一四世の時代である。そこではル・テリエとルーヴォアというフランス人親子によって初めて軍事倉庫制度が確立され、これがその後の戦争に決定的な影響を及ぼすことになる。だが、それでもなお、当時の戦争の唯一のやり方と呼べるものが、自らの費用でなく、近隣諸国の負担の下で軍隊を維持することであったとしても必ずしも誇張ではない。

確認するが、基本的に中世ヨーロッパの戦争では、侵攻した地域を略奪することによって軍隊は維持された。「一七世紀ヨーロッパの軍隊は、地表を侵食しながら進んでいく『ウジ虫』のような存在であった。後には、飢餓と破壊という足跡が残された」のである（ジョン・キーガン、リチャード・ホームズ、ジョン・ガウ共著、大木毅監訳『戦いの世界史——一万年の軍人たち』原書房、二〇一四年、二九二頁）。

事実、フランスのいわゆる宰相アルマン・ジャン・デュ・プレシー・リシュリューは、「敵の奮戦よりも物資の欠乏と規律の崩壊によって消滅した軍隊の方が多いと歴史は示している」と的確に述べていた。

ナポレオン戦争とロジスティクス

第二章「軍事の天才ナポレオンと補給」では、現地調達を徹底し戦争の範囲や規模を劇的に変えたとされるナポレオン・ボナパルトが遂行した一連の戦争でさえ、補給問題が戦略を決定していた事実が述べられている。

同様に、ナポレオンに対抗するロシアの戦争計画も、戦略的考慮よりロジスティクスがその決定要因になっていた事実が記されている。

略奪を基礎とした中世のロジスティクス・システムは、一九世紀の戦争の必要性を賄うには不十分であった。その結果、この世紀には多くの重要な変化が生じたが、それらは組織上の変化であり、技術的な変化であった。前者の中で最も重要なものは、補給及び輸送業務が軍隊に正式に組み込まれたことであり、それまで何世紀にもわたって荷車とその馭者が必要に応じて徴用されていた方策に変化が生じたのである（『戦いの世界史』二八七頁）。

イギリスの歴史家マイケル・ハワードは、こうした変化を「管理革命」と名付けた。これは、もちろん軍事技術の重要性を認める一方、戦争での勝敗を優れて運用をめぐる問題として捉える解釈である。事実、第二次世界大戦でドイツ軍が用いた「電撃戦」は、既存の軍事技術を使いながら、従来とは異なった軍事力の運用方法と編制で実施されたのである。

また、組織のあり方に注目して参謀本部制度や師団制度の発展に代表される組織こそが、戦争の帰趨を決める重要な要因であるとも議論される。周知のように、一八六〇～七〇年代の「ドイツ統一戦争」でのプロイセンの勝利は、ライフル銃、鉄道、電信といった軍事技術の革新に負うところが大きかったが、それ以上に重要な要因は、参謀本部や参謀大学といった組織の下支えがあった事実である。

実際、ナポレオンの軍事的な勝利の要因としては、①軍団制を用いていたため部隊を分散させ現地での補給を容易にさせたこと、②いわゆる「軍用行李」がなかったこと、③徴発担当の常設組織が存在したこと、④ヨーロッパが以前と比較して人口稠密になっていたこと、⑤フランス軍の規模そのものが大きいため要塞包囲のために進軍を停止する必要がなく、それらを迂回することができたこと、などが挙げられている。

プロイセン＝ドイツと鉄道の登場

第三章「鉄道全盛時代のモルトケ戦略」では、一八六六年の普墺（ふおう）戦争においては鉄道網がプロイセン軍の戦略的展開の速度を左右しただけではなく、その形態さえも決定した事実が指摘される。それとは対照的に一八七〇〜七一年の普仏（ふふつ）戦争では、開戦時とパリ包囲時という二つの例外を除けば、実は鉄道はそれほど重要な役割を果たし得なかったとクレフェルトは指摘する。

確かに、普仏戦争でプロイセン軍は後方からの補給にそれほど依存していたわけではない。プロイセン軍が用いた弾薬の大部分は当初から携行されており、自己完結していたからである。この戦争にプロイセンが勝利した理由は、後方からの弾薬のロジスティクス・システムが機能したからではなく、むしろ個々の作戦での消費量が極めて少なかったからである。

クレフェルトによれば、普仏戦争が前線部隊と策源地を結ぶ近代的な補給の線（ライン）を備え、厳格なまでに組織化されたロジスティクス・システムによって支援されていたとの一般的な認識は、神話に過ぎない。実際、この戦争でのプロイセン軍の補給は全くの失敗続きであった。

確かに従来、普仏戦争で鉄道が果たした役割は高く評価されてきた。だがクレフェルトは逆に、実際に鉄道が重要な役割を果たし得たのは当初の兵力展開の際だけであり、その後は、プロイセン軍の勝利が殆ど確定するパリ包囲時までは重要ではなかったと指摘する。

そして、普仏戦争の補給の側面に関するクレフェルトの結論は極めて単純である。すなわち、この戦争でのプロイセン軍の戦争計画は、結局のところ、フランスがヨーロッパで最も豊かな農業国家であり、戦争が最も条件の良い時期に開始されたからこそ実現可能になったのである。

もちろんその一方で、戦争の将来の方向性を示したものが鉄道であり、従来の城壁あるいは城砦ではなかったこともまた事実である。

ロジスティクスの理論と実践

本書の第四章では「壮大な計画と貧弱な輸送と」という表題の下、「シュリーフェン計画」の再評価が行われている。

「シュリーフェン計画」とは、第一次世界大戦前のドイツ陸軍参謀総長アルフレート・フォン・シュリーフェンが、半ば絶望感を抱きながら立案したものとされるが、その計画の核心は、運用可能な軍事力の八分の七をヨーロッパ西部戦線での攻勢に集中し、さらには、その主力をルクセンブルクとアーヘンの間の地域に集中して、フランスを目標にベルギーとオランダに侵攻するというものである（実際には、オランダへの侵攻は見送られた）。

その際、ドイツ軍は可能な限り英仏海峡に接近して機動することによりフランス軍左翼を突破または包囲し、その後、セーヌ河を渡河して巨大な「回転ドア」(リデルハート)のような運動を行なうことによってパリ南西地域を通過するというものである。一方、軍事力の手薄な南部地域では、ドイツはムーズ(ミューズ)河の線(ライン)で待機し、自軍右翼の侵攻によって東側に退却すると予想されたフランス軍を撃滅することが期待された。シュリーフェンは、この計画の実施には約六週間が必要とされると見積もっていた。

だがクレフェルトは、開戦時に鉄道を運用したドイツ軍部隊だけに留まらず、鉄道線(ライン)そのものが敵の反撃に対して全く脆弱であった事実、また、「シュリーフェン計画」とは結局、ロジスティクス的思考ではなく軍事作戦(オペレーション)中心の思考の産物であった事実、を指摘している。さらに、同章の結論としてクレフェルトは、「シュリーフェンの思想を詳細に検討する限り、彼はその計画を発展させる際、それほど兵站には注意していなかったようである。彼はドイツ軍が遭遇するであろう問題を十分に理解していたが、組織的な努力によってそれを解決しようとはしなかった。仮に努力していたとすれば、シュリーフェンはこの計画が実行不可能であると結論を下したであろう」との厳しい評価を述べている。ここでのクレフェルトの姿勢は、補給を軽視したシュリーフェンの方針を厳しく批判することで一貫している。

確かに、クレフェルトも言及しているように「シュリーフェン計画」が内包する補給や輸送の問題については、例えば既に一九〇六年には、当時のドイツ陸軍参謀本部鉄道局長であるウィルヘルム・グレーナーが疑問視していた。グレーナーの端的な結論は、「シュリーフェン計画」には成功の可能性がないとするものであった。なぜなら、侵攻があまりにも急速なため、糧食の補給部隊がベルギーからフランスに至るまでの大規模な軍隊を維持することなど不可能と考えられたからである。したがって、全ては鉄道の正常な運行に依存することになり、仮に鉄道が完全に破壊されれば大きな問題が生じるであろう、とグレーナーはあたかも第一次世界大戦の緒戦の様相を正確に予測していたかのような懸念を表明していた。

確かに第一次世界大戦においてもなお、鉄道線（ライン）そのものが敵の行動に対して脆弱であり、主として鉄道利用は前線への輸送や前線の背後での輸送に限定されていた事実は重要である。

また、リデルハートが鋭く指摘したように、「シュリーフェンによって計画された作戦の大きさと大胆さは、ナポレオン時代には可能だった。また次の世代だったら、自動車輸送部隊がそれを達成させたであろう。しかし一九一四年におけるドイツ陸軍の規模と重量とは、利用可能な戦術的輸送手段に全く釣り合っていなかった」のである。

同様に彼は、「一九一四年以後人馬に必要な糧食は、野戦軍が求める全補給物資のうちの一部、それも通常はごく一部分を占めるにすぎなくなった。まさにこのために、軍隊の必要物資の大部分を現地で調達するのはもはや不可能となった」と、総力戦へと向かう当時の戦争の様相の変化について的確に述べている。

自動車化時代のロジスティクス

次に、第二次世界大戦におけるドイツ軍のソ連侵攻については多くの専門書が出版されているが、その中でドイツ軍の敗北の要因としてロジスティクスをめぐる問題——例えば距離の長さや道路事情の悪さ——を挙げていないものは一冊もないであろう。しかしながら、この史上最大の陸上作戦についてロジスティクスという観点から詳細な学術研究を行った歴史家は未だにいないとクレフェルトは指摘する。第五章「自動車時代とヒトラーの失敗」でクレフェルトは、この問題を正面から論じている。

一九四一年の「バルバロッサ」作戦、さらには第二次世界大戦の独ソ戦全般を考える時、どうしてもロジスティクスをめぐる問題は避けて通ることができない。

ロジスティクスの観点から「バルバロッサ」作戦や独ソ戦全般を考えれば、これが兵站支援限界線を超えた、さらには「成功の局限点」を超えた、無謀としか表現し得ない作戦であったことは否定できない。

後述する北アフリカの戦いでのドイツ軍指揮官エルウィン・ロンメルにも同様に当てはまるが、「バルバロッサ」作戦は、一見華やかな「電撃戦」の表層に目を奪われることなく、その負の側面、とりわけあまり注目されることのないロジスティクスをめぐる側面にも十分に留意するよう人々に警告しているようにも思われる。

自動車化が進展したこの時代の戦争においても、鉄道の果たした役割は依然として大きなものであった。よく考えてみれば、必ずしも鉄道が「電撃戦」を支え得る柔軟性を備えた手段ではないことは第一次世界大戦、さらにさかのぼれば普仏戦争の事例でも明らかであった。だが鉄道を全く無視し、全ての資源を自動車化に集中したとしても、当時のドイツ軍が自動車輸送だけで対ソ戦を遂行できたとは到底思えない。

事実、自動車化によりドイツ軍は、「同質性の欠如」に悩まされることになる。すなわち、機動力を備えた自動車化部隊と、いまだに徒歩の歩兵部隊の混在である。そして独ソ戦での作戦はある時代の技術的手段——自動車——で実施し、補給は他の時代の技術的手段——鉄道——で行おうとしたことが失敗の原因であった。

この作戦においては、しばしば指摘されるソ連国内の泥濘と同様、鉄道線(ライン)の稼働率の悪さにも原因があったのである。そして、鉄道輸送の危機は凍結の始まる遥か前から生じていたため、ドイツ軍のモスクワ侵攻の失敗を、冬の訪れの時期やその寒さに求めることには注意を要する。実はこの事実は、一八一二年のナポレオンのモスクワ遠征にも当てはまる。

第二次世界大戦での「バルバロッサ」作戦や独ソ戦全般は、一八一二年のナポレオンのモスクワ遠征としばしば類比される。実際、こうした戦いの研究を通してドイツ軍人は、常にナポレオンの悪夢の再来を恐れていたのである。

もちろん、このモスクワ遠征に最終的にフランスが失敗した理由が、糧食、医療、防寒対策を含めた「管理面の欠陥」——つまりロジスティクス——にあったとする指摘は重要である。確かに当時、あらゆる意味において戦争は、ナポレオンの「軍事的天才」(クラウゼヴィッツ)だけではもはや統制及び管理できない規模にまで拡大していたのである。ここに、総力戦の萌芽が明確に見て取れる。

だがその一方で、近年の研究からは、ナポレオンのモスクワ遠征の別の側面が浮かび上がってくる。

第一に、ナポレオンの大陸軍(グランダルメ)を実質的に敗北させた原因は、物資の不足というよりも、それを前方地域に輸送及び分配する能力の欠如であった。ナポレオンの有名な格言に「軍隊は胃袋と共に進む」があるが、ロシア遠征ほどその失敗によってこれを見事に実証した事例はないであろう。

第二に、ナポレオンの失敗をロシアの厳しい冬に帰する説が今日でも広く信じられているが、これは完全なる神話に過ぎない。なぜなら、厳しい寒波が到来する前には既に、ナポレオンの軍隊は完全に敗北していたからである。なるほどロシアの冬はその被害を拡大させはしたものの、寒さ自体はナポレオンに敗北をもたらした主たる要因ではなかった。

繰り返すが、ナポレオンはモスクワ遠征の失敗の責任をロシアでの厳しい天候に転嫁しようとしたが、これは単なる言い訳、あるいは宣伝（プロパガンダ）に過ぎない。ある種の「匕首（あいくち）伝説」である。実際、ナポレオンの軍隊を悩ませたのは冬の寒さではなく、むしろ夏の暑さであった。ナポレオンがモスクワに到達するまでに、騎兵及び砲兵部隊の馬、約一万頭が死んでいた。また、ボロジノの戦いの直前、病気と暑さによる消耗で一万もの軍人が隊列から離脱している。つまり、一八一二年七～八月にかけての酷暑は、一一～一二月の厳寒と同じ程度に、ナポレオンの敗北に寄与したのである。

最後に、モスクワへの退却に際してロシア軍が用いた焦土作戦は、ナポレオン軍の勢いを止める上では有用であったが、はたしてこれが計画された退却であったか、それとも単に軍事的必要性に迫られた結果であったのかについては今日でも論争が続けられている。だが、残された史料の多くが示すところは、これらは整然と計画された退却とは言い難く、単にロシア軍の弱さの結果であったようである。

何れにせよ、ナポレオンのモスクワ遠征をめぐる論争がいかなるものであれ、時間、空間、距離の問題は戦争の歴史上、多くの政治及び軍事指導者、さらにはロジスティクス担当者を悩まし続けているのである。

興味深いことに、同章の最後でクレフェルトは、ロジスティクスをめぐる術（アート）とは戦争の術（アート）のごく一部を構成する要素に過ぎず、また、戦争そのものも人間社会の政治的関係が織りなす多くの形態の一部に過ぎない、とクラウゼヴィッツを彷彿とさせる戦争観を示している。クレフェルトによれば、対ソ戦の敗北はロジスティクスをめぐる術（アート）以外の要素が主たる原因であり、その中には、多くの問題を抱えた戦略、不安定な指揮系統、少ない資源の不必要なまでの分散などがある。

だが、この点について筆者はやや異なった見解を有している。すなわち、確かにロジスティクスが唯一かつ最大の要因――この側面を過度に強調することで、ドイツ軍は戦闘そのものには敗れていなかったとの不可思議な神話に繋がる――ではないものの、その他の要因との相乗効果によってヨーロッパ東方戦線でドイツ軍は敗北したとする方が真実に近いのである。ここでは、総力戦が意味するところを強調しておきたい。

結局のところ、東方戦線でドイツ軍が実施した数々の作戦に必要な物資の量は、同国軍が支え得るものを遥かに超えていたのである。ここにも、ロジスティクスを軽視するドイツ軍の悪しき伝統の一端が垣間見える。

ヒトラーは東方戦線のドイツ軍を三つの異なった攻撃軸に分散することなく、モスクワ侵攻だけに集中すべきであったとの議論もあるが、ロジスティクスの観点からこうした方策は不可能である。利用可能な道路と鉄道があまりにも少なかったからである。

なお、同章でもクレフェルトは、戦争という仕事の九〇パーセントはロジスティクスである旨を強調している。

エルウィン・ロンメルとロジスティクス

一般にロジスティクスの歴史とは、軍隊が次第に現地調達への依存状態から脱却する過程を示唆する。だが第六章「ロンメルは名将だったか」では、第二次世界大戦の北アフリカ戦線を事例に、その過程が決して直線的なものではなかった事実が論じられる。実際、二一世紀の今日では、あたかもその流れが逆戻りしているかのようにも思われる。

北アフリカでの戦いにおいては、イギリス軍がエジプトにかなり大規模な基地を有していた一方で、ドイツ軍は最も基本的な必要物資でさえ完全に海上輸送に依存していた。実にエルウィン・ロンメルが消費する物資は全て、イタリアから地中海を経由して船舶で運ばれてきたのである。だがクレフェルトによれば、これがロンメルの抱えた問題の本質ではなかった。

ロンメルを悩ませた二つの主たる問題とは、港湾の能力不足とアフリカ内陸地域での輸送距離の長さであった。そうしてみると、地中海の「護送船団の戦い」に重きを置く従来の歴史解釈は極めて誇張されたものなのであろう。おそらく一九四一年末の時期を除けば、地中海での海と空の戦いが北アフリカの戦況に決定的な影響を及ぼすことなどなかったのである。

北アフリカ戦線においては、やはりロジスティクスをめぐるイギリス（連合国）とドイツ（枢軸国）の対応の差が決定的であったように思われる。

仮に、輸送船が地中海を無事航行できたとしても、枢軸国軍の最大の補給港であるリビア西部のトリポリから決戦場となったエル・アラメインまでは約二〇〇〇キロの距離があり、揚陸能力の劣るベンガジからでも約九〇〇キロ離れていた。当然ながら、ドイツ軍には利用可能な鉄道など存在せず、そのほぼ全てを車両輸送に頼っていた。確かに、船舶による地中海の沿岸輸送も行われたが、ごく小規模に留まった。

他方、イギリス軍は主要な港湾であるアレキサンドリアからエル・アラメインまでは約一〇〇キロに過ぎず、整備された鉄道を運用することも可能であった。その結果、燃料や弾薬に代表される物資の補給量は、ドイツ軍とは比較できないほど大きなものとなり、実際、イギリス軍指揮官バーナード・モントゴメリーはこの優位性を最大限に活用して戦いに勝利したのである。

では、指揮官としてのロンメルの資質はどのように評価できるであろうか。

なるほど、戦車の運用に関するロンメルの豊富な知識、そして実際に北アフリカ戦線で証明した彼の能力は高い評価に値しよう。

だが、アフリカ軍団長としてのロンメルの責務は、ただ単に戦車部隊を運用することに留まるものでなく、例えば部隊全体のロジスティクスへの配慮などが強く求められた。その意味において、北アフリカ戦線でドイツ軍が最終的に敗北した最大の原因を、ロンメルのロジスティクスに対する関心の欠如にあるとするクレフェルトの議論も妥当のように思われる。

言い換えれば、大隊長や連隊長などとは異なり、師団長、軍団長、軍司令官に代表されるさらに上級の将官には、数週間から数ヵ月という長い期間で作戦全体を俯瞰し、ロジスティクスはもとより、部下の疲労や士気といった問題にも細かく配慮する資質が求められる。後年のノルマンディ上陸作戦に際して、しばしばロンメルが同じドイツ軍人から「せいぜい師団長クラスの将官」に過ぎないと揶揄された所以であり、実際、この批判にはかなりの根拠があった。

ロンメルの回顧録は彼の死後、第二次世界大戦が終結してから刊行されたが、その中で彼は指揮官は補給に細心の注意を払い、補給担当者には自発的に準備を進めるよう命じるべきであると述べている。だが、これは彼の本心とも、歴史の真実とも異なるように思われる。現実にはロンメルは、作戦面での見通しと補給の可能性を比較検討した結果、しばしば後者を無視した。

最終的にロンメルは北アフリカ戦線で敗北するが、それはアドルフ・ヒトラーの戦争指導の責任ではなく、ロジスティクスに対するロンメルの配慮の欠如が原因であった。結局、北アフリカ戦線での戦いに関しては、何度にもわたってロンメルがヒトラーの命令に抵抗し、自らの基地から適当な距離を超えて攻撃を試みた事実こそ問題視されるべきなのである。おそらく彼は、ロジスティクスといういわば裏方の目立たない任務にはあまり関心を示していなかったのであろう。また、そもそもロジスティクスという領域は、ロンメルが得意とした「大胆さ」や彼の決断力だけでは解決し得ない問題を多々内包しているのである。

その意味では、ロンメルが正式な上級参謀教育を受けた経験がなかったとの事実は、少なくとも北アフリカ戦線では、負の方向に作用したと言える。もちろん、第二次世界大戦を通じた戦車の運用で示された彼の能力には、この事実が正の方向に作用したのであろう。

後にロンメルは、エル・アラメインの戦いでの敗北の原因について、イギリスの空軍力の圧倒的な優位とドイツ軍の悲惨な補給状況を挙げたとされるが、少なくとも後者の責任の一端はロンメル自身にある。

何れにせよ北アフリカのドイツ軍は、極めて貧弱な補給線（ライン）の最先端で戦うことを余儀なくされ、とりわけ機甲部隊は物資や燃料不足の結果、十分な態勢を整えることができなかったことは事実である。

なるほど、かつて多くの歴史家は、リビアからエジプト、パレスチナ、シリア、イラクを経てペルシア湾にまで侵攻するとのロンメルの計画をヒトラーやドイツ軍中央が支援していれば、彼はイギリスとの戦いに勝利できた可能性があると主張していた。事実、ロンメルは自らが残した覚書の中で、ドイツ軍中央が補給問題を解決することに失敗したとの批判を繰り返している。

だが、近年ではこうした歴史解釈は否定されており、逆にヒトラーが地中海を最優先の戦場と考えなかったことは妥当であったとの評価が主流である。実際、ロンメルの批判に対して例えば当時のローマ駐在のドイツ大使館付武官は、この問題はそもそも最初から解決困難であったと反論している。

　また、クレフェルトは同章で、ドイツ軍の糧食がアフリカの暑さに不向きであったと指摘する。なぜなら、脂肪分が多過ぎたからである。その結果、ドイツ軍人が北アフリカに二年以上滞在すれば必ず健康を損なうと考えられていたのである。

　さらにクレフェルトによれば、ドイツ製エンジン、とりわけオートバイのエンジンは加熱し易く、故障し易かった。これは戦車のエンジンも同様で、その寿命は予想以上に短かったという。加えて、ドイツ軍とイタリア軍の兵器は規格が異なっていたため、保守や修理には困難が伴った。

　ロンメルは一九四一年春、ヒトラーやドイツ軍中央の明確な命令に抵抗してイギリス軍に対する攻撃を開始している。ドイツ軍はイギリス軍をリビア西部から追い出し、逆にトブルクを包囲した。そこでは、当初の攻撃でトブルクからイギリス軍を追い出すことはできなかったものの、最終的にはこれに成功、エジプト国境を越えたサルームという地点まで進撃した。

　だがクレフェルトは、「このロンメルの電撃的突進は、戦術的に輝かしいものではあっても、戦略的には大失敗だった」と厳しい評価を下している。なぜなら、「決定的な勝利を収められなかった一方、ただでさえ延び切っている補給線に、さらに七〇〇マイルをつけ加えることになったからである。ＯＫＨが予言したごとく、その結果として生じた負担はあまりにも大きく、ロンメルの後方部隊はそれに耐えられなかった」からである。

　さらにクレフェルトは、「北アフリカ戦線でのロジスティクスの危機は、必ずしもマルタ島のイギリス軍の戦闘能力を奪うことに失敗したからではなかった。補給がピークに達した〔一九四一年〕五月でさえも、アフリカへの輸送途中で損失を受けたのは、荷積みした補給船のうち僅か九パーセントに過ぎなかった」と述べている。

同時に、「しかしながらいったん攻勢を開始するや、手元にある手段では、トリポリから前線までの広大な間隙に橋をかけることができなかった。その結果、桟橋には補給物資が溜る一方なのに、前線では不足が生じた」のである。

こうした状況を受けて、クレフェルトは次のように結論を下している。すなわち、「ロンメルは、暴風のような突進によって自らを窮地に陥れた。ベンガジ港の能力が、前述のように制限されていたため、現在地に留まることは惨事を意味した。退却すればOKHがやはり正しかったと認めるに等しかった。OKHでは、今やロンメルは「頭がおかしい」という評判をとっていたのだ。危地から脱出する唯一の方法は、トブルク港を攻撃し占領することだった」。

ロンメルの要求にもかかわらず、独ソ戦の勃発後、既にドイツはソ連軍との戦いに完全に関与しており、彼の要求を認めれば、それは、北アフリカのドイツ軍がさらに大量の補給物資を必要とすることを意味した。ドイツ軍中央からすれば、これは絶対に応じられない要求であった。

それ以上に、北アフリカで戦うドイツ軍の背後で、地中海をめぐる戦況は彼らにとって極めて不利になりつつあった。

例えば、これまで北アフリカへと向かう輸送船をシチリア島の基地から保護していたドイツ軍航空部隊の大部分が、一九四二年六月初頭にはギリシアへと移動した。その結果、マルタ島などに基地を構えるイギリス海軍及び空軍は、いわゆる行動の自由を大幅に確保することになる。事実、その後、枢軸国側の輸送船の損害は増大している。

また、同年九月にはベンガジがイギリス空軍に爆撃され、枢軸国の輸送船はトリポリへと向かうことを余儀なくされた結果、補給線（ライン）が約四倍に延びている。

なるほど、補給物資をギリシアから直接、リビアに輸送することも検討された。だが、この方策を用いれば、ギリシアの港湾までは単線の鉄道に依存しなければならない上、この鉄道は常に連合国軍の攻撃の対象とされていたため、現実的ではなかった。また、ドイツ軍にとって緊急を要する物資を空中から補給する試みもなされたが、航空機不足のため、殆ど成果は上がらなかった。

こうした中、イタリア軍への不満を強めたロンメルは、同軍の非効率性を厳しく批判すると共に、ドイツ軍が北アフリカの戦いのロジスティクスの任を負うべきであると主張した。ドイツ海軍もこれに同調し、イタリア軍がトリポリに固執するのは、戦後に備えて船舶を温存しているのではないかとの強い疑念を表明した。

他方、ＯＫＨは、ドイツ空軍が地中海東部の目標を優先しており、輸送船の保護を疎かにしていると自国の空軍に対する批判を強めている。

その一方でイタリア軍は、トリポリ港を使用することは敵の分断のためにも必要な措置であり、同国海軍にはマルタ島のイギリス軍を攻撃するための燃料が不足しているため、この任務はドイツ空軍が担当すべきであると主張した。

このように、ロジスティクスをめぐるイタリア軍とドイツ軍の対立、さらには、ドイツ軍内での対立は、時期を経ると共に激しくなり、解消することは全くなかった。

前述したように、クレフェルトは本書『補給戦』で、ロンメルが直面した問題は必ずしもイタリア本土から届く補給物資の不足に起因するわけではなく、北アフリカでの非常に長い補給線（ライン）が原因であったと強く主張する。例えば、貴重な燃料の一〇パーセントが、残りの九〇パーセントを運搬するためだけに必要とされたという。

確かに、一九四一年一一月頃から開始されたイギリス軍の攻撃の結果、北アフリカ沿岸部の補給線(ライン)は安全ではなくなった。イギリス軍の航空機及び装甲車両は、ドイツ軍のトラック輸送部隊に多大な損害を与え、実際にその輸送能力は半減したのである。また、輸送部隊の移動は夜間に限定されることになった。

こうした厳しい状況を受けてロンメルは、遂に退却を命じたのであるが、皮肉なことには、この退却によってドイツ軍の補給距離が大きく縮まり、状況は好転することになる。一方、ヒトラーは周囲の多数の反対意見にもかかわらず、潜水艦（Uボート）の地中海派遣を決定し、さらには、東方戦線から部隊を引き抜いて地中海のドイツ空軍を増強する方針を決定した。

こうした中、一九四一年一二月一〇日、日本軍による真珠湾奇襲攻撃を契機としてアメリカが第二次世界大戦に参戦した。そして、これとほぼ同じ時期にドイツ軍は、ヨーロッパ東方戦線での進撃を阻止され、ソ連軍の反撃が始まった。

ここでドイツに残された選択肢とは、ヨーロッパ西方戦線の連合国軍がその資源を集中させる前に、総力を結集して東方戦線のソ連軍を撃破することであった。そのため、こうした状況の下で北アフリカでの新たな作戦を実施することには、大きな疑問が生じる。だが、新たな作戦を実施すれば北アフリカのドイツ軍のロジスティクスは崩壊するとの警告にもかかわらず、一九四二年、ロンメルは攻撃を強行し、一月下旬には再びベンガジを占領したのである。

クレフェルトは、北アフリカの戦い全般の教訓として、以下の興味深い点を挙げている。

①ロンメルのロジスティクスをめぐる困難は、常に北アフリカの港湾能力が限られていたことから生じた。
②いわゆる「護送船団の戦い」を重視する見方は誇張されている。おそらく一九四一年一一～一二月を除けば、地中海中部での海対空の戦いが、北アフリカの戦況に決定的な影響を与えたことは一度もなかった。
③マルタ島を占領しないとの一九四二年のドイツ軍の決断は、北アフリカでの戦いの結果に対しては重要ではなかった。それ以上に重要なことは、トブルク港があまりにも小規模であり、またエジプトからのイギリス空軍の攻撃に対して、抵抗できなかったことであった。
④アフリカ内陸を走らなければならない距離の長さは決定的であった。この距離は、ソ連戦線を含めてこれまでドイツ軍がヨーロッパで経験したものを遥かに超えており、さらには、トラック輸送部隊の数が少数に留まっていた。確かに、一九四二年には多少の沿岸海上輸送が実施されたが、イギリス空軍が制空権を保持していたため、効果は限定的であった。

かつて多くの歴史家は、一九四二年夏から秋にかけてのロンメルの敗北は、イタリアからの燃料が得られなかった、あるいは輸送船が多数撃沈されたことなどが原因であると主張していたが、クレフェルトの見解を踏まえれば、こうした議論にはあまり根拠がないように思われる。

結局のところ、北アフリカには、限定された地域を守るために戦力を派遣するとのヒトラーの当初の決定は妥当であった。そして彼がロンメルを十分に支援しなかったとの議論も、著しく妥当性に欠けるように思われる。事実、ロンメルには北アフリカで維持可能な最大限の戦力が与えられ、時にはそれ以上が与えられていたのである。

そのため、仮に北アフリカ沿岸での補給線(ライン)の確保が困難であったとすれば、その責任の大半はロンメルが負うべきである。いわゆる「過剰拡大（オーバーストレッチ）」であり、これは戦いの歴史の中で指揮官を常に悩ませる問題である。

後年、ロンメルは以下のように語ったとされるが、これもにわかには信じ難い。すなわち、「軍隊が戦闘の緊張に耐えるためには、最初に不可欠の条件として武器、石油、弾薬を十分に蓄えることである。実際のところ撃ち合いが始まる前に、戦闘は兵站将校によって行われ決定されるのである。如何なる勇敢な兵士と言えども、銃なしでは何事も成し得ず、銃は十分な弾薬なしには何事もできない。だが機動戦においては、車両とそれを動かす石油が十分になければ、銃も弾薬も大して役には立たない。保守修繕も、敵のそれに対して量的にも質的にも同等でなければならない」。

また同章及び第七章でクレフェルトは、ノルマンディ上陸後の連合国軍による反攻作戦でアメリカ軍のジョージ・S・パットンが成功した事実は、補給を重視するあまり消極的になり過ぎていた連合国側の戦争計画に対し、決断の重要性を改めて思い起こさせてくれるものであるとも指摘している。

ノルマンディ上陸作戦のロジスティクス

第七章「主計兵による戦争」でクレフェルトは、歴史上、指揮官が政治状況や戦略条件の変化の結果として、理想的とされる数量及び種類に近い物資を用いて戦争を遂行することなど不可能であった事実、そして、まさにこの理由によって指揮官に高い個人的資質が求められる旨を強調している。その資質には例えば、適応性、機転、即応能力などが含まれようが、その中でもとりわけ重要な要素が決断力であると、ここでも彼はクラウゼヴィッツに極めて近い戦争観を提示している。

同章は、一九四四年のノルマンディ上陸作戦をロジスティクスという側面から考察したものであるが、この作戦においては、ロジスティクス・システムの全ての組織が互いに完全に調和することを求めるあまり、計画が厳密かつ詳細になり過ぎたことが問題視される。クレフェルトによれば、これは、複雑な人為的準備の価値をあまりにも過大に評価する一方、決断力、さらには常識や即応の有用性を過小に評価した典型的な事例である。換言すれば、クラウゼヴィッツの言う「摩擦」の要素に対する配慮の欠如である。「計画の最大の欠点は戦争に必然的に伴う『摩擦』に対して十分な用意がなかったことである。浪費を恐れるあまりの計画の窮屈さが、逆に浪費を生んだのである」。

事実、ノルマンディにおいては、当初の九〇日間の包括的なロジスティクス支援計画が立案された。上陸する兵士数、場所、日時、順番が正確に決められた。加えて、海岸の障害物除去や作戦の手順、廃棄物の捨て場所、ある揚陸方法から別の揚陸方法への切り替え点、ある梱包方法から別の梱包方法への切り替え時期、などが決められた。

また、多数の補給物資を正しい時間に正しい場所に陸揚げするため、厳密な優先順位が決められた。それに従い、あらゆる物資について集積、要求、梱包、引き渡し、分配の詳細な手順が決められた。さらに、連合国軍は数ヵ所の港湾を占領し、兵士や物資の陸揚げに使う予定であったため、一〇ヵ所以上の港湾の修復計画が作成された。

こうした計画が上手く進んだためノルマンディ上陸作戦は成功したと考えるかもしれないが、真実はそうではなかった。クレフェルトによれば、上陸作戦実施後数時間の内に、こうした順序正しく揚陸させるための計画は、大波、敵の強力な抵抗のために事実上消滅したのである。

また、クレフェルトは同章で一九四四年秋のいわゆる「ルールへの進撃」の可能性についてロジスティクスの観点から検討した後、この作戦は不可能ではなかったとの結論を下している。

クレフェルトとクラウゼヴィッツと

第八章「知性だけがすべてではない」でクレフェルトは、戦争が全て無限に続く困難から形成されており、誤りが生じるのは当然であることはクラウゼヴィッツの「摩擦」の概念からも明らかであると指摘する。そして彼は、多くの専門書がこのクラウゼヴィッツの「摩擦」に触れる一方で、これについて深く考察していないのは驚くべきことであると改めて歴史家の姿勢を批判する。

さらにロジスティクスという側面についてクレフェルトは、このあまり目立たない問題を研究した少数の専門家でさえ、史実や証拠を注意深く検証するのではなく、ある先入観に基いて研究を進めていると驚きと怒りを隠さない。

近現代におけるロジスティクスの歴史を考える際、通常、その方法に基いて三つの時期に区分される。第一期は軍事倉庫によって補給を受けた常備軍時代、第二期はナポレオンの「略奪戦争」を含む時代、そして、第三期は一八七〇〜七一年以降の基地からの永続的補給で特徴付けられる時代である。

また別の歴史家は、ロジスティクスをめぐる術(アート)の絶え間ない発展の背後にある技術に注目し、馬による牽引車時代、鉄道時代、トラック時代と区分する。

だがクレフェルトによれば、こうした二つの研究区分は、いずれも正確さに欠ける。詳細は本書『補給戦』に譲るが、例えばある指標を用いて一八世紀の軍隊と近代の軍隊を比較すると、一八世紀の軍隊は歩みが遅く軍事倉庫に束縛されていたどころか、当時の運搬手段の「理論的限界」に対して近代の軍隊よりも遥かに優れていたとクレフェルトは指摘する。

同章でクレフェルトは再びノルマンディ上陸作戦の事例を取り上げ、この作戦の準備があまりにも細部にわたって行われたため、却って作戦計画が前例を見ないほど保守的なもの、時として無気力なものにさえなった事実を指摘した後、連合国側が勝利したのは、あらかじめ準備されたロジスティクス計画を実施したからではなく、それを無視したからであると皮肉交じりで述べている。

また同章でも、ロジスティクスが戦争という仕事の九〇パーセントまで占めている事実が指摘される。確かに、イギリスの将軍アーチボルト・ウェーヴェルが述べたように、補給と輸送の要素について真に理解することが、指揮官の全ての計画の根底なのであろう。

興味深いことに、曖昧な思考を回避し、具体的な数字と計算を基礎とするとした『補給戦』の最後でクレフェルトは、結局、人間の知性だけが戦争を遂行する道具ではなく、さらには、戦争を理解する道具でもない事実を認めることが重要であると、あたかも本書の当初の目的と矛盾するかのような指摘を行っている。

戦争研究における数字及び計算の重要性を強調することから始まった『補給戦』が、その結論として不可測なものの重要性を認識するに至ったことは大いなる皮肉とも言えようが、よく考えてみれば、「摩擦」の概念に代表される不可測な要素の重要性を改めて確認すること、さらには、クラウゼヴィッツの戦争観の核心を改めて確認することこそ、本書の究極の目的であったのかもしれない。

アルブレヒト・フォン・ヴァレンシュタインからシュリーフェンに至るまでの戦争の歴史は、多かれ少なかれ組織的略奪の歴史であったが、仮にこうした略奪の歴史が遂に一九一四年の第一次世界大戦勃発と共に消滅したとすれば、その原因は戦争が突如として人道的なものに変化したからではない。弾薬やその他の戦争必需品の消費量が膨大になった結果、軍隊がその補給物資を現地徴発することがもはや不可能になったからであるとクレフェルトは結論を述べているが、これが本書の最も重要な結論なのであろう。

ロジスティクス研究の現在

戦争の歴史の代名詞とも言える略奪の歴史が一九一四年の第一次世界大戦を契機として消滅したのは、前線での消費量が膨大になった結果、補給物資を現地で調達することが不可能になったとするのが、本書で新たに加筆された補遺でのクレフェルトの結論である。つまり『補給戦』は、ロジスティクスの歴史の最も重要な転換点がナポレオンに関係する一七八九年でもなく、鉄道の登場やドイツ陸軍参謀総長ヘルムート・フォン・モルトケ（大モルトケ）の活躍を伴った一八五九～七一年でもなく、一九一四年、つまり第一次世界大戦であったと独自の主張を展開したのである。

かつてある歴史家は「一九一八年、第一次世界大戦が終結（休戦）した時期に戦場に立った兵士は、一九九一年の湾岸戦争を見てもさほど違和感を抱かないであろうが、一九一四年、この大戦が勃発した年に戦場に立っていた兵士は、一九一八年の戦場を見るとその違いに驚愕するであろう」と述べたが、確かに第一次世界大戦は、それほどまでに開戦時と休戦時とでは戦争の様相が一変したのであり、こうした変化がロジスティクスの側面に及ぼした影響も例外ではない。

この補遺では、第一に、軍事ロジスティクスの歴史を改めて振り返り、第二に、本書『補給戦』に対する評価が自らによって下されている。そして第三に、『補給戦』の初版では取り上げられていなかった一九四五年以降の軍事ロジスティクスの発展を概観している。

ロジスティクスの定義と歴史

以上が、本書『補給戦』の概要であるが、次にロジスティクスとは何かについて改めて考えてみよう。ここで最初に確認すべきことは、「ロジスティクス」という言葉と「補給」という言葉は必ずしも同義ではない点である。実際、クレフェルトの『補給戦』はその原題が示すように、'supplying war' をめぐる分析であり、そこでは、今日一般的に理解されているロジスティクスの定義よりやや狭義の内容に限定して考察がなされている。

以下で少し定義をめぐる問題を整理しておこう。但し、この解説でも「ロジスティクス」という言葉と「補給」、さらには「兵站」という言葉を明確に区別して論じていない点をあらかじめ断っておきたい。

ロジスティクスという言葉は、旧日本軍では通常、「兵站補給」と訳されていた。また、今日の防衛省・自衛隊では、「後方、後方補給、兵站」などとされるが、江畑謙介は、ロジスティクスとは後方ではなく、戦闘の骨幹であり、それゆえ「後方」との表現は誤解を招き易いと的確に述べている。よく考えてみれば、戦争とは優れて補給をめぐる問題なのである。

近代的な意味で最初にロジスティクスの定義を示したのは、スイス（フランス）の戦略思想家アントワーヌ・アンリ・ジョミニであったとされる。端的に言って、ロジスティクスとはシステムとしての物流の管理であり、その語源はフランス語の「宿営」を意味する言葉であったという。その後、兵器、糧食、被服の運搬などに当たる「輜重（しちょう）」の機能を超えて、より高次あるいは広範な概念として、戦場で後方に位置して前線部隊のために必要物資の補給や後方連絡線（ライン）の確保などを任務とする「補給」「後方」「兵站」といった言葉あるいは概念が登場してきた。近年では、ロジスティクス関連の任務を包括的に「維持（sustainment）」という言葉で表現することさえある。「継戦能力を維持する活動に関わる全ての支援業務」（矢澤元）との定義も唱えられている。そうした言葉や概念が戦争の歴史と共に少しずつ変化を遂げているため、補給、兵站、ロジスティクスといった表現が混同されて用いられるのであり、これはある程度は致し方のないことである。

日本で一般的に用いられている「後方」の定義について、例えば航空自衛隊は、「防衛力の造成、維持、発揮に必要な施設、装備品等を準備し、提供すること及びこれに関する諸活動の総称」、狭義には、「整備、補給、調達、輸送及び施設に関する諸活動の総称」としている。また、陸上自衛隊では「後方」という言葉を、人事や兵站などの総称として用いる。ここでの「兵站」とは、「部隊の戦闘力を維持し作戦を支援する機能であり、補給を始め、整備、輸送、回収、衛生、建設、不動産、労務、役務等の総称」を意味する。さらにここでの「作戦」には、①部隊、人員、資材及び施設などを目的達成のために使用する「運用」と、②そのための戦力を建設、維持、増強する「後方」があるとされる。作戦において運用と後方は、車の車輪のように、終始表裏一体の関係と捉えられている。

また近年、軍事力の統合運用が進められている中、統合用語としての「後方」は、「防衛力の造成、維持、発揮に必要な人員、施設、装備品などを準備し提供すること及びこれに関連する諸所の活動の総称」となっている。何れにせよ、用語の全体的な統一が必ずしもなされていないのが現状で、曖昧さも多々認められる。

ロジスティクスを制する者は戦争を制する

ロジスティクスの重要性について戦争の歴史から概観すれば、例えば古代中国、三国志の時代の官渡の戦い（二〇〇年）で袁紹は、その膨大な兵力を支えるため大量の補給物資を必要としたため、自国から戦場までの物資の輸送体制を整えようとしたものの、敵の曹操はそれを予期して奇襲攻撃を実施し、袁紹軍の補給部隊を撃破、その物資を焼き払うことに成功した。また、諸葛亮の行ったいわゆる北伐、最後の第五次北伐において彼が、五丈原で屯田を行うことで自軍の糧食問題の解決を図ろうとした事実はあまりにも有名である。もちろん、糧食の運搬のため彼が発明したとされる「木牛流馬」もである。

さらにチンギス＝ハン及びモンゴル帝国の時代、彼らは築城や屯田のための専門部隊を備えていた。また、補給及び連絡網など後方の支援態勢を含めた軍事のシステム化及び効率化に優れ、兵站とりわけ糧食の確保を重視した。駅道（ジャム）と駅舎、駅伝制（ジャムチ）の整備（約四キロ毎、換え馬、糧食）はつとに知られ、狼煙（烽火台）の活用にも長けていた。

他方、古代ギリシア及びローマの時代には、例えばマケドニアのアレクサンドロス大王は、いわゆる「東征」に際し自らの軍隊の進撃に先立って、工兵部隊に道路の整備を実施させている。また、陸上で十分な補給を確保するために軍を分割し、その軍は沿岸を航行する船舶から水の補給を受けた。

ローマとカルタゴの戦争（第二次ポエニ戦争）でローマの将軍クィントゥス・ファビウス・マキシムスは当初、カルタゴのハンニバル・バルカと直接対峙することを回避し、ハンニバルの補給物資を断つことを主たる目的として行動した。今日でもファビウス戦法として知られる戦い方である。続く第三次ポエニ戦争でローマは、カルタゴの籠城に対して補給物資を遮断、飢餓へと追い込んで降伏させた。

古代ローマは橋梁、水道橋、そして道路――ローマ街道――の建設に優れた能力を発揮したが、これこそローマ軍の強さの秘訣であった。当時は、今日の戦闘部隊、工兵（エンジニア）部隊、補給部隊といった明確な区別はなされていなかった。

中世ヨーロッパの攻城戦が優れて補給をめぐる戦いであった事実は広く知られる。また、一一～一三世紀の十字軍の時代、エルサレムに向けて兵士（騎士）や補給物資の運搬を担当し、富を得たのがヴェネツィア、ジェノヴァ、アマルフィーに代表されるイタリアの都市国家であった。こうした国々は、今日の銀行業も担当したのである。

次に、近現代の戦争では、フランス革命後のナポレオン軍によるロシア遠征や第二次世界大戦でのドイツ軍のソ連侵攻は、ロジスティクスをめぐる問題を考えるための事例としてしばしば取り上げられる。また、アメリカ南北戦争で連邦軍（北軍）が実施した海上封鎖「アナコンダ」作戦、さらにはウィリアム・シャーマンの焦土作戦（「海への進撃」）は、まさに敵の補給物資に対する攻撃であった。

一九一四年、第一次世界大戦の緒戦においてフランス軍は、パリ防衛のために急遽タクシーを活用し、一九一六年にヴェルダンへと補給物資を運んだただ一本の道路は「聖なる道」と呼ばれ、今日まで伝説として語り継がれている。また、この大戦を通じて新たに生じた問題が継続的な補給、とりわけ弾薬の補給であり、これは「シェル・スキャンダル」として参戦諸国で政治問題化した。

実際、イギリスの戦略思想家J・F・C・フラーは、第一次世界大戦を二つの巨大な補給システム間の戦い、すなわちイギリスの「ミッドランズ」とドイツの「ルール」という両国の大工業地帯間の戦いであったとの興味深い指摘をしている。思えば、この大戦の後半、ドイツ軍人のエーリヒ・ルーデンドルフが「第一兵站総監」に任命され戦争を指導したが、これはロジスティクスが戦争の帰趨を大きく左右するようになった事実を示す証左である。

実は、当時の主要諸国の軍隊の参謀組織は第一次世界大戦の勃発時までにはほぼ確立されていたが、元来、この組織はロジスティクスの機能を強化する必要性から生まれたものである。戦略、作戦及び戦術の策定とその実施を支えるのが、情報とロジスティクスであると考えられたからである。つまり、情報によって状況を冷静かつ正確に把握し、ロジスティクスによって戦略などの実現可能性を検討、それらの実施に当たっては物質的な支援を実施するのである。

日本の戦争の歴史とロジスティクス

次に、日本の戦争の歴史の中からロジスティクスの重要性を簡単に振り返ってみよう。

例えば六六三年の白村江の戦いに敗北した当時の政権（日本）は、朝鮮半島に上陸した兵士に物資を補給する術（すべ）を断たれた。一二世紀末の源氏と平氏の戦いで、平氏の根拠地である屋島の孤立化を図った源氏が逆にいわゆる西国地域で糧食不足に陥り、平氏側の補給路の遮断に失敗、その結果として敢えて屋島に対する攻撃に踏み切ったのである。

次に、豊臣秀吉が二度にわたって実施した朝鮮出兵（文禄及び慶長の役（一五九二～九三年と九七～九八年））に対して朝鮮の将軍イ・スンシン（李舜臣）は、日本側の糧食を断つ目的で海上での戦いを挑み、これに勝利した。織田信長や豊臣秀吉――秀吉自身もロジスティクスをめぐる問題に適切に対応し得た――による全国統一の過程で、石田三成がその能力を発揮した事実は広く知られている。

また、時代は下って一九〇四〜〇五年の日露戦争で日本海軍は、朝鮮半島及びアジア大陸に進出した陸軍に対する日本海の補給線を確保するために、ロシア極東艦隊やバルチック艦隊の撃滅を重視した。

日中戦争時の「援蔣ルート」、ヴェトナム戦争での「ホーチミン・ルート」はまさに戦争が補給線をめぐるものである事実を如実に物語っている。また、日中戦争で毛沢東が用いた遊撃戦（ゲリラ戦）も、日本軍を中国大陸の奥深くに引きずり込むことによって補給路を遮断することが、その目的の一つであった。これは、第一次世界大戦での「アラビアのロレンス」によるオスマン帝国（トルコ）に対する戦い方とほぼ同様であった。

太平洋戦争（一九四一〜四五年）で、日本海軍がいわゆる艦隊決戦との構想を捨て補給（戦地への補給及び日本本土への物資の輸送）にその部隊の多くを――主力ではないものの――投入するようになったのは、実に一九四三年末になってからである。海上護衛総司令部の新設であるが、その間、アメリカ軍によって多数の日本軍兵士は、まさに餓死と溺死を余儀なくされた。「餓死」と「水没」は、この戦争での日本軍の犠牲の最大の原因であったとされる。

太平洋戦争における日本軍のロジスティクスを考えるための事例としてしばしば挙げられるのが、ガダルカナルの戦いとインパール作戦である。前者の戦いでこの島は「餓島」と揶揄され、後者の作戦では、ロジスティクスの観点から実施不可能との意見が一部の日本陸軍参謀によって具申されたが、これがいわば黙殺された事実は広く知られている。

また、このインパール作戦では日本軍の作戦中止後の撤退段階で最大の犠牲者数が出ており、全ての戦死者の約六割とされる。日本軍が撤退した道は、「白骨街道」と呼ばれた。この作戦ではまた、マラリヤや赤痢などに対する軍事衛生に対する意識の欠如は著しく、ここでも病死と餓死が犠牲者の多くを占めた。ここに、軍隊の撤退をめぐる問題、いわゆる「出口戦略」の問題がうかがわれる。

これとは対照的にイギリス軍は、当初のビルマからの敗走といった苦い経験を踏まえ、インドとビルマの国境地帯の部隊に対しては、航空機によって大量の補給物資を備蓄し、日本軍を消耗戦争へと引きずり込む方針を用いた。彼らは日本側のロジスティクスの貧弱さを見抜いていたのである。

例えばこの戦線でイギリス軍は、陸上での移動及び補給が極めて困難であったため、空輸を活用した。オード・チャールズ・ウィンゲート指揮下のイギリス軍部隊――「チンディット」として知られる――が一九四三年にインドからビルマ北部へと侵入し、日本軍の背後で実施した作戦はその代表的な事例である。ここでは、輸送機及びグライダーを多数用いて、約三〇〇〇の空挺部隊が日本軍の背後に降下した(翌年の作戦では約九〇〇〇)。併せて、大規模な空中補給も実施された。

ウィンゲートの後方攪乱が成功した要因として、日本軍がビルマ戦線で広く分散していた上に殆ど予備兵力を有せず、さらには、その補給線(ライン)が極めて貧弱であった事実が挙げられる。日本軍の補給線(ライン)が狙われたのである。さらに、一九四四年に日本軍が実施したインパールやコヒマの戦いでもまた、上空からの補給がイギリス及び連合国側を決定的優位に立たせたのである。

また一九四五年には、ビルマのラングーン奪還を支援する目的で、イギリス軍――グルカ人部隊――が空挺作戦を実施している。

湾岸戦争のロジスティクス

では次に、少し時代は下って一九九〇~九一年の湾岸戦争について考えてみよう。

実は湾岸戦争は、必ずしも広く唱えられているような軍事技術の勝利であったとは言い切れず、また、一部の軍人が信じているような権限の委譲――自由裁量の付与――が行われた結果勝利し得たのではない。

なるほど湾岸戦争で、アメリカを中心とする多国籍軍の圧倒的な軍事的勝利と、そこでリアルタイムで精密誘導兵器やステルス兵器の威力などを見せ付けられた結果、その後、「軍事革命」「軍事技術革命」あるいはＲＭＡをめぐる論争が巻き起こった。精度、射程、情報の領域における軍事技術の革新は圧倒的であるとされ、これによって戦争の様相が大きく変化したと考えられたからである。

だが、やはりここでも冷静に検討すべきは、はたして本当にこの戦争が軍事技術だけの勝利であったかについてである。

湾岸戦争の勝因について政治的次元として例えば、①国連安保理決議を採択するなど、国際社会の中で軍事力行使に対する一定の正当性を得た、②アメリカを中心としてアラブ諸国に働き掛け、この戦争を「中東アラブ世界vs.西洋世界」あるいは「イスラム教vs.キリスト教」といった対立構図が成立しないように留めた、③ソ連とも頻繁に交渉し、同国に軍事力行使に対する一定の理解を示させることに成功した、④戦争勃発後、イスラエルを局外に留めることに成功した、⑤軍事力行使に際し、明確な目標を掲げ、イラクへの過度な関与（例えば、サダム・フセイン政権の転覆など）を避けた、などが前提条件として整っていた。

こうした恵まれた政治状況の下、軍事の次元で、①パウエル・ドクトリンに従って、戦争までの約六ヵ月間、武器弾薬、糧食などを中東地域に集積するなど必要な準備を整えた、②兵士の訓練（例えば砂漠の戦場での）を実施し、満足できる熟練度にまで達していた、③アメリカを中心として、情報技術（IT）革命の成果を軍事力の中に組み込むことに成功した、④同盟国及び友好国との連携を密にし、アメリカ軍内の共同作戦及び同盟国との連合作戦を円滑に実施し得た、などの条件が揃ったのである。とりわけ、事前に大量の補給物資を戦場の近くに集中し得た能力は特筆に値し、こうした経緯については、W・G・パゴニス著『山・動く——湾岸戦争に学ぶ経営戦略』（佐々淳行監修、同文書院インターナショナル、一九九二年）に詳しい。

さらに興味深い事実は、この戦争では地上での戦いが約一〇〇時間で終結したのに対し、その前段階の配備に六ヵ月の時間があった事実に加え、後段階の撤退に一〇ヵ月を費やしたことである。この「砂漠の送別」作戦では、兵士はもとより、兵器や機材を戦場となった砂漠地帯から飛行場や港湾に移動させ、それらを中東からアメリカ本国へと持ち帰ったのである。

アメリカ議会報告書は、湾岸戦争でのこうしたロジスティクス担当者の活動を高く評価して次のように記している。「アメリカのロジスティクスは歴史的に見ても成功を収めた。戦闘部隊を、地球を半周して移動させ、世界規模の補給線（ライン）を構築し、前例がないほどの即応性を維持し得た担当者は称賛に値する」。

もちろんその一方で、この報告書は組織的な問題が生じていた事実も指摘する。すなわち、「緊急要求の乱用や、所要より多く要求するといった事態が生じ、これがさらに補給の未処理やシステムの飽和状態などを生み、支援の有効性が低下する傾向となった」。

水陸両用作戦のロジスティクス

では以下で、ロジスティクスがとりわけ大きな役割を果たすとされる水陸両用作戦を考えてみよう。

通常、水陸両用作戦の一般的な分類として以下の五つが挙げられる。すなわち、①強襲、②襲撃、③撤退、④示威、⑤その他の作戦への支援、である。

また、作戦の段階(フェーズ)についても以下の五つから構成される。すなわち、①計画と準備、②戦闘地域への前進、③上陸前の諸作戦、④海岸の確保、⑤確定と活用、である。

その中でも特に水陸両用作戦は、慎重な「計画と準備」があるか否かによって、その結果が大きく左右されることになる。なぜなら、とりわけ多くの軍種や兵科の統合及び調整、時として同盟国との連合が求められるのが水陸両用作戦であるからである。

第二次世界大戦のノルマンディ上陸作戦(一九四四年六月)は、成功例と言えよう。そこでは当初、海上から多国籍の五個師団が上陸し、それに加えて三個空挺師団がこの上陸部隊の両側面及び敵軍背後の重要地点を確保する目的で投入された。

そしてこうした大規模な軍事力を支えるために案出されたのが人工の港湾あるいは埠頭「マルベリー」であり、これを英仏海峡を移動させ、ノルマンディ海岸に設営したのである。

水陸両用作戦におけるロジスティクスの重要性について、その特徴を具体的に挙げておこう。

第一に、水陸両用作戦のロジスティクスは、いわゆる「戦術的積み込み」あるいは「戦闘積み込み」を行う必要がある。理想としては、それぞれの積荷――輸送艦――が自己完結性を備えていた方が良い。そうであれば、それぞれの輸送艦内の軍事力は、「強襲」において自律的に行動できるからである。言い換えれば、仮に敵の攻撃によって輸送艦の一隻が失われたとしても、残りの軍事力で十分に対応可能であり、それが、作戦全般に悪影響を及ぼさないことが重要なのである。

第一次世界大戦のガリポリ上陸作戦では当初、水陸両用作戦部隊は「戦術的積み込み」を行っていなかった。他方、ノルマンディ上陸作戦では、ある程度の「戦術的積み込み」がなされていたことに加えて、前述したようにこの作戦全体を支えるロジスティクスをめぐる課題の多くは、その計画段階において「マルベリー」という方策によって解決を見ることになった。

実は、一九四二年のディエップへの「襲撃」で直接的な上陸によって港湾を確保することがいかに困難であるかが実証されたため、その後のノルマンディ上陸作戦では、移動可能な「マルベリー」が考案されたという。この作戦ではさらに別の方法として、「PLUTO」と呼ばれる海底石油パイプラインも活用された。

一方、太平洋方面での戦いでアメリカは、「海上補給部隊（フリート・トレイン）」と呼ばれる移動式のロジスティクス・システムを構築した。とりわけ一九四四年のマーシャル諸島占領以降、アメリカの大規模な船舶建造計画にも助けられる形で、アメリカ軍の海上でのシステムは、ロジスティクス支援の主要な形態へと発展する。すなわち、油槽船、弾薬運搬船、修理用船舶、タグボート、病院船、補給船などを有する「海上補給部隊」である。

また、近年ではロ－ロ－船などに代表される海上事前集積艦（MPS）もロジスティクス問題を解決するための一つの手段であるが、これはシー・ベイジングといった概念と共に、専門家の注目を集める課題になっている。シー・ベイジングとは狭義の意味においては、遠征型戦争あるいは水陸両用戦争において任務部隊（タスクフォース）が、その作戦地点で陸上基地に依存することなく行動可能にするためのロジスティクス面の枠組みである。

また、水陸両用「撤退」については、とりわけ近年、軍事力のあり方及び機能をめぐる問題と関連して多くの注目を集めているため、その要点を整理しておこう。

兵士や装備品を海上へと撤退あるいは撤収させる能力を有することは、陸上での作戦における敗北を決定的な破滅へと導かないためにも重要である。つまり、兵士や装備品が敵の手に渡ること、あるいはそれらを殲滅や破壊から救い出すために、水陸両用「撤退」は重要な役割を演じるのである。もちろん水陸両用「撤退」には、水陸両用「襲撃」の最終段階での事前に計画されたものもあれば、敵の攻撃の結果として予期しない状況から実施せざるを得ない場合もある。

前述のガリポリ上陸作戦において、北部の拠点であるスーヴラ湾及びANZACコーヴからの撤退作戦では、一人の兵士も同地に取り残されることはなかったという。

直接敵と接している中での撤退、それも常に敵の監視下にあり、敵の火砲の射程圏内にある中で、殆ど犠牲者を出すことなく、また多くの火砲及びその他の装備品を失うことなく、軍事力を撤退し得たことは大きな成果であるものの、もちろんそこには、常にイギリスが完全なシー・コントロール——少なくとも局地的な——を握っていた事実は重要である。

実際、一九四〇年のダンケルクからの撤退は、殆ど準備期間がない中、港湾施設のない中、さらには航空優勢が確保されていない状況下での水陸両用「撤退」の難しさを明確に示している。

他方、日本によるガダルカナル島からの撤退は、一九四三年に三回に分けて駆逐艦を用いて実施されたが、多くの陸海軍将兵の収容に成功した。キスカ島からの撤退も数少ない成功例である。

近年、水陸両用「撤退」は、民間人（非戦闘員）を撤退あるいは撤収させるためにその有用性を実証しており、例えば一九九五年のソマリアでは、国連平和維持軍を含めた多くの人々の救出に成功している。

ロジスティクスの諸相

以上、ロジスティクスの定義と歴史を踏まえながら、その重要性を一言で表現すると、古代から戦争の様相は「戦略」よりも「ロジスティクスの限界」——兵站支援限界——によって規定されていたとなろう。すなわち、ロジスティクスこそ戦争の様相、そして用いられる戦略を規定する大きな、時として最も大きな要因である。ロジスティクスこそ、戦争の勝利と敗北を決定付ける大きな要因なのである。

この解説の冒頭でも紹介したように、「戦争のプロはロジスティクスを語り、戦争の素人は戦略を語る」との金言がある。元来の英語表現を意訳し日本語のこの金言を作ったのは実は筆者であるが、もちろん独創（オリジナル）ではなく、従来からこうした内容は多くの論者によって語られてきた。湾岸戦争や二〇〇三年のイラク戦争の時もそうであったが、テレビなどメディアでは最前線での戦闘の場面ばかりが話題にされ、アメリカから中東地域まで軍隊を進めて兵士に糧食や水を提供し、必要な武器及び弾薬を補給するという単純ではあるものの極めて重要な任務はさほど注目されなかったのが実情であろう。

しかし現実には、ロジスティクスが機能不全に陥れば、いかに世界最強のアメリカ軍と雖も殆ど戦えない。この事実は、ある程度戦争の実相を知っている者であれば自明のことであるが、時として軍隊の内部にあってさえ、ロジスティクス関連の任務はあまり評価されていない。そのため、ロジスティクスの担当者は自分たちがいなければ戦争は遂行できないとの自負を抱いてはいても、多少自虐的になっているところが見受けられる。そうした現場の担当者との会話の中から戦争のプロはロジスティクスを語り、素人は戦略を語るとの表現を考えた次第である。

前述したように、本書『補給戦』でクレフェルトは、「戦略」よりも「ロジスティクス」の方が遥かに重要であると断言する。確かにこれはやや誇張された表現ではあるが、彼がここで主張しようとしていることは、戦争の様相や実際の戦略を最終的に規定しているのは、孫子やクラウゼヴィッツに代表されるような戦略思想というよりも、むしろロジスティクスの限界であるという点であり、疑いなくこれは歴史の真実である。

実際、かつて古代ギリシアの哲学者ソクラテスは「戦いにおける指揮官の能力を示すものとして戦術が占める割合は僅かなものであり、第一にして最も重要な能力は部下の兵士たちに軍装備を揃え、糧食を与え続けられる点にある」(『ソクラテスの思い出』第三巻第一章)と述べたそうである。また、第二次世界大戦を振り返ってウェーヴェルは、戦争とはその全てが行政管理と輸送に懸かっていることが理解できたと述べたが、この事実は今日の戦争にも確実に当てはまる。

確かに「戦略」を立案する作業を、あたかも真っ白なカンヴァスに絵を描くように考えている論者が多数存在する。

ビジネスの世界であれば経営トップが目標を定めて、それに向かってトップダウンで戦略を下位の次元に落としていくとの考え方である。なるほどそれは部外から見て理解し易く、格好の良いものである。しかしながら、戦略家が地図を拡げてどれほど壮大な構想を練ったとしても、それを支える機構——ロジスティクス——がなければ、所詮は白昼夢に過ぎない。つまり、カンヴァスの大きさを規定するのがロジスティクスなのである。

実際に戦いの場所や時期、規模を少なからず規定してきたのはロジスティクスの制約であった。繰り返すが、歴史の教えるところでは、兵士として活動するのに必要な一人一日当たり三〇〇〇キロカロリーの糧食をどれだけ前線に運べるか、その実現可能性が軍隊の行動、そして戦略を規定してきたのである。湾岸戦争やイラク戦争でも、アメリカ軍はいとも簡単に現地まで兵士や物資を送り込んだように見えるが、それが可能であったのは同軍が中東地域へと至る補給の線（ライン）――例えばシーレーン――を確保し、それを防衛し得ていたからである。

それに対してイギリス軍は湾岸戦争で、海岸線周辺からあまり遠くへと進めなかった。イギリス軍が弱体だからであるとする論者もいたが、真実はそうではない。兵士そのものの質はアメリカ軍と比べても遜色ないほど鍛えられていた。ところがロジスティクスが続かないのである。糧食、医薬品、水の補給に制約があったために長い距離を進軍できなかったというのが真実に近い。

ロジスティクスの限界は時代と共に変化する。古戦場の場所を地図上で確認してみると、殆どが河川や運河の近くである事実に直ちに気が付くであろう。大量の兵士や物資を運ぶには昔は河川や運河に頼るしか方法がなかった。河川沿いに補給基地を設けて、そこから行動できる範囲内で戦争を行ったのである。だが実は、戦争の歴史を振り返ると軍隊のロジスティクスはあたかも、略奪（現地調達）――補給倉庫（事前集積）――自ら携行――相互支援（例えば、物品役務相互提供協定（ACSA））のループを繰り返しているかのようである。

ロジスティクスの観点からすれば、近代の戦争を変えた一つの転換点は疑いなく鉄道の登場であった。大量の兵士や物資を絶えることなく内陸部へと運び込める。しかも前線で傷付いた兵士を迅速に後方に送り、治療を受けさせることが可能になった。その後のトラックの登場――自動車化――によっても、やはり戦争の様相は変化した。そして、このような軍事技術の革新は今日でも起きており、戦争の様相を大きく変えつつある。

コンテナの有用性

次に、コンテナの導入が戦争の様相に及ぼした影響について考えてみよう。実は、コンテナ化、さらにはパレット化の結果、必要な物資の迅速かつ大量の輸送が可能になったのである。「軍事ロジスティクスにおける革命」の一つとされる所以である。

アメリカ軍が民間のコンテナを導入し始めたのは、ヴェトナム戦争後半になってからである。この地域に展開された五〇万以上の同国軍兵士の戦闘と生活を支えるためには、どうしても効率的なロジスティクスが必要とされたからである。

その後、アメリカを中心として世界各国の軍隊で補給物資の迅速な配送を可能にするコンテナ――ISOコンテナ――が広く使用され始めたのは一九八〇年代であり、湾岸戦争では広く用いられ、四万ものISOコンテナが使われたという。だが、その半分は内容物がわからず、現地で開梱して確認作業が必要であったが、イラク戦争では、RFIDという電子タグの導入によってこの問題は解決された。

つまり、湾岸戦争の時には前線まで送られてきた軍事コンテナに何が入っているのか、開梱するまで全くわからなかったそうである。水が必要なのに開けてみたら糧食しかなかった、違った種類の弾薬が届いたといった事態が頻繁に生じたらしい。それが約一〇年後のイラク戦争では、コンテナにRFIDが装着された結果、何がどこにあるのかシステム全体で把握できるようになった。必要な量の補給物資を必要な場所に送ることができるようになったのであり、こうした技術を無視して今日の戦争は戦えない。

いわゆる「ジャストインタイム」方式で補給を行うためには、①どこで、誰が、どれほどの補給物資を必要としているか、②補給物資の要求に対して所要の物資を送り出す手配ができているか、③送り出した補給物資の配送状況を正確に掌握する必要がある。そこで登場したのがＲＦＩＤである。繰り返すが、今日のアメリカ軍では、コンテナだけでなくコンテナの中に収納した個別の内容物についてもその所在を把握できる態勢が整っている。つまり、ロジスティクスの「可視化」の実現である。

なお、不定形の補給物資を輸送する時はコンテナではなく、パレットを用いるのが一般的である。すなわち、「箱」ではなく「板」に載せて運ぶのである。

民間への部外委託（アウトソーシング）

イラク戦争では軍事ロジスティクスの部外委託（アウトソーシング）も進んだとされる。その最も大きな理由の一つは、大量の物資を遠く海外へと運ぶノウハウに関して、当時は民間企業の方が優れていたからである。そのため、現在に至るアメリカ軍は民間のノウハウを自らの機能として取り込もうと学んでいる。日本の防衛省・自衛隊も、民間の物流会社との人的交流などを通して、災害派遣などに必要なノウハウの獲得を図っているという。

民間への部外委託の利点としてしばしば費用の節約が挙げられるが、はたしてこれが本当に節約に繋がっているかについては慎重な分析が必要とされる。反対に、部外委託の問題点として、軍の正式な指揮系統から外れた民間企業に依存することの危険性が挙げられる。契約によって業務を委託している民間企業の場合、命令ではなく、契約に則って動くことになるからである。

なお昨今、ＡＩなどを用いた無人化やロボット化は軍事の領域、さらには軍事ロジスティクスの領域にも波及しているが、実は有事あるいは戦時にはこうしたハイテクが使えない環境が数多く想定されるため、一部には従来のローテクのロジスティクスの方策を意図的に残しておくことも重要となろう。

権限の委譲

近年、軍事の領域では、突発的なテロ攻撃などに迅速に対応するために、現場あるいは最前線への権限委譲の必要性が再認識され始めている。

歴史上、最前線への権限委譲に関しては「任務戦術」、ドイツ語で Auftragstaktik と呼ばれる方策が存在する。今日では、英語で directive command、mission command あるいは mission tactics などとも表現されるが、近現代においてその発端は、泥沼の塹壕戦に陥っていた第一次世界大戦末期、ドイツ陸軍が考案したとされるものである。興味深いことに今日これが、それもロジスティクスの領域との関連で改めて注目されているのである。

周知のように、第一次世界大戦末期のドイツ陸軍は、敵の最前線を密かに突破して敵陣の内部深くに侵攻し、小規模な部隊での分散行動によって敵を背後や側面から攻撃して攪乱する「浸透戦術」と呼ばれる方策を用いた。

そして、この「浸透戦術」を可能にするために権限を下位の部隊に委譲したのである。上級指揮官は目標と大まかな方針だけを示すに留め、任務を遂行する具体的方法は最前線の下級指揮官の判断に任せた。実は、当時は敵陣に侵攻した部隊は、技術の未発達などの理由から本隊との連絡が途絶えてしまうため、権限を移譲しなければ行動できなかったのである。

なるほど今日の軍隊は主として情報技術の発展の結果、最前線の状況がリアルタイムに本国の中央で把握できるようになった。それにもかかわらずアメリカ軍は、「任務戦術」の概念を一部に採り入れて最前線への権限委譲を進めているが、その狙いの一つはもちろん前述のテロ対策である。戦闘が始まって、その度に上級司令部に指示を求めていたら、対応が後手に回ってしまうからである。同時に、中央から最前線の状況がリアルタイムに見えるようになった結果、逆に現場の判断を尊重する必要性が改めて認識されたとも言える。

かつてクラウゼヴィッツは『戦争論』の中で、机上の計画と現実の戦いとの違いを「摩擦」という概念を用いて説明した。確かに、気象条件や兵士の疲労度など、事前に予測することのできない要因が戦争の勝敗には大きく影響する。それらを概念化したものが「摩擦」であり、クラウゼヴィッツは「戦争は摩擦に満ちている」と述べたが、この事実は今日でも変わらない。だからこそ、最前線に権限を委譲し、その意向を尊重する必要性が認められたのである。

「ジャストインケース」から「ジャストインタイム」へ

次に、昨今のロジスティクスをめぐる議論の中心とも言える「ジャストインタイム」といった概念について考えてみよう。

いわゆる「トヨタ生産方式」として経済界などで知られる発想は、徹底的な無駄の排除による原価低減を目指すためのものである。興味深いことに、トヨタの創業者は、早くも一九三八年には「ジャストインタイム」との概念を用い、また、かつて注目を集めた「一九四〇年体制」論は、一九三八年に日本で「国家総動員法」が制定され、一応、総力戦体制が確立された事実と大きく関係しており、合理性と効率性を極限にまで追求した「ジャストインタイム」が提唱された時期とほぼ重なる。

この「ジャストインタイム」の核心は、「必要なものを、必要な時に、必要なだけ」であり、この概念は今日の軍事ロジスティクスの領域にも広く導入されている。

江畑謙介の『軍事とロジスティクス』によれば、冷戦から湾岸戦争にかけての時期は「ジャストインケース」といった概念でロジスティクスが実施された結果、その副産物として大量の補給物資を備蓄する「アイアン・マウンテン」が随所で構築された。

実際、湾岸戦争では多国籍軍にせよイラク軍にせよ、基本的には従来のロジスティクス方式――「ジャストインケース」――のままであり、開戦に先立って後方に膨大な補給物資を集積（そのために多国籍軍は約六ヵ月を必要とした）、戦闘部隊の進撃は補給が追い付く距離までが限界で、そこに到達すると戦闘部隊は一旦停止し、前線に近い新たな後方に補給物資の集積場所を移動させ、移動が終わると次の作戦を実施するとの伝統的な方策に従ったのである。

だが戦闘部隊とロジスティクス担当部隊との間が情報ネットワークで結ばれれば、戦闘部隊からの補給要求が瞬時にネットワークでロジスティクス担当部隊に伝えられ、逆にロジスティクス担当部隊は、いつ補給物資が届けられるかという情報提供が可能になる。

そして、一九九〇年代のＩＴ革命は軍事ロジスティクスに大きな変化をもたらし、とりわけＲＦＩＤの導入は、補給物資の流れをリアルタイムで把握する「トータル・アセッツ・ヴィジビリティ」を可能にした。

実際、江畑によればイラク戦争ではそれぞれのコンテナに内容物、発送地、目的地などの情報を発信するＲＦＩＤが付けられ、外部から内容物や目的地を迅速に確認できるようになった。これをもって「軍事ロジスティクスにおける革命」とする論者さえ存在する。

さらに江畑によれば、湾岸戦争でアメリカ軍は六〇日分の物資を備蓄して戦闘を開始した一方、イラク戦争では必要なものを必要な時に届ける「ジャストインタイム」の導入の結果、僅か五～七日分の水、糧食、弾薬を携行するだけで戦闘を開始したという。もちろん、これは情報ネットワークを用いたロジスティクス・システムの導入に加えて、民間企業の調達・発注・発送・輸送方式の採用、さらには、高速かつ車輛を自走で搭載でき、自ら荷下ろしが可能なクレーンを装備した新たな大型輸送艦の実用化、などの要因も重要であった。

また、イラク戦争前のイギリス軍は、いわゆる「緊急作戦要求（ＵＯＲ）」を採用したとされる。これは、「あらゆる予想される非常事態に、あらゆる作戦状況下で対応できるように装備を調達し、維持しておくのは非効率的であり、また現実に不可能である」との理由によるものであるが、その代替策として、緊急事態が生じた場合は必要とされる物資などを民間から緊急に調達するＵＯＲ方式が導入された。そして、このＵＯＲは実戦で一定の成果を上げたと評価されている。

なお、イラク戦争に先立って行われたアフガニスタン戦争（二〇〇一～二〇二一年）では、前方作戦基地に補給する物資のうち七〇～八〇パーセントが燃料及び水であり、その水の七五パーセントがシャワー用であったとされる。これは、アメリカ軍だけに許された特権であろう。

今後の課題

もちろん、今日までのこうした「軍事ロジスティクスにおける革命」も新たな問題を多々生じさせた。例えば、イラク戦争の初期の段階では、地上部隊の進撃速度があまりにも早かったため、必要な物資を必要な時に必要な量だけ補給するという「ジャストインタイム」方式ですら、その欠点を暴露することになった。また、この戦争ではアメリカ軍の犠牲者の三分の二以上がロジスティクス担当部隊から出ている。ロジスティクスが軍隊の「アキレス腱」であるという事実は、技術が大きく発展した今日でも変わらないのである。

さらに冷戦終結以降、今日の戦争は「テロとの戦い」の様相を呈しており、国家間戦争を想定して構築された従来のロジスティクスの方策が通用し難くなってきている。

これは今日、世界各国の軍隊が抱えた大きな問題の一つである。すなわち、従来の正規軍同士の戦争では、敵の位置が比較的特定し易かったため、戦場がどこになるか、そのために補給線（ライン）をどう確保すべきか、などある程度は予測可能であった。ところが、「テロとの戦い」では戦場がどこかは曖昧である。その結果、各国の軍隊は現在、必要な物資をできる限り自ら携行する方策（あるいは相互支援）に移って――回帰して――いるようである。

民間企業も軍隊も「ジャストインタイム」の運用には変わりないものの、仮に違いがあるとすれば、軍隊のロジスティクスには戦時あるいは緊急時の物資の不足など絶対に許されないため、多少の備蓄が必要とされるという点であろう。その顕著な事例が、いわゆる「ローロー船」に代表されるMPSである。

さらに近年、軍事ロジスティクスの一つのあり方として、シー・ベイシングといった発想が注目されている。確認するが、これは同盟国などの領土内の基地に依存することなくアメリカ軍が自由に作戦できる海上基地との考え方であり、二〇〇二年に発表された。確かに、戦闘のためのロジスティクス基地を海上に設けることができれば、陸上に置く場合と違って受け入れ国（ホスト）の承認が不必要な上、安全性も高まるとされる。また、陸上にロジスティクス基地を設ける場合とは異なり、全ての補給物資を陸揚げする必要もない。「フットプリント」が小さくて済むのである。

もちろん、シー・ベイシングは単に海上に基地を構築するだけでなく、所要の装備及び補給物資を、本国や主要基地から前線基地や前方に展開するシー・ベースに運搬、さらには、そこから各種の輸送方法を用いて最前線の艦艇や陸上部隊に届けるという、まさに一体型システムの概念なのである。

日本独自のロジスティクス・システムの構築

伝統的にアメリカの戦い方は、人的犠牲を最小限に留めるために大量の物資を投入して戦争の勝利を追求するとの基本方針で一貫している。事実、アメリカの歴史家ラッセル・ウェイグリーは、彼の古典的な名著『アメリカ流の戦争方法（*The American Way of War*）』で、「アメリカ流の戦争方法」なるものの存在とその伝統を指摘したが、この点については国際政治学者サミュエル・ハンチントンも同様の見解であった。彼は以下のように述べている。

> アメリカの軍事エスタブリッシュメントは、同国の地理、文化、社会、経済、そして歴史の所産であり、それらを反映したものである。……（中略）……アメリカ国民をドイツ人、イスラエル人、さらにはイギリス人のようなやり方で戦争を戦うよう教育できるとのロマンチックな幻想によって足元をすくわれてはならない。そうした幻想は反歴史的であるばかりか、非科学的である。（*American Military Strategy*）

また、ハンチントンによれば、「端的に言ってアメリカの戦略は、政治的にも軍事的にも同国の歴史や組織に比例したものでなければならない。それらは、国家の必要性に応じたものばかりではなく、アメリカという国家の強さや弱さを反映したものである。この両者を認識することから、真の意味での理解が始まるのである」。

例えば、アメリカの空軍力重視志向は、アメリカ国民の科学技術至上主義という文化の反映である。実際、空軍力の運用を中核とするアメリカの国家戦略と軍事戦略は、今日まで一世紀以上にわたって同国が採用し続ける基本方針であり、航空機が数多く戦場に登場し始めた第一次世界大戦以降、同国が関与した戦争や紛争にはいずれも、空軍力の優勢が重視され、かつ、それが実践されてきた事実が顕著にうかがわれる。もちろん、こうした志向には常備軍に対するアメリカ国民の一般的な認識、とりわけ常備陸軍力に対する国民の忌避——今日では考えられないが——が色濃く反映されている。

さらにアメリカは、これを効果的に運用することによって人的被害を極小化できると共に、短期間の戦いの可能性が高まり、敵の政治及び軍事中枢を大規模かつ精確に破壊できると期待しているため、とりわけ空軍力を重視する。こうして、アメリカの文化を基礎とした空軍力を自らの軍事力の中核に据える「アメリカ流の戦争方法」が確立されてきたのである。

もとより、「アメリカ流の戦争方法」とはこうした空軍力重視だけに留まる概念ではない。実際、アメリカの国際政治学者エリオット・コーエンは、「アメリカ流の戦争方法」の際立った特徴として次の八つを挙げている。すなわち、歴史に対する無関心、技術開発の様式と技術志向的な問題解決、忍耐力の欠如、文化的差異に対する無理解、大陸国家的な世界観と海洋国家としての位置付け、戦略に対する無関心、遅れがちではあるが大規模な軍事力の行使、政治の忌避、である。

一方、イギリスの国際政治学者コリン・グレイは、「アメリカ流の戦争方法」には次のような一二個の特徴が認められると指摘する。それらは、非政治的、非戦略的、反歴史的、問題解決型あるいは楽観的、文化的に無知、技術に依存、火力の集中、大規模、極めて通常型、忍耐不足、ロジスティクスの分野では優秀、犠牲者に敏感、である。

こうした議論に共通する点は、アメリカのロジスティクス重視政策であるが、はたしてこれが、そのまま日本に当てはまるであろうか。日本には人命重視の思考や科学技術至上主義との親和性が認められるであろうか。そもそも、「後方」と呼ばれあまり注目されることのないロジスティクスに、どの程度の資源や要員を充てることができるであろうか。

おわりに

一般的にロジスティクスには、準備可能な範囲内で戦闘を行うという「兵站支援限界」で規制する方策と、戦闘に必要なロジスティクスをどうにか準備するという作戦追随型の方策があるとされるが、今日の日本の防衛省・自衛隊は前者である。この解説も、ロジスティクスの限界との観点から考察を進めてきた。

だが今後は、作戦追随型のものも求められるであろう。より具体的には、倉庫に補給物資を保管し必要に応じてそれを最前線の部隊に運ぶ従来の方策から、「策源地」にある民間企業から直接、最前線の部隊に物資を運搬する方策への転換である。また、既にコンビニなどで導入されているPOS(Point of Sales)システムに則った管理により、部隊や兵士個人の糧食や弾薬などの保有量が一定の水準まで低下すると、自動的に最適なロジスティクス拠点に補給の指示が下されるという方策の導入も検討されるべきである。

前述したように、国家の正規軍同士の戦争を前提とした従来のロジスティクスのあり方は、今日、その有用性を徐々に失いつつあるように思われる。併せて、自己完結を旨とする従来のロジスティクスのあり方も、大きな見直しを迫られている。「テロとの戦い」に代表される「新しい戦争」の時代に適した、新たなロジスティクス・システムの構築が求められる。

将来の戦争あるいは紛争は「ジャストインタイム」では対応できない可能性がある。例えば、周囲を敵対勢力——必ずしも軍隊である必要はない——に囲まれた基地及び部隊に対するロジスティクスは、今日の軍隊が追求している高速かつ機動的な戦いでの効率的なあり方とは全く異なる条件下のものとなろう。

敵の組織的な戦闘力の破壊を目的とする従来の国家間の正規戦争——通常戦争——と異なり、ゲリラ攻撃やテロ攻撃——非通常戦争——を受ける状況下での固定的な基地あるいは部隊に対するロジスティクスは、従来のやり方とは大きく異なる、むしろ以前に行われていた「アイアン・マウンテン」を構築する方策へと回帰する可能性すらある。

以上をまとめると、従来、自己完結を旨とした主権国家の軍隊が、今日の国家の枠組みを超えた紛争や活動——例えば非通常戦争（非対称戦争）や国連平和維持活動（ＰＫＯ）——にどう対応できるか、また、ロジスティクスの多くの部分を民間企業に依存せざるを得ない今日の状況に軍隊がどう対応できるかなどが問われている。さらには、事態対応型から事前対応型のロジスティクスのあり方への移行も求められるであろう。非通常戦争が多発する今日では、前線と後方の区別は益々曖昧になっており、時としてこうした区分は無意味ですらある。

あるアメリカ軍人の言葉を借りれば、ロジスティクスは決して「魅惑的（グラマラス）」な領域ではない。だが、戦争の勝利のためには必要不可欠な領域である。なぜなら、「戦いに勝つための術（アート）である戦術とは、実際のところ、兵站上可能なことを成す術（アート）なのである」（『戦いの世界史』二八七頁）からである。

主要参考文献

・江畑謙介著『軍事とロジスティクス』日経BP社、二〇〇八年。
・野口悠紀雄著『1940年体制――さらば戦時経済（増補版）』東洋経済新報社、二〇一〇年。
・マルク・レビンソン著、村井章子訳『コンテナ物語――世界を変えたのは「箱」の発明だった』日経BP社、二〇〇七年。
・井上孝司著『現代ミリタリー・ロジスティクス入門――軍事作戦を支える人・モノ・仕事』潮書房光人社、二〇一二年。
・矢澤元著『『備えよ!!』ロジスティクス・サポートとは何か！』カンプグルッペ・ゲンブン、二〇一一年。
・谷光太郎著、野中郁次郎解説『ロジスティクス――戦史に学ぶ物流戦略』同文書院インターナショナル、一九九三年。
・ジョン・キーガン、リチャード・ホームズ、ジョン・ガウ共著、大木毅監訳『戦いの世界史――一万年の軍人たち』原書房、二〇一四年。
・マイケル・ハワード著、奥村房夫、奥村大作共訳『ヨーロッパ史における戦争』中公文庫、二〇一〇年。
・W・G・パゴニス著、佐々淳行監修『山・動く――湾岸戦争に学ぶ経営戦略』同文書院インターナショナル、一九九二年。
・ウィリアムソン・マーレー（永末聡訳）「21世紀のシー・ベイシング」立川京一、石津朋之、道下徳成、塚本勝也共編著『シー・パワー――その理論と実践』芙蓉書房出版、二〇〇八年。

・仲川剛「陸上自衛隊の兵站戦略——多様な任務に対応し得る兵站の在り方」『陸戦研究』（平成二三年一一月号）。
・ラッセル・F・ワイグリー（戸部良一訳）「アメリカの戦略——その発端から第一次世界大戦まで」ピーター・パレット編、防衛大学校「戦争・戦略の変遷」研究会訳『現代戦略思想の系譜——マキャヴェリから核時代まで』ダイヤモンド社、一九八九年。
・John A. Lynn, ed., *Feeding Mars: Logistics in Western Warfare from the Middle Ages to the Present*（Colorado: Westview Press, 1993）.
・Jonathan Roth, *The Logistics of the Roman Army at War*（Leiden: Brill, 2012）.
・Donald W. Engels, *Alexander the Great and the Logistics of the Macedonian Army*（Berkeley: University of California Press, 1980）.
・Thomas. M. Kane, *Military Logistics and Strategic Performance*（London: Routledge, 2001）.
・James H. Henderson, *Military Logistics Made Easy: Concept, Theory, and Execution*（Bloomington: Authorhouse, 2008）.
・Ian Speller, Christopher Tuck, *Amphibious Warfare: Strategy & Tactics from Gallipoli to Iraq*（London: Amber, 2014）.
・United States Department of Defense ed., *Conduct of the Persian Gulf War : Final Report to Congress*（Washington, D.C.: U.S. Government Printing Office, 1992）.
・Russell F. Weigley, *The American Way of War: A History of United States Military Strategy and Policy*（New York: Macmillan, 1973）.
・Samuel P. Huntington, *American Military Strategy*, Policy Papers 28（Berkeley: Institute of International Studies, University of California, Berkeley, 1986）.

Armor, 112, 5, September-October 2003, pp. 11-12.

*37　この問題に関する論争の幾つかは、www.tank-net.orgで知ることができる。併せて、A. Cordesman, 'The Instant Lessons of the Iraq War' , 28 March 2003, p. 130, 以下の www.csis.org から参照。いつもながら、こうした参考文献については、ジーヴ・エルロン（Zeev Elron）に感謝したい。

*38　ハストンの *The Sinews of War*, p. 398による。

*39　多様な世代の簡潔な要約は、W. S. Lind, 'The Four Generations of modern War' , *Counterpunch*, 23 April 2003, 以下の http://www.counterpunch.org/lind04232003.html から参照。

*40　C. von Clausewitz, *On War*, M. Howard and P. Paret, eds., Princeton, N.J., 1976, pp. 119-22.

and Supplying War', in Lynn, ed., *Feeding Mars*, 特に p. 22 と table 2.1 を参照。ここで筆者は、リンの批判を詳細には取り上げない。しかし、7.17, 3.64, 11.40, 0.43 と 7.28（これら全て一人一日当たりの補給ポンド）を足して、正しい答えである29.92 ではなく、66.8 ポンドであったとしても、その著者に何か問題があるであろうか。

*11　J. A. Huston, *The Sinews of War: Army Logistics 1775-1953*, Washington, D.C., 1966, p. 398.

*12　これについては最新の、L. Sukstorf, *Die Problematik der Logistik im duetshcen Heer während des deutsch-französischen Krieges* 1870/71, Frankfurt/Main, 1994, pp. 143-45を参照。

*13　これについては、W. H. Pagonis, *Moving Mountains: Lessons in Leadership and Logistics from the Gulf War*, Cambridge, Mass., 1991, p. 106 を参照。邦訳は、ウィリアム・パゴニス著、佐々淳行監修『山・動く――湾岸戦争に学ぶ経営戦略』同文書院インターナショナル、一九九二年。

*14　J. Shy, 'Logistical Crisis and the American Revolution: A Hypothesis', in Lynn, ed., *Feeding Mars*, pp. 171, 173.

*15　Livy, *Roman History*, London, Loeb Classical Library, 1938, 22.11.5.

*16　F. E. Adcock, *The Greek and Macedonian Art of War*, Berkeley, Calif., 1957, p. 65.

*17　D. W. Engels, *Alexander the Great and the Logistics of the Macedonian Army*, Berkeley, Calif., 1978, 特に pp. 121-2.

*18　例えば、Herodian, *London*, Loeb Classical Library, 1969, 8.2.6-5.6; Polybios, *The Histories*, London, Loeb Classical Library, 1922, 1.18.10; Livy, *Roman History*, 34.34.2-6 (Titus Quinctius Flamininus を引用).

*19　M. van Creveld, *Command in War*, Cambridge, Mass., 1985, pp. 58-102.

*20　Huston, *The Sinews of War*, p. 222.

*21　E. Hagerman, *The American Civil War and the Origins of Modern Warfare*, Bloomington, Ind., Indiana University Press, 1988, p. xv による。

*22　Macksey, *For Want of a Nail*, p. 21 に引用。

*23　*Command in War*, pp. 158-60.

*24　例えば、P. M. S. Blackett, *Military and Political Consequences of Atomic Energy*, London, 1948, 第 10章 や J. F. C. Fuller, *The Conduct of War, 1789-1961*, London, 1961, pp. 321 ff を参照。

*25　筆者が考える通常戦争の衰退に関する簡潔な説明として、M. van Creveld, *The Rise and Decline of the State*, London, 1999, pp. 337-54 を参照。

*26　この全ての題材については、Th. Kane, *Military Logistics and Strategic Performance*, London, 2001 を参照。併せて、N. Brown, *Strategic Mobility*, London, 1963 を参照。後者は時代の経過にもかかわらず、この主題に関する最良の書である。

*27　Pagonis, *Moving Mountains*, p. 7.

*28　Pagonis, *Moving Mountains*, p. 146.

*29　D. M. Moore, J. P. Bradford and P. D. Antill, 'Learning from Past Experience: Is What Is Past a Prologue?' *Whitehall Paper*, London, 2000, pp. 51-2.

*30　これについては、Pagonis, *Moving Mountains*, pp. 151-58 を参照。

*31　Moore, Bradford and Antill, 'Learning from Past Experience', p. 59.

*32　Pagonis, *Moving Mountains*, p. 204.

*33　これについては全般的に、C. S. Gray, *Strategy for Chaos: Revolutions in Military Affairs and the Evidence of History*, London, 2002 を参照。

*34　これについては、Larry Haukens, 'Agile Logistics'（2001）, 以下の http://log.dau.mil/papers/research/apwc%20200/larry%20haukens/doc から参照。

*35　*Supplying War*, p. 167 を参照。本書『補給戦』225頁

*36　J. S. Miseli, 'The View from My Windshield: Just-in-Time Logistics Just Isn' t Working',

＊63　当時、モントゴメリーはホッジスが十分な補給を受けていないと不満をこぼしていた。Bradley to Eisenhower, 12 September 1944, PRO/WO/219/260. アメリカ側に公正を期して言えば、モントゴメリーはアメリカ軍を手助けすることを拒んでいたということを付言しておかねばならない。12. AG report, 4 September 1944, *ibid*, WO/219/2976.
＊64　イギリス軍が使用していた港湾リストについては、'Musketeer', "The Campaign in N.W. Europe, June 1944-February 1945", *Journal of the Royal United Services Institute*, 1958, p. 74を参照。
＊65　Montgomery, *op. cit.*, p. 272.
＊66　'Supply Problems 21. AG, Sept. 1944', signed by Col. O. Poole, Liddell Hart Papers, file 15/15/48. 別の計画によれば、3個空挺師団が利用可能であった。'Allied Strategy after Fall of Paris' (interview by Chester Wilmot of General Graham, formerly MGA 21. AG, London, 19 January 1949), *ibid.*

第八章

＊1　A. C. P. Wavell, *Speaking Generally* (London, 1946) pp. 78-9.
＊2　*Encyclopaedia Britannica*, 14th ed., 1973, 'Logistics', by R. M. Leighton.
＊3　Behr, *op. cit.*, pp. 18-23.
＊4　Huston, *op. cit.*, p. 673は戦略機動の速度は劇的に向上しなかったと結論づけている。E. Muraise, *Introduction à l'Histoire militaire* (Paris, 1964) p. 210も同様である。他方、バージル・リデルハートは「第二次世界大戦における機械化部隊の前進が」それ以前の前進と「意外にも同様であったというのはまったく誤っている」と考えていた。Liddell Hart to H. Pyman, 28 November 1960, Liddell Hart Papers, file 11/1960/7.
＊5　J. Wheldon, *Machine Age Armies* (London, 1968) pp. 172-3, 179の興味深い記述を参照。

第二版補遺

＊1　特に、B. von Baumann, *Studien ueber die Verpflegung der Kriesheere in Felde*, 3 vols., Leipzig, 1866-80 を参照。
＊2　Field Marshal B. M. Montgomery of Alamein, *From Normandy to the Baltic*, Boston, Mass., 1948, p. 145.
＊3　この主題に関する優れた参考文献は、J. A. Lynn, ed., *Feeding Mars: Logistics in Western Warfare from the Middle Ages to the Present*, Boulder, Colo., 1993, pp. 289-308 と H. Roos, ed., *Van marketenster tot logistiek netwerk; de militaire logistiek door de eeuwen heen*, Amsterdam, 2002, pp. 391-404 から見つかるであろう。
＊4　この用語が拡大した経緯については、K. Macksey, *For Want of a Nail; The Impact on War of Logistics and Communications*, London, Brassey' s, 1989, p. 5 を参照。
＊5　B. S. Bachrach, 'Logistics in Pre-Crusade Europe' , in Lynn, ed., *Feeding Mars*, pp. 60-8.
＊6　ホプキンスの 'The Transport of Staples in the Roman Empire' , in P. Garnsey and C. R. Whittaker, *Trade and Staples in Antiquity (Greece and Rome)*, Budapest, Akademiai Kiado, 1987, p. 86 table 2 による。
＊7　J. Roth, *The Logistics of the Roman Army at War*, Leiden, 1999, pp. 163, 174, 319.
＊8　Ibid, p. 174.
＊9　C. von der Goltz, *The Nation in Arms*, London, 1913, p. 457.
＊10　この観点からの筆者の計算に対する批判については、J. A. Lynn, 'The History of Logistics

memorandum (probably Bedell Smith, 1 September 1944), SHAEF/17100/18/ps (A), 'Advance to the Siegfried Line', PRO/WO/219/260.

＊41 See Ellis, *op. cit.*, i, 82.

＊42 私が発見したモントゴメリーの提案を記録している印刷されていない資料は 21. A.G./20748/G (Plans), 'Grouping of the Allied Forces for the advance into Germany', 11 August 1944, PRO/WO/205/247; 最初の印刷された資料は H. C. Butcher, *Three Years with Eisenhower* (London, 1946) p. 550, entry for 14 August 1944.

＊43 Montgomery, *op. cit.*, p. 266.

＊44 *Ibid*, 268-9.

＊45 これはモントゴメリーにとって大きな勝利だった。というのも当初、アメリカ側は彼に1個軍団しか与えようとしなかったからだ。Bedell Smith memorandum, 22 August 1944, PRO/WO/219/259.

＊46 Eisenhower to Montgomery, 24 August 1944, in Chandler, *op. cit.*, iv, 2090.

＊47 Montgomery, *op. cit.*, pp. 271-2.

＊48 21. AG to SHAEF/G-4, No. D/109/15, undated (9 September 1944?), PRO/WO/205/247. モントゴメリーは後になってこのフレーズを使わなかったと否定しているが (*op. cit.*, pp.294-5)、それは誤りである。

＊49 Eisenhower to Montgomery, 22 September 1944, in Chandler, *op. cit.*, iv, 2175.

＊50 Montgomery, *op. cit.*, pp. 282-90; Eisenhower, *op. cit.*, pp. 344-5.

＊51 Cf. J. Ehrman, *Grand Strategy* (London, 1956) v, 379-80.

＊52 Eisenhower, *op. cit.*, p. 306; O. N. Bradley, *A Soldier's Story* (London, 1951) p. 400.

＊53 Eisenhower to Montgomery, 13 September 1944, PRO/WO/19/260; SHAEF/G-4, 'Summary of British Rail Position as on 24.9.1944', *ibid*, WO/219/3233; 'British Supplies North of the Seine', Liddell Hart Papers, file 15/15/48.

＊54 1日130マイル(約220キロメートル)という数字は、ベルリンへの進軍を検討した連合国軍計画立案者によって使われた。; SHAEF/G-3, 'Logistical Analysis of Advance into Germany', 6 September 1944, PRO/WO/219/2521.

＊55 'Supply Problems 21. AG Sept. 1944', signed by Col. O. Poole, 14 September 1944, Liddell Hart Papers, file 15/15/48.

＊56 360マイル(約600キロメートル)の所要時間を3日間とした場合。

＊57 G. S. Patton, *War as I Knew It* (London, n.d.) p. 128 を参照。

＊58 アルムヘルム作戦の間、アイゼンハワーはアメリカの3個師団の前進を止めて、モントゴメリーに1日500トンを補給した。

＊59 詳細な情報がないため、軍の補給を構成する積荷の種類、道路状態、交通統制、車両損耗率などさまざまな要因を考慮できない。しかし我々の試算は、連合国遠征軍最高司令部(SHAEF)の計画立案者が立案の基礎としたもの(例えば注54)と同じくらい詳細なものであり、この問題に関して筆者が目にした印刷媒体の資料と比べてもはるかに詳しい内容となっている。

＊60 Ruppenthal, *op. cit.*, i, 552, ii, 14. SHAEF/G-4 No. 1062/7/GDP, 'Post "Neptune" Operations - Administrative Appreciation', 17 June 1944, (前略) PRO/WO/171/146に記載されているように、当初の遅れにもかかわらず、9月の鉄道輸送量は計画立案者の期待通りの所要(1日に当たり200万トン×マイル)を満たすことができた。

＊61 一度目は7月末にブルターニュ港の占領が延期されたとき、二度目は8月中旬にセーヌ川渡河が決断されたときであった。Greenfeld, *op. cit.*, pp. 322-3を参照。

＊62 それはアルムヘルム作戦支援にすでに配属されていたアメリカ軍のトラックと航空機は除外している。

＊17　E. Busch, 'Quartermaster Supply of Third Army', *The Quartermaster Review*, November-December 1946, pp. 8-9.

＊18　北西フランスの戦いにおける連合国軍の勢力組成は左翼をモントゴメリーの第21軍集団、右翼をブラッドレーの第12軍集団から編成されていた。モントゴメリーの第21軍集団は左翼がクレラーのカナダ第２軍、右翼がデンプシーのイギリス第１軍であり、ブラッドレーの第12軍集団は左翼がホッジスの第１軍、右翼がパットンの第３軍であった。

＊19　J. Bykofsky & H. Larson, *The Transportation Corps*（Washington D.C., 1957）iii, p. 239.

＊20　ある記述によると、誤差は50パーセントに及んだ。SHAEF/G-4, report of 10 September 1944, *ibid*, WO/219/3233.

＊21　Annex to SHAEF/G-4/106217/GDP, 'Topography and Communications [in France]', 17 June 1944, PRO/WO/171/146, appendix 1.

＊22　これらの数字は J. A. Huston, *The Sinews of War*（Washington, D.C., 1966）p. 530による。その他の文献では異なる見積り、例えば Ross & Romanus, *op. cit.*, p. 401.には560トンという「連合国遠征軍最高司令部（SHAEF）の数字」として取り上げられ、1日当たり800トンという数字がオーバーロード作戦計画の立案の基礎とされていた。むろん、そうした数字はすべて役に立たなかった。

＊23　Ruppenthal, *op. cit.*, i, 482, footnote 4からの数字。補給部隊付きトラック中隊は総量200トンの貨物を積載できるトラック40台をもち、通信地区で活動する補給担当将校の指揮下に置かれていた。

＊24　Ross & Romanus, *op. cit.*, p. 475.

＊25　8月の1カ月間で、第3軍は航空攻撃により、わずか数千ガロンの燃料しか失わなかった。Busch, *loc. cit.*, p. 10.

＊26　C. Wilmot, *The Struggle for Europe*（London, 1952）chs. 14 and 27; B. L. Montgomery, *Memoirs*（London, 1958）p. 280ff.

＊27　Eisenhower, *op. cit.*, pp. 344-5.

＊28　兵站をめぐる議論は R. G. Ruppenthal in K. R. Greenfeld ed., *Command Decisions*（London, 1960）ch. 15の中で提示されている。兵站問題を取り上げた著作は膨大にあり、ここでは列挙しない。

＊29　B. H. Liddell Hart, *History of the Second World War*, p. 584ff.

＊30　第3軍は受領物資の記録を残していなかったため、正確な数字はわからない。

＊31　とはいえ、8月23日から9月16日の間、ホッジスは燃料所要量の88パーセントを受け取った。'First [US] Army History', Liddell Hart Papers, file 15/15/47.

＊32　Busch, *loc. cit.*, p. 76.

＊33　H. Essame, *Patton the Commander*（London, 1974）p. 192.

＊34　2. [British] Army to SHAEF/G-4, No. 215/30, 30 August 1944, PRO/WO/219/259.

＊35　*Administrative History 21. Army Group*（London, n.d.）p. 47; also Ellis, *op. cit.*, i, 473.

＊36　Q.M. Rear H.Q. 21. Army Group telegrams Nos. 18483 and 18489, 1, 16 September 1944, PRO/WO/171/148, appendices 3, 9.

＊37　これは連合国遠征軍最高司令部の見積りである。Eisenhower, *op. cit.*, p. 312.

＊38　'State of [German] divisions on Crossing the Seine', Liddell Hart Papers, file 15/15/30.

＊39　Model to Rundstedt, 27 September 1944, War Office ed., 'German Army Documents Dealing with the War on the Western Front from June to October 1944'（n.p., 1946）に所収。もっと不利な数字が他の文献にもある。例えば Westphal, *Erinnerungen*, p. 277, or Liddell Hart, *History of the Second World War*, p. 585.

＊40　Eisenhower to Army Group Commanders, 4 September 1944, in A. D. Chandler ed., *The Papers of Dwight David Eisenhower*（Baltimore, Md., 1970）iv, 2115; unsigned, undated

＊112　船腹量は5月に393,539トンであったのに対し、6月が135,847トン、7月が 274,337トン、8月が253,005トン、9月が205,559トン、10月が197,201トンであった。*Ibid.*

＊113　Bragadin, *op. cit.,* pp. 364-7と照合した数字。

＊114　Cavallero, *op. cit.,* p. 308, entry for 12 October 1942.

＊115　例えば Pz.AOK Afrika to OKH/Genst.d.H/Op.Abt, No. 1794/42 g.Kdos, 29 August 1942, GMR/T-78/325/6280370-72.

＊116　Same to Same, No. 8501, *ibid*, 6280530-31.

＊117　利用できる最良の情報によると、海上で失った損害は補給物資の15パーセント、兵力の8.5パーセント、1940年から1943年にかけてイタリアからリビアに輸送した船腹量の8.4パーセントでしかなかった。Bernotti, *op. cit.,* p. 272, and Gabriele, *loc. cit.,* p. 300.

＊118　Stata Maggiore Esercito/Ufficio Storico ed., *Terza Offensiva Britannica in Africa Settentrionale*（Rome, 1961）p. 300.

＊119　燃料の月平均受領量は２月から６月が月平均22,264トン、７月から10月が月平均22,442トンであった。Bragadin, *op. cit.,* pp. 154, 287による。

＊120　＊116を参照。

＊121　Pz.AOK/Ia, 86/42 g.Kdos, 'Auszug aus Beurteilung der Lage und des Zustandes der Panzerarmee Afrika am 15.8.1942', GMR/T-78/45/6427948-50.

＊122　*The Rommel Papers,* p. 328.

第七章

＊１　これには全列車の速度倍増も含まれていた。Gröner, *Lebenserinnerungen,* p. 132.

＊２　C. Barnett, *The Desert Generals*（London, 1961）p. 104ff.

＊３　*Encyclopaedia Britannica,* 'Logistics', by R. M. Leighton.

＊４　ナポレオンは数カ月先、時には数年先を見据えて作戦計画を練っていたと語っていた。しかし、ロシアとの破局的な戦争の場合を除いて、これは本当ではなかった。モルトケは、作戦計画では敵と遭遇した後のことまで扱うべきではないと公言していた。シュリーフェンはこの賢明な格言を無視し、自ら犠牲を払った。ヒトラーは「夢遊病者のような確信を抱いて」振る舞ったと語っていた。

＊５　実行に移された一つの計画ごとに、20の計画が破棄された。F. Morgan, *Overture to Overlord*（London, 1950）p. 282.

＊６　W. F. Ross and C. F. Romanus, *The Quartermaster Corps; Operations in the War against Germany*（Washington, D.C., 1965）p. 256.

＊７　D. D. Eisenhower, *Crusade in Europe*（London, 1948）p. 185.

＊８　B. H. Liddell Hart, 'Was Normandy a Certainty?', *Defense of the West*（London, 1950）pp. 37-44.

＊９　G. A. Harrison, *Cross Channel Attack*（Washington, D.C., 1951）p. 54以下を参照。

＊10　こうした要因に関する有意義な議論については Brown, *op. cit.,* pp. 121-26を参照。

＊11　K. G. Ruppenthal, *Logistical Support of the Armies*（Washington, D.C., 1953）i, 288.

＊12　H. Ellis, *Victory in the West*（London, 1953）i, 479-80を参照。

＊13　Ruppenthal, *op. cit.,* i, 467以下を参照。

＊14　SHAEF/G-4, 'Weekly Logistical Summary, D-D + 11', 24 June 1944, Public Record Office（PRO）/WO/171/146, appendix 3.

＊15　Ruppenthal, *op. cit.,* i, 469.

＊16　アメリカ軍については *ibid,* 447; イギリス軍については 'Second Army Ammunition Holdings, D + 6-D + 45', the Liddell Hart Papers（States House, Medmenham, Bucks）file 15/15/30を参照。

*86　Marine Verbindungsoffizier zum OKH/Genst.d.H, No. 31/42 g.Kdos, 10 April 1942, GMR/T-78/646/000985-90; OKH/Genst.d.H/Op.Abt, No. 420169/41 g.Kdos, 9 April 1942, *ibid*, 000964-65.

*87　Der dtsch. Gen. b. H.Q. d. Ital. Wehrmacht to OKH/Genst.d.H/Op.Abt, No. 23/42 g.Kdos, 11 June 1942, GMR/T-78/324/627085.

*88　これはロンメル自身の見積りだった。*The Rommel Papers*, p. 191. たとえそうであったとしても戦略的勝利は望むべくもなく、せいぜい「しばらくの間、南からの脅威を取り除くことができた」にすぎなかったであろう。

*89　*KTB*/Halder, ii, 150, entry for 25 October 1940.

*90　*KTB*/OKW, ii, 1, pp. 443-4, ed.'s note (Warlimont).

*91　Pz. AOK Afrika to OKH/Genst.d.H/Op.Abt, 22 June 1942, GMR/T-78/324/6279032.

*92　Gabriele, *loc. cit.*, p. 287; Playfair, *op. cit.*, iii, 327; Cavallero, *op. cit.*, p. 283, entry for 29 June 1942; der dtsch. Gen. b. H.Q. d. Ital. Wehrmacht to Pz.AOK Afrika, No. 24/42 g.Kdos, 19 June 1942, GMR/T-78/324/6279068.

*93　W. Warlimont, 'The Decision in the Mediterranean 1942', in H. A. Jacobsen & J. Rohwehr, *Decisive Battles of World War II* (London, 1965) pp. 192-3. Also Mueller-Hillebrand, *Das Heer*, ii, 86.

*94　Cavallero, *op. cit.*, p. 279, entry for 25 June 1942; Kesselring, *op. cit.*, p. 124.

*95　Hitler to Mussolini, 21 June 1942, *Les Lettres secrètes...* pp. 121-3.

*96　D. Macintyre, *The Battle for the Mediterranean* (London, 1964) p. 146からの数字。

*97　Pz.AOK Afrika to OKH/Genst.d.H/Op.Abt, No. 3914, 4 July 1942, GMR/T-78/325/6280549.

*98　Westphal, *op. cit.*, p. 167.

*99　Warlimont, *loc. cit.*, p. 192.

*100　Cavallero, *op. cit.*, p. 296, entry for 26 July 1942. Of this amount, 30,000 tons were fuel and 30,000 were meant for DAK; see E. Faldella, *L'Italia e la seconda guerra mondiale* (Bologna, 1959) p. 286, and F. Baylerlein, 'El Alamein', in S. Westphal ed., *The Fatal Decisions* (London, 1956) p. 87.

*101　R. Maravigna, *Come abbiamo perduto la guerra in Africa* (Rome, 1949) pp. 354-6.

*102　Gabriele, *loc. cit.*, p. 287; Playfair, *op. cit.*, iii, 327; Pz.AOK Afrika to OKH/Genst.d.H/Op.Abt, Nos. 3982, 4103, 4354, 7, 10, 19 July 1942, GMR/T-78/325/6280453, 6280449, 6280434-35.

*103　*The Rommel Papers*, p. 234; 'Beurteilung der Lage und des Zustandes der Panzerarmee Afrika am 21.7.1942', in *KTB*/OKW, ii, 1, pp. 515-16.

*104　Playfair, *op. cit.*, iii, 327.

*105　C. Favagrossa, *Perchè perderemo la guerra* (Milan, 1947) p. 179.

*106　Pz. AOK Afrika to OKH/Genst.d.H/Op.Abt, unnumbered, 21 August 1941, GMR/T-78/325/6280384-86.

*107　Cavallero, *op. cit.*, 314, 326, entries for 20 August, 7 September 1942; Kesselring, *op. cit.*, pp. 130-1.

*108　*The Rommel Papers*, p. 230.

*109　Pz.AOK Afrika to OKH/Genst.d.H/Op.Abt, No. 2100 g.Kdos, 21 September 1942, GMR/T-78/325/6280261.

*110　これは明らかに、イタリア軍はトブルク港を閉鎖するという「愚かな」措置を中止すべきだとするロンメルの要求が功を奏したからであった。Pz.AOK Afrika to OKH/Genst.d.H/Op.Abt, Nos 7081, 9138, 6, 16 October 1942, *ibid*, 6280504, 6280519.

*111　損失量は6月に13,581トン、7月に11,611トン、8月に45,668トン、9月に15,127トン、10月に32,572トンであった。Gabriele, *loc. cit.*, p. 287.

T-78/307/6258390.

*60 OKW/WFSt/Abt.L to OKH/Genst.d.H/Op.Abt, No. 442070/41 g.Kdos, 5 December 1941, GMR/T-78/324/6279054-55.

*61 Funkzentrale Rom to Pz.AOK Afrika/O.Qu, No. 356/41 g.Kdos, 4 December 1941, *ibid*, 6279730.

*62 OKH/Genst.d.H/Op.Abt.（IIb）No. 36899/41 g.Kdos, 'Zwischenmeldung von 18 December 1941', GMR/T-78/307/6258539.

*63 Der dtsch. Gen. b. H.Q. d. Ital. Wehrmacht to OKH/Genst.d.H/Op. Abt, Nos. 150113/41 and 150115/41 g.Kdos, 2, 3 December 1941, GMR/T-78/324/6279043-47.

*64 Chef OKW/WFSt/Abt. L to dtsch. Gen. b. H.Q. d. Ital. Wehrmacht, No. 442501/41 g.Kdos, 4 December 1941, *ibid*, 6279048-49.

*65 U. Cavallero, *Commando Supremo*（Bologna, 1948）p. 160, entry for 8 December 1941.

*66 Der dtsch. Gen. b. H.Q. d. Ital. Wehrmacht to OKH/Genst.d.H/Op.Abt, Nos. 150145/41 and 150147/41 g.Kdos, 28, 29 December 1941, GMR/ T-78/324/6279056-62; also Mussolini to Hitler, 28 December 1941, in *Les Lettres secrètes échangées par Hitler et Mussolini*（Paris, 1946）pp. 134-6.

*67 Jäckel, *op, cit.*, pp. 207-16.

*68 KTB/DAK/Abt.Qu, 30 December 1941, 3 January 1942, GMR/T-314/000035-37.

*69 ドイツ・アフリカ軍団（DAK）の数字は2万5,000トンだった。Baum-Weichold, *op. cit.*, p. 212. イタリア軍が受領した量は船舶トン数で計算するしかない。

*70 KTB/DAK/Abt.Qu, 14,20,24 January, 1942, GMR/T-314/16/000042.

*71 Der dtsch. Gen. b. H.Q. d. Ital. Wehrmacht to OKH/Genst.d.H/Op.Abt, No. 5001/41 g.Kdos, 7 December 1941, GMR/T-78/324/6279063-6.

*72 OKH/Genst.d.H/Gen.Qu.l/I to Op.Abt, 'Ferngespräch Qu. Rom...von 18.1.1941', *ibid*, 6279240-41.

*73 OKH/Genst.d.H/Gen.Qu. 1 to Qu. Rom, No. 1/591/42 g.Kdos, 29 January 1942, *ibid*, 6279242.

*74 KTB/DAK/Abt.Qu, 9, 10, 11, 12, 13 February 1942, GMR/T-314/16/000055-57.

*75 ところがロンメルは夫人に宛てた手紙の中で、十分なトラックがないと不平をこぼしていた。*The Rommel Papers*, p. 186.

*76 Der Dtsch. Gen. b. H.Q. d. Ita. Wehrmacht to OKH/Genst.d.H/Op. Abt, No. 150115/41 g.Kdos, 3 December 1941, GMR/T-78/324/6279045-47.

*77 詳細な数字については、R. Bernotti, *Storia della guerra nel Mediterraneo*（Rome, 1960）p. 225を参照。

*78 ロンメルはのちに、6万トンあれば実際には彼の要求を満たせていたと認めている。*The Rommel Papers*, p. 192. しかし、この数字はドイツ空軍による補給量を含んでいなかったことは明らかだ。

*79 Cavallero, *op. cit.*, pp. 253, 256, entries for 5, 15 May 1942.

*80 *Ibid.*, pp. 243-5, entry for 9 April 1942. ロンメルは回想録の中で、補給問題は「もし兵站問題を処理できる十分な権限と指導力をもつ人物がローマの責任ある地位に就けば、補給問題は解決されていただろう」と書いている。*The Rommel Papers*, pp. 191-2.

*81 *KTB*/OKW, ii, 1, 324, entry for 18 April 1941.

*82 Cavallero, *op. cit.*, pp. 233-4, entry for 17 March 1942.

*83 *Ibid*, 234-6, entries for 21, 23 March 1942.

*84 *Ibid*, 250-1, entries for 30 April, 9 May 1942; *KTB*/OKW, ii, 1, 331, entries for 1, 7.5.1942.

*85 S. W. Rosskill, *The War at Sea 1939-1945*（London, 1956）ii, 45-6; and A. Kesselring, Memoirs（London, 1953）p. 124を参照。

6278960.

＊37 OKH/Genst.d.H/Op.Abt to DAK, No. 1299/41 g.Kdos, 28 June 1941, *ibid*, 6279170-72; and OKH/Genst.d.H/Op.Abt No. 1292/41 g.Kdos, 3 July 1941, *ibid*, 6279145.

＊38 SKL/Op.Abt to OKH/Genst.d.H/Op.Abt, No. 1509/41 g.Kdos, 12 September 1941, GMR/T-78/324/6278993. それゆえ、この件をロンメルに通報することをためらう者はいなかったとするウェストファール将軍の主張（*Erinnerungen*, Mainz, 1975, p. 127）は誤りである。

＊39 DAK/Gen.Qu 1 to OKH/Genst.d.H/Gen.Qu, No. 41/41 g.Kdos, 13 July 1941, GMR/T-78/324/6279249-51.

＊40 Gabriele, *loc. cit.*, p. 292.

＊41 DAK/Ia to OKH/Genst.d.H/Op.Abt, No. 48/41 g.Kdos, 25 July 1941, GMR/7-78/324/6279246-47.

＊42 SKL/Ia to ObdH/Genst.d.H/Op.Abt, No. 1321/41 g.Kdos, 19 August 1941, GMR/T-314/15/6298989-90.

＊43 OKH/Genst.d.H/Op.Abt, No. 1496/41 g.Kdos, 12 September 1941, 'Notiz zu Der dtsch. Gen. b. H.Q. d. Ital. Wehrmacht', No. 2448/41 g.Kdos, 6 September 1941, *ibid*, T-78/324/6279017-20. 9月20日、ギリシャのドイツ空軍（Luftwaffe）はアフリカへの「最も重要な」護送船団を掩護するため部隊を派遣するよう命じられた。しかし、「最も重要な」が何を意味するかの判断は現地指揮官に委ねられていた。

＊44 The Morgenmeldungen of OKH/Genst.d.H/Op.Abt for 15, 22 October, 5 November 1941, *ibid*, 307/6258236以下を参照。

＊45 Der dtsch. Gen. b. H.Q. d. Ital. Wehrmacht to OKH/Genst.d.H/Op. Abt, Nos. 15066/41 and 15088/41 g.Kdos, 30.10.1941, *ibid*, 324/6279032, 6278991-92; 'Verbale del Colloquio tra l'Eccelenza Cavallero ed il Maresciallo Keitel, 25.8.1941', p. 5, Italian Military Records (IMR)/ T-821/9/000326.

＊46 Der dtsch. Gen. b. H.Q. d. Ital. Wehrmacht to OKH/Genst.d.H/Op. Abt, No. 15080/41 g.Kdos, 9 October 1941, GMR/T-78/324/6279023-24.

＊47 Pz. AOK Afrika to OKH/Genst.d.H/Op.Abt No. 39/41, 12 September 1941, *ibid*, 6278997-99; and OKW/WFSt/Abt.L to ObdH/Genst.d.H/ Op.Abt, No. 441587/41 g.Kdos, 26 September 1941, *ibid*, 6279001-2.

＊48 S.O Playfair, *The Mediterranean and the Middle East* (London, 1956) ii, 281.

＊49 Pz.AOK Afrika/O.Qu No. 285/41 g.Kdos, 12 September 1941, GMR/ T-314/15/000992.

＊50 Der dtsch. Gen. b. H.Q. d. Ital. Wehrmacht to OKH/Genst.d.H/Op. Abt, No. 150104/41 g.Kdos, 11 November 1941, GMR/T-78/324/6279039-40. Becker (*Hitler's Naval War*, London 1974, p. 241) が失われたと述べている補給品6万トンという数字はまったく非現実的である。

＊51 Playfair, *op. cit.*, iii, 107.

＊52 これは Gabriele, *loc. cit.*, p. 287の中に書かれている最近の見積りである。彼の数字から、トン数の少なさは損害を受けたからではなく、燃料油の不足からイタリア軍が船舶輸送量を3分の1に削ったことに起因していた。

＊53 KTB/DAK/Abt. Qu, 25, 26 November 1941, GMR/T-314/16/000012-13.

＊54 *Ibid*, 27 November 1941, *ibid*, 000014.

＊55 *Ibid*, 4 December 1941, *ibid*, 000020.

＊56 *Ibid*, 7, 13, 15 December 1941, *ibid*, 000021-2, 000025-6.

＊57 *Ibid*, 16 December 1941, *ibid*, 000029.

＊58 Der dtsch. Gen. b. H.Q. d. Ital. Wehrmacht to OKH/Genst.d.H/Op. Abt, No. 150106/41 g.Kdos, GMR/T-78/324/6279041-42.

＊59 OKH/Genst.d.H/Op.Abt, No. 36885/41 g.Kdos, Morgenmeldung, 16 December 1941, GMR/

(Washington and London, 1948-, henceforward DGFP) series D. vol. xi, No. 159.
*11 B. H. Liddell Hart, *The German Generals Talk* (London, 1964) pp. 155-6.
*12 *KTB*/OKW, i, 253, entry for 9 January 1941.
*13 *Ibid*, i, 301, entry for 3 February 1941.
*14 *Ibid*, i, 292-3, entry for 1 February 1941.
*15 200マイル（約330キロメートル）である。*KTB*/Halder, iii, 106, entry for 23 July 1941.
*16 OKH/Genst.d.H/Gen.Qu No. 074/41 g.Kdos, 11 February 1941, 'Vortragnotiz über Auswirkungen des Unternehmen Sonneblume auf das Unternehmen Barbarossa', GMR/T-78/324/6279177-79.
*17 *KTB*/OKW, i, 318, entry for 11 February 1941.
*18 *KTB*/Halder, ii, 259, entry for 28 January 1941; OKH/Genst.d.H/ Gen.Qu to OKW/WFSt/Abt.L, No. 1/0117/41 g.Kdos, 31 March 1941, GMR/T-78/6278948-49; OKW/WFSt/Abt.L (I.Op.) No. 4444/41 g.Kdos, 3 April 1941, *KTB*/OKW, i, 1009に所収。
*19 L. H. Addington, *The Blitzkrieg Era* (New Brunswick, N.J., 1971) p. 163を参照。
*20 DAK/Ia to OKH/Genst.d.H/Op.Abt, No. 63/41 g. Kdos, 9 March 1941, GMR/T-78/324/6278950; *KTB*/Halder, ii, 451, entry for 11 June 1941.
*21 OKH/Genst.d.H/Gen.Qu IV, No. 170/41 g.Kdos, 27 May 1941, GMR/T-78/324/6278954.
*22 Representative of foreign ministry with German armistice commission to foreign ministry, 28 April 1941, DGFP, D. xii, No. 417. ところが、この問題の正式な協定は6月まで結ばれず、フランスは経路上に多数の障害物を設置したため、結局、ドイツ軍に物資はほとんど届かなかった。M. Weygand, *Recalled to Service* (London, 1952) pp. 337-43を参照。
*23 Hitler-Darlan conversation, 11 May 1941, DGFP, D. xii, No. 491; protocols signed at Paris on 27 and 28 May 1941, *ibid*, No. 559, part ii, 'agreement with regard to North Africa'.
*24 Cf. E. Jäckel, *Frankreich in Hitlers Europa* (Stuttgart, 1966) pp. 171-9.
*25 OKH/Genst.d.m/Op.Abt. (IIb) No. 35512/41 g.Kdos, 'Tagesmeldung von 10.5.1941', GMR/T-78/307/6257983; DAK to OKH/Genst.d.H/ Op.Abt, No. 419 (Abendmeldung von 16.5.1941), *ibid*., 324/6279335-36.
*26 M. A. Bragadin, *The Italian Navy in World War II* (Annapolis, Md., 1957) p. 72.
*27 Addington, *op, cit.*, p. 163.
*28 W. Baum and E. Weichold, *Der Krieg der Assenmächte im MittelmeerRaum* (Göttingen, 1973) p. 134.
*29 G. Rochat, 'Mussolini Chef de Guerre', *Revue d'Histoire de la deuxième guerre mondiale*, 1975, pp. 62-4.
*30 Chef OKW to foreign minister, 15 June 1941, DGFP, D, xii, No. 633.
*31 *KTB*/OKW, i, 394, entry for 11 May 1941.
*32 例えば、5月初旬に港湾は封鎖された。OKH/Genst.d.H/Op.Abt (IIb), No. 35461/41 g.Kdos, 2 May 1941, GMR/T-78/307/6285972.
*33 M. Gabriele, 'La Guerre des Convois entre l'Italie et l'Afrique du Nord', in: *La Guerre en Mediterranée, 1939-1945* (ed. Comité d'Histoire de la Deuxième Guerre Mondiale, Paris, 1971) p. 284.
*34 *KTB*/Halder, ii, 377, entry for 23 April 1941.
*35 OKH/Genst.d.H/Op.Abt to Deutsche General beim Hauptquartier der italienische Wehrmacht, No. 1633/41 g.Kdos, 8 June 1941, GMR/T-78/324/6279035; and DAK/Ia to OKH/Genst.d.H/Op.Abt, No. 414/41 g.Kdos, *ibid*, 6279151-52.
*36 OKH/Genst.d.H/Op. Abt to OKW/WFSt/Abt.L, No. 1380/41 g.Kdos, 21 July 1941, *ibid*,

＊128　冬季作戦の準備に関する好例は Aussenstelle OKH/Gen.Qu/ HGr.Sud, No. 181941 g., 26 October 1941, 'Anordnungen für die Versorgung im Winter 1941-42/, GMR/T-311/264/000446-73; その中に73もの個別命令が掲載されており、最も早いのは8月4日付のもので、いずれも考えうる限りの問題に対処したものだった。
＊129　Wagner, *op. cit.,* pp. 313-17.
＊130　Windisch, *op. cit.,* pp. 41-2.
＊131　*KTB*/Halder, iii, 88, entry for 15 July 1941.
＊132　B. H. Liddell Hart, *History of the Second World War* (London, 1973) pp. 163-5, 177.
＊133　*KTB*/Halder, iii, 292-3, entry for 17 November 1941.
＊134　要員は著しく不足しており、命令は作戦開始前に与えられねばならなかった。KTB/AOK 9/0.Qu, 'Besprechung Gen.Qu. in Posen, 9-10 June 1941', p. 2, MGFA file 13904/1.
＊135　Grukodeis Nord/Ia, 'Einsatzbefehl No. 11' 28 August 1941, GMR/ T-78/259/6205110.
＊136　*KTB*/Halder, iii, 149, entry for 3 August 1941.
＊137　AOK 4/Ia, No. 3944/41 v. 21 November 1941, Anlagen zum KTB, MGFA file 17847/5.
＊138　Gen.Qu/Qu. 2, 'Erfahrungen aus dem Ostfeldzug über die Versorgungsführung', 24 March 1942, p. 4, MGFA file H/10-51/2.
＊139　*Ibid*, p. 5.
＊140　OKH/Genst.d.H/Org.Abt. (III), 'Notizien für KTB', 11 August 1941, GMR/ T-78/414/6382358-59; also KTB/AOK 9/0.Qu, 'Planbesprechung 19-21.5.1941', p. 6, MGFA file 13904/1.
＊141　この点については拙論 'Warlord Hitler; Some points Reconsidered', *European Studies Review*, 1974, p. 76を参照。
＊142　OKH/Gen.Qu, No. I 23 637/41, 12 August 1941, MGFA file RH/21-2/ v 823.
＊143　Mueller-Hillebrand, *op. cit.,* ii, 18 以下を参照。
＊144　Seaton, *op. cit.,* p. 222.
＊145　A. Hillgruber, *Hitlers Strategie* (Frankfurt am Main, 1965) pp. 533 以下を参照。

第六章

＊1　E.g., K. Assmann, *Deutsche Schicksahljahre* (Wiesbaden, 1951) p. 211, and D. Young, Rommel (London, 1955) pp. 201-2.
＊2　Hillgruber, op. cit., pp. 190-2; L. Gruchman, 'Die "verpassten strategischen chancen" der Assenmächte im Mittelmeerraum 1940-41', *Vierteljahrshefte für Zeitgeschichte*, 1970, pp. 456-75.
＊3　B. H. Liddell Hart ed, *The Rommel Papers* (New York, 1953) pp. 199-200; E. von Rintelen, 'Operation und Nachschub', *Wehrwissenschaftliche Rundschau*, 1951, 9-10, pp. 46-51.
＊4　この問題に関する最も優れた研究は D. S. Detwiller, *Hitler, Franco und Gibraltar* (Wiesbaden, 1962).
＊5　これはヒットラー個人の見解である。*KTB*/Halder, ii, 164-65, entries for 4, 24.11.1940.
＊6　詳細については E. D. Brant, *Railways of North Africa* (Newton Abbot, Devon, 1971) pp. 180-1を参照。
＊7　W. Stark, 'The German Afrika Corps', *Military Review*, July 1965, p. 97.
＊8　B. Mueller-Hillebrand, 'Germany and her Allies in World War II', (unpublished study, U.S. Army Historical Division MS No. P-108) part I, pp. 82-3, GMR/63-227.
＊9　*The Rommel Papers*, p. 97.
＊10　Hitler-Mussolini conversation, 4 October 1940, *Documents on German Foreign Policy*

*99 AOK 9/0.Qu, Tagesmeldungen v. 21, 23, 31 August 1941, MGFA file 13904/4; AOK 9/0.Qu/IVa, 'Täteskeitsbericht für die Zeit 17-23 August 1941', MGFA file 13904/1; also I. Krumpelt, 'Die Bedeutung des Transportwesens für den Schlachterfolg', *Wehrkunde*, 1965, pp. 466-7.
*100 Seaton, *op, cit.*, p. 147.
*101 AOK 2/0.Qu, Tagesmeldungen v. 3-15 September 1941 *passim*, MGFA file 16773/14.
*102 *KTB*/Halder, iii, 178-9, 181, entries for 15, 16 August 1941.
*103 *Ibid*, 120, 178-80, 245, entries for 26 July, 15 August, 22 September 1941.
*104 *Ibid*, 196, entry for 25 August 1941.
*105 AOK 9/0.Qu to OKH/Gen.Qu, 14 September 1941, MGFA file 13904/4.
*106 AOK 4/0.Qu No. 1859/41 g. v. 13 September 1941, 'Versorgungslage der Armee', Anlagen zum KTB, MGFA file 17847/3.
*107 KTB/AOK 9/0.Qu, 30 September 1941, MGFA file 13904/2.
*108 上記脚注106を参照。
*109 KTB/Halder, iii, 242, 245, 252, entries for 12, 22, 26 September 1941.
*110 Pz.Gr. 4/0.Qu, Tagesmeldung v. 4 November 1941, Anlagen zum KTB, MGFA file 13094/5.
*111 AOK 4/0.Qu, Abendmeldung v. 8 October 1941, Anlagen zum KTB, MGFA file 17847/4.
*112 Seaton, *op. cit.*, p. 190:「次の３週間が乾燥した穏やかな晴天であれば、（中央軍集団が）間違いなくモスクワにいただろう」。
*113 Pz.Gr. 2/0.Qu, Tagesmeldungen v. 11 October, 1, 9, 13, 23 November 1941, Anlagen zum KTB, MGFA file RH/21-2/v829; see also H. Guderian, *Panzer Leader* (London, 1953) pp. 180-9.
*114 AOK 9/0.Qu to OKH/Gen.Qu, 13 November 1941, MGFA file 13094/5.
*115 Pz.Gr. 4/0.Qu, Tagesmeldungen v. 18, 22, 25 October 1941, Anlagen zum KTB, MGFA file 22392/22. For this formation see also Chales de Beaulieu, *op. cit.*, pp. 209-10.
*116 AOK 2/0.Qu, Tagesmeldungen v. 21. 24, 26-31 October 1941, Anlagen zum KTB, MGFA file 16773/14.
*117 AOK 4/0.Qu, Abendmeldungen v. 20-28 October 1941, Anlagen zum KTB, MGFA file 17847/4. この時期の終わりの時点で、部隊は基礎弾薬量の80パーセント、1から3.5ロードの燃料、2～3ロードの糧食をもっていた。
*118 *Ibid*, Abendmeldungen v. 6-10 November 1941. この時期の部隊の備蓄量は増え続けた。
*119 AOK 4/0.Qu, No. 406/41, 'Beurteiling der Versorgungslage am 13 November 1941', Anlagen zum KTB, MGFA file 17847/4.
*120 Aussenstelle OKH/Gen.Qu/HGr Sud, No. 1819/41 g., 26 October 1941, appendix 5, GMR/T-311/264/000466.
*121 Pottgiesser, *op. cit.*, p. 35.
*122 AOK 2/0.Qu, Tagesmeldungen, 17 November-2 December 1941, Anlagen zum KTB, MGFA file 16773/14.
*123 AOK 9/0.Qu, Tagesmeldungen, 9-23 November 1941, Anlagen zum KTB, MGFA file 13904/5.
*124 Pz.Gr. 4/0.Qu, Tagesmeldungen, 18 November-6 December 1941, Anlagen zum KTB, MGFA files 22392/22, 22392/23. For *Panzergruppe* 3 see Ghales de Beaulieu, 'Sturm bis Moskaus Tore', *Wehrwissenschaftliche Rundschau*, 1956, pp. 360-4.
*125 OAK 4/0.Qu, Abendsmeldungen, 22-30 November 1941, Anlagen zum KTB, MGFA file 17847/5.
*126 Eckstein memoirs, Wagner, *op. cit.*, pp. 288-9に掲載。
*127 *KTB*/Halder, iii, 111, entry for 25 July 1941.

＊71　Vortrag ObdH und Chef Genst.d.H beim Führer, 8 July 1941, *KTB/* OKW, i, 1021; *KTB/* Halder, iii, 108, entry for 23 July 1941; also Seaton, *op. cit.*, p. 141.
＊72　*KTB*/Halder, iii, 138-9, entry for 1 August 1941.
＊73　KTB/Pz.Gr. 1/0.Qu, 22, 23, 24 August 1941, MGFA file 16910/46.
＊74　*Ibid*, 20 August, 1 September 1941.
＊75　KTB/Aussenstelle OKH/Gen.Qu/HGr Sud, 16 August-30 September 1941, p.4, MGFA file 27927/1. この日記は口述形式で書かれていたため、正確な日時は定かではない。
＊76　Aussenstelle OKH/Gen.Qu/HGr Sud, 'Besondere Anordnungen für die Versorgung No. 105', 6 September 1941, GMR/T-311/264/000071-2.
＊77　KTB/Aussenstelle OKH/Gen.Qu/HGr Sud, p. 8, MGFA file 27927/1.
＊78　KTB/Pz.Gr. l/0.Qu, entry for 3 October 1941, MGFA file 16910/46.
＊79　*Ibid*, entries for 17, 20 October 1941.
＊80　*Ibid*, 24 October 1941.
＊81　KTB/Aussenstelle OKH/Gen.Qu/HGr Sud, October 1941, p. 4, MGFA file 27927/1.
＊82　*Ibid*, p. 8. 当時の南方軍集団が利用していた鉄道地図は Bes. Anlagen No. 7 to KTB/ Aussenstelle OKH/Gen.Qu/HGr Sud, MGFA file 27928/8に収められている。
＊83　*KTB*/Halder, iii, 278, 279, entries for 3, 4 November 1941.
＊84　KTB/Aussenstelle OKH/Gen.Qu/HGr Sud, November 1941, pp. 3-8, MGFA file 27927/1.
＊85　Aussenstelle OKH/Gen.Qu/HGr Sud, 'Vorschlag zur Lösung des Brennstoffproblems', 27 November 1941; 'Versorgung des Weharmachtsbefehlhaber Ukraine', 8 November 1941, GMR/ T-311/264-000408-11, 000441-43.
＊86　KTB/Pz.Gr. l/0.Qu. 1 December 1941, MGFA file 169/46.
＊87　スモレンスク奪取後に何が起きたのか定かではない。「指令第21号」でヒトラーは隣接する軍集団を支援するため右翼と左翼に装甲グループを派遣する一方、この地区で防御に転じる意図を表明している。ところが、陸軍総司令部（OKH）はその計画に反対し、目立たぬように計画を妨害することを欲していた。
＊88　KTB/Pz.Gr. 2/0.Qu, 23, 25 June 1941, MGFA file RH/21-2/v 819.
＊89　*Ibid*, 30 June 1941; KTB/AOK 9/O.Qu, entries for 22 June to 6 July 1941 *passim*, MGFA file 139041/1.
＊90　KTB/Pz.Gr. 2/0.Qu, 2 July 1941, MGFA file RH/21-2/v 819.
＊91　*Ibid*, 10, 22 July 1941. Krumpelt, *op. cit.*, pp. 165-7を参照。スモレンスクに空白地域を作るという全体構想は兵站上の観点から批判されている。
＊92　*KTB*/Halder, iii, 32, 66, entries for 1, 11 July 1941; AOK 9/0.Qu, Abendmeldung v. 7 July 1941, MGFA file 13904/4.
＊93　AOK 9/0.Qu. Abendmeldung v. 10, 11 July 1941, *ibid*.
＊94　*KTB*/Halder, iii, 71, 78, entries for 13, 14 July 1941. On 17 July, この見積りは下方修正された。
＊95　AOK 9/0.Qu to OKH/Gen.Qu, 19 July 1941, MGFA file 13904/4; AOK 2/0.Qu Tagesmeldungen, 22 June-10 July 1941 *passim*, MGFA file 16773/14.
＊96　AOK 9/0.Qu to OKH/Gen.Qu, 4 August 1941, MGFA file 13904/4; AOK 2/0.Qu, Tagesmeldung v, 12 August 1941, MGFA file 16773/14.
＊97　AOK 9/0.Qu, Tagesmeldungen v. 14, 15, 18 August 1941, MGFA file 13904/4.
＊98　Pz.Gr. 2/0.Qu, Tagesmeldung v. 24 August 1941, MGFA file RH/21-2/ v 829; 'Besprechung gelegentlich Anwesenheit des Führers und Obersten Befehlhaber der Wehrmacht bei Heeresgruppe Mitte am 4 August 1941', No. 31, file AL 1439 at the Imperial War Museum, London.

＊37　Rohde, *op. cit.*, p. 173. ロシアの鉄道の能力に限界があったもう一つの理由に要員の質の問題があった。ドイツ帝国鉄道（ライヒスバーン）から供給されていた要員について、ハルダーは融通が利かず、動きが鈍いと見なしていた。
＊38　Teske, *op. cit.*, p. 132.
＊39　W. Haupt, Heeresgruppe Nord 1941-1945（Bad Nauheim, 1966）p. 22.
＊40　この任務を達成したため、ドイツ軍はレニングラードを攻撃する予定だった。ところが、優先順位が明確ではなかった。この点については A. Seaton, *The Russo-German War*（London, 1971）p. 105を参照。
＊41　KTB/Pz.Gr. 4/O.Qu, 24, 27 June 1941, *Militärgeschichtliches Forschungsamt*（MGFA）, Freiburg, file No. 22392/1.
＊42　*Ibid*, entry for 1 July 1941.
＊43　*Ibid*, entries for 9, 10 July 1941.
＊44　*Ibid*, entry for 11 July 1941.
＊45　*Ibid*, *ibid*; 'Vortrag beim Chef [der Eisenbahntruppen]', 10 July 1941, GMR/T-78/259/6204892; *KTB*/Halder, iii, 34, entry for 2 July 1941.
＊46　KTB/Aussenstelle OKH/Gen.Qu/HGr Nord, 30 June 1941, *ibid*, T-311/111/7149931.
＊47　*Ibid*, 3 July 1941, *ibid*, 7149920.
＊48　*KTB*/Halder, iii, 148-9, entry for 3 August 1941.
＊49　KTB/Aussenstelle OKH/Gen.Qu/HGr Nord, entry for 24 July 1941, GMR/T-311/111/714889.
＊50　*Ibid*, *ibid*.
＊51　*Ibid*, entries for 2, 9 August, 9 September 1941, *ibid*, 7149876-7, 7149867, 7149831.
＊52　KTB/Pz.Gr. 4/0.Qu, entries for 17, 18 July 1941, MGFA file 22392/1.
＊53　KTB/Aussenstelle OKH/HGr Nord, 17 July, 1941, GMR/T-311/111/7149931.
＊54　*KTB*/Halder, iii, 129, 133, entries for 29, 31 July 1941.
＊55　KTB/Aussenstelle OKH/Gen.Qu/HGr Nord, 22 July 1941, GMR/T-311/111/7149902.
＊56　*Ibid*, 28, 6, 13 August 1941, *ibid*, 7149923, 7149863; KTB/Pz.Gr. 4/0.Qu, entry for 1 August 1941, MGFA file 22392/1.
＊57　*Ibid*, 25 July 1941.
＊58　*Ibid*, 31 July 1941.
＊59　Seaton, *op. cit.*, p. 108以下を参照。
＊60　*KTB*/Halder, iii, 124, entry for 26 July 1941.
＊61　KTB/Pz.Gr. 4/0.Qu, entry for 21 July 1941, MGFA file 22392/1.
＊62　Haupt, *op. cit.*, p. 62; W. Chales de Beaulieu, *Generaloberst Erich Hoepner*（Neckargemund, 1969）p. 158以下を参照。
＊63　KTB/Pz.Gr. 4/0.Qu, entry for 2 August 1941, MGFA file 22392/1.
＊64　Haupt, *op. cit.*, pp. 69, 88-9.
＊65　KTB/Pz.Gr. 4/0.Qu. entries for 8-30 August 1941, *passim*, MGFA file 22392/1.
＊66　'Directive No. 21', 18 December 1940, H. R. Trevor-Roper, *Hitler's War Directives*（London, 1964）pp. 50-1に掲載; OKH/Genst.d.H/ Aufmarschanweisung Barbarossa, 31 January 1941, printed in *KTB*/ Halder, ii, pp. 463-9.
＊67　KTB/Pz.Gr. l/0.Qu, entries for 14, 16, 25 August 1941, MGFA file 16910/46.
＊68　*Ibid*, entry for 1 July 1941.
＊69　*Ibid*, entry for 20 July 1941; *KTB*/Halder, iii, 94, entry for 19 July 1941.
＊70　KTB/Pz.Gr. l/0.Qu, entry for 20 July 1941, MGFA file 16910/46; also Teske, *op, cit.*, pp. 120. 127.

＊8　F. Halder, *Kriegstagebuch*（Stuttgart, 1962, henceforward *KTB*/Halder）i, pp. 179-82, 1940年2月3日および4日当時の記録。
＊9　H. A. Jacobsen, *Fall Gelb*（Wiesbaden, 1957）p. 130.
＊10　E. Wagner, *Der Generalquartiermeister*（Munich and Vienna, 1963）pp. 256-8; Krumpelt, *op. cit.*, p. 130ff.
＊11　Wagner, *op. cit.*, p. 184.
＊12　拙書 *Hitler's Strategy 1940-1941; the Balkan Clue*（Cambridge, 1973）p. 221, footnote No. 130を参照。
＊13　*KTB*/Halder, ii, 256-61, 420, 421-2, entries for 28 January, 19, 20 May 1941; H. Greiner, 'Operation Barbarossa', unpublished study No. C-0651 at the Imperial War Museum, London, pp. 60-1. 全体の原材料の問題については G. Thomas, *Geschichte der deutschen Wehr- und Rüstungswirtschaft 1918-1943/45*（Boppard am Rhein, 1966）appendix 21, 特にpp. 530以下を参照。
＊14　*KTB*/Halder, 422, entry for 20 May 1941.
＊15　Krumpelt, *op. cit.*, p. 187.
＊16　R. Cecil, *Hitler's Decision to Invade Russia 1941*（London, 1975）pp. 128-9を参照。
＊17　*KTB*/Halder, ii, 384, entry for 29 April 1941.
＊18　Windisch, *op. cit.*, pp. 41-2.
＊19　貨物トラックが平均時速12マイル（時速約20キロメートル）で1日に10時間走行した場合の計算に基づく。しかし計算の中には、全車両の20パーセントから35パーセントが常に修理中であるという事実を考慮に入れていない。
＊20　360立方メートルに相当し、4個車両梯隊から成る3個中隊により運搬された。
＊21　*KTB*/Halder, ii, 414, entry for 15 May 1941.
＊22　Windisch, *op. cit.*, pp. 22, 41-2.
＊23　M. Bork, 'Das deutsche Wehrmachttransportwesen - eine Vorstufe europäischer Verkehrsführung', *Wehrwissenschaftliche Rundschau*, 1952, p. 52を参照。
＊24　'Vortrag des Herrn O. B. der Eisenbahntruppen', 11 June 1941, German Military Records（microfilm, henceforward GMR/T-78/259/6204884ff.
＊25　H. Pottgiesser, *Die deutsche Reichsbahn im Ostfeldzug 1939-1944*（Neckargemund, 1960）pp. 24-5.
＊26　B. Mueller-Hillebrand, *Das Heer*（Frankfurt am Main, 1956）ii, p. 81以下を参照。
＊27　2つの組織〔兵站総監と国防軍輸送局〕が異なる基準で補給所要を見積っていたため、奇妙な結果が生じた。ワーグナーが積載物資をトン数で計算したのに対し、ゲルケ〔輸送局長〕は積載物の中身に関係なく貨物列車の本数を計算していた。それゆえ両者は、所要量を満たし得るか、あるいは満たせているかの判断を求められたとき、まったく異なる結論に到達することが予想され、実際にそうなったのである。
＊28　Krumpelt, *op. cit.*, pp. 151-2を参照。
＊29　Tagesmeldung der Genst.d.H/Op.Abt., 24 June 1941, printed in *Kriegstagebuch des Oberkommando der Wehrmacht*（Frankfurt am Main, 1965, henceforward *KTB*/OKW）i, p. 493.
＊30　*KTB*/Halder, iii, 62-3, entry for 11 July 1941.
＊31　Mueller-Hillebrand, *op. cit.*, ii, 81.
＊32　*KTB*/Halder, iii, 32, entry for 1 July 1941.
＊33　*Ibid*, 170, entry for 11 August 1941.
＊34　H. Teske, *Die Silbernen Spiegel*（Heidelberg, 1952）p. 131.
＊35　*KTB*/Genst.d.H/Op.Abt., 5, 13 July 1941, in KTB/OKW, i, 427, 433.
＊36　Vortrag des Oberst Dybilasz, 5 January 1942, p. 15, GMR/T-78/259/6204741.

pp. 14-16を参照。

＊87　Kuhl-Bergmann, *op. cit.*, p. 216.

＊88　Justrow, *op. cit.*, p. 250. またW. Gröner, *Der Feldherr wider Willen*（Berlin, 1931）p. 12以下を参照。

＊89　H. von Moltke, *Die deutsche Tragödie an der Marne*（Berlin, 1934）p. 19.

＊90　前述した120両に基づく。１台の貨車はトラック３台に相当したため、各列車は150台の自動車がなければ代替が利かなかった。

＊91　G. L. Binz, 'Die stärkere Battalione', *Wehrwissenschaftliche Rundschau*, 9, pp. 139-61.

＊92　The [USA] Army War College, 'Analytical Study of the March of the German 1. Army, August 12-24 1914',（unpublished staff study, Washington D.C., 1931）pp. 7-9. ただでさえクルックの軍団がブルッセルとナミュール間を通過するのに道路を共用しなければならなかったという事実を考えると、一部の部隊が8月24日のモンスの戦いに間に合うように到着することは物理的に不可能であった。

＊93　Kuhl-Bergmann, *op. cit.*, pp. 227-33.

＊94　１日に250トンの糧食を調達するためには、自動車中隊の６個梯隊が１日当たり100マイルを行進しながら、ドイツ国境地帯からマルヌまでの300マイル以上を往復しなければならない。1,500トンの全体所要を満たすため、500台の３トントラックが必要だった。これらの数字には、物資の積込みと積下ろし、修理に要する時間は考慮されていない。

＊95　Tappen, *op. cit.*, pp. 14-15.

＊96　この時、軍団ごとに積載物資の種類に応じて250トンから300トンの積荷を運搬する列車が毎日利用できた。

＊97　General Föst, inspector-general of the trains-service, in M. Schwarte ed., *Die militärische Lehre des grossen Krieges*（Berlin, 1923）p. 279を参照。

＊98　Kuhl-Bergmann, *op. cit.*, pp. 180-1から引用。

＊99　In his introduction to Ritter, *op. cit.*, pp. 6-7.

＊100　A. M. Henniker, *Transportation on the Western Front, 1914-18*（London, 1937）p. 103を参照。

第五章

＊１　H. Rohde, *Das deutsche Wehrmachttransportwesen im Zweiten Weltkrieg*（Stuttgart, 1971）pp. 174-75; E. Kreidler, *Die Eisenbahnen im Machtbereich der Assenmächte wahrend des Zweiten Weltkrieges*（Göttingen, 1975）p. 22; 道路と鉄道の関係については R. J. Overy, 'Transportation and Rearmament in the Third Reich', *The Historical Journal*, 1973, pp. 391-93で詳細に論じられている。

＊２　一部の数字については A. G. Ploetz, *Geschichte des Zweiten Weltkrieg*（Würzburg, 1960）ii, 687を参照。

＊３　F. Friedenburg, 'Kan der Treibstoffbedarf der heutigen Kriegsführung überhaupt befriedigt werden?', *Der deutsche Volkswirt*, 16 April 1937; memorandum by General Thomas, 24 May 1939, in *International Military Tribunal ed., Trials of the Major War Criminals*（Munich, 1946-）doc. No. 028-EC, esp. pp. 124, 130.

＊４　Windisch, *Die deutsche Nachschubtruppe im Zweiten Weltkrieg*（Munich, 1953）pp. 38-9.

＊５　H. A. Jacobsen, 'Motorisierungsprobleme im Winter 1939/40', *Wehrwissenschaftliche Rundschau*, 1956, p. 513.

＊６　全体の兵站組織については I. Krumpelt, *Das Material und die Kriegführung*（Frankfurt am Main, 1968）p. 108以下を参照。

＊７　Rohde, *op. cit.*, p. 212; また R. Steiger, *Panzertaktik*（Freiburg i.B., 1973）pp. 146, 155を参照。

*56 von Haussen, *Erinnerungen an den Marnefeldzug 1914* (Leipzig, 1920) p. 171; K. von Helfferich, *Der Weltkrieg* (Berlin, 1919) vol. ii, p. 17.
*57 The Army War College, 'Analysis of the Organization...' p. 18.
*58 1914年8月、第1軍および第2軍はそれぞれ18個中隊、第3軍は9個中隊、第4軍および第5軍はそれぞれ5個中隊を保有していた。自動車輸送中隊はトレーラー牽引式トラック9台（積載総重量54トン）および指揮統制・整備・修理用の車両数台で編成されていた。
*59 The Army War College, 'Analysis of the Organization...' p. 18. In 1941, this particular error was to be repeated.
*60 Kuhl-Bergmann, *op. cit.*, p. 196.
*61 Ibid, p. 52; see also Jochim, *op, cit.*, p. 129.
*62 Kluck, *op. cit.*, pp. 64-65.
*63 Kuhl-Bergmann, *op. cit.*, pp. 120-1. 弾薬不足は随伴する軽歩兵部隊の遅れと相俟って、作戦の全期にわたり騎兵師団の戦闘能力の低下を招いた。
*64 Jochim, *op. cit.*, p. 24.
*65 Gröner, *op. cit.*, p. 175.
*66 W. Müller-Löbnitz, *Die Sendung des Oberstleutnants Hentsch am 8-10 September 1914* (Berlin, 1922) p. 30, and appendix 1.
*67 Jochim, *op. cit.*, pp. 129-31.
*68 Hauessler, *op. cit.*, pp. 61-2を参照。
*69 Reichsarchiv ed., *Der Weltkrieg, Das deutsche Feldeisenbahnwesen* (Berlin, 1928) i, appendix 6, pp. 221-2. 問題の施設は、ホンブルグ付近のトンネル、Melreux の Ourthe に架かる橋、ハヴァサインの高架橋だった。
*70 この点については Bloem がエーヌで負傷した後、ベルギーから帰還する移動中の記録を参照。*op. cit.*
*71 M. Heubes, *Ehrenbuch der deutschen Eisenbahner* (Berlin, 1930) pp. 49-50.
*72 Gröner, *op. cit.*, p. 190.
*73 W. Kretschmann, *Die Wiederherstellung der Eisenbahnen auf dem Westlichen Kriegsschauplatz* (Berlin, 1922) p. 36を参照。
*74 Jochim, *op. cit.*, p. 27.
*75 Justrow, *op. cit.*, p. 250.
*76 Kuhl-Bergmann, *op. cit.*, pp. 215-16.
*77 Kretschmann, *op. cit.*, p. 64.
*78 さまざまな種類の障害除去の所要時間に関する統計資料については C. S. Napier, 'Strategic Movement over Damaged Railways in 1914', *Journal of the Royal United Services Institute*, 81 pp. 317, 318を参照。
*79 この点については Ritter, *op. cit.*, p. 59以下を参照。
*80 この点については Justrow, *op. cit.*, pp. 244-5を参照。
*81 R. Villate, 'L'ëtat matériel des armeés allemandes en Aôut et Septembre 1914', *Revue d'Histoire de la Guerre Mondiale*, 4, pp. 313-25.
*82 Kluck, *op. cit.*, p. 90; Haussen, *op. cit.*, pp. 178-9.
*83 Baumgarten-Crusius, *op. cit.*, pp. 55, 63-4, 78; H. von François, *Marneschlacht und Tannenberg* (Berlin, 1920) pp. 118-20.
*84 A. von Schlieffen, *Cannae* (Berlin, 1936) p. 280.
*85 詳細はReichsarchiv ed., *Der Weltkrieg* (Berlin, 1921) i, pp. 139, 152を参照。
*86 特にH. Gackenholtz, *Entscheidung in Lothringen 1914* (Berlin, 1933) and Tappen, *op. cit.*,

*27　Gröner, *op. cit.*, p. 73.

*28　この点については K. Justrow, *Feldherr und Kriegstechnik* (Oldenburg, 1933) p. 249を参照。

*29　The Gröner Papers (unpublished, microfilm) reel xviii, item No. 168. See also H. Hauessler, *General Wilhelm Gröner and the Imperial German Army* (Madison, Wisc., 1962) pp. 34-5.

*30　F. von Cochenhausen, *Heerführer des Weltkrieges* (Berlin, 1921) pp. 26-7.

*31　H. von Moltke, *Erinnerungen, Briefe, Dokumente 1877-1916* (Berlin, 1922) pp. 304以下を参照。

*32　Ritter, *op. cit.*, p. 147, 1905年版のシュリーフェン計画からの引用。

*33　この点についてはvon Falkenhausen, *Der grosse Krieg der Jetztzeit* (Berlin, 1909) p. 217以下を参照。

*34　A. von Kluck, *Der Marsch auf Paris und die Marneschlacht 1914* (Berlin, 1920) pp. 14-15. 第1軍の前進当初に生じた渋滞の生々しい実態については H. von Behr, *Bei der funften Reserve Division im Weltkrieg* (Berlin, 1919) p. 14を参照。

*35　The [USA] Army War College, 'Analysis of the Organization and Administration of the Theater of Operations of the German 1. Army in 1914' unpublished analytical study (Washington, D.C., 1931) pp. 11-12.

*36　Voorst tot Voorst, *loc. cit.*, p. 14; see also E. Kabisch, *Streitfragen des Weltkrieges 1914-1918* (Stuttgart, 1924) p. 56.

*37　Von Tappen, Bis zur Marne (Oldenburg, 1920) p. 8; A. von Baumgarten-Crusius, Deutsche Heeresführung im Marnefeldzug 1914 (Berlin, 1921) p. 15. もっと後の段階で増強部隊の投入が可能であったかをめぐる問題については、後ほど論じたい。

*38　OHL ed., *Militärgeographische Beschreibung von Nordost Frankreich, Luxemburg, Belgien und dem südlichen Teil der Niederlande und der Nordwestlichen Teil der Schweiz* (Berlin, 1908) p. 82.

*39　Ritter, *op. cit.*, p. 143, 1905年版のシュリーフェン計画からの引用。

*40　The Army War College, 'Analysis of the Organization...' p. 12.

*41　H. von Kuhl and J. von Bergmann, *Movements and Supply of the German First Army during August and September 1914* (Fort Leavenworth, Kan., 1920) p. 180.

*42　Kluck, *op. cit.*, p. 28.

*43　W. Bloem, *The Advance from Mons* (London, 1930), p. 38 and *passim*.

*44　Kuhl-Bergmann, *op. cit.*, pp. 107-11.

*45　Bloem, *op. cit.*, p. 102.

*46　*Taschenbuch für den Offizier der Verkehrstruppen*, p. 84; また von François, *op. cit.*, p. 100を参照。正確な数字は部隊に配属された軍馬の数によって変動し、予備部隊には砲兵の配属が少なかったため、現役部隊と予備部隊との間でも異なった。

*47　Th. Jochim, *Die Operationen und Rückwärtigen Verbindungen der deutsche 1. Armee in der Marneschlacht 1914* (Berlin, 1935) p. 5.

*48　この点については W. Marx, *Die Marne, Deutschlands Schicksal?* (Berlin, 1932) p. 27.

*49　Kuhl-Bergmann, *op. cit.*, pp. 45-6.

*50　von der Goltz, *op. cit.*, p. 440; Bernhardi, *op. cit.*, p. 260.

*51　Kuhl-Bergmann, *op. cit.*, p. 108.

*52　Jochim, *op. cit.*, pp. 6-7.

*53　M. von Poseck, *Die deutsche Kavallerie 1914 in Belgien und Frankreich* (Berlin, 1921) p. 40.

*54　*Ibid*, pp. 20, 27, 29.

*55　*Ibid*, p. 30.

ついては G. Jäscke, 'Zum Problem der Marne-Schlacht von 1914', *Historische Zeitschrift*, 190, pp. 311-48 に詳細に記録されている。

*7 例外的に兵站問題を取り上げた文献に R. Asprey, *The Advance to the Marne* (London, 1962) pp. 166-70; L. H. Addington, *The Blitzkrieg Era and the German General Staff, 1865-1941* (New Brunswick, N.J., 1971), pp. 15-22 がある。また兵站上の側面が無視されてきたという主張に対する簡潔な批評については Ph. M. Flammer, 'The Schlieffen Plan and Plan XVII; a Short Critique', *Military Affairs*, 30, p. 211を参照。

*8 シュリーフェンの政治的見解についてはシュリーフェンによる 'Der Krieg in der Gegenwart', in *Gesammelte Schriften* (Berlin, 1913) pp. 11-22を参照。

*9 シュリーフェンとクラウゼヴィッツとの関係については J. L. Wallach, *Das Dogma der Vernichtungsschlacht* (Frankfurt am Main, 1967) Ch. iiiを参照。

*10 しかし戦略的に見れば、そのような行動は主に侵攻するドイツ軍が制圧すべき距離を劇的に短縮するという観点から、無視しえないものだった。Asprey, *op. cit.*, p. 9以下を参照。

*11 シュリーフェン計画は、政治的にはイギリスの介入という危険を孕んでおり、作戦上は、フランス軍が独仏国境線沿いの要塞に留まり、そこで自滅を待つという仮定に基づいていた。

*12 H. von Kuhl, *Der deutsche Generalstab in Vorbereitung und Durchführung des Weltkrieges* (Berlin, 1920) p. 165.

*13 右翼に兵力を運搬するための列車は7,600両あった。これは各路線（複線）につき60両の計算となり、6路線から13路線への拡張により移動日数が21日間から10日間に短縮された。C. S. Napier, 'Strategic Movement by Rail in 1914', *Journal of the Royal United Services Institute*, 80, p. 78以下を参照。

*14 正確にホラント地方のどの地域を制圧すべきだったのかという点については明らかにされていない。J. J. G. van Voorst tot Voorst, 'Over Roermond!', appended to *De Militaire Spectator*, 92, p. 9を参照。

*15 1905年のシュリーフェン計画では、戦線は「ヴェルダンからダンケルクまで」とされていた。G. Ritter, *The Schlieffen Plan* (London, 1958) p. 144.

*16 H. Rochs, *Schlieffen, Ein Lebens- und Charakterbild für das deutsche Volk* (Berlin, 2nd ed., 1921) p. 21.

*17 当時のドイツ陸軍の補給取決めについては Föst, *Die Dienst der Trains im Kriege* (Berlin, 1908) を参照。

*18 ドイツ軍の鉄道利用については Bernhardi, *op. cit.*, i, p. 144以下を参照。また技術的側面については OHL edited *Taschenbuch für den Offizier der Verkehrstruppen* (Berlin, 1913) を参照。

*19 W. Gröner, *Lebenserinnerungen* (Göttingen, 1957), p. 73.

*20 ベルギーの鉄道網については Anon, *Der Krieg, Statistisches, Technisches, Wirtschaftliches* (Munich, 1914) p. 160以下を参照。これに関連して、エクス・ラ・シャペルからリエージュ、ルーヴァン、ブリュッセルを経由し、セント・クェンティンに至る線はベルギーにおけるドイツの主要補給経路であり、そこには20個所ほどのトンネルがあった。

*21 Wallach, *op. cit.*, p. 172から引用。

*22 Asprey, *op. cit.*, p. 167以下を参照。

*23 Bernhardi, *op. cit.*, i, p. 260; von François, *op. cit.*, i, p. 34.

*24 Ritter, *op. cit.*, p. 146, 1905年版のシュリーフェン計画からの引用。

*25 Von der Goltz, *op. cit.*, p. 457.

*26 Von François *op. cit.*, i, p. 30. 開戦直前期、ドイツ軍は1870年戦争時の12倍の小銃弾薬の消費を予想していたのに対し、砲弾量は4倍と予想していた。この計算に基づき、各軍団が携行する予備弾薬は作戦中に1回のみ補充されれば十分であると見積もられた。

der Operationen', Organ der *Militdr-Wissenschaftlichen Vereine*, 1878, pp. 484-6に詳しい記述がある。

*60　Kaehne, *op. cit.*, pp. 147-8.

*61　*Ibid*, p. 171; Blumenthal, *Tagebücher* (Stuttgart, 1901) p. 105, entry for 16 September 1870.

*62　Moltke, *Militärische Werke*, iv, 295.

*63　Engelhardt, *loc. cit.*, p. 518.

*64　Moltke, *Militärische Werke*, iv, 303.

*65　H. von Molnar, 'Uber Ammunitions-Ausrüstung der Feld Artillerie', *Organ der Militär-Wissenschaftlichen Vereine*, 1879, pp. 591-3.

*66　Von François, *op. cit.*, p. 30.

*67　Moltke, *Militärische Werke*, iv, 310; von Hesse, 'Die Einfluss der heutigen Verkehrs- und Nachrichtenmittel auf die Kriegsführung', Beiheft zum *Militärwochenblatt*, 1910, pp. 10-11.

*68　Shaw, *op. cit.*, p. 86.

*69　Kaehne, *op. cit.*, pp. 211-12.

*70　Schreiber, *op. cit.*, pp. 294-5. Provisions to correct the above shortcomings were incorporated in the new regulations of 1874.

*71　Moltke, *Militärische Werke*, iv, 311.

*72　鉄道を題材に「学術論文の研究テーマを熱心に探している大学院生を誰も手助けすることはできない。ハワードの著書 *The Franco-Prussian War* の最初の数ページよりもさらに詳しく調査する必要があるからだ」という見方が典型的である。これは W. McElwee, *The Art of War, Waterloo to Mons* (London, 1974) pp. 332-3による主張。

*73　Moltke, *Dienstschriften*, iii, p. 323ff.

*74　Budde, *op. cit.*, pp. 321-2.

*75　H. L. W., *op. cit.*, p. 2, footnote 2.

*76 B. Meinke, 'Beiträge zur frühesten Geschichte des Militär-Eisenbahnwesens', *Archiv für Eisenbahnwesen*, 1938, p. 302から引用。

*77　Budde, *op. cit.*, pp. 273-93; また O. Layritz, *Mechanical Traction in War* (Newton Abbot, Devon, 1973 reprint) p. 21以下を参照。

*78　Engelhardt, *loc. cit.*, p. 159.

第四章

*1　この数字は次の文献による。O. Riebecke *Was brauchte der Weltkrieg?* (Berlin, 1936) pp. 111-12; E. Ludendorff, *The General Staff and its Problems* (London, 1921) i, 15-17;E. Wrissberg, *Heer und Waffen* (Leipzig, 1922) i, 82-3.

*2　この点に関しては H. Holborn, 'Moltke and Schlieffen; the Prussian-German School', in E. M. Earle ed., *Makers of Modern Strategy* (New York, 1970 reprint) pp. 200-1を参照。

*3　これらのデータは F. von Bernhardi, *On War of Today* (London, 1912) i, 143以下およびC. von der Goltz, The Nation in Arms (London, 1913) pp. 241-3 による。

*4　Bernhardi, *op. cit.*, p. 146.

*5　E. A. Pratt, *The Rise of Rail-Power in War and Conquest, 1833-1914* (London, 1916) p. 65; and H. von François, *Feldverpflegungsdienst hei der hoheren Kommandobehörden* (Berlin, 1913) i, 100-1を参照。「限界距離」の問題については Anon, 'Die kritische Transportweite im Kriege', *Zeitschrift für Verkehrwissenschaft*, 1955,pp. 119-24を参照。

*6　紙面上、マルヌ作戦を扱った文献リストを掲げる余裕はないが、少なくともドイツ側の立場に

＊36　Moltke, *Dienstschriften*, iii, 130-1.
＊37　プロシャ軍は次のラインに沿って輸送された。
A. ベルリン - ハノーバー - ケルン - ビンガーブリック - ノインキルヒェン
B. ライプツィヒ - ハールブルク - クライエンゼン - モースバッハ
C. ベルリン - ハレ - カッセル - フランクフルト - マンハイム - ホンブルグ
D. ドレスデン／ライプツィヒ - ベブル - フルダ - カッセル
E. ポーゼン - ゲルリッツ - ライプツィヒ - ビュルツブルク - マインツ - ランダウ
F. ミュンスター - デュッセルドルフ - ケルン - コール
南ドイツ軍は次のラインを使用した。
1. アウクスブルク - ウルム - ブルッフザール
2. ネルトリンゲン - クライルスハイム - メッケスハイム
3. ヴュルツブルク - モースバッハ - ハイデルベルク
全軍の展開については G. Lehmann, *Die Mobilmachung von 1870/71*（Berlin, 1905）で分析されている。
＊38　Moltke to von Stosch（quartermaster general of the Prussian army), 29 July 1870, *Militärische Werke*, iii, 178; C. von der Goltz, 'Eine Etappenerinnerung aus dem Deutsch-Französischen Kriege von 1870/71', *Beiheft zum Militärwochenblatt*, 1886, p. 311ff.
＊39　Moltke to all Army- and Corps commanders, 28 July 1870, *Militärische Korrespondenz*, iii, 170.
＊40　Kaehne, *op. cit.*, pp. 121-2.
＊41　Fransecky, *op. cit.*, ii, 411.
＊42　Moltke, *Militärische Werke*, iv, 238-43.
＊43　詳細については C. E. Luard, 'Field Railways and their General Application in War', *Journal of the Royal United Services Institute*, 1874, p. 703を参照。
＊44　F. E. Whitton, *Moltke*（London, 1921）pp. 194-5を参照。
＊45　Hille and Meurin, *Geschichte der preussischen Eisenbahntruppen*（Berlin, 1910）i, 3-22.
＊46　*Ibid*, pp. 26-8.
＊47　M. Howard, *The Franco-Prussian War*（London, 1961）p. 376.
＊48　Moltke, *Dienstschriften*, ii, 288-9.
＊49　*Ibid*, pp. 327-8.
＊50　H. Budde, *Die französischen Eisenbahnen in deutschen Kriegsbetriebe 1870/71*（Berlin, 1904）p. 281.
＊51　鉄道状況に関する記述はハワードの卓越した分析に基づいている。Howard, *op. cit.*, pp. 374-8.
＊52　Ernouf, *Histoire des Chemins de Fer Français pendant la Guerre Franco-Prussienne*（Paris, 1874）p. 64を参照。
＊53　E.g. G. C. Shaw, *Supply in Modern War*（London, 1938）pp. 82-90.
＊54　Moltke, *Militärische Werke*, iv, 287.
＊55　Kaehne, *op. cit.*, pp. 129-31.
＊56　Moltke, *Militdrische Werke*, iv, 289.
＊57　第２軍については Kaehne, *op. cit*, p. 163を参照。モルトケ自身が認めているように、第1軍は現地調達して自給しなければならなかった。
＊58　メッツ付近での補給の困難な状況については W. Engelhardt, 'Rückblicke auf die Verpflegungverhältnisse im Kriege 1870/71', Beiheft 11 zum Militärwochenblatt, 1901, p. 509以下を参照。1870年、エンゲルハートは第２軍の補給担当将校だった。
＊59　このエピソードの全体についてはA. Hold, 'Requisition und Magazinsverpflegung während

＊8　H. M. Hozier, *The Seven Weeks' War* (London and New York, 1871) p. 80.

＊9　Schreiber, *op. cit.,* pp. 106-7; E. Bondick, *Geschichte des Ostpreussischen Train Battalion Nr. 1* (Berlin, 1903) pp. 31-2.

＊10　H. von Moltke, *Dienstschriften* (Berlin, 1898) ii, pp. 254-5.

＊11　*Ibid*, pp. 250-1. 士気に影響がなかったわけでもない。E. von Fransecky, *Denkwürdigkeiten* (Berlin, 1913) i, 203, 213.

＊12　H. Kaehne, Geschichte des Königlich Preussischen Garde-Train-Battalion (Berlin, 1903) p. 98.

＊13　H. von François, Feldverpflegung bei der höheren Kommandobehörden (Berlin, 1913) pp. 8-9.

＊14　*Ibid*, p. 30. ケーニヒグレーツ会戦では、ライフル銃1丁につき平均1発の弾丸しか発射されなかった。

＊15　Stoffel, *Rapports Militaires 1866-70* (Paris, 1872) pp. 452-3. 大砲の弾薬量に関する正確な数字を見つけることはできなかったが、大砲の消費量もまた定期的な再補給が必要なかったほど低かった。

＊16　Kaehne, *op. cit.,* pp. 95-6.

＊17　W. Heine, 'Die Bedeutung der Verkehrswege für Plannung und Ablauf militärischer Operationen', *Wehrkunde*, 1965, pp. 424-5を参照。

＊18　K. E. von Pönitz, *Die Eisenbahnen und ihre Bedeutung als militärische Operationslinien* (Adorf, 1853) *passim*.

＊19　これらの数字は Anon, *De l'Emploi des Chemins de Fer en Temps de Guerre* (Paris, 1869) pp. 5-7による。また H. L. W., *Die Kriegführung unter Benutzung der Eisenbahnen* (Leipzig, 1868) pp. 6-12も参照。

＊20　D. E. Showalter, 'Railways and Rifles; the Influence of Technological Developments on German Military Thought and Practice, 1815-1865', (University of Minnesota Diss, 1969) p. 43 以下を参照。

＊21　これらの努力については F. Jacqmin, *Les Chemins de fer pendant la guerre de 1870-71* (Paris, 1872) p. 58 以下を参照。

＊22　H. L. W., *op. cit.,* pp. 15-23.

＊23　Stoffel, *op. cit.,* pp. 15, 22-3.

＊24　Moltke to general von der Mülbe, 2 July 1866; Same to Same, 6 July 1866; *Dienstschriften*, ii, pp. 241-2, 249.

＊25　Moltke to Officers Commanding I and II Armies, 5 July 1866, *Dienstschriften*, ii, p. 249; also H. von Moltke, *Militärische Werke* (Berlin, 1911) iv, 231-2.

＊26　*Dienstschriften*, ii, 344-5.

＊27　H. L. W. , *op. cit.,* p. 74.

＊28　*Ibid*, p. 75 以下を参照。こうした事実はフランスの文献 M. Niox, *De l'Emploi des Chemins de Fer pour les Mouvements Stratégiques* (Paris, 1873) pp. 82-7 によって実証されている。

＊29　Showalter, *loc. cit.,* p. 69; H. von Boehn, *Generalstabgeschäfte; ein Handbuch für Offiziere oiler Waffen* (Potsdam, 1862) p. 305.

＊30　Moltke, *Militärische Werke*, i, p. 1以下を参照。

＊31　Wilhelm Rex, *op. cit.,* ii, 254-65.

＊32　Showalter, *loc. cit.,* pp. 30-1, 39, 81, 87.

＊33　F. List, 'Deutschlands Eisenbahnsystem im militärischer Beziehung', in: E. von Beckerath and O. Stühler eds., *Schriften, Reden, Briefe* (Berlin, 1929) iii, 261-5.

＊34　Showalter, *loc. cit.,* pp. 38, 68; 一時、モルトケもこの意見を共有していた。

＊35　'Moltkes Kriegslehre', in *Militärische Werke*, iv, p. 210.

Generals von der Infanterie Carl Friedrich von Toll (Leipzig, 1865) i, 317.

*52　Christin to Napoleon, 15 July 1812; Mortier to Napoleon, 13 July 1812; Lefebvre to Mortier, 21 July 1812; Murat to Napoleon, 31 July 1812; Fabry, *op. cit.*, ii, 500, 443, 54-5, 366.

*53　Napoleon to Eugène, 18 July 1812; Schwartzenberg to Berthier, 19 July 1812; *ibid*, i, 591, 639.

*54　Printed in A. Chuquet, 1812, *la Guerre de Russie* (Paris, 1912) i, 60-2.

*55　この間、「大陸軍（グランダルメ）」の残存部隊はスモレンスク、ビテブスク、ヴィルナで何度も十分な蓄えのある軍需品倉庫に出くわした。その都度、飢えた軍隊は糧食に群がり、大部分を浪費し、秩序ある分配など不可能だった。

*56　Murat to Napoleon, 6 July 1812, Fabry, *op. cit.*, i, 262. リトアニアでは1812年は「信じられぬほどの大豊作」の年だった。Cäncrin, *op. cit.*, p. 81.

*57　Perjes, *loc. cit.*, p. 221. For Clausewitz's perorations against Pfuel see *The Campaign of 1812 in Russia* (London, 1843) ch. i.

*58　Caulaincourt, *op. cit.*, pp. 66-8.

*59　ナポレオンは30万1,000人の将兵でネマン川を渡河したが、スモレンスク（８月15日）10万人が隊列を離れ、ボロージノでは16万人しか残っていなかった。モスクワに進攻したとき、約10万を数えた軍隊はさまざまな分遣隊に分かれていたが、後に合流している。

*60　9月25日、モスクワにいた軍隊は依然として877丁の銃と砲兵を支援するための3,888台の車両が残っていた。Grande Armée, 'Situation de l'Artillerie Française et Alliée à l'Epoque du 25.9.1812', Depôt de Guerre file C^2 524.

*61　A. von Bülow, *Lerhsätze des neueren Krieges oder reine und angewandete Strategie* (Berlin, 1806 ed.) pp. 26-8を参照。

*62　特に次の文献を参照。J. Colin, *L'Education Militaire de Napoléon* (Paris, 1901) chps. iii-vi; A. Quimby, *The Background to Napoleonic Warfare* (New York, 1957) chp. xiii; and A. M. J. Hyatt, 'The Origins of Napoleonic Warfare; a Survey of Interpretations', *Military Affairs*, 1966, pp. 177-85.

*63　参考資料として N. Brown, *Strategic Mobility* (London, 1963) p. 214以下を参照。ここに「完全編成の軍団は……戦線と直交した2本の良好な経路と横方向に横断できる経路を必要とする」と書かれている。ナポレオンはただ「アーメン」と祈るしかなかっただろう。

*64　1810年、ナポレオンはスペインにいるル・アーブルに次のように語った。「現地で軍を養い、兵に給与と衣服を与える手段を獲得できるようレリダから数百万の寄付を徴収する命令を出せ。スペインの戦争は大規模な兵力を必要とし、貴殿に送金するのは不可能であることを理解すべきだ。戦争で戦争を養うべきである」。*Correspondance*, xx, No. 16521.

第三章

*１　４月28日から５月16日までの間に、チャールズ大公はチャムからアスペルンまで200マイル（約330キロメートル）以上を休むことなく進軍し、ナポレオンに最初の手痛い打撃を与えるのに十分な態勢で到着した。

*２　A. de Roginat, Considérations sur l'art de la Guerre (Paris, 1816) pp. 439-73.

*３　C. von Clausewitz, *On War* (London, 1904) ii, 71-2, 86-107.

*４　Meixner, *op. cit.*, i, part ii, p. 17以下を参照。

*５　*Ibid*, p. 116以下を参照。

*６　Wilhelm Rex, *Militärische Schrifte* (Berlin, 1897) ii, p. 146ff.

*７　この戦役については、Schreiber, *Geschichte des Brandenburgischen Train-Battalions Nr. 3* (Berlin, 1903) pp. 60-80を参照。

＊28　Murat to Napoleon, 7 November 1805, Alombert-Colin, *op. cit.*, 580-581.
＊29　Căncrin, *Über die Militärökonomie im Frieden und Krieg*（St Petersburg, 1821）pp. 230-2.
＊30　例えば Mortier to Berthier, 26 November 1805, Depôt de Guerre file C^2 8を参照。
＊31　M. Dumas, *Précis des Evénements Militaires 1799-1814*（Paris, 1822）xiv, 128.
＊32　これらの作戦行動については H. de Nanteuil, *Daru et l'Administration militaire sous la Révolution et l'Empire*（Paris, 1966）p. 141以下を参照。
＊33　See J. Tulard, 'La Depôt de la Guerre et la préparation de la Campagne en Russie', *Revue Historique de l'Armée*, 1969, 3, p. 107ff.
＊34　Napoleon to Davout, 17 April 1811, *Correspondance Militaire de Napoléon I*（Paris, 1895）vii, No. 1282.
＊35　Napoleon to Lacue, 13 January 1812, *ibid*, No. 1388.
＊36　'Instruction dicté par sa Majesté le 16.3.1812 sur le Service administratif de la Grande Armée', Depôt de Guerre file C^2 120.
＊37　Napoleon to Lacue, 4 April 1812, *Correspondance Militaire*, vii, Nos. 1317, 1324.
＊38　Note to Berthier, 7 April 1812, Depôt de Guerre file C^2 122.
＊39　Grande Armée, 'Etat abrégé des principaux objets existants dans les cinq Places d'Allemagne occupés par l'Armée a l'Epoque du 1.5.1812', Dêpot de Guerre file C^2 524.
＊40　Grande Armée, 'Situation des deux Equippages de Siège de la Grand Armée à l'Epoque du 1.5.1812', *ibid.*
＊41　G. Perjes, 'Die Frage der Verpflegung im Feldzuge Napoleons gegen Russland', *Revue Internationale d'Histoire Militaire*, 1968, p. 205.
＊42　ナポレオンはセギュールに対し、糧食は戦闘がヴィルナ付近で戦われるまで持ちこたえればよいと語った。その後は「勝利が満たしてくれる」。P. de Ségur, *Histoire de Napoléon et de la Grande Armée pendant l'année 1812* n.p., n.d）i, 154. ナポレオンの回想録を文字どおり受けとめれば、彼はボロジノ、すなわち辺境地域に至る前に200リーグ（500マイル）戦闘を繰り広げるつもりだった。*Vie politique et militaire de Napoléon, racontée par lui-même*（Brussels, 1844）ii, p. 194.
＊43　J. Ullmann, *Studie über die Ausrüstung sowie über das Verpflegs- und Nachschubwesen im Feldzug Napoleon I gegen Russland im Jahre 1812*（Vienna, 1891）pp. 44-5.
＊44　E. Tarlé, *Napoleon's Invasion of Russia 1812*（London, 1942）p. 65.
＊45　プフエルの計画の詳細は Smitt, *op. cit.*, p. 439以下を参照。プフエルはナポレオンが９日間の補給物資でネマン川を渡河し、ドリッサに到着するには９日間以上を要するだろうが、ナポレオンはわずか2,500平方マイルの地域から補給物資を徴発することができると考えていた。１日に25万レーション（口糧）の消費を満たすには、この地域の住民１人当たり50レーションを納入しなければならない計算になるが、それは不可能な数字だった。
＊46　Napoleon to Berthier, 25 June 1812, in L. G. Fabry, *Campagne de Russie 1812*（Paris, 1912）i, 10.
＊47　この問題に関するのちの作者によるコメントを見ると、７月12日にモルティエが「各車両が１トン以上の積荷を積載している６個段列大隊が『ゆっくり移動すれば、統制のとれた行進をしている』」とナポレオンに報告しているのを読むのは興味深い。*Ibid*, p. 121.
＊48　A. de Caulaincourt, *With Napoleon in Russia, the Memoirs of Général de Caulaincourt*（New York, 1935）p. 86.
＊49　モルティエとルフェーヴルは、現地住民たちから受けた「この上なくすばらしい協力」をナポレオンに報告した。Fabry, *op. cit.*, i, 599, ii, 24, *passim*.
＊50　Davout to Napoleon, 20 July 1812; Bourdesoulle to Davout, 27 July 1812; *ibid*, ii, 29, 275.
＊51　Smitt, *op. cit.*, p. 153; Bernardi, *Denkwürdigkeiten aus dem Leben des kaiserlich-russischen*

＊5　C. J. F. T. Montholon ed., *Recits de la captivité de l'empereur Napoléon à Sainte Hélène* (Paris, 1847) ii, 133-34.

＊6　'Notes on the town of Erfurt', August 1811, in: Picard ed., *Napoléon, Précepts et Jugements* (Paris, 1913) p. 198; Grouard ed., *Mémoirs écrits en Sainte Hélène* (Paris, 1822-) i, 285.

＊7　モントロンはセント・ヘレナ島からの手紙で、管理官とその中の一部を将軍に任せることは必要だと認識していたが、「私には不快だった」と書いている。Montholon, *op. cit.*, i, 452-3.

＊8　Département de la Guerre/Bureau du Mouvement directive, 25 August 1805, printed in P. C. Alombert and J. Colin, *La Campagne de 1805 en Mlemagne* (Paris, 1902) i, 272-5.

＊9　Berthier to Davout, 27 August 1805; Berthier to Marmont, 28 August 1805; Berthier to Bernadotte, 28 August 1805; *ibid*, 344, 367-8, 369-70.

＊10　Desportes to Berthier, 30 September 1805; Barbe-Marbois to Dejean, 11 December 1805; *ibid*, ii, 93-4, 94-5.

＊11　J. Fortescue ed., *Notebook of Captain Coignet* (London, 1928) p. 117.

＊12　Napoleon to Dejean, 23 August 1805; Napoleon to the Elector of Bavaria, 25 August 1805; *Correspondance*, x, 123, 138-9.

＊13　Alombert-Colin, *op. cit.*, i, 583に掲載されたリストによる。

＊14　Napoleon to Berthier, 15 September 1805, *Correspondance*, x, 203-4; Otto to Berthier, 21 September 1805; Murat to Napoleon, 21 September 1805; in Alombert-Colin, *op. cit.*, i, 575, 576-8.

＊15　砲兵隊は別として、マック将軍は６万人の軍隊に必要な四頭立て馬車をひくのに3,938頭の従軍馬をもっていた。A. Krauss, *Der Feldzug von Ulm* (Vienna, 1912) pp. 502-3を参照。

＊16　Soult to Murat, 22 September 1805; Davout to Petiet, 23 September 1805; Alombert-Colin, *op. cit.*, ii, 104, 553-4.

＊17　Napoleon to Murat, 21 September 1805, *Correspondance*, x, 232-3.

＊18　Ney order, 26 September 1805, Alombert-Colin, ii, 466-9.

＊19　Bernadotte to Berthier, 2 October 1805. Depôt de Guerre file No. C^2 4.

＊20　もし時期が穀物の収穫期にあたり、その地域の年間最大収穫量――おそらく住民一人当たり3.5 q――が満たされていたとすれば、この数字はさほど驚くにあたらないように思われる。プフール村は自給自足していたと仮定すれば、2,100 qの穀物の蓄えがあったにちがいなく、ランヌが５日間滞在したとすれば600以上を消費することなどできなかっただろう。重要な問題は穀物を見つけることではなく、穀物をすりつぶして粉にすることだった。それが、略奪者たちがいつも最初に探そうとするのが粉ひき器であり、見張りをつけなければならなかった理由である。１年当たりの糧食消費量については、Perjes, *loc. cit.*, p. 6を参照。

＊21　Andreossy to Petiet, 4 October 1805, Alombert-Colin, *op. cit.*, ii, 774.

＊22　Salligny to Soult's divisional commanders, 19 October 1805, *ibid*, iii, 960-1.

＊23　経路全体の距離が約200マイルであるとすれば、各馬車は1日に20マイル程度を走破すればよかったことになる。

＊24　Note of 1. Division, 6. corps, 29 September 1805, Depôt de Guerre file C^2 3.

＊25　ナポレオンの作戦計画について正確な詳細はわからない。しかし、ナポレオンは場所がどこであれロシア軍を見つけ、それを撃破することを狙っていたようであり、彼はウィーンに到着する前の11月上旬にそうなることを期待していた。

＊26　100年も前から、全体的にオーストリアは軍を援助するのに十分に豊かな地域だと見なされていた。Perjes, *loc. cit.*, p. 4.

＊27　Journal Division Friant, in Alombert-Colin, *op. cit.*, iv, 589-90. 1805年10月30日、ヴァンダムの師団は糧食の余剰を抱えていたため、リーダウの軍需品倉庫に余剰品を送るよう命ぜられた。Depôt de Guerre, file No. C^2 6.

*76　640エーカーは1平方マイルに相当する。
*77　現地住民は軍の2倍の効率で馬を飼育しているという仮定に基づく。
*78　筆者はこの時期の住民の数と馬の数の比率について具体的数字を見つけ出せていない。1812年、Pfuel 将軍はロシア西部の貧困地域を対象に、その比率を概ね1対3とはじき出している。Smitt, *Zur näheren Aufklärung über den Krieg von 1812*（Leipzig, 1861）p.439 以下を参照。
*79　Perjes, *loc. cit.*, p. 26以下を参照。
*80　*Supplying War*, p. 102-103 を参照。本書141頁～142頁を参照。
*81　例えば1683年から1684年のフランス軍によるブルージュおよびモンスの包囲戦がある。Hardre, *op. cit.*, pp. 314-15, 337.
*82　Rohan, *op. cit.*, p. 318; Montecuccoli, *op. cit.*, pp. 45-6; G. A. Bölcker, *Schola Militaris Moderna*（Frankfurt am Main, 1685）p. 68.
*83　ヴォーバン（*Traité des Siéges et del'Attaque des Places*, Paris, 1828, i, 14-15）は「堅固な」要塞を1カ月間で攻略するのに6万人の歩兵と1万6,000発の砲弾（130門のさまざまな口径の銃砲から射撃された）を要したと見積もっている。これに基づき、歩兵1人当たり12発の弾丸とし、弾丸1発が平均12ポンドであると仮定すると（火薬量は発射された弾丸1発の50パーセントの重量とすることを含めて）、弾薬の総重量は132トンに達したということになる。
ヴォーバンは軍隊の強さについては言及していない。1692年、ルイ14世は6万人の将兵と151門の大砲でモンスを包囲し、その間、救援部隊の来援を阻止するため6万から成る部隊を離れた場所に駐留させた。ヴォーバンの130門と歩兵4万人という控えめな数字を用いたと仮定して、1カ月間の包囲期間中における糧食消費量は1,600トンであり、それは上記弾薬量の10倍以上となる。この規模の軍隊に必要な従軍馬2万頭分の所要を計算に入れれば、弾薬重量の割合は全体の2パーセント以下に減ってしまう。
*84　W. Greene, *The Gun and its Development*（London, 1885）p. 45.
*85　Clausewitz, *On War*, books i, iv; Delbrück, *op. cit.*, vol. iv *passim*.
*86　オイゲン公、マールバラ公、フリードリヒ二世の進軍については既述のとおり。「当時の軍需品倉庫に頼らず」、オイゲン公とマールバラ公はトゥーロンを目指すフランスの Tesse 将軍より進軍力で劣った。他のフランスの指揮官たちは、偉大なイギリス人〔マールバラ公〕の速度にひけを取らない速度でストラスブールからバイエルン地方に進軍することができた。
*87　Scoullier, *loc. cit.*, p. 205を参照。軍需品倉庫を活用せずに遂行された1706年の有名なトリノへの進軍の間、オイゲン公は自分の携行物品の分量を減らすため、ある町を包囲し、攻略する必要に迫られた。Eugene to the Prince of Hesse-Kassel, 5 August 1706, in P. Pieri ed., *Principe Eugenio di Savioa, la Campagna d'ltalia del 1706*（Rome, 1936）p. 179.
*88　Cf. Vault, *op. cit.*, v, 790-4.
*89　この点については Aubry, *op. cit.*, p. 16を参照。
*90　例えば Dupré d'Aulnayの研究。
*91　Meixner, *op. cit.*, i, i, 11-14を参照。

第二章

*1　ナポレオンの1796年の作戦計画はブールヤが作成したものだった。
*2　できるだけ多くの要塞を築くことに最大の関心をもっていたヴォーバンは、自著に掲げた数多くの美徳の中に「輜重隊を阻止する能力」を含んでいなかったことは重要である。
*3　Vauban, *op. cit.*, i, 8-9.
*4　Napoléon to Eugene Beauharnais, 16 March 1809, *Correspondance de Napoléon Premier*（Paris, 1863-）, xviii, No. 14909.

が安全に到着できた」。
＊46　例えばブルージュやモンスの包囲戦。Hardre, *op. cit.,* pp. 314-15, 337にあるルーヴォアの手記を参照。
＊47　例えば Liddell Hart, *op. cit.,* pp. 23-7; O. L. Spaulding, H. Nickerson and J. W. Wright, *Warfare*（London, 1924）p. 550ff.
＊48　Guibert, *op. cit.,* ii, 295.
＊49　H. Delbrück, *Geschichte der Kriegskunst in Rahmen der politische Geschichte*（Berlin, 1920）ivを参照。
＊50　M. de Saxe, *Reveries, or Memoirs upon the Art of War*（London, 1957）p. 8.
＊51　F. W. von Zanthier, *Freyer Auszug aus des Herrn Marquis von Santa-Cruz de Marzenado*（Göttingen, 1775）pp. 56-7.
＊52　フリードリヒ二世の言葉とされている。H. de Catt, *Frederick the Great; the Memoirs of his Reader*（Boston, 1917）ii, 223から引用。
＊53　J. F. Korn, *Von den Verpflegungen der Armeen*（Breslau, 1779）p. 20.
＊54　K. von Clausewitz, *Hinterlassene Werke*（Berlin, 1863）x, p. 69.
＊55　Korn, *op. cit.,* pp. 82-6. J. Luvaas ed., *Frederick the Great on the Art of War*（New York, 1966）pp. 110-11; Ch. Aubry, *Le Ravitaillement des Armées de Frédéric le Grand et de Napoléon*（Paris, 1894）p. 13.
＊56　Clausewitz, *On War*, ii, p. 87ff.
＊57　G. Murray ed., *The Letters and Dispatches of John Churchill, First Duke of Marlborough*（London, 1845）i, 291-92.
＊58　J. Fortescue, *The Early History of Transport and Supply*（London, 1928）p. 12.
＊59　Murray, *op. cit.,* i, 226, 240.
＊60　*Ibid*, 289, 311.
＊61　例えば Marlborough to the Magistrates of Schrobenhausen, 24 July 1704, *ibid*, 371-2を参照。
＊62　Marlborough to Harley, 28 August 1704, ibid, 437; J. Millner, *A Compendious Journal of all the Marches, Famous Battles, Sieges... in Holland, Germany and Flanders*（London, 1773）p. 132; また R. E. Scoullier, 'Marlborough's Administration in the Field', *Army Quarterly*, 95, p. 203.
＊63　Murray, *op. cit.,* i, 301.
＊64　*Ibid*, 363, 367-8.
＊65　*Ibid*, 368, 370.
＊66　Ibid, 382; also F. Taylor, *The Wars of Marlborough 1702-1709*（London, 1921）i, 187-96.
＊67　Millner, *op. cit.,* p. 111.
＊68　例えば、ランダウの包囲戦がそうであった。Murray, *op. cit.,* i, 497.
＊69　Dupré d'Aulnay, *Traité générale des subsistances militaires*（Paris, 1744）pp. 150-60.
＊70　例えば Luvaas, *op. cit.,* pp. 111-13の記述を参照。また Perjes, *loc. cit.,* pp. 17-19も参考になる。
＊71　O. Meixner, *Historischer Rückblick auf die Verpflegung der Armeen im Felde*（Vienna, 1895）i, part i, 23-4.
＊72　Based on Perjes, *loc. cit.,* pp. 4-5.
＊73　これらの数字はPuységur の文献に基づいており、18世紀の初めにはソビエト連邦の通りだった。1740年代の数字について、Dupré d'Aulnayは６万の軍隊にわずか８万個のレーション（口糧）で済んだと計算していた。
＊74　ヨーロッパではこの数字は低すぎる。一平方マイルの人口密度は約45人（プロシャ）と110人（ロンバルディア）の間で幅がある。
＊75　Puységur, *op. cit.,* ii, 64.

270.

＊19　1629年１月、ヴァレンシュタインは「リューゲン島では、将兵たちはためらうことなく犬や猫を食べている。農民たちは飢餓や絶望から海に飛び込んで溺死している」と書いている。

＊20　Roberts, *Gustavus Adolphus*, ii, 471.

＊21　Th. Lorenzen, *Die schwedische Armee im Dreissigjährigen Kriege* (Leipzig, 1894) pp. 22-3から引用。

＊22　L. Hammerskiöld, 'Ur Svenska Artilleriets Hävder', supplement to Artillerie-Tidskrift, 1941-4, p. 169.

＊23　R. Monro, *His Expeditions with the Worthy Scots Regiment* (London, 1634) ii, 89. の記述を参照。

＊24　Roberts, *Gustavus Adolphus*, ii, pp. 676-7.

＊25　L. Tingsten, 'Nagra data angaende Gustaf II Adolfs basering och operationsplaner i Tyskland 1630-32', *Historisk Tidskrift*, 1928, pp.322-37を参照。

＊26　L. André ed., *Le Testament Politique du Cardinal de Richelieu* (Paris, 1947) p. 480.

＊27　この時代の戦い方の一般的特徴については P. Pieri, 'La Formazione Dottrinale de Raimondo Montecuccoli', *Revue Internationale d'Histoire Militaire*, 1951, esp. pp. 98-100を参照。

＊28　Rohan, *op. cit.*, pp. 331-2.

＊29　M. A. Cherul ed., *Lettres de Mazarin* (Paris, 1872) vols. ii, iiiを参照。ル・テリエによる改革の全般については L. André, *Michel Le Tellier et l'Organisation de l'Armée Monarchique* (Paris, 1906) p. 457 以下を参照。

＊30　P. Marichel ed., *Mémoires du Maréchal du Turenne* (Paris, 1914) ii, pp. 115, 153 以下を参照。

＊31　Audouin, *op. cit.*, ii, 236-7.

＊32　当時の兵士の消費算出法の一例については R. Montecuccoli, *Opere* (ed. U. Foscolo, Milan, 1807) pp. 46-7を参照。

＊33　C. Rousset, *Histoire de Louvois* (Paris, 1862) i, 1, p. 249 以下を参照。

＊34　Louvois to Montal, 18 August 1683, printed in J. Hardre ed., *Letters of Louvois* (Chapel Hill, N.C., 1949) pp. 234-5.

＊35　Louvois to Plesis, 8 June 1684; Louvois to Charuel, 11 June 1684, *ibid*, pp. 362, 364.

＊36　Louvois to Humiers, 21 September 1683, *ibid*, p. 265.

＊37　Louvois to Bellefonds, 21 March 1684, *ibid*, pp. 489-90.

＊38　Puységur, *Art de la guerre par principles et règles* (Paris, 1743) ii, p. 64, これによると兵士と馬の比率は3対2となる。

＊39　J. A. H. de Guibert, Essai *Général de Tactique* (Paris, 1803) II, pp. 265-6; B. H. Liddell Hart, *The Ghost of Napoleon* (London, 1932) p.27ff.

＊40　Louvois to de la Trousse, 17 May 1684; Louvois to Breteuil, 25 April 1684; Hardre, *op. cit.*, 352-3, 347.

＊41　De Boufflers to Louis XIV, 22 June 1702, printed in F. E. Vault ed., *Mémoires militaires relatifs à la Succession d'Espagne sous Louis XIV* (Paris, 1836) i, 59-61; Houssaye memorandum, 17 July 1705, *ibid*, v, 790-4.

＊42　Puységur to Chamillart, April 1702, *ibid*, ii, 17-19.

＊43　Louvois to Chamlay, 12 June 1684, Hardre, *op. cit.*, pp. 366-7.

＊44　G. Perjes, 'Army Provisioning, Logistics and Strategy in the Second Half of the 17th Century', *Acta Historica Academiae Scientarium Hungaricae*, 16, p. 27 と脚注64.

＊45　「進路は塞がれ、ホラント州との通信は断たれた。マールバラ公が多大な労力と卓越した技能を発揮して敵に蹂躙された国々を通じた新たな通信を切り開いた。これにより、待ち望んだ輜重隊

原注

序章

＊1　A. H. Jomini, *The Art of War* (Philadelphia, 1873) p. 225.
＊2　R. Glover, 'War and Civilian Historians', *Journal of the History of Ideas*, 1957, p. 91.
＊3　G. Riter, *The Schlieffen Plan* (London, 1957) に寄せたリデルハートの序文（同書pp. 6-7）を参照。

第一章

＊1　詳細な数字については、G. Parker, *The Army of Flanders and the Spanish Road* (Cambridge, 1972) p. 28を参照。
＊2　S. Stevins, Castramentatio, dot is Legermething (Rotterdam, 1617) pp. 25-7.
＊3　J. W. Wijn, *Het Krijgswezen in den Tijd van Prins Maurits* (Utrecht, 1934) p. 386を参照。スペインの状況はさらにひどかった。1606年、スピノラは1万5,000人の将兵に2,000台から2,500台の荷馬車を必要とした。
＊4　監督官の職務の好例として、1582年にフランソワ・アランソン公の軍の監督官としてアラン・ヴァン・ドルプを任命した命令書（J. B. J. N. van der Schweren ed., *Brieven en Uitgegeven Stukken van Arend van Dorp* (Utrecht, 1888) ii, 2-9に掲載）を参照。
＊5　G. Basta, *11 Maestro di Campo Generale* (Venice, 1600) p. 8.
＊6　部隊単位の従軍商人の数を制限する布告はしばしば発せられたが、執行されることは稀であった。
＊7　そうしたルートの典型例が有名な「スペイン道」であり、イタリアからオランダに部隊を進軍させるのに何世代にもわたって指揮官たちが利用した。駐屯地の組織化については Parker, *op. cit.*, pp. 80-105を参照。
＊8　これは重要な要点であった。例えば the Duc de Rohan, *Le Parfaict Capitaine* (Paris, 1636) p. 198を参照。
＊9　F. Redlich, 'Military Entrepreneurship and the Credit System in the 16th and 17th Centuries', *Kyklos*, 1957, pp. 186-93を参照。
＊10　シュリーについては X. Audouin, *Histoire de l'Administration de la Guerre* (Paris, 1811) ii. p. 39以下を参照。スピノラについては J. Lefevre, *Spinola et la Belgique* (Paris, 1947) pp. 45-51を参照。
＊11　ヴァレンシュタインによる補給については M. Ritter, 'Das Kontributionsystems Wallensteins', *Historische Zeitschrift*, 90, pp. 210-11を参照。また F. Redlich, 'Contributions in the Thirty Years' War', *Economic History Review*, 1959, pp. 247-54を参照。.
＊12　Wijn, *op. cit.*, pp. 383-5.
＊13　例えば、1605年のスピノラによるフリースラント〔オランダ領内〕征服がある。
＊14　M. Roberts, *The Military Revolution* (Belfast, 1956) pp. 15-16を参照。
＊15　H. Hondius, *Korte Beschrijving ende afbeeldinge van de generale Regelen van de Fortificatie* (The Hague, 1624) p. 43. なお1ラストは4480ポンドに相当。
＊16　マウリッツの作戦行動については A. Duyck, *Journaal* (I.Muller ed., The Hague, 1886) iii, 384, 389 以下に詳細が記述されている。
＊17　「最後の犬釘」(last spike) が打ち込まれるまでの詳細なリストについては Stevins, *op. cit.*, p. 45以下を参照。
＊18　M. Roberts, *Gustavus Adolphus, A History of Sweden 1611-1632* (London, 1958) ii, 228-34,

I. Unprinted
A. Material at States House, Medmenham, Bucks (the Liddell Hart Centre for Military Archives) : file, No. 15/15/30, 15/15/47, 15/15/48 of the Chester Wilmot Collection
B. Files at the Public Record Office, London:
WO/171/146, WO/171/148, WO/205/247, WO/219/259, WO/219/260, WO/219/2521, WO/219/2976, WO/219/3233.
II. Printed
A. American Official Histories
Bykofsky, J. and Larson, H. *The Transportation Corps* (*Washington*, D.C., 1957)
Harrison, G. A. *Cross Channel Attack* (Washington, D.C., 1951)
Ross, W. F. and Romanus, C. F. *The Quartermaster Corps; Operations in the War Against Germany* (Washington, D.C., 1965)
Ruppenthal, R. G. *Logistical Support of the Armies* (Washington, D.C., 1953)
B. British Official Histories
Ellis, H. *Victory in the West* (London, 1953)
Ehrman, J. *Grand Strategy* (London, 1956) vol. v
C. Other printed sources
Administrative History, 21. Army Group (London, n.d.)
Bradley, O. M. *A Soldier's Story* (London, 1951)
Busch, E. 'Quartermaster Supply of Third Army', *The Quartermaster Review*, November-December 1946, pp. 8-11, 71-8
Butcher, H. C. *Three Years with Eisenhower* (London, 1946)
Chandler, A. D., ed., *The Papers of Dwight David Eisenhower* Baltimore, Md., 1970)
Eisenhower, D. D. *Crusade in Europe* (London, 1948)
Greenfield, K. R., ed., *Command Decisions* (London, 1960)
Huston, J. A. *The Sinews of War* (Washington, D.C., 1966)
Liddell Hart, B. H. 'Was Normandy a Certainty?' in *Defense of the West* (London, 1950)
Montgomery, B. L. *Memoirs* (London, 1958)
Morgan, F. *Overture to Overlord* (London, 1950)
'Musketeer', 'The Campaign in N.W. Europe, June 1944-February 1945', *Journal of the Royal United Services Institute*, 1958, pp. 72-81
Patton, G. S. *War as I Knew It* (London, n.d.)
Wilmot, C. *The Struggle for Europe* (London, 1952)

第八章

Leighton, R. M. 'Logistics' in *Encyclopaedia Britannica*, 14th edition (London and New York, 1973)
Muraise, E. *Introduction à I' Histoire militaire* (Paris, 1964)
Wavell, A. C. P. *Speaking Generally* (London, 1946)
Wheldon, J. *Machine Age Armies* (London, 1968)

OKH/Genst.d.H/Op.Abt.（III & IIb）, Meldungen Nordafrika, GMR/T-78/325
OKH/Genst.d.H/Op.Abt.（IIb）, Tagesmeldungen Nord-Afrika, GMR/T-78/324
OKH/Genst.d.H/Org.Abt.（III）, KTB, GMR/T-78/414/6382356
Stato Maggiore Generale, Verbale del Colloquio tra l'Eccelenza Cavallero ed il Maresciallo Keitel, 25.8.1941, IMR/T-821/9/000322
Also on microfilm:
B. Mueller-Hillebrand, 'Germany and her Allies in World War II' unpublished study, US Army Historical Division MS No. P-108, GMR/63-227
II. Published
Assmann, K. *Deutsche Schicksahliahre*（Wiesbaden, 1951）
Baum, W. and Weichold, E. *Der Krieg der Assenmächte im Mittelmeer-Raum*（Göttingen, 1973）
Becker, C. *Hitler' s Naval War*（London, 1974）
Bernotti, R. *Storia della guerra nel Mediterraneo*（Rome, 1960）
Bragadin, M. A. *The Italian Navy in World War II*（Annapolis, Md., 1957）
Brant, E. D. *Railways of North Africa*（Newton Abbot, Devon, 1971）
Cavallero, U. *Commando Supremo*（Bologna, 1948）
Detwiller, D. S. *Hitler, Franco und Gibraltar*（Wiesbaden, 1962）
Documents on German Foreign Policy（Washington, D.C., and London, 1948-）, series D. vol. xi
Faldella, E. *L' Italia e la seconda guerra mondiale*（Bologna, 1959）
Favagrossa, C. *Perché perderemo la guerra*（Milan, 1947）
Gabriele, M. 'La Guerre des Convois entre l'Italie et l'Afrique du Nord', in Comité d'Histoire de la Deuxième Guerre Mondiale ed., *La Guerre en Mediterranée 1939-1945*（Paris, 1971）
Gruchman, L. 'Die "verpassten strategischen chancen" der Assenmächte, im Mittelmeeraum 1940-1941', *Vierteljarshefte für Zeitgeschichae*, 1970, pp. 456-75
Jacobsen, H. A. and Rohwehr, J. *Decisive Battles of World War II*（London, 1965）
Jäckel, E. *Frankreich in Hitlers Europa*（Stuttgart, 1966）
Kesselring, A. *Memoirs*（London, 1953）
Les Lettres secrètes échangées par Hitler et Mussolini（Paris, 1946）
Liddell Hart, B. H., *The German Generals Talk*（London, 1964）
Idem, ed., *The Rommel Papers*（New York, 1953）
Macintyre, D. *The Battle for the Mediterranean*（London, 1964）
Maravigna, R. *Come abbiamo perduto la guerra in Africa*（Rome, 1949）
Playfair, S. O. *The Mediterranean and the Middle East*（London, 1956）
Rintelen, E. von 'Operation und Nachschub', *Wehrwissenschaftliche Rundschau*, 1951, 9-10, pp. 46-51
Rochat, G. 'Mussolini Chef de Guerre*, *Revue d'histoire de la deuxième guerre mondiale*, 1975, pp. 59-79
Rosskill, S. W. *The War at Sea 1939-1945*（London, 1956）
Stark, W. 'The German Afrika Corps', *Military Review, 1965*, pp. 91-7
Stato Maggiore Esercito/Ufficio Storico ed., *Terza Offensiva Britannica in Africa Settentrionale*（Rome, 1961）
Westphal, S. *Erinnerungen*（Mainz, 1975）
Idem ed., *The Fatal Decisions*（London, 1956）
Weygand, M. *Recalled to Service*（London, 1952）

第七章

Idem, 'Sturm bis Moskaus Tore', *Wehrwissenschaftliche Rundschau*, 1956, pp. 349-65, 423-39
Bork, M. 'Das deutsche Wehrmachttransportwesen - eine Vorstufeeuropäischer VerkehrsFührung', *ibid*, 1952, pp. 50-6
Cecil, R. *Hitler's Decision to Invade Russia 1941* (London, 1975)
Creveld, M. van *Hitler's Strategy 1940-41; the Balkan Clue* (Cambridge, 1973)
Idem, 'Warlord Hitler; Some Points Reconsidered', *European Studies Review*, 1974, pp. 557-79
Friedenburg, F. 'Kan der Treibstoffbedarf der heutigen Kriegsführung überhaupt befriedigt werden?' *Der deutsche Volkswirt*, 16 April 1937
Guderian, H. *Panzer Leader* (London, 1953)
Halder, F. *Kriegstagebuch* (Stuttgart, 1961-3)
Haupt, W. *Heeresgruppe Nord 1941-45* (Bad Nauheim, 1966)
Hillgruber, A. *Hitlers Strategie* (Frankfurt am Main, 1965)
International Military Tribunal, *Trial of the Major War Criminals* (Nuremburg, 1946-)
Jacobsen, H. A. *Fall Gelb* (Wiesbaden, 1957)
Idem, 'Motorisierungsprobleme im Winter 1939/40', *Wehrwissenschaftliche Rundschau*, 1956, pp. 497-518
Kreidler, E. *Die Eisenbahnen im Machtbereich der Assenmächte wahrend des Zweiten Weltkrieges* (Göttingen, 1975)
Kriegstagebuch des Oberkommando der Wehrmacht (Frankfurt am Main, 1965)
Krumpelt, I. *Das Material und die Kriegführung* (Frankfurt am Main, 1968)
Idem, 'Die Bedeutung des Transportwesens für den Schlachterfolg' , *Wehrkunde*, 1965, pp. 465-72
Leach, B. *erman Strategy against Russia* (London, 1973)
Liddell Hart, B. H. *History of the Second World War* (London, 1973)
Mueller-Hillebrand, B. *Das Heer* (Frankfurt am Main, 1956)
Overy, R. J. 'Transportation and Rearmament in the Third Reich' *The Historical Journal*, 1973, pp. 389-409
Ploetz, A. G. *Geschichte des Zweiten Weltkrieg* (Würzburg, 1960)
Pottgiesser, H. *Die deutsche Reichsbahn im Ostfeldzug 1939-1944* (Neckargemund, 1960)
Rohde, H. *Das deutsche Wehrmachttransportwesen im Zweiten Weltkrieg* (Stuttgart, 1971)
Seaton, A. *The Russo-German War* (London, 1971)
Steiger, R. *Panzertaktik* (Freiburg, i.B. 1973)
Teske, H. *Die silbernen Spiegel* (Heidelberg, 1952)
Thomas, G. *Geschichte der deutschen Wehr- und Rüstungswirtschaft 1918-1943/45* (Boppard am Rhein, 1966)
Trevor-Roper, H. R. *Hitler' s War Directives* (London, 1964)
Wagner, E. *Der Generalquartiermeister* (Munich and Vienna, 1963)
Windisch, *Die deutsche Nachschubtruppe im Zweiten Weltkrieg* (Munich, 1953)

第六章

I. Unpublished, on microfilm
DAK/Qu, KTB with Anlagen, GMR/T-314/15/000861
DAK/Qu, KTB with Anlagen, GMR/T-314/16
OKH/Genst.d.H/Eremde Heere West, Intelligence reports, North Africa, GMR/T-78/45/6427915
OKH/Genst.d.H/Op.Abt. (IIb), Chefsachen-Feindlbeurteilungen und eigene Absichten, GMR/T-78/646/0000933

pp. 69-93, 361-80
Idem, 'Strategic Movement over Damaged Railways in 1914', *ibid*, 81, pp. 315-46
OHL ed., *Militärgeographische Beschreibung von Nordost Frankreich, Luxemburg, Belgien und dem südlichen Teil der Niederlande und der Nordwestlichen Teil der Schweiz* (Berlin, 1908)
Idem, Taschenbuch für den Offizier der Verkehrstruppen (Berlin, 1913)
Poseck, M. von *Die deutsche Kavallerie 1914 in Belgien und Frankreich* (Berlin, 2nd ed., 1921)
Pratt, E. A. *The Rise of Rail-Power in War and Conquest, 1833-1914* (London, 1916)
Reichsarchiv ed., *Der Weltkrieg* (Berlin, 1921-)
Idem, Der Weltkrieg, das deutsche Feldeisenbahnwesen (Berlin, 1928)
Riebecke, O. *Was brauchte der Weltkrieg?* (Berlin, 1936)
Ritter, G. *The Schlieffen Plan, Critique of a Myth* (London, 1957)
Rochs, H. *Schlieffen, Ein Lebens- und Charakterbild für das deutsche Volk* (Berlin, 2nd ed., 1921)
Schlieffen, A. von, *Gesammelte Schriften* (Berlin, 1913)
Schwarte, M. *Die militärische Lehre des grossen Krieges* (Berlin, 1923)
Tappen, A. von, *Bis zur Marne* (Oldenburg, 1920)
Villate, R. 'L'Etat matériel des armées allemandes en Aôut et Septembre 1914', *Revue d'Histoire de la Guerre Mondiale*, 4, pp. 310-26
Voorst tot Voorst, J. J. G. van, 'Over Roermond!' appended to *De Militaire Spectateur*, 92
Wallach, J. L. *Das Dogma der Vernichtungsschlacht* (Frankfurt am Main, 1967)
Wrissberg, E. *Heer und Waffen* (Leipzig, 1922)

第五章

I. Unprinted*[1]
A. At the Militärgeschichtliches Forschungsamt, Freiburg i.B.
AOK 2/0.Qu, Anlagen zum KTB, files 16773/14
AOK 4/0.Qu, Anlagen zum KTB, files 17847/3, 17847/4, 17847/5
AOK 9/0.Qu, KTB, file 13904/1, Anlagen zum KTB, files 13904/2,13904/4, 13904/5
Aussenstelle OKH/Gen.Qu/HGr. Sud, KTB, file 27927/1, Anlagen zum KTB, file 27927/8
Pz.Gr. 1/0.Qu, KTB, file 16910/46
Pz.Gr. 2/0.Qu, KTB, file RH 21-2/v819, Anlagen zum KTB, files RH 21-2/v823, RH 21-2/v829, H 10-51/2
Pz.Gr. 4/0.Qu, KTB, file 22392/1, Anlagen zum KTB, files 13094/5,22392/22,22392/23.
B. On microfilm:*[2]
Aussenstelle OKH/Gen.Qu/HGr. Nord, KTB, GMR/T-311/111/714934
Aussenstelle OKH/Gen.Qu./HGr. Sud, Anlagen zum KTB, GMR/T-311/264/000365
Eisenbahnpionierschule, Folder with various documents, GMR/T-78/259/6205611
Grukodeis C, Folder with various documents, GMR/T-78/259/6204883
Unknown, Various documents re the *Eisenbahntruppe*, GMR/T-78/259/6204125

＊1　原文の記録には、司令部の正確な名称が曖昧な箇所がある。Aussenstelle OKH/Gen.Qu/HGr.SudはGen.Qu/Aussenstelle Sudを指し、Pz.Gr.2はグーデリアン軍集団を指すこともある。混乱を避けるため、こうした違いにこだわらず、全体にわたって統一された用語が使われている。

＊2　マイクロフィルムの収納ケースには正確な件名が記載されていないものもあり、（英語で）書かれてあるものは内容の単なる目安にしかならない。

II. Published
Beaulieu, W. C. de *Generaloberst Erich Hoepner* (Neckargemund, 1969)

1931)
Army/USA/War College, 'Analytical Study of the March of the German 1. Army, August 12-24 1914', unpublished staff study (Washington, D.C., 1931)
Asprey, R. *The Advance to the Marne* (London, 1962)
Baumgarten-Crusius, A. von, *Deutsche Heeresführung im Marnefeldzug 1914* (Berlin, 1921)
Behr, H. von, *Bei der fünften Reserve Division im Weltkrieg* (Berlin, 1919)
Bernhardi, F. von, *On War of Today* (London, 1912)
Binz, G. L., 'Die stärkere Battalione', *Wehrwissenschaftliche Rundschau*, 9, pp. 63-85
Bloem, W. *The Advance from Mons* (London, 1930)
Cochenhausen, F. von, *Heerführer des Weltkrieges* (Berlin, 1939)
Earle, E. M. *Makers of Modern Strategy* (New York, 1970 reprint)
von Falkenhausen, *Der grosse Krieg der Jetztzeit* (Berlin, 1909)
Flammer, Ph. M. 'The Schlieffen Plan and Plan XVII; a Short Critique', *Military Affairs*, 30, pp. 207-12
Förster, W. *Graff Schlieffen und der Weltkrieg* (Berlin, 1921)
Föst, *Die Dienst der Trains im Kriege* (Berlin, 1908)
François, H. von, *Marneschlacht und Tannenberg* (Berlin, 1920)
Gackenholtz, H. *Entscheidung in Lothringen 1914* (Berlin, 1933)
Goltz, C. von der, *The Nation in Arms* (London, 1913)
Gröner, W. *Der Feldherr wider Willen* (Berlin, 1931)
Idem, Lebenserinnerungen (Göttingen, 1957)
Hauesseler, H. *General Wilhelm Gröner and the Imperial German Army* (Madison, Wisc., 1962)
Haussen, M. K. von. *Erinnerungen an der Marnefeldzug 1914* (Leipzig, 1920)
Helfferich, K. von, *Der Weltkrieg* (Berlin, 1919)
Henniker, A. M. *Transportation on the Western Front, 1914-1918* (London, 1937)
Heubes, M. *Ehrenbuch der deutschen Eisenbahner* (Berlin, 1930)
Jäscke, G. 'Zum Problem der Marne-Schlacht von 1914', *Historische Zeitschrift*, 190, pp. 311-48
Jochim, Th. *Die Operationen und Rückwdrtigen Verbindungen der deutsche 1. Armee in der Marneschlacht 1914* (Berlin, 1935)
Justrow, K. *Feldherr und Kriegstechnik* (Oldenburg, 1933)
Kabisch, E. *Streitfragen des Weltkrieges 1914-1918* (Stuttgart, 1924)
Kluck, A. von, *Der Marsch auf Paris und die Marneschlacht 1914* (Berlin, 1920)
Kretschmann, W. *Die Wiederherstellung der Eisenbahnen auf dem westlichen Kriegsschauplatz* (Berlin, 1922)
Kuhl, H. von, *Der deutsche Generalstab in Vorbereitung und Durchführung des Weltkrieges* (Berlin, 1920)
Idem, and Bergmann, J. von, *Movements and Supply of the German First Army during August and September 1914* (Fort Leavenworth, Kan., 1920)
Ludendorff, E. *The General Staff and its Problems* (Berlin, 1920)
Marx, W. *Die Marne, Deutschlands Schicksal?* (Berlin, 1932)
Moltke, H. von, *Die deutsche Tragödie an der Marne* (Berlin, 1922)
Idem, Erinnerungen, Briefe, Dokumente 1877-1916 (Berlin, 1922)
Müller-Löbnitz, W. *Die Sendung des Oberstleutnants Hentsch am 8-10 September 1914* (Berlin, 1922)
Napier, C. S. 'Strategic Movement by Rail in 1914', *Journal of the Royal United Services Institute*, 80,

Beiheft zum *Militärwochenblatt*, 1866
Heine, W. 'Die Bedeutung der Verkehrswege für Plannung und Ablauf militärischer Operationen', *Wehrkunde*, 1965, pp. 424-9
von Hesse, 'Der Einfluss der heutigen Verkehrs- und Nachrichtenmittel auf die Kriegsführung', Beiheft zum *Militärwochenblatt*, 1910
Hille & Meurin, *Geschichte der preussischen Eisenbahntruppen* (Berlin, 1910)
Hold, A. 'Requisition und Magazinsverpflegung während der Operationen', *Organ der Militär-Wissenschaftlichen Vereine*, 1878, pp. 405-87
Howard, M. *The Franco-Prussian War* (London, 1961)
Hozier, H. M. *The Seven Weeks' War* (London and New York, 1871)
Jacqmin, F. *Les Chemins de fer pendant la guerre de 1870-71* (Paris 1872)
Kaehne, H. *Geschichte des Königlich Preussischen Garde-Train-Battalion* (Berlin, 1903)
Layritz, O. *Mechanical Traction in War* (Newton Abbot, Devon, 1973 reprint)
Lehmann, G. *Die Mobilmachung von 1870/71* (Berlin, 1905)
List, F. 'Deutschlands Eisenbahnsystem im militärischer Beziehung', in *Schriften, Reden, Briefe* (E. von Beckerath and O. Stühler eds., Berlin, 1929)
Luard C. E., 'Field Railways and their General Application in War', *Journal of the Royal United Services Institute*, 1873, pp. 693-715
McElwee, W. *The Art of War, Waterloo to Mons* (London, 1974)
Meinke, B. 'Beiträge zur frühesten Geschichte des Militäreisenbahnwesens', *Archiv für Eisenbahnwesen*, 1938, pp. 293-319
Molnar, H. von 'Uber Ammunitions-Ausrüstung der Feld Artillerie', *Organ der Militär-Wissenschaftlichen Vereine*, 1879, i, pp. 585-614
Moltke, H. von, *Dienstschriften* (Berlin, 1898)
Idem, *Militärische Werke* (Berlin, 1911)
Niox, M. *De l' Emploi des Chemins de Fer pour les Mouvements Stratégiques* (Paris, 1873)
Pönitz, K. E. von, *Die Eisenbahnen und ihre Bedeutung als militärische Operationslinien* (Adorf, 1853)
Roginat, A. de, *Considérations sur l' art de la Guerre* (Paris, 1816)
Schreiber, *Geschichte des Brandenburgishen Train-Battalions Nr. 3* (Berlin, 1903)
Shaw, G. C. *Supply in Modern War* (London, 1938)
Showalter, D. E. 'Railways and Rifles; the Influence of Technological Developments on German Military Thought and Practice, 1815-1865' (University of Minnesota Dissertation, 1969)
Stoffel, *Rapports Militaires 1866-70* (Paris, 1872)
Whitton, F. E. *Moltke* (London, 1921)
Wilhelm, Rex, *Militärische Schrifte* (Berlin, 1897)
H. L. W., *Die Kriegführung unter Benützung der Eisenbahnen* (Leipzig, 1868)

第四章

Addington, L. H. *The Blitzkrieg Era and the German General Staff, 1865-1941* (New Brunswick, 1971)
Anon, *Der Krieg, Statistisches, Technisches, Wirtschaftliches* (Munich, 1914)
Anon, 'Die kritische Transportweite im Kriege', *Zeitschrift für Verkehrwissenschaft*, 1955, pp. 119-24
Army/USA/War College, 'Analysis of the Organization and Administration of the Theater of Operations of the German 1. Army in 1914', unpublished analytical study (Washington, D.C.,

ed.)
Cäncrin, *Über die Militärökonomie im Frieden und Krieg* (St Petersburg, 1821)
Caulaincourt, A. de, *With Napoleon in Russia, the Memoirs of Général de Caulaincourt* (New York, 1935)
Chandler, D. *The Campaigns of Napoleon* (New York, 1966)
Chuquet, A. *1812, la Guerre de Russie* (Paris, 1912)
Clausewitz, C. von *The Campaign of 1812 in Russia* (London, 1843)
Colin, J. *L' Education Militaire de Napoléon* (Paris, 1901)
Correspondance de Napoléon Premier (Paris, 1863)
Dumas, M. *Précis des Evénements Militaires 1799-1814* (Paris, 1822)
Fabry, L. G. *Campagne de Russie 1812* (Paris, 1912)
Fortescue, J., ed., *Notebook of Captain Coignet* (London, 1928)
Grouard, ed., *Mémoirs écrits en Sainte Hélène* (Paris, 1822-)
Hyatt, A. H. J. 'The Origins of Napoleonic Warfare; a Survey of Interpretations', *Military Affairs*, 1966, pp. 177-85
Krauss, A. *Der Feldzug von Ulim* (Vienna, 1912)
Montholon, C. J. F. T., ed., *Recits de la captivité de l'empereur Napoléon à Sainte Hélène* (Paris, 1847)
Nanteuil, H. de, *Daru et l' Administration militaire sous la Révolution et l' Empire* (Paris, 1966)
Perjes, G. 'Die Frage der Verpflegung im Feldzuge Napoleons gegen Russland', *Revue Internationale d'Histoire Militaire*, 1968, pp. 203-31
Picard ed., *Napoléon, Précepts et Jugements* (Paris, 1913)
Quimby, A. *The Background to Napoleonic Warfare* (New York, 1957)
Ségur, P. de, *Histoire de Napoléon et de la Grande Armée pendant l' année* 1812 (n.p, n.d)
Tarlé, E. *Napoleon' s Invasion of Russia 1812* (London, 1942)
Tulard, J. 'La Depôt de la Guerre et la préparation de la Campagne en Russie', *Revue Historique de l' Armée*, 1969
Ullmann, J. *Studie über die Ausrüstung sowie über das Verpflegs- und Nachschubwesen im Feldzug Napoleon I gegen Russland im Jahre 1812* (Vienna, 1891)
Vie Politique et Militaire de Napoléon, racontée par lui même (Brussels, 1844)

第三章

Anon, *De l' Emploi des Chemins de Fer en Temps de Guerre* (Paris, 1869)
Blumenthal, *Tagebücher* (Stuttgart, 1902)
Boehn, H. von *Generalstabgeschäftie; ein Handbuch für Offiziere aller Waffen* (Potsdam, 1862)
Bondick, E. *Geschichte des Ostpreussischen Train-Battalion Nr. 1* (Berlin, 1903)
Budde, H. *Die französischen Eisenbahnen in deutschen Kriegsbetriebe 1870/71* (Berlin, 1904)
Clausewitz, C. von *On War* (London, 1904)
Craig, G. A. *The Battle of Königgratz* (London, 1965)
Engelhardt W. 'Rückblicke auf die Verpflegungsverhältnisse im Kriege 1870/71', Beiheft 11 zum *Militärwochenblatt*, 1901
Ernouf, *Histoire des Chemins de Fer François pendant la Guerre Franco-Prussienne* (Paris, 1874)
François, H. von *Feldverpflegung bei der höheren Kommandobehörden* (Berlin, 1913)
Fransecky, E. von *Denkwürdigkeiten* (Berlin, 1913)
Goltz, C. von der 'Eine Etappenerinnerung aus dem Deutsch-Französischen Kriege von 1870/71',

Historica Academiae Scientarium Hungaricae, No. 16
Pieri, P. 'La Formazione Dottrinale de Raimondo Montecuccoli', *Revue Internationale d' Histoire Militaire*, 10, pp. 92-115
Idem, *Principe Eugenio di Savoia, la Campagna del 1706* (Rome, 1936)
Puységur, *Art de la Guerre par principles et règles* (Paris, 1743)
Redlich, F. 'Contributions in the Thirty Years' War', *Economic History Review*, 1959, pp. 247-54
Idem, 'Military Entrepreneurship and the Credit System in the 16th and 17th Centuries', *Kyklos*, 1957, pp. 186-93
Ritter, M. 'Das Kontributionsystem Wallensteins', *Historische Zeitschrift*, 90, pp. 193-247
Roberts, M. *Gustavus Adolphus. A History of Sweden 1611-1632* (London, 1958)
Idem, *The Military Revolution* (Belfast, 1956)
Rohan, Henri Duc de, *Le Parfacit Capitaine* (Paris, 1636)
Rousset, C. *Histoire de Louvois* (Paris, 1862)
Saxe, M. de *Reveries, or Memoirs on the Art of War* (London, 1957)
Schweren, J. B. J. N. van der, ed., *Brieven en Uitgegeven Stukken van Arend van Dorp* (Utrecht, 1888)
Scoullier, R. E, 'Marlborough's Administration in the Field', *Army Quarterly*, 95, pp. 196-208
Smitt, *Zur näheren Aufklärung über den Krieg von 1812* (Leipzig, 1861)
Spaulding, Q. L., Nickerson, H., and Wright, J. W. *Warfare* (London, 1924)
Stevins, S. *Castramentatio, dat is Legermething* (Rotterdam, 1617)
Taylor, F. *The Wars of Marlborough 1702-1709* (London, 1921)
Tingsten, L. 'Nagra data angaende Gustaf II Adolfs basering och operationsplaner i Tyskland 1630-1632', *Historisk Tidskrift*, 1928, pp. 322-37
Vauban, S. le Pretre de, *Traité des Sièges et del' Attaque des Places* (Paris, 1828)
Vault, F. E., ed., *Mémoires militaires relatifs à la Succession d'Espagne sous Louis XIV* (Paris, 1836)
Wijn, J. W. *Het Krijgswezen in den Tijd van Prins Maurits* (Utrecht, 1934)
Zanthier, F. W. von *Freyer Auszug aus des Herrn Marquis von Santa-Cruz de Marzenado* (Göttingen, 1775)

第二章

I. Unpublished material at the Depôt de la Guerre, Vincennes:

File	No.:	Title:
C^2	3	Correspondance de la Grande Armée, 21-30 September 1805
C^2	4	Correspondance de la Grande Armée, 1-10 October 1805
C^2	6	Correspondance de la Grande Armée, 21-31 October 1805
C^2	8	Correspondance de la Grande Armée, 16-30 November 1805
C^2	120	Correspondance de la Grande Armée, 16-31 March 1812
C^2	122	Correspondance de la Grande Armée, 1-15 April 1812
C^2	524	Correspondance de la Grande Armée, 1812

II. Published
Alombert, P. C. and Colin, J. *La Campagne de 1805 en Allemagne* (Paris, 1902)
Bernardi, *Denkwürdigkeiten aus dem Leben des kaiserlich-russischen Generals von der Infanterie Carl Friedrich von Toll* (Leipzig, 1865)
Brown, N. *Strategic Mobility* (London, 1963)
Bülow, A. von, *Lehrsätze des neueren Krieges oder reine und angewandete Strategie* (Berlin, 1806

参考文献

序章

Glover, R. 'War and Civilian Historians', *Journal of the History of Ideas*, 1957, pp. 91-102
Jomini, A. H. *The Art of War* (Philadelphia, 1873)

第一章

André, L. *Michel Le Tellier et l' Organisation de l' Armée Monarchique* (Paris,1906)
Idem ed., *Le Testament Politique du Cardinal de Richelieu* (Paris, 1947)
Aubry, Ch. *Le Ravitaillement des Armiés de Frédéric Le Grand et de Napoléon* (Paris, 1894)
Audouin, X. *Histoire de l' Administration de la Guerre* (Paris, 1811)
Basta, G. *Il Maestro di Campo Generale* (Venice, 1606)
Bölcker, G. A. *Schola Militaris Moderna* (Frankfurt am Main, 1685)
de Catt, H. *Frederick the Great; the Memoirs of his Reader* (Boston, 1917)
Cherul, M. A., ed., *Lettres de Mazarin* (Paris, 1872)
Clausewitz, C. von *Hinterlassene Werke* (Berlin, 1863)
Delbrück, H. *Geschichte der Kriegskunst im Rahmen der politischen Geschichte* (Berlin, 1920) vol. IV
Dupré d'Aulnay, *Traité générale des subsistances militaires* (Paris, 1744)
Duyck, A. *Journaal* (L Muller ed., Hague, 1886)
Fortescue, J. *The Early History of Transport and Supply* (London, 1928)
Greene, W. W. *The Gun and its Development* (London, 1885)
Guibert, J. A. H. de *Essai Générale de Tactique* (Paris, 1803)
Hammerskiöld, 'Ur Svenska Artileriets Hävder', supplement to *Artillerie-Tidskrift*, 1941-44
Hardre, J., ed., *Letters of Louvois* (Chapel Hill, N.C., 1949)
Hondius, H. *Korte Beschrijving ende afbeeldinge van de generale Regelen van de Fortificatie* (Hague, 1624)
Korn, J. F. *Von den Verpflegungen der Armeen* (Breslau, 1779)
Lefevre, J. *Spinola et la Belgique* (Paris, 1947)
Liddell Hart, B. H. *The Ghost of Napoleon* (London, 1932)
Lorenzen, Th. *Die schwedische Armee im Dreissigjährigen Kriege* (Leipzig, 1894)
Luvaas, J., ed., *Frederick the Great on the Art of War* (New York, 1966)
Marichel, P., ed., *Ménoires du Maréchal du Turenne* (Paris, 1914)
Meixner, O. *Historischer Rückblick auf die Verpflegung der Armeen im Felde* (Vienna, 1895)
Millner, J. *A Compendious Journal of all the Marches, Famous Battles, Sieges…in Holland, Germany and Flanders* (London, 1773)
Monro, R. *His Expeditions with the Worthy Scots Regiment* (London, 1694)
Montecuccoli, R. *Opere* (ed. U. Foscolo, Milan, 1907)
Murray, G., ed., *The Letters and Dispatches of John Churchill, First Duke of Marlborough* (London, 1845)
Parker, G. *The Army of Flanders and the Spanish Road* (Cambridge, 1972)
Perjes, G. 'Army Provisioning, Logistics and Strategy in the Second Half of the 17th Century', *Acta*

77, 95, 96, 98, 109, 163, 177, 310, 311, 350, 363～365, 384～386, 401, 440
リュストウ，ハインリヒ・フォン　123
糧食
　運搬　33, 43, 48, 72, 77, 82, 90, 110, 114, 126, 135, 144
　小麦（粉）　22, 23, 33, 41, 46, 53, 87, 111, 112, 149, 169, 219, 227
　チーズ　24
　パン　23, 24, 27, 33, 36, 39, 42, 46～48, 53, 54, 65, 71, 72, 75～77, 79～81, 84, 86, 87, 96, 109～111, 113, 119, 127, 135, 141, 144, 152, 170, 214, 327
　ビスケット　37, 68, 71, 72, 76, 79～81, 84, 90, 327
　必要な糧食　20, 31, 33, 35～37, 67, 68, 77, 87, 92, 153, 312, 330, 441
　不足　23, 34, 41, 52, 76, 88, 94, 113, 115, 137, 172, 190, 225
　補給（部隊）　33, 46, 58, 110, 111, 135, 139, 140, 144, 163, 170, 368
　水の補給　141, 211, 232, 248, 330, 334, 338, 352, 399, 401, 402, 407
　ワイン　79, 80, 87, 96
リンテレン，フォン　247, 259, 263, 268
ル・テリエ，ミシェル　31～35, 59, 364
ルアーブル　295
ルイ一四世　15, 34, 37, 38, 40, 41, 57, 364
ルーデンドルフ，エーリヒ　391
ルーマニア　202, 219
ルール地方　288, 289, 297, 300, 303
ルカトーの戦い（1794）　169, 174
ルキウス・コルネリウス・スッラ　336
ルクセンブルク　40, 168, 176, 182, 367
ルドヴィッヒスブルク　78
ルントシュテット，ゲルト・フォン　219, 220, 222, 223, 239
レイヘ，フォン　123
レープ，ヴィルヘルム・フォン　214, 216, 218
レック川　22
レニングラード攻防戦（1941-44）　202, 214～216, 218, 219, 235
レメサル＝ロドリゲス，ホセ　326
レンヌ　302
ログニア，アンドレ・ド　107, 108
ロシア遠征（ナポレオン、第二章を除く）　14, 204, 271, 318, 271, 390
ロス，ジョナサン　326, 329
ロスベルク，ベルンハルト・フォン　201, 202, 210
ロレーヌ（地方）　158, 184～186, 295, 306, 343
ロワール川（流域）　132, 133, 140
ロンバルディア　59
ロンメル，エルヴィン　9, 12, 14, 243, 245, 247～250, 252, 254～265, 267～269, 271, 273, 313, 318, 370, 373～382

ワ行

ワーグナー，A　197, 199, 208, 212, 214, 217, 218, 226, 234, 238
ワーテルロー（1815）　107
ワイマール　88
ワイマール共和国　194
湾岸戦争（1990-91）　347, 351, 352, 386, 393～395, 399

ボック，フェードア・フォン　224, 227, 228, 233, 236, 239
ホッジス，コートニー・ヒックス　286, 289, 290, 295, 298, 301〜303, 305
ホト，ヘルマン　225, 229, 230
ポメラニア　25, 26
ボルシェビキ　202
ボロジノの戦い（1812）　99, 100, 276, 330, 337, 339, 355, 372
ポンペイウス　336

マ行

マース川　22〜24
マーストリヒト　159, 165, 166, 301
マールバラ公ジョン・チャーチル　42, 47〜49, 52, 77, 333, 335
マインツ　27, 48, 71, 74, 75, 127
マウリッツ公→ナッサウ，マウリッツ・ファン（オラニエ公）
摩擦　76, 78, 99, 109, 136, 239, 240, 274, 281, 283, 294, 309, 312, 314, 357, 383〜385, 405
マスケット銃　330
マック，カール　72, 83, 85, 102
マリノフスキー，ロディオン　313
マルクス，エーリヒ　201, 202
マルタ島　250, 253, 257, 260〜263, 265, 267, 377〜379, 381
マルヌ川　100, 133, 157, 167, 169, 170, 172〜177, 179, 180, 183, 185〜188, 190, 192
マルプラケの戦い（1709）　16
マルベリー　396, 397
マルモン，オーギュスト　67〜72, 75, 76, 80, 81, 85
マルラ・ツール　128, 129, 138, 141, 142
マンシュタイン，エーリッヒ・フォン　215, 218
ミューズ川　38, 133, 136, 137, 158, 161, 165, 166, 168, 182, 187, 198, 199
ミュラー，ジョアシャン　70, 71, 74, 75, 79, 84, 86, 87, 95, 98, 108
ムッソリーニ，ベニート　246〜249, 256, 257, 259, 260
メッツ　34, 128〜130, 132, 133, 136, 137, 139, 145, 146, 148, 149, 158, 159, 176, 186, 289, 304
メッツ攻囲戦（1870）　129, 137, 138, 139, 149, 311
モーガン，フレデリック　278
モスクワ　201
　モスクワ遠征（ナポレオン）　88, 92, 94〜96, 98, 100, 104, 105, 202, 319, 354, 371, 372, 438
　モスクワ侵攻（ドイツ）202, 209, 226〜228, 230, 231, 233〜237, 239, 241, 245, 371, 373
（大）モルトケ，ヘルムート・カール・フォン　4, 90, 107, 113〜115, 118〜120, 122〜130, 132〜135, 137, 140, 142〜146, 148, 149, 154, 160, 172, 185, 186, 190, 191, 271, 273, 275, 310, 311, 338, 366, 386
（小）モルトケ，ヘルムート・ヨハン・フォン　163, 164〜167, 169, 171, 189
モンス包囲戦（1692）　311
モントゴメリー，バーナード　286, 288, 289, 295, 297, 298, 299, 300, 301, 303, 305, 306, 323, 350, 375
モンメディ　183

ヤ行

ユグノー戦争（1562-98）　15
ユダヤ人　27, 38
油田　202, 204, 227
ユリウス・カエサル　336

ラ行

ライプチヒ　46, 88
ライフル銃　340, 344, 345, 366, 437
ラインヴァルト将軍　78
ライン川　22, 27, 34, 38, 47, 66, 68, 69, 72, 74〜77, 81, 107, 122, 126, 127, 135
ラインハルト，ハイドリヒ　215, 218
ラインラント　126
ラビシュ，アントン　325
ランス　133, 138
ランダウ　41, 57, 74, 75
ランデン　26, 27, 178, 179
ランヌ，ジャン　67, 76, 78, 79, 84, 85
リー，ジョン　284
リエージュ　38, 165, 166, 168, 169, 175, 176, 179, 180, 297, 298, 301
リシュリュー公（アルマン・ジャン・デュ・プレシー）　30, 364
リスト，フリードリヒ　116, 123, 124
リデルハート，バジル　12, 13, 192, 289, 297, 323, 324, 361, 362, 368, 369
リトアニア　96
リビア　14, 243, 244〜249, 252〜254, 256, 260, 261, 267, 269, 374, 376, 377, 379
略奪（戦争）　13, 15, 18〜20, 27, 36, 39, 44, 50, 58,

バゼーヌ，フランソワ・アシル　129, 132
パットン，ジョージ　9, 244, 276, 285, 286, 288〜290, 295, 296, 298, 299, 302, 304〜306, 318, 349, 382
ハプスブルク家　15, 56, 70
パリ解放（1944）　290
パリ包囲（1870-71）　132, 133, 134, 136, 149, 158, 366, 367
ハルダー，フランツ　202, 222, 226, 233, 241, 248, 262
バルト海　28, 209, 214, 215, 218
バルバロッサ作戦　200, 204, 248, 370, 371
パレスチナ　243, 358, 376
ハワード，マイケル　365, 413
ハンガリー　116, 209, 219
ハンチントン，サミュエル　409
ハンニバル・バルカ　389
ビゼルタ（港）　249, 256, 257, 267
ヒトラー，アドルフ　193〜195, 199, 200, 202, 214, 218, 219, 221, 223, 224, 227, 229, 230, 233, 236, 240, 241, 243, 246〜249, 256〜258, 260〜263, 265, 266, 268, 269, 296, 300, 317〜319, 344, 370, 373, 375〜377, 380, 381
ビューロー，K・フォン　168, 179
ビューロー，ハインリッヒ・ディートリッヒ・フォン　101
ビュジョー，トマ＝ロベール　80
ピョートル大帝　334
ヒンデンブルク，パウル・フォン　281
フィンランド　212
ブーローニュ　295
普墺戦争（1866）　112, 114, 120, 121, 123, 125, 126, 145, 146, 366
フォルクスワーゲン　193
ブジョンヌイ，セミョーン　221
不凍結（POL）　232, 233
プフェル将軍　94, 98
普仏戦争（1870）　14, 54, 115, 120, 122, 123, 125, 129, 134, 140, 145, 151, 152, 154, 271, 311, 318, 366, 367, 370
ブライテンフェルトの戦い（1631）　27
ブライト商会　72, 74, 82
ブラウナウ　85, 86
ブラウヒッチュ，ヴァルター・フォン　216, 229
プラットフォーム　186, 212, 347
ブラッドレー，オマール　274, 295, 298
ブラバント戦役（1602）　16, 22
ブラバント地方　23, 159
フランクフルト　27, 46, 79, 130
ブランデンブルク地方　26
フランドル地方　22, 24, 63
フリートベルク　49, 50, 81
フリードリヒ二世　45〜47, 55, 56, 60, 108, 116
プリットヴィッツ，モーリッツ・フォン　123
ブリュッセル　34, 167〜169, 176, 178, 184, 187, 199, 301
フルシチョフ，ニキータ　325
ブレスト　282, 302
ブレスト・リトフスク（の要塞）　209, 245
フロイデンタール少佐　110
プロシャ（二章、三章を除く）　9, 153, 157, 214, 233, 318, 332, 360, 366, 367
ペーネミュンデ上陸（1630）　25, 26
ベオグラード　253
ペチエ，クロード　65, 70, 71, 75
ヘプナー，エーリヒ　217〜219, 224, 230
ヘリコプター　348, 352, 355
ベルギー　24, 127, 156, 158, 159, 161〜163, 165〜171, 175〜177, 182, 184, 186, 188, 189, 192, 198, 199, 288〜290, 295, 298, 301, 303〜306, 367, 368
ペルシャ湾　243, 344, 352, 356
ベルチエ，ルイ＝アレクサンドル　67, 68, 78, 79, 94
ベルトラン，アンリ・ガティアン　70
ベルナドット，ジュール　67, 68, 70〜72, 76, 79, 84〜86
ペルヘス，ゲザ　105
ベンガジ（港）　245, 250, 252, 253, 255, 256, 259, 260, 262〜266, 374, 378〜380
ベンゾール　204
ヘンチュ中佐　175
包囲戦　21, 46, 53〜55, 58, 63, 64, 80, 224, 271, 311
砲兵（隊）　22, 24〜27, 38, 47, 55, 72, 79, 82, 83, 144, 171, 172, 209
ポエニ戦争（第二次 前219-201、第三次 前149-146）　389, 390
ホーチミン・ルート　392
ボーニン，フォン　111
ポーランド　84, 88, 90, 93, 109, 198, 201, 207, 210, 219, 220, 223, 238, 245, 330
補給制度　12, 17〜20, 30, 32, 39, 41, 42, 47, 64, 68, 77, 81〜83, 85, 86, 88, 92, 100, 108, 110, 114, 134, 135, 145, 148, 160, 190, 200, 311, 361, 363

補給　55, 83, 114, 144, 174, 175, 284, 390
チオンヴィル包囲戦（1639）　34
チモシェンコ，セミョーン　220
チャーチル，ウィンストン　247
チャンドラー，デイビッド　323
ドイツ軍
アフリカ軍団　12, 248, 252, 255, 257〜259, 261, 342, 375
国防軍　194, 196, 197, 199, 200, 201, 205, 207, 208, 210, 232, 234, 235, 237, 240, 241, 245, 246, 253, 258, 262, 267, 269, 272, 276, 324, 342, 345
中央軍集団　204, 210, 218, 224, 226〜230, 233, 235, 236
南部軍集団　219〜223, 228, 229, 235
北部軍集団　215, 218, 219, 229, 235
（第三次）中東戦争（1967）　314, 343
（第四次）中東戦争（1973）　343
チュニジア　249, 256, 257, 266, 267, 324
チュレンヌ子爵（アンリ・ド・ラ・トゥール・ドーヴェルニュ）　34, 35, 38, 63
徴兵制　151, 337
ツァイツラー，クルト　221
ディジョン　132
デジャン，ジャン＝フランソワ・エメ　65, 69, 71, 74, 75
撤退　175, 183, 187, 191, 223, 227, 247, 255, 257, 265, 296, 341, 350, 354, 392, 393, 395〜398
鉄道（部隊）　128, 129, 146, 166, 177, 192, 200, 207〜210, 212, 216, 234, 235, 238
軌間（ゲージ）　203, 205, 207, 210, 211, 212, 216, 222, 228, 238, 245
単線　146, 154, 155, 179, 182, 212, 253, 379
複線　121, 154, 158, 159, 161, 166, 182, 187, 195, 212
枕木　211
デュマ，M　81
電撃戦　88, 235, 259, 290, 342, 365, 370
デンプシー，マイルズ　295, 305
テンペルホーフ，G　46, 56
デンマーク戦争（1864）　112
ドヴィナ川　96, 215
東部戦線（第一次世界大戦）　162, 209
東方戦線（第二次世界大戦）　373, 380
トーマ，ヴィルヘルム・リッター・フォン　246, 252, 262
トッペ少佐　214, 216〜218
ドナウヴェルト　28, 50, 81, 89
ドナウ川　47, 52, 62, 63, 70, 80, 83, 84, 86, 271
ドナブルク　215, 216, 219
ドニエプル川　220〜223, 226, 235
ドネツ（の石炭）　219, 223, 227
トブルク（港）　249, 252, 253, 260, 261, 263〜267, 377, 378, 381
トラック部隊　190, 205, 215, 239, 264, 285, 286, 287, 295, 301, 303
ドリッサ（塹壕）　94, 98, 99
トリノ　32
トリポリ（港）　245, 247〜250, 252〜257, 259, 265, 374, 378, 379
トルコ　244, 392
ドルトムント　300〜304
ドンシュリ鉄橋　148

ナ行

ナウムブルク　30
ナッサウ，マウリッツ・ファン（オラニエ公）　364
ナポレオン・ボナパルト（第二章を除く）　9, 12〜14, 30, 37, 49, 52, 56, 107, 108, 112, 114, 148, 149, 160, 172, 182, 203, 271〜273, 276, 309〜311, 316, 318, 319, 330, 331, 337, 338, 354, 362, 365, 369, 371, 372, 384, 386, 390
ナポレオン三世　125, 130
ナミュール　158, 167, 176, 179, 180, 187, 199
ナンシー　34, 130, 132, 142, 148
南北戦争（1861-65）　330, 338〜340, 354, 390
ニュルンベルク　28
ネイ，ミシェル　67, 76, 77, 78, 79, 81, 82, 86
ネーデルラント　39
ネマン川　92, 94, 108, 203
ネルトリンゲン　78

ハ行

パ・ド・カレー　34, 278, 295
ハーベル川　26, 88
ハイデンハイム　81
バイユー　301, 304
バヴァリア（バイエルン）　28, 49, 50, 52, 55, 69〜72, 75, 84, 85, 102, 129, 147
バヴァリア（バイエルン）選挙侯（一世）　50
バヴァリア（バイエルン）選挙侯（二世）　69, 71
ハウゼン，マックス・フォン　123, 179, 184, 185
バグダッド　352, 355
パゴニス，ウィリアム　347, 350, 395, 413

サン・ヴト　158
サンプリバ会戦（1870）　130
シー・ベイシング　408, 409, 414
シェル・スキャンダル　354, 390
シェルブール　281, 284, 287, 302, 304
輜重（部隊）　31, 36, 39, 42, 57, 65, 69, 89, 90, 92, 99, 110, 135, 152, 155
自動車（部隊）　102, 164, 172, 173, 192, 194, 196〜198, 200, 206〜208, 214, 219, 230, 231, 234, 235, 237〜239, 247, 248, 257, 269, 286, 311, 338, 341, 342, 345, 348, 349, 369, 370, 401
自動車産業　195, 200, 237, 269
ジブラルタル　243
シャーマン，ウィリアム　340, 390
ジャストインタイム方式　351, 352, 403, 405〜408, 412
シャトレ　38
シュヴァルツェンベルク，カール・フィリップ・フォン　96
修理（部隊）　120, 128, 132, 133, 136, 144, 146, 161, 177, 183, 200, 210, 212, 216, 240, 246, 281, 377, 397
シュツットガルト　78
シュトラウス，アドルフ　231
シュリーフェン，アルフレート・フォン　157, 159〜161, 165, 170, 171, 182, 184, 273, 311, 369, 385
シュリーフェン計画　12, 13, 156〜158, 162〜164, 166, 167, 185, 186, 188, 189, 191, 192, 194, 306, 318, 323, 361, 362, 367, 368
シュワルツコフ，ノーマン　350
城塞　20, 26, 31, 50, 58, 62, 63, 64, 120
常備軍　35, 58, 125, 310, 384, 410
上陸用舟艇　277〜280
諸葛亮　389
ジョミニ，アントワーヌ・アンリ　11, 325, 387
シリア　243, 249, 376
指令第21号（ヒトラー）　202
人口密度　53, 331
浸透戦術　404
スイス　157, 205, 387
水陸両用（車・作戦）　279, 280, 395, 396
水路　21〜23, 25, 26, 35, 88, 197, 329, 363, 364
スターリングラード（ヴォルゴグラード）　342
スターリン戦車　345
ストラスブール　67, 70, 71, 74, 75, 82
スピシュラン会戦（1870）　127, 129
スピットファイヤー戦闘機　278
スプレー川　26, 88
スペイン帝国　15, 19, 22〜26, 39〜41, 47, 105, 244
スペイン継承戦争（1704）　40, 47
スミス，ベデル　296
スモレンスク　96, 100, 202, 203, 205, 207, 224〜228, 231, 232, 235, 331, 352
スルト，ニコラ＝ジャン・ド・デュ　67, 69, 75, 76, 78, 79, 84〜86
ズワラ　257
西部戦線（第一次世界大戦）　158, 159, 162, 194, 205, 367
セーヌ川　133, 138, 159, 160, 167, 278, 285, 286, 290, 296, 298, 302, 305, 307
石炭　151, 195, 212, 219, 227, 297, 338
石油　195, 202, 203, 219, 227, 256, 261, 262, 269, 279, 295, 353, 382, 397
セダン　161, 176, 182
セダンの戦い（1870）　129, 130, 137, 138, 142, 161, 176, 182
セバストポリ　109
セント・トゥルイヘン　23
曹操　389
ソクラテス　400
ソマリア　398

タ行

第一次世界大戦（第四章を除く）　14, 57, 194, 271, 272, 311, 312, 318, 340, 341, 361, 367, 369, 370, 385, 386, 390〜392, 396, 404, 410
タイガー戦車　345
第二次世界大戦（第五章〜第七章を除く）　9, 313, 314, 341, 343〜345, 349, 353, 356, 365, 369〜371, 373, 375, 376, 380, 390, 396, 400
太平洋戦争（1941-5）　392, 396
大陸軍（グランダルメ）　71, 74〜88, 90, 95, 96, 100〜104, 114, 160, 337, 371
ダヴ，ルイ＝ニコラ　67, 68, 75, 76, 78, 79, 81, 84, 85, 95, 98
タラール公カミーユ・ドスタン　41, 50, 57
ダレイオス三世　335
タレイラン，シャルル＝モーリス・ド　69
ダンケルク　34, 35, 167, 184, 199, 295, 398
ダンチヒ　90, 91
弾薬
　消費量　55, 141, 144, 153, 162, 173, 180, 188, 203〜205, 219, 225, 283, 294, 312, 361

オーステンデ包囲戦（1601-04） 21
オーストリア（＝ハンガリー帝国）軍 14, 45, 47, 53, 61, 67, 69, 70, 72, 79, 81, 84, 85, 87, 89, 90, 107, 109, 112, 113, 115〜120, 146, 172, 322
オーデル川（河畔） 26, 27, 46, 88, 90
オートバイ 245, 377
オーバーロード作戦（1944） 276, 281, 282, 284, 306, 315, 420
オジェロー，シャルル・ピエール・フランソワ（軍団） 71
オランダ 15, 16, 19, 20, 24, 37〜39, 41, 49, 58, 67, 68, 127, 159, 164〜167, 169, 198, 199, 300, 304, 317, 359, 364, 367
オリョール 231
オルミュッツ 45, 116, 117
オルレアン 132, 139, 286, 302

カ行

カーン 301
ガイウス・マリウス 336
かいば（飼葉） 39〜42, 45, 47, 52〜55, 59, 69, 81, 87, 93, 95, 112, 119, 136, 139, 146, 149, 162, 170〜172, 188, 190〜192, 214, 312, 313
ガソリン 173, 204, 211, 212, 226, 245, 291, 324, 342
ガダルカナル島の戦い（1942-43） 392, 398
カナダ（軍） 301, 303, 420
カバエロ，ウーゴ 260, 263, 266
ガベス 257
（東）ガリシア油田 202
カルトゥーベン砲 24
カレー→パ・ド・カレー
官渡の戦い（200） 389
カンプハウゼン，ルドルフ・フォン 123
カンブレ 176, 178
キエフ 201, 202, 221, 223, 227, 228, 236
気候 93, 96, 112, 156
機甲（部隊） 218, 220, 224〜227, 237, 248, 252, 313, 351, 376
キセル，テオドール 326
騎兵隊 34, 47, 69, 78, 80, 95, 110, 132, 160, 170〜172
ギベール，ジャック・アントワーヌ 40, 43, 89
キレナイカ 246, 247, 253, 261
クィントゥス・ファビウス・マクシムス 334, 389
グスタフ・アドルフ 9, 15, 21, 24〜28, 30, 31, 40, 102, 335, 354, 364
グデーリアン，ハインツ 198, 224, 225, 227, 228, 230, 231, 236, 241, 244, 352
クライスト，エヴァルト・フォン 220, 221, 223
クラウゼヴィッツ，カール・フォン 45, 46, 56, 94, 98, 100, 101, 108, 109, 157, 309, 310, 325, 328, 357, 360, 361, 371, 372, 382〜385, 400, 405
グラヴロット会戦（1870） 129
クラクフ 116
グラント，ユリシーズ 339
クリミア戦争（1853-56） 109
クリミア半島 219, 221, 227
クルーゲ，フォン 229, 231, 232
クルック，アレクサンダー・フォン 159, 160, 165, 168, 169, 171, 174, 175, 177〜179, 183, 188, 190, 192, 431
グレーナー，ウィルヘルム 163, 164, 174, 187, 194, 368, 369
クレラー，ハリー 305, 420
軍事革命 15, 101, 394
ケーニヒグレーツ（会戦 1866） 45, 112〜115, 119, 129
ケッセルリング，アルベルト 258, 260, 265
ゲティスバーグの戦い（1863） 330
ケホルン，メンノ・ヴァン 58
ケラー，アルフレッド 214
ゲルケ，H将軍 197, 212, 217, 228
ケルン 37, 127, 130
現地徴発 14, 26, 55, 57, 58, 65, 88, 163, 170, 173, 188, 189, 222, 225, 229, 244, 263, 311, 385
限定戦争 55
コーエン，エリオット 410
コーカサス（の石油） 202, 219, 227
コーラン，ジャン 74, 75
国民軍（ナポレオン） 63
コブラ作戦（1944） 284

サ行

再軍備（ドイツ） 195
サウジアラビア 347, 348
サクソニア 27, 28, 88, 107, 108, 112, 118
サックス公モーリス 44, 63
砂漠の盾作戦（1990） 347
砂漠の嵐作戦（1991） 347
サハラ砂漠 244
サルーム 249, 261, 264, 377
ザルトミュンヘン 81

索　引

英数字

ADSEC（連合軍進攻作戦司令部）　274
COMZ（連合軍後方作戦司令部）　274, 291, 294, 302
G 4（連合国遠征軍最高司令部補給部）　285
ISOコンテナ　402
M-1ライフル銃　340, 344, 345, 366
OKH（ドイツ陸軍総司令部）　197, 198, 200, 201, 205〜208, 210, 211, 218, 221〜224, 226〜228, 231, 233, 234, 235, 238, 239, 241, 248, 250, 252〜254, 259, 377〜379
OKW（ドイツ国防軍総司令部）　197, 200〜202
PLUTO（海底石油パイプライン）　397
POL（ガソリン、油、潤滑油）　226, 232, 233, 342, 349, 352, 355
RFID（無線による自動識別システム）　402, 403, 406
SHAEF（連合国遠征軍最高司令部）　274, 275
第一二軍集団（アメリカ）　298
第二一軍集団（イギリス）　286, 289, 295, 298〜300, 306

ア行

アイゼンハワー，ドワイト　288, 289, 296〜300, 303, 305, 306, 350, 419
アウグスブルク　28, 50, 52, 81, 82
アウステルリッツの戦い（1805）　66, 68, 84, 87, 88, 103, 105, 108, 318
アダムス，ポール　326
アナコンダ作戦（南北戦争）　390
アムステルダム　38
アルデンヌ（高原）　38, 137, 165, 198, 290, 296〜298
アレクサンドリア　245, 262, 264
アレクサンドル一世　330
アレクサンドロス大王　334, 335, 354, 389
アロンベール，ピエール　74, 75
アンダーソン，ジェームス　326
アントワープ（港）　165, 166, 199, 298, 300, 305, 311
アンリ四世　19
イ・スンシン（李舜臣）　391
イエナ・アウエルシュテットの戦い（1806）　88
イスラエル・エジプト戦争→（第三次）中東戦争（1967）
イラク戦争（2003-2011）　399, 401〜403, 406, 407
イラン・イラク戦争（1980-88）　319, 344
インターネット　327
インパール作戦（1944）　392, 393
ヴァイクス，マクシミリアン・フォン　231
ヴァイヒ，フォン　224
ヴァランシャンヌ　179, 199
ヴァルタ川　26, 88
ヴァルテンスレーベン，フォン　119
ヴァレンシュタイン，アルブレヒト・フォン　15, 19〜21, 28, 31, 39, 49, 102, 139, 311, 385
ウィーン　27, 28, 30, 69, 84〜87, 89, 116, 120
ヴィシー政府　249, 257
ヴィヨンヴィユ　129
ウィルヘルム一世（プロシア王）　111, 130
ウィルヘルム二世（プロシア王）　189
ウィルモット，チェスター　288
ウェイグリー，ラッセル　409, 414
ウェーベル，アーチボルド　246, 247, 309
ヴェネツィア　59, 390
ヴェルダン　161, 184, 390
ヴェルベン　26
ヴォーバン，セバスティアン・ルプルストル・ド　42, 55, 58, 63
ウクライナ　201, 202, 219, 223, 224, 227, 235, 236, 241
ウジェーヌ・ド・ボアルネ　96, 354
ヴュルツブルク　27, 67, 70〜72, 75, 79, 81
ウルム会戦（1805）　14, 82
エクス・ラ・シャペル　166, 168, 172, 179, 182, 186, 187, 199, 297, 298
エジプト　243, 244, 246, 249, 250, 260〜262, 264, 267, 374, 376, 377, 381
エドワード三世　335
エムス電報事件（1870）　125
エル・アラメインの戦い（1942）　264, 266, 268, 324, 342, 374, 376
エルドカンプ，ポール　326
援蔣ルート　392
袁紹　389

本書は小社から2006年に中公文庫として刊行した『補給戦』（原著ケンブリッジ大学出版、1977）を全面的に石津朋之氏が校訂し、さらに2004年に同大学出版から刊行された第二版の補遺（石津訳）を増補、文庫版には掲載されていなかった原注・参考文献、石津氏による解説を新たに付した。原注の訳出は川村幸城氏に拠る。

著　者　マーチン・ファン・クレフェルト　Martin van CREVELD

1946年、オランダ・ロッテルダムに生まれる。50年イスラエルに移民。64〜69年エルサレムのヘブライ大学で学んだのち、ロンドン大学経済政治学学院で博士号を取得。現在ヘブライ大学歴史学部名誉教授。主な著書に *The Transformation of War*, New York , 1991〔『戦争の変遷』（石津朋之監訳）〕、*The Culture of War*, 2008〔『戦争文化論』（石津朋之監訳）〕、*More on War*, 2017〔『新時代「戦争論」』（石津朋之監訳、江戸伸禎訳）〕など多数。

監訳・解説　石津朋之（いしづ・ともゆき）

戦争歴史家。防衛省防衛研究所戦史研究センター主任研究官。前戦史研究センター長。防衛研究所入所後、ロンドン大学キングスカレッジ戦争研究学部名誉客員研究員（ダイワ・アングロジャパニーズ・フェロー）、英国王立統合軍防衛安保問題研究所（RUSI）客員研究員、シンガポール国立大学客員教授を歴任。放送大学非常勤講師、早稲田大学オープンカレッジ講師。著書に『総力戦としての第二次世界大戦』（中央公論新社、2020）、『リデルハート—戦略家の生涯とリベラルな戦争観 』（中公文庫、2020）、『戦争学原論』（筑摩書房、2013）、『戦争とロジスティクス』（日本経済新聞出版社、2024）、『大戦略の思想家たち』（日経ビジネス人文庫、2023）、「シリーズ　戦争学入門」（創元社、2019〜）など、訳書にクレフェルト『補給戦（増補新版）』（監訳）、『戦争の変遷』（監訳）、ガット『文明と戦争』（共訳）、マーレー他『戦略の形成』（共訳）などがある。ほかに *Conflicting Currents : Japan and the United States in the Pacific*（Santa Barbara, CA: Praeger, 2009）、*Routledge Handbook of Air Power*（London: Routledge, 2018）、*The Pacific War Companion: From Pearl Harbor to Hiroshima*（Oxford:Osprey,2005）、*Handbook of World War*㈼ *Pacific*（Annapolis, MD: Naval Institute Press, 2024）などがある。

訳　者　佐藤佐三郎（さとう・ささぶろう）

1933年、静岡県小笠郡菊川町に生まれる。56年早稲田大学第一政治経済学部卒業、同年東洋経済新報社に入社し、国内産業、国際経済各担当記者、政経部長、「週刊東洋経済」編集長、関西支社長などを経て、93年同社を退社。以後フリー・ジャーナリストとして文筆・講演業に従事。2017年没。

編集協力　川村幸城（かわむら・こうき）

慶應義塾大学卒業後、陸上自衛隊に入隊。現在、一等陸佐。防衛大学校総合安全保障研究科後期課程を修了し、博士号を取得（安全保障学）。邦訳書にサンドラー他『防衛の経済学』（共訳・日本評論社）、デルモンテ『AI・兵器・戦争の未来』（東洋経済新報社）、フリン他『戦場』、グリギエル他『不穏なフロンティアの大戦略』（監訳　奥山真司）、マクフェイト『戦争の新しい10のルール』（以上中央公論新社）。

装　幀　中央公論新社デザイン室

増補新版
補給戦
――ヴァレンシュタインからパットンまでのロジスティクスの歴史

2022年4月25日　初版発行
2024年5月30日　3版発行

著　者　マーチン・ファン・クレフェルト
監訳・解説　石津朋之
訳　者　佐藤佐三郎
発行者　安部順一
発行所　中央公論新社
〒100-8152　東京都千代田区大手町1-7-1
電話　販売 03-5299-1730　編集 03-5299-1740
URL https://www.chuko.co.jp/

DTP　嵐下英治
印　刷　図書印刷
製　本　大口製本印刷

Published by CHUOKORON-SHINSHA, INC.
Printed in Japan　ISBN978-4-12-005531-7 C0020
定価はカバーに表示してあります。落丁本・乱丁本はお手数ですが小社販売部宛お送り下さい。送料小社負担にてお取り替えいたします。